W0263220

Norbert Leitgeb

Machen elektromagnetische Felder krank?

Strahlen, Wellen, Felder
und ihre Auswirkungen auf unsere Gesundheit

SpringerWienNewYork

Prof. Dipl.-Ing. Dr. Norbert Leitgeb
Institut für Biomedizinische Technik
Technische Universität Graz, Österreich

Das Werk ist urheberrechtlich geschützt.
Die dadurch begründeten Rechte, insbesondere die der Übersetzung, des Nachdruckes, der
Entnahme von Abbildungen, der Funksendung, der Wiedergabe auf photomechanischem oder
ähnlichem Wege und der Speicherung in Datenverarbeitungsanlagen, bleiben, auch bei nur
auszugsweiser Verwertung, vorbehalten.

© 2000 Springer-Verlag/Wien

Datenkonvertierung: Composition & Design Services, Minsk, Belarus

Umschlagbild: Tom Landecker/stone
Gedruckt auf säurefreiem, chlorfrei gebleichtem Papier - TCF

SPIN: 10752332

Mit 52 Abbildungen

3., stark überarbeitete Auflage
Originalausgabe: ©1990 Georg Thieme Verlag, Stuttgart
Die 2. Auflage erschien unter dem Titel „Strahlen, Wellen, Felder"
als Gemeinschaftsausgabe der Verlage Georg Thieme, Stuttgart, und
Deutscher Taschenbuch Verlag, München

Die Deutsche Bibliothek-CIP Einheitsaufnahme
Ein Titeldatensatz für diese Publikation ist bei Der Deutschen Bibliothek erhältlich

ISBN-13: 978-3-211-83420-6   e-ISBN-13: 978-3-7091-6769-4
DOI: 10.1007/978-3-7091-6769-4

Springer-Verlag Wien New York

Vorwort

Die Nutzbarmachung der Elektrizität hat zwar unser Leben erfüllter, sicherer und bequemer gemacht. Sie ist aber auch mit einer Begleiterscheinung verbunden, nämlich mit elektromagnetischen Feldern. Ob wir es wollen oder nicht: Ihnen kann sich in unserer technisierten Welt keiner mehr entziehen.

Das vorliegende Buch gibt einen Überblick über die heutigen Feldquellen und die Frage, wann elektromagnetische Felder bedenklich werden, ob uns die bestehenden Grenzwerte schützen und was wir selbst darüber hinaus vorbeugend tun können. In 8 Kapiteln werden die unterschiedlichen Frequenzbereiche besprochen, von den Gleichfeldern bis zur energiereichen Röntgenstrahlung. Den Abschluß bildet das Kapitel über die Relevanz der „Erdstrahlung". Unterschiedliche Standpunkte und widersprüchliche Ergebnisse der Fachliteratur werden dabei nicht verschwiegen.

Die Frage „Machen elektromagnetische Felder krank?" wird in einer verständlichen Sprache an praxisnahen Beispielen besprochen. Dazu wurden Fachausdrücke auf ein Minimum beschränkt und in einem Glossar nochmals zusammenfassend erklärt. Ein Sachregister erleichtert das Auffinden spezifischer Abschnitte. Zu jedem Kapitel werden praktische Ratschläge zum Verhalten im Alltag gegeben.

Obwohl noch Fragen zu den biologischen Auswirkungen offen sind, kann das Buch zeigen, daß unser gegenwärtiges Wissen immerhin so umfangreich ist, daß es uns erlaubt, die gesundheitliche Gefährdung und Risiken durch elektromagnetische Felder abzuschätzen, denen wir im Alltag ausgesetzt sind.

Wie so oft im Leben zeigt es sich, daß es die Dosis ist, die darüber entscheidet, ob unsere Gesundheit beeinflußt wird.

Graz, Frühjahr 2000 *Norbert Leitgeb*

Inhaltsverzeichnis

Einleitung

Die gefährlichsten Irrtümer sind die halben Wahrheiten.
Die Dosis macht das Gift.
Was ist die „Dosis" bei elektromagnetischen Feldern?

„Der „Elektrosmog" ist daran schuld, daß ich nachts nicht schlafen kann!"
klagt Gertraud. „Den natürlichen Umweltfeldern haben wir uns angepaßt, und jetzt dieses technische Zeug!"

Die Meinung ist teilweise richtig und falsch: Es stimmt, daß seit
jeher elektromagnetische Strahlen, Wellen und Felder ein Bestandteil
unserer Umwelt sind. So zeigt sich das elektrische Erdfeld in Form von
Gewittern, das Erdmagnetfeld durch die Ablenkung der Kompaßnadel
und elektromagnetische Strahlung als Licht. Wir haben uns auch tatsächlich elektromagnetischen Umweltfaktoren angepaßt. Allerdings nur
einem verschwindend kleinen Teil, nämlich jenen Frequenzen, die wir
mit unseren Augen sehen oder mit unserer Haut als Wärme fühlen können oder vor denen wir uns z.B. durch die Bräunung unserer Haut in
gewissem Maß schützen können.

Es stimmt jedoch nicht, daß „natürliche" Felder von sich aus schon
gut oder unbedenklich seien: So kann z.B. Sonnenlicht im Übermaß
schaden und zwar nicht nur unmittelbar, z.B. wenn wir bloß zu lange
direkt in die Sonne blicken, durch Sonnenbrand oder Hitzschlag, sondern bei jahrelanger Einwirkung auch durch Spätfolgen, wie z.B. Hautkrebs oder Erblindung durch Trübung der Augenlinse (grauer Star).
Auch die radioaktive Strahlung der Erde und die noch energiereichere
kosmischen Strahlung kann unsere Gesundheit gefährden und z.B. Mißbildungen und Krebserkrankungen verursachen.

Die Nutzbarmachung der Elektrizität hat zwar unser Leben erfüllter, sicherer und bequemer gemacht. Sie hat uns aber auch zusätzliche
elektromagnetische Felder gebracht und für manche auch die Angst vor
möglichen Gesundheitsschädigungen. Ob wir es wollen oder nicht: Den
elektromagnetischen Feldern kann sich in unserer technisierten Welt keiner entziehen, auch nicht die Experten. In der Frage nach den gesundheitlichen Auswirkungen sind daher auch sie Betroffene.

Es gibt jedoch bei den Expertenmeinungen kein einheitliches Bild: Es gibt „Experten", die bei jedem neuen Forschungsbericht je nach ihrer vorgefaßten Meinung entweder als aufgeregte Warner vor der Gefährlichkeit alltäglicher Felder oder als beschwichtigende Negierer auftreten, für die alle Ängste unbegründet und Einbildung sind. Diese Situation ähnelt einem Spiel in der Fußball-Unterliga, in der die Gruppe der Spieler ständig blindlings dem Ball nachjagt und je nach seiner augenblicklichen Lage einmal in diese Richtung, dann wieder in die Gegenrichtung rennt.

Im Gegensatz dazu zeichnet sich das Fußballspiel der Spitzenklubs durch Übersicht und Raumaufteilung und die Befolgung eines Gesamtkonzeptes aus. Erfreulicherweise gibt es daher auch die dritte Gruppe von Experten, die Überlegten: Sie verfallen nicht bei jeder neuen Veröffentlichung gleich in Hysterie, sondern versuchen, auch das bereits bestehende Wissen zu berücksichtigen und aus dem Für und Wider zu einer verantwortungsvollen und differenzierten Beurteilung zu kommen, die weder unbegründete Angst schürt (die ebenfalls krank machen kann), noch in falscher Sicherheit wiegt.

Wie so oft im Leben liegt die Antwort auf die Frage, ob elektromagnetische Felder gesundheitsgefährlich sind, nicht in einen einfachen Ja oder Nein. Es gilt vielmehr auch hier die Erkenntnis von Paracelsus, daß es die Dosis ist, die bestimmt, ob etwas hilft oder zum gefährlichen Gift wird. Der chemische Dosisbegriff (Stoffmenge pro Körpergewicht) ist jedoch auf elektromagnetische Felder, besonders von Hochspannungsleitungen oder des Mobilfunks, nicht direkt übertragbar.

Das Buch hat sich zum Ziel gesetzt, in einer verständlichen Sprache Fragen nach der möglichen Gesundheitsgefährdung für den ungeheuer großen Frequenzbereich der elektromagnetischen Felder zu beantworten, z.B.:

— Besonders im Winter spüre ich ständig unangenehme Elektrisierungen. Was ist da los? (Kapitel 1);
— Wie „biologisch" soll eine Elektroinstallation sein? Hilft ein Netzfreischalter? Eine Hochspannungsleitung führt über das Grundstück: Was nun? Ich bin elektrosensibel, machen mich die Elektrogeräte krank? (Kapitel 2);
— Ist die neue Magnetschwebebahn gesundheitsschädlich? (Kapitel 3);
— Der Transformator im Erdgeschoß läßt mich nicht mehr schlafen! Soll ich mit Induktionsherden kochen? (Kapitel 4);

- Beeinflussen Kaufhaus-Diebstahlsicherungs-Anlagen meinen Herzschrittmacher? Wie gefährlich sind Mobilfunk-Basisstationen und Handys? Soll ich mit Mikrowellen kochen? (Kapitel 5);
- Ist eine Infrarot-Sauna ungesund? Sichtbares Licht ist doch unbedenklich – oder? Wieviel Bräunen ist gesundheitsschädlich? (Kapitel 6)
- Macht häufiges Fliegen krank? Wie unbedenklich sind Röntgenaufnahmen? Der Reaktorunfall von Tschernobyl ist doch lange vorbei- oder? (Kapitel 7)
- Ich schlafe auf einer Störzone und arbeite über einer Wasserader. Was soll ich tun? (Kapitel 8)

Bei der Beantwortung der Fragen wird auf folgende Teilfragen eingegangen:

- Wieviel ist zuviel, bei welchen Stärken wird es bedenklich?
- Welche Rolle spielt der zeitliche Verlauf, sind z.B. gepulste Mobilfunksignale bedenklicher?
- Was ist zu lange, was bedeutet es, Feldern ständig ausgesetzt zu sein?
- Können kleinste bleibende Schäden entstehen, die sich mit der Zeit zu massiven Gesundheitsstörungen summieren können?
- Wie kann ich mich schützen?

Es wird gezeigt, daß diese Antworten und die Notwendigkeit und Sinnhaftigkeit von Vermeidungsmaßnahmen je nach Frequenzbereich der Felder unterschiedlich ausfallen.

„Elektrosmog"

Unser Vorstellungsvermögen versagt vor großen Zahlen.
Wir sind es gewohnt, in Erfahrbarem zu messen,
es gibt jedoch einen Trick!
Elektromagnetische Felder haben viele Gesichter.
Elektrosmog: Ein kluger Kopf wirft nicht alles in einen Topf.

„Sehr bescheiden!", lobte der König, als er hörte, was sich der Erfinder des Schachspiels als Belohnung wünschte: Man möge auf das erste der 64 Felder ein Getreidekorn legen und die Anzahl für die nächstfolgenden Felder jeweils verdoppeln. Was am Ende herauskäme, sollte man ihm als Belohnung gewähren. Leider war der König kein guter Mathematiker, denn der Wunsch war gar nicht bescheiden, im Gegenteil: Er war unerfüllbar groß! Das Ergebnis waren unvorstellbar viele Körner, nämlich über 9.200.000.000.000.000.000 (=$9{,}2 \cdot 10^{18}$) Körner. Würde man alle Körner auf der Erde verteilen, so würden sie deren gesamte Oberfläche, einschließlich der Meere, ca. 100 Mal bedecken! Da war es schon leichter, den Erfinder köpfen zu lassen, anstatt zu belohnen...

Tatsächlich versagt unser Vorstellungsvermögen vor großen Zahlen. Wir sind es gewohnt, in Erfahrbarem zu messen. Größenunterschiede, die darüber hinausgehen, lassen sich zwar in Zahlen, aber nicht mehr gefühlsmäßig erfassen: Der Preis für ein Auto zu 10.000 Euro oder ein Einfamilienhaus zu 100.000 Euro lassen sich noch vorstellen, doch nicht mehr z.B. das Bruttoinlandsprodukt der Europäischen Gemeinschaft von ca. 10.000.000.000 (=10^{10}) Euro.

Die Bezeichnung „Elektrosmog" ist ein Kunstwort. Das Wort „Smog" wurde ursprünglich für die an manchen Tagen gesundheitsgefährliche Kombination von hohen Abgaskonzentrationen (engl.: smoke) und Nebel (engl.: fog) in der Großstadtluft geprägt. Seine Verwendung im Zusammenhang mit elektromagnetischen Feldern ist ebenso griffig wie problematisch. Sie verbreitet Angst und nimmt bereits das Urteil vorweg: Da „Smog" gesundheitsschädlich ist, wird bereits durch die Bezeichnung unterstellt, „Elektrosmog" wäre es auch. Das Wort „Smog" meint ja nicht die Großstadtluft an sich, sondern erst eine hohe Schadstoffkonzentration unter zusätzlich erschwerenden Bedingungen.

Doch was ist „Elektrosmog" überhaupt? Meist werden darunter alle technisch erzeugten Felder verstanden, egal ob elektrisch, magnetisch oder elektromagnetisch und egal welcher Stärke. Dadurch werden z.B. Felder von Haushaltsgeräten und Mobilfunkanlagen in einen Topf geworfen, obwohl der Unterschied der Frequenzen unvorstellbar groß ist: Er beträgt das 10.000.000fache (=10^{7}fache) und ist damit ebenso groß wie der Unterschied zwischen einem Sandkorn und dem Mount Everest, mit 8.848 m der höchste Berg unserer Erde. Dies ist nicht unbedeutend: Nicht nur die physikalischen Eigenschaften, auch die biologischen Wirkungen elektromagnetischer Felder hängen nämlich entscheidend von der Frequenz ab!

Nur weil die Felder „elektromagnetisch" heißen, haben sie noch nicht die gleichen Auswirkungen. Die enormen Frequenzunterschiede sind der Grund, daß sich die elektromagnetischen Felder nicht nur in ihrer biologischen Wirkung, sondern auch in ihrem physikalischen Verhalten wesentlich unterscheiden. Dabei zeigen sie drei völlig unterschiedliche physikalische Gesichter:

a) Im *Niederfrequenzbereich* z.B. der Energieversorgung (ab 0 Hz bis 30 000 Hz) sind die elektrischen und magnetischen Anteile wie ein zerstrittenes Paar und können (noch) getrennt betrachtet werden. Sie werden nicht nur von verschiedenen Ursachen erzeugt, sondern verhalten sich auch physikalisch und biologisch völlig unterschiedlich. Darüber hinaus zeigen sie sich von ihrer Wellen-Seite: Die Wellenlängen sind enorm groß (unendlich bis 10 km) und die Schwingungen so langsam, daß sich die Felder (noch) nicht vom Entstehungsort ablösen können. Es ist daher falsch, zu sagen, Hochspannungsleitungen oder Elektrogeräte würden elektromagnetische Felder „abstrahlen". Man spricht in diesem Bereich vielmehr von elektrischen *oder* magnetischen *Feldern.* Wenn wir ihnen ausgesetzt sind, können unsere Nerven- und Muskelzellen erregt werden, weil ihre Schwingungs-Halbwellen lange genug dauern. Damit dies geschieht, muß jedoch die Stärke der Felder groß genug sein: Sie muß nämlich einen Mindestwert, die Erregungsschwelle, überschreiten. Unterhalb dieses Wertes gibt es keine Erregung.

b) Im *Hochfrequenzbereich* z.B. der Rundfunk- und Fernsehsignale (ab 30 kHz bis 300 GHz) sind elektrische und magnetische Felder wie siamesische Zwillinge oder die Glieder einer Kette untrennbar miteinander verbunden (daher auch die Zusammenziehung in das Wort „elektromagnetisch"). Elektromagnetische Felder haben wie eine Münze zwei unterschiedliche Seiten:

1. Man kann sie sich einerseits als *Schwingung* vorstellen, die sich wellenförmig ausbreitet, so wie sich an der Seeoberfläche die Wellen vom Auftreffpunkt eines Steines fortbewegen. (Erst) im Hochfrequenzbereich erfolgen die Schwingungen schnell genug und können sich daher vom Entstehungsort (der Antenne) loslösen und in Form von Wellen in den Raum ausbreiten. Man spricht daher von *elektromagnetischen Wellen.* Dabei ist jeweils die Wirkung der einen Halbwelle jener der folgenden Halbwelle entgegengesetzt. Um im Körper z.B. einen Nervenimpuls auslösen oder eine Muskelzelle anspannen zu können, ist Zeit erforderlich. Wenn jedoch die beiden Halbwellen einer Schwingung zu rasch aufeinanderfolgen, ist die Einwirkungsdauer für die Erregung einer Zelle zu kurz. Die folgende Halbwelle macht ja die

Wirkung der vorhergehenden wieder rückgängig. Die Zelle kann dem ständigen Hin und Her nicht mehr folgen und verharrt einfach in Ruhe. (Dies ist der Grund, warum z.B. Mobilfunkfelder keine Körperzellen mehr erregen können.) Ihre Energie ist jedoch schon groß genug, um Körpergewebe zu erwärmen. Sie ist aber noch zu klein, um Moleküle verändern zu können. Ob die Erwärmung für uns bedeutsam wird, hängt davon ab, ob eine Mindeststärke überschritten wird.

2. Elektromagnetische Felder lassen sich aber auch als Strom von *Energieteilchen* (Energie-Quanten) vorstellen, die auf den Körper auftreffen. Ihr Energiegehalt ist umso größer, je höher die Frequenz ist. So beträgt z.B. der Unterschied der „Schlagkraft" der Felder einer Hochspannungsleitung und jener einer Mobilfunk-Basisstation das ca. 10.000.000fache. Er ist damit so groß wie der Unterschied einer herabfallenden Wattekugel und einer mit Überschallgeschwindigkeit aufschlagenden Gewehrkugel. Trotzdem ist ihr Energiegehalt noch viel zu klein, um z.B. Moleküle zerschlagen zu können. Dazu wären noch einmal ca. millionenfach höhere Energien notwendig, also Geschoßkugeln, die mit Lichtgeschwindigkeit auftreffen würden.

c) Im *Höchstfrequenzbereich* (über 300 GHz) z.B. der Wärmestrahlung, des Lichtes oder der Röntgenstrahlung sind die Wellenlängen bereits so klein, daß die Ausbreitung der elektromagnetischen Wellen durch optische Gesetze bestimmt wird: Sie werden an Grenzflächen reflektiert und lassen sich bündeln. Erst hier ist daher der Begriff *elektromagnetische Strahlung* gerechtfertigt. Mit zunehmender Frequenz wird die Energie der Strahlungsteilchen (Strahlungs-Quanten) so groß, daß sie chemische Verbindungen auftrennen, Moleküle verändern und damit bleibende Schäden verursachen können.

Das unterschieldiche physikalische und biologische Verhalten bedeutet: Vorsicht vor voreiligen Schlußfolgerungen! Journalisten und selbsternannte Fachleute machen einen großen Fehler, wenn sie von den Ergebnissen und Erfahrungen im „Sandkorn"-Bereich der Energieversorgungsfelder auf die Verhältnisse im „Mount-Everest"-Bereich des Mobilfunks schließen und umgekehrt, oder wenn sie sie wie Äpfel und Birnen undifferenziert in den gleichen „Elektrosmog"-Topf werfen.

Die Frequenzen elektromagnetischer Felder, denen wir in unserer Umwelt ausgesetzt sind, erstrecken sich über einen riesigen Bereich, von den 16²/³ Hz der Eisenbahn über 50 Hz der Stromleitung, den 10^8 Hz des UKW-Radios, $5 \cdot 10^8$ Hz des Fernsehens, den 10^9 Hz des Mobilfunks und des Mikrowellenherdes, den 10^{14} Hz des Heizkörpers, den 10^{15} Hz des sichtbaren Lichtes und der Bräunungsstudios bis hin zu den 10^{19} Hz des Röntgengerätes und dem daran anschließenden Bereich der Gamma-Strahlung radioaktiver Atomkerne.

Der Trick

So große Bereiche in einer gemeinsamen Abbildung darzustellen, ist ein nicht zu unterschätzendes Problem: Würde die Darstellung der biologischen Wirkungen in Abhängigkeit der Frequenz in gewohnten Weise mit einem Lineal erfolgen, würden die niedrigen Frequenzen so stark

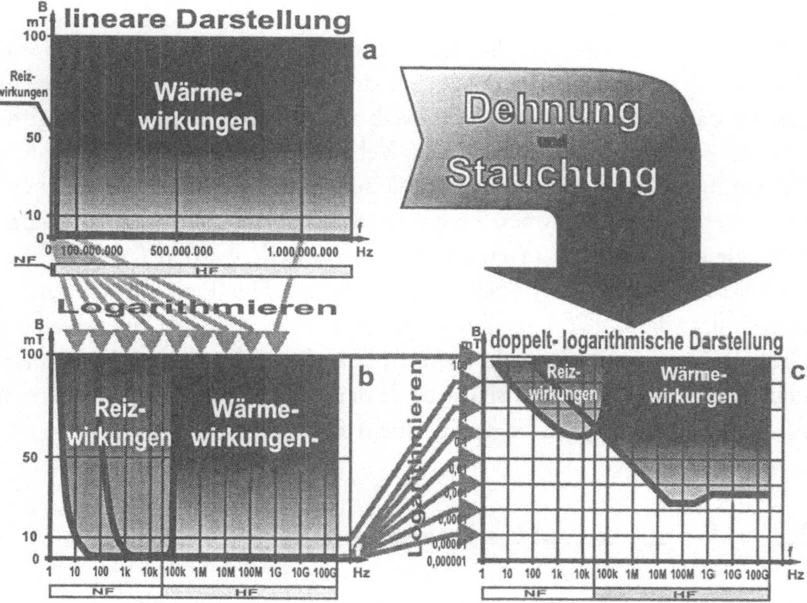

Abb. 1. Darstellung des Frequenzbereichs elektromagnetischer Felder mit dem Dehnungs- und Stauchungs-Trick der doppelt-logarithmischen Darstellung: a Die lineare Darstellung läßt keine Differenzierung zu. b Durch Stauchen der hohen und Dehnen der niedrigeren Frequenzen (Logarithmieren) kann erkannt werden, daß in unterschiedlichen Frequenzbereichen verschiedene biologischen Wirkungen vorherrschen. c Wenn auch der Amplitudenbereich gestaucht und gedehnt (logarithmiert) wird, zeigt sich, daß für das Auftreten eines biologischen Effektes ein Mindestwert überschritten werden muß, dessen Größe von der Frequenz abhängt. Jedes Kästchen der Darstellung entspricht nun der Multiplikation mit dem Faktor 10

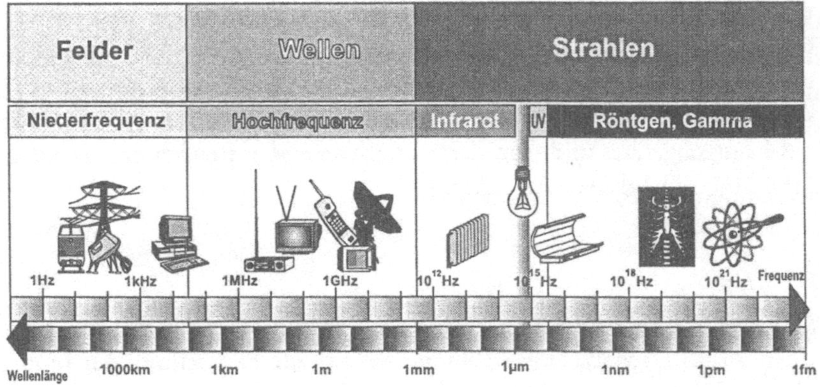

Abb. 2. Frequenzbereich der elektromangetischen Felder, Wellen und Strahlen in logarithmischer Darstellung

zusammengestaucht sein, daß keine Einzelheiten mehr erkennbar wären. Aus diesem Grund bedient sich die Wissenschaft eines Tricks: Er besteht darin, den Abbildungsmaßstab mathematisch (durch Logarithmieren) so zu verzerren, daß jeder Zehner-Bereich den gleich großen Darstellungsplatz erhält. Auf diese Weise werden die niedrigen Frequenzen gedehnt und die hohen Frequenzen zusammengestaucht und können „gleichberechtigt" in einem Bild dargestellt werden (Abb. 1).

Dieser Vorteil muß jedoch erkauft werden: Der Preis der Übersichtlichkeit liegt darin, daß ungeübten Betrachtern der enorme Unterschied der Größenordnungen nicht mehr so leicht bewußt wird. Mit dem Dehnungs- und Stauchungs-Trick läßt sich jedoch der enorm große Frequenzbereich der elektromagnetischen Felder in einem Bild darstellen (Abb. 2).

Ich erklär mir das so! Gedankenmodelle

Wir haben die Antwort, doch wie lautet die Frage?
Gedankenmodelle und Vor-Urteile:
Automaten, Sparschweine, Fässer, Schlüssel und Angst;
Gaspedal, Stufen, Gewöhnung, Sättigung und Überlastung.
Jedes Modell ist richtig und falsch, man muß nur wissen, wann.

„Was soll mir der Elektrosmog schon machen, er ist ja viel zu schwach!" argumentiert Peter. „Das mag schon sein", antwortet Inge, „aber wir sind ohnehin schon so vielen Einflüssen ausgesetzt, wer sagt, daß nicht gerade er den letzten Tropfen darstellt, der das Faß zum überlaufen bringt und uns krank macht?" „Außerdem," gibt Karl zu bedenken, „woher willst du wissen, daß du nicht krank wirst, wenn du ihm ständig ausgesetzt bist?" „Und überhaupt," unterstützt sie Eva, „es kommt ja nicht auf die Stärke an, die Information ist das Schädliche! Ich habe immer stärkere Kopfschmerzen durch den zunehmenden Elektrosmog!" „Typisch hysterisches Frauenzimmer," entgegnet Hans, „deine Beschwerden kommen von der Angst und von sonst nichts!"

Wir alle haben solche Argumente schon gehört. Sie zeigen, was auch für uns gilt: Wir alle haben uns bewußt oder unbewußt Gedankenmodelle zurechtgelegt, die uns helfen, uns im Alltag über verschiedene Dinge unsere Meinung und (Vor-) Urteile zu bilden. Auch den Argumenten von Peter, Inge, Karl, Eva und Hans liegen Gedankenmodelle zugrunde. Sie haben eines gemeinsam: Sie sind richtig und falsch, man muß nur wissen, wann.

Peter denkt bei seinem Schwäche-Argument an das *Automaten-Modell*: Um eine Wirkung zu erreichen, um also z.B. an Zigaretten zu kommen, müssen die eingeworfenen Münzen einen Mindestwert besitzen. Bleibt ihr Wert darunter, gibt es keine Wirkung, selbst wenn man immer wieder, über viele Jahre hinweg, beliebig viele einwerfen würde. Der Mindestwert der Münze ist mit der Energie der elektromagnetischen Strahlungs-Teilchen vergleichbar: Bleibt diese unter dem Mindestbetrag, der z.B. für die Veränderung eines Moleküls notwendig ist, kann diese Wirkung auch durch noch so viele Strahlungs-Teilchen (noch so hohe Strahlungsstärken) nicht erreicht werden.

Inge hingegen denkt mit ihrem Tropfen-Argument an das *Faß-Modell*: Sie setzt voraus, daß die verschiedenen Einflußfaktoren alle in gleicher Weise wirken und daß sich daher ihre jeweiligen Beiträge zusammenzählen lassen. Leider wirft sie mit dieser Milchmädchen-Annahme Äpfel und Birnen in dasselbe Faß. Tatsächlich muß man jedoch an mehrere Fässer denken, die jeweils einer bestimmten Gruppe von Wirkungen zugeordnet und unterschiedlich voll sind: Wir wissen heute, daß es bereits für elektromagnetische Felder je nach ihrer Frequenz mindestens vier Fässer gibt: Das Reizwirkungs-, Erwärmungs-, Biochemie- und Molekülschaden-Faß. Das bedeutet z.B. daß sich die Wärmewirkung von Mobilfunkfeldern nicht erhöht, wenn starke Niederfrequenz-Magnetfelder die Körperzellen erregen und daß daher Grenzwerte für den Hoch- und Niederfrequenzbereich unabhängig von einander festgelegt werden können.

Karl hat mit seinem Langzeit-Argument unbewußt das *Sparschwein-Modell* im Sinn: In seiner Sorge, daß die ständige Einwirkung bedenklicher sein könnte, setzt er voraus, daß Elektrosmog kleinste bleibenden Veränderungen verursachen, und daß sich diese im Lauf der Zeit ansammeln, bis sie schließlich zu einer Erkrankung führen könnten. Wir wissen heute, daß dieses Modell nur auf einen Teil des Frequenzbereichs, z.B. auf die Röntgenstrahlung, anwendbar ist.

Eva denkt mit ihrem Informations-Argument an das *Schlüssel-Schloß-Modell*: Sie setzt damit gleich mehrere Dinge voraus, nämlich, daß die Strahlung tatsächlich relevante Information an sich besitzt und daß diese auch noch bedenklich ist. Wer z.B. „Feuer!" ruft, kann je nach den Umständen die Vollstreckung eines Todesurteils, Panik in einer Diskothek, die Ehrung eines Staatsgastes, Freude über die Osternacht, Erleichterung in einer Gruppe durchfrorener Wanderer oder das Anzünden einer Zigarette auslösen. Er kann aber auch keinerlei Reaktion bewirken, wenn er dies z.B. im fremdsprachigen Ausland tut und einfach nicht verstanden wird. Damit „Information" wirksam werden kann, müßten wir daher im Körper auch entsprechende Empfänger haben, die sie verstehen und darauf reagieren. Evas Argument bedeutet jedoch noch mehr: Es läßt sich nicht verallgemeinern! Wenn es tatsächlich stimmt, daß die Information das Schädliche ist, so nur jeweils für eine charakteristische Frequenz oder Signalform. Selbst wenn ein Schlüssel die richtige Form hätte, würde er ein Schloß nicht sperren können, wenn er zu groß oder zu klein wäre. Dies bedeutet, selbst wenn ein Teil des „Elektrosmog" die passende Signalform hätte, müßte überdies auch noch seine Stärke stimmen, um etwas bewirken zu können. Daraus folgt, daß Ergebnisse bei bestimmten Frequenzen auf andere Frequenzen und Signalformen nicht übertragbar sind, wenn die Wirkungsmechanismen nicht bekannt sind.

Hans denkt mit seinem Angst-Argument an das *Psychosomatik-Modell*: So wie der Glaube an eine an sich unwirksame Therapiemethode tatsächlich eine Heilung bewirken kann (man bezeichnet dies als Placebo-Effekt), so kann auch die Angst vor einem an sich harmlosen Faktor krank machen. Gerade dieser Umstand ist der Grund, weshalb man einerseits Ängste ernst nehmen muß, weshalb es aber auch unverantwortlich ist, Ängste hervorzurufen, wo sie nicht begründet sind. Nicht immer sind daher Warner jene Menschenfreunde, als die sie sich selbst gerne geben.

Wir haben jedoch nicht nur Gedankenmodelle für die Wirkungsweise, sondern auch darüber, wie die Wirkung von der Stärke des „Elektrosmogs" abhängt. So denkt z.B. Eva an das *„Gaspedal-Modell"* des „Je stärker, desto wirksamer", wenn sie meint, die Kopfschmerzen würden umso stärker, je stärker der „Elektrosmog" wäre, so wie das Auto immer schneller wird, je fester sie auf das Gaspedal drückt. Das ist jedoch durchaus nicht die einzig mögliche Vorstellung.

Das Automatenmodell hat bereits gezeigt, daß auch das *„Stufenmodell"*, also sprunghafte Reaktionen im Sinne des „Alles oder Nichts" möglich sind, wie sie z.B. für die Reizwirkung unserer Nerven- und Muskelzellen gilt.

Darüber hinaus gibt es noch das *„Gewöhnungs-Modell"*. Es bedeutet, daß wir nur reagieren, wenn etwas neu auf uns einwirkt, so wie uns nach einiger Zeit die Sonnenstrahlung in unserem Urlaubsort nichts mehr ausmacht, weil wir uns durch Bräunung an sie angepaßt haben.

Schließlich käme auch noch das *„Sättigungs-Modell"* im Sinne des „bis hierher und nicht weiter" in Betracht. So wie wir z.B. keine Details mehr erkennen können, wenn wir in das Licht eines Scheinwerfers blicken, weil der Wahrnehmungsbereich unserer Sehzellen dann ausgeschöpft ist und uns keine weitere Unterscheidung erlaubt.

Jedes der Gedankenmodelle hat seine Berechtigung und jedes stimmt, der Unterschied ist nur: Sie stimmen nicht immer und nicht überall. Es ist daher falsch, auf alle Frequenzen und Amplituden des „Elektrosmogs" das selbe Gedankenmodell anzuwenden.

Wie sicher ist die Sicherheit? Grenzwerte

So niedrig, wie es - vernünftigerweise - geht.
Nicht die tatsächliche Bedrohung,
sondern unsere Meinung darüber bestimmt unsere Angst.
Vor Angst gestorben ist auch tot.
Wattebäuschchen sind keine Gewehrkugeln.
Lebewesen sind keine Maschinen.
Grenzwerte beruhen auf Fakten und einem gesellschaftlichen Kompromiß.
Vorbeugungs-, Vermeidungs-, ALARA- und Schwellwertprinzip.

In der Bürgerversammlung gegen den Bau einer Hochspannungsleitung ging es hoch her. Das Argument der Konzernleitung, man würde selbstverständlich die bestehenden Grenzwerte einhalten, wurde mit einem höhnischen Auflachen quittiert. „Ihr habt euch die Grenzwerte ja selbst gemacht. Die Grenzwerte sind viel zu hoch. Bei der Röntgenstrahlung hat sich ja gezeigt, daß sie immer wieder herabgesetzt werden mußten, wer weiß, was in 10 Jahren sein wird. Und überhaupt: Könnt ihr uns garantieren, daß keinerlei Risiko existiert?"

Diese Argumente sind durchaus ernst zu nehmen, doch gehen sie leider an den Tatsachen vorbei. Der Umstand, daß die Grenzwerte für Röntgenstrahlung im Laufe der Jahre immer wieder hatten erniedrigt werden müssen, läßt sich auf „Elektrosmog" nicht übertragen: Zur Zeit der Entdeckung der Röntgenstrahlung vor mehr als hundert Jahren (im Jahr 1896) waren die physikalischen Kenntnisse noch zu gering, um die Natur der Strahlung erkennen zu können: Die Atomphysik war noch in den Kinderschuhen, die Quantentheorie noch unbekannt und die Relativitätstheorie von Einstein noch nicht erdacht. Heute kennen wir die physikalische Natur der elektromagnetischen Strahlen, Wellen und Felder sehr gut. Wir wissen, daß sie im Niederfrequenz-, Hochfrequenz- und Höchstfrequenzbereich sehr unterschiedliche Auswirkungen besitzen (Tabelle 1). Wir wissen daher auch, daß es falsch ist, die Vorstellungen über die Röntgenstrahlung auf den Bereich der elektromagnetischen Felder, z.B. von Mobilfunkstationen und Hochspannungsleitungen, zu übertragen. Es gibt nämlich gravierende Unterschiede (Tabelle 1): Bei der energiereichen Röntgenstrahlung können Grenzwerte einen Schaden grundsätzlich nicht ausschließen. Sie können ihn nur so gering halten, daß er gegenüber dem Nutzen akzeptierbar ist. Daraus erklärt sich, daß die Grenzwerte für Röntgenstrahlung immer wieder verringert wurden und sich dies vielleicht auch in Zukunft fortsetzen wird.

Der Wunsch nach einer Garantie, daß kein Risiko existiert, ist emotional zwar verständlich, aber aus wissenschaftlicher Sicht vom Prinzip her nur teilweise zu erfüllen. Naturgemäß kann sich jede seriöse Aussage nur auf den jeweiligen Wissensstand beziehen. Das ist trivial und gilt auch in der Zukunft. Es kann daher grundsätzlich keine Garantie dafür abgegeben werden, daß neue Erkenntnisse in der Zukunft die Risikoeinschätzung nicht beeinflussen könnten. Andrerseits sind jedoch die Felder von Hochspannungsleitungen und des Mobilfunks so energieschwach, daß sie es erlauben, sichere Grenzwerte festzulegen. Es ist daher möglich, die heute erwiesenen (gesundheitlich bedeutsamen) Wirkungen tatsächlich auszuschließenund dadurch den Wunsch nach einer Garantie zumindest teilweise zu erfüllen.

Dennoch ist zu klären, was ein „Risiko" überhaupt ist. Unter dem „Risiko, beim Falschparken erwischt zu werden" verstehen wir im Alltag meist (nur) die Wahrscheinlichkeit, mit der ein Ereignis eintritt. Wissenschaftlich gesehen ist jedoch das „Risiko" das Produkt von Ein-

Tabelle 1. Die Unterschiede zwischen der energiereichen Röntgenstrahlung und den energiearmen elektromagnetischen Feldern zeigen, daß beide nicht in einen Topf geworfen werden dürfen

Die Röntgenstrahlung	Die Felder von Mobilfunk und Hochspannungsleitungen (nichtionisierende Strahlung)
Sie ist mit Gewehrkugeln vergleichbar: Bereits die kleinstmögliche Strahlungsmenge (ein Quant) ist so energiereich, daß sie gefährlich werden kann, wenn sie auf ein Molekül trifft.	Sie sind mit Wattebäuschchen vergleichbar: Die kleinstmögliche Menge (ein Quant) ist so energiearm, daß sie nicht gefährlich werden kann, auch nicht, wenn ein Molekül direkt getroffen wird.
Da jeder Treffer schädigen kann, ist die Strahlung von Natur aus gefährlich. Es gibt daher keine Sicherheit.	Die Felder sind von Natur aus ungefährlich. Erst zu große Stärken sind bedenklich.
Je mehr Gewehrkugeln (Quanten) abgefeuert werden, desto wahrscheinlicher wird es, daß ein Treffer erzielt wird. Die Gefährdung steigt daher mit zunehmender Strahlungsstärke.	So wie man z.B. an zu vielen Wattebäuschchen ersticken könnte, ist auch hier ein Zuviel ungesund. Die Gefährdung setzt jedoch erst bei größeren Strahlungsstärken ein und nimmt nicht einfach linear mit zunehmender Strahlungsstärke zu.
Grenzwerte können einen Schaden nicht ausschließen. Sie können ihn nur so gering halten, daß er gegenüber dem Nutzen akzeptierbar ist.	Durch die Festlegung von Grenzwerten kann eine Gefährdung ausgeschlossen werden.
Da jeder Treffer bleibende Schäden hinterlassen kann, die sich mit der Zeit gefährlich aufsummieren können, ist das Risiko umso größer, je mehr „Schüsse" abgegeben werden, also je mehr Strahlungs- Quanten einwirken. Die biologische Wirkung hängt daher von der „Strahlendosis", der zeitlichen Summe der Treffer, ab.	Die Felder hinterlassen (bei Einhaltung der Grenzwerte) keine bleibenden Schäden die sich im Lauf der Zeit aufsummieren könnten. Die biologische Wirkung hängt daher wesentlich (nur) von der augenblicklichen Stärke der Felder ab.
Die kurzzeitige Einwirkung hoher Intensitäten ist gefährlicher als die verteilte Bestrahlung, weil sie die körpereigenen Reparaturmechanismen überfordern kann.	Die kurzzeitige Einwirkung hoher Feldstärken ist gefährlicher, wenn sie lange genug dauert, um Körperreaktionen zu verursachen. Die längere Einwirkung unterschwelliger Feldstärken kann sogar vernachlässigt werden.
Die ständige Einwirkung geringer Strahlenmengen ist etwas weniger gefährlich wie die plötzliche Einwirkung hoher Intensitäten, da dem Körper mehr Zeit bleibt, entstandene Schäden zu reparieren.	Auch bei dauernder Einwirkung sind keine zusätzlichen Gefährdungen bekannt, wenn die Grenzwerte eingehalten werden.

trittswahrscheinlichkeit und dem Schaden. Geringe Folgen, die häufig eintreten, ergeben daher ebenso ein großes Risiko wie Katastrophen, die extrem selten sind.

Wir alle sind ständig Risiken ausgesetzt. Diese können Wissenschafter aufgrund theoretischer Modelle, Erfahrungen und Untersuchungen abschätzen. Tatsache ist aber auch, daß wir uns dieser Risiken nicht nur unterschiedlich stark bewußt sind, sondern daß sie auch jeder von uns als ganz verschieden bedrohlich empfindet. Der Grund für diese verzerrte Sicht liegt darin, daß die eigene „Risikowahrnehmung" nicht nur von der objektiven Größe des Risikos abhängt.

Obwohl z.B. bekannt ist, daß in Österreich jedes Jahr ca. 1000 Personen im Straßenverkehr getötet und noch viel mehr schwer verletzt werden oder dauernd behindert bleiben, wird das Risiko des Autofahrens als wesentlich kleiner empfunden, als es tatsächlich ist - oder ziehen Sie bewußt die Bahn dem Auto vor, um das Risiko zu verringern?!

Das Risiko wird als größer empfunden, wenn uns der Risikofaktor nicht vertraut ist, wenn wir wenig über seine Natur und die möglichen Auswirkungen wissen, ihn selbst nicht beeinflussen können und ihm passiv ausgesetzt ist, wenn er durch die Technik verursacht ist, der eigene Nutzen unklar oder gering ist und er große Beachtung in den Medien findet.

Alle diese Aufzählungen treffen auf die Felder von Stromleitungen zu: Das ihnen zugeschriebene (hypothetische) Risiko wird in der Bevölkerung meist größer wahrgenommen, als es objektiv ist.

Im Gegensatz dazu wird das Risiko als klein empfunden, wenn uns der Risikofaktor vertraut ist, wenn wir mehr über ihn und seine Auswirkungen wissen, wenn er auf der eigenen Entscheidung beruht, wir die Möglichkeit haben, ihn zu beeinflussen, der persönliche Nutzen klar ist und er wenig Aufmerksamkeit in den Medien findet.

Es ist daher nur scheinbar ein Widerspruch, daß der gleiche Risikofaktor, nämlich elektrische und magnetische Felder, beim alltäglichen Gebrauch elektrischer Geräte als unbedeutend klein angesehen wird, obwohl die Felder um ein Vielfaches höher sein können als bei Hochspannungsleitungen: Hier ist uns nämlich der persönliche Nutzen unmittelbar erkennbar und das Gefühl der Beherrschbarkeit vorhanden. Man könnte ja schließlich das Gerät jederzeit abschalten (auch wenn uns nicht bewußt ist, was uns rechtzeitig dazu veranlassen würde). Im Gegensatz dazu glauben viele bei Hochspannungsleitungen, daß sie ja nur den profitgierigen Elektrizitätsunternehmungen dienten, deren beruhigenden Risikoabschätzungen man daher ohnehin nicht glauben dürfe („Wozu Hochspannungsleitungen, bei mir kommt der Strom aus der Steckdose!").

„Die Grenzwerte sind viel zu hoch" schimpft Bertram. „ Ich weiß, wovon ich spreche, schließlich habe ich mit meiner Wünschelrute schon die Wohnungen von vielen Kranken untersucht. Durch eine Elektrosmog-Sanierung konnte ich bisher allen helfen. Ich fordere daher wenigstens im Schlafbereich einen Grenzwert, der Hundertfach kleiner ist!"

Bertram berührt damit unbewußt eine Reihe von Fragen, nämlich

- Wer soll die Grenzwerte festlegen?
- Welches Schutzziel soll erreicht werden: (Bloß) der Schutz des Lebens und der Gesundheit oder auch die Vermeidung von Belästigungen?
- Sollen Grenzwerte zwischen Personengruppen unterscheiden, z.B. Berufstätige und Allgemeinbevölkerung oder zwischen Bereichen, die z.B. kontrolliert oder allgemein zugänglich sind?
- Ist auf spezielle Risikogruppen, z.B. Elektrosensible, Herzschrittmacherpatienten oder Schwangere, besonders Bedacht zu nehmen?
- Auf welchen Grundlagen sollen die Entscheidungen beruhen, z.B. gesicherten Erkenntnissen oder bloßen Vermutungen?

Grundsätzlich haben Grenzwerte einen Preis: Wir zahlen ihn in Form von Geld (z.B. bei Autos für zusätzliche Sicherheitseinrichtungen wie ABS, Seitenaufprallschutz, Airbag und Abstandsradar), in Form von Zeit (z.B. für die Einhaltung von Geschwindigkeitsbeschränkungen) oder in Form von Unbequemlichkeit (z.B. durch angelegte Sicherheitsgurte).

Die Festlegung von Grenzwerten ist daher keine Aufgabe, die einzelne Gruppen lösen können, auch Bertram mit seinen gleichgesinnten Freunden nicht. Nicht einmal Wissenschaftler können alleine die Entscheidung treffen. Sie schaffen zwar die Entscheidungshilfen, indem sie erforschen, mit welchen Auswirkungen bei welchen Feldstärken zu rechnen ist. Die Entscheidung selbst, welches Schutzziel erreicht werden soll, welche Wirkungen auszuschließen oder zu vermeiden sind, welche Sicherheitsfaktoren dazu gewählt werden sollen und welcher Preis dafür in Kauf genommen werden soll, kann nur auf einem gesellschaftlichen Kompromiß beruhen, der den Nutzen für die Gesellschaft gegenüber den entstehenden Kosten abwiegt. Es ist daher wichtig, daß Normungsgremien aus Vertretern der verschiedenen gesellschaftlichen Gruppen zusammengesetzt sind, nämlich Wissenschaftler, Beamte, Ärzte, Vertretern von Interessenverbänden und selbstverständlich auch der Wirtschaft.

Schließlich erfordert die Festlegung noch etwas, nämlich Akzeptanz durch uns alle. Wir sind zwar bereit, einen immer höheren Preis für niedrigere Grenzwerte zu bezahlen, (mit Geld, Zeit und Unbequemlichkeit), aber nur dann, wenn sich das Risiko dadurch tatsächlich und genügend stark verkleinern läßt. Daß dies nicht selbstverständlich ist, zeigt sich z.B. bei der Festlegung von Geschwindigkeitsgrenzen: Obwohl es wissenschaftlich erwiesen und auch in der Bevölkerung unumstritten ist, daß das Risiko mit zunehmender Geschwindigkeit zunimmt, ist die Akzeptanz gering, die Höchstgeschwindigkeit auf Autobahnen oder jene im Ortsgebiet einzuhalten. Die Einführung von flächendeckenden Tempo-30-Zonen wird sogar öffentlich heftig bekämpft.

„Es sind doch alle Menschen gleich, warum sollte man bei den Grenzwerten Unterschiede machen?" fragte vorwurfsvoll ein Diskussionsteilnehmer. Grundsätzlich ist dem zuzustimmen. Es gibt jedoch zwei Gründe für unterschiedliche Behandlung:

Einerseits, wenn niedrigere Grenzwerte mit vernünftigem Aufwand (noch) nicht zu erreichen sind und daher zwischen dem Verzicht auf die Tätigkeiten und der Belästigung von Arbeitern abzuwägen ist. So wird z.B. Berufstätigen mehr Lärm, mehr Staub oder größere Hitze zugemutet als der Bevölkerung. Dabei kann die Belästigung unter Umständen durch Lohnzulagen entschädigt werden.

Bei elektromagnetischen Feldern betrifft die Abwägung z.B. Arbeiten in Umspannwerken oder die Frage, ob Operationen mit Unterstützung der für den Patienten schädlichen Röntgengeräte oder mit den unbedenklichen Magnetresonanzgeräten durchgeführt werden sollen, bei denen jedoch der Chirurg hohen Magnetfeldern ausgesetzt ist.

Andrerseits kann eine unterschiedliche Festlegung für Bevölkerungsgruppen vertreten werden, wenn trotz unterschiedlicher Sicherheitsfaktoren der gleiche Schutzgrad erreicht werden kann. So kann z.B. der Sicherheitsfaktor für die Gruppe der beruflich Exponierten im Vergleich zur Allgemeinbevölkerung kleiner bleiben, weil sie im Umgang mit Feldern besonders geschult sind, regelmäßig gesundheitlich überwacht werden können und in ihr gewisse Risikogruppen, die besonderer Rücksicht bedürfen, wie z.B. ganz Junge und Alte oder Kranke, nicht enthalten sind.

Schließlich kann es notwendig sein, bestimmte Gruppen unberücksichtigt zu lassen. So werden z.B. Grenzwerte für Signal- und Alarmtöne nicht so hoch angesetzt, daß sie auch Schwerhörige sicher hören können. Die Grenzwerte für elektromagnetische Felder wiederum sind nicht so niedrig, daß Funktionsbeeinflussungen von implantierten Herzschrittmachern ausgeschlossen werden könnten.

Grundsätzlich sollen Grenzwerte so niedrig festgesetzt werden, wie es vernünftiger Weise möglich ist. Unter „vernünftig" versteht man dabei ein von der Gesellschaft akzeptiertes Nutzen/Risio-Verhältnis. Um eine Nutzen/Risiko-Abwägung machen zu können, müssen jedoch zwei Bedingungen erfüllt sein: Einerseits muß eine beeinträchtigende Wirkung tatsächlich gegeben sein. Irrationale Ängste, die bloß auf denkbaren Wirkungen beruhen, rechtfertigen es nicht, große Nachteile in Kauf zu nehmen. Andrerseits muß auch erkennbar sein, welchen gesellschaftlichen Nutzen niedrige Grenzwerte bieten. Auch hier reicht die bloße Denkmöglichkeit nicht aus.

Persönliche Erfahrungen wie sie z.B. Bertram als Grund für seine Empfehlung reklamiert, genügen nicht nur nicht den wissenschaftlichen Kriterien, z.B. der Objektivität, man kann aus ihnen meist nicht einmal schließen, daß tatsächlich die Felder eine verursachende Rolle gespielt haben. Auch wissenschaftliche Berichte, die nur vorläufigen Charakter haben, reichen für die Grenzwertfestlegung nicht aus. Der Grund dafür liegt darin, daß Lebewesen keine Maschinen sind, deren Verhalten man genau voraussagen kann. In biologischen Untersuchungen gibt es immer Unwägbarkeiten und die Möglichkeit zu spontanen Veränderungen, die eine Beeinflussung vortäuschen können. Es ist daher ein weit verbreiteter Irrtum, zu glauben, es könnte durch ein einziges besonders sorgfältiges Experiment eine bestimmte Frage der biologischen Wirkung entschieden werden. Die Untersuchung biologischer Wirkungen elektromagnetischer Felder sind vielmehr mit mühsamen und langwierigen Arbeiten verbunden, nämlich:

–   Es muß das Ergebnis gesichert werden, indem es von der selben Gruppe wiederholt und von unabhängigen anderen Gruppen bestätigt wird.

–   Es muß nachgewiesen werden, daß die Ursache für das Ergebnis tatsächlich die untersuchten elektromagnetischen Felder waren. So waren z.B. psychosomatische Beschwerden von Arbeitern in elektrischen Umspannwerken der Grund, weshalb man in der damaligen Sowjetunion im Jahr 1972 eine Vorschrift erließ, die für Arbeiter die Aufenthaltsdauer in elektrischen Feldern zeitlich begrenzte. Erst acht Jahre später, nachdem entsprechende Laborversuche im Westen zu keinen vergleichbaren Ergebnissen geführt hatten, ergab eine Kontrolluntersuchung vor Ort, daß nicht die elektrischen Felder, sondern der durch die Leistungstransformatoren verursachte hohe Lärmpegel die eigentliche Ursache der Beschwerden gewesen war.

– Es muß bewertet werden, ob ein festgestellter Effekt unsere Gesundheit oder das Wohlbefinden überhaupt beeinflussen kann. Dazu ist es notwendig, festzustellen

- ob er beim Menschen überhaupt auftritt. So vermeiden z.B. Bienen starke elektrische Felder von Hochspannungsleitungen mit hohen Übertragungsspannungen. Der Grund ist nicht eine direkte Beeinflussung des Gehirns oder der Organe der Bienen. Er liegt vielmehr darin, daß die Tiere stark irritiert werden, weil das elektrische Feld ihren (Isolierstoff-) Chitinpanzer zum Vibrieren bringt und beim Aufsetzen auf einem geerdeten Gegenstand in ihren sehr dünnen Beinen hohe elektrische Stromdichten verursacht. Da wir uns von den Bienen anatomisch sehr unterscheiden und weder eine vergleichbare Isolierstoff-Körperhülle noch so extrem dünne Beine besitzen, können diese Ergebnisse auf uns Menschen nicht direkt übertragen werden.

- wie die Expositionsbedingungen aus dem Versuch auf uns Menschen zu übertragen sind. So entspricht z.B. eine 24-stündige Exposition für eine Eintagsfliege ihrer gesamten Lebensdauer, während sie für uns vergleichsweise kurz ist; da eine Fliege ihre Körpertemperatur nicht so wie wir konstant halten kann, hat für sie z.B. die Erwärmung in einem Mikrowellenfeld eine größere Bedeutung als für uns. Dies bedeutet, daß nicht nur die Versuchsbedingungen, wie z.B. die Stärke des Feldes, die Art, wie es auf den Körper wirkt und die Einwirkungsdauer, sondern daß auch die biologischen Unterschiede berücksichtigt werden müssen. Es sind daher sowohl physikalische als auch biologische Modellvorstellungen notwendig, um Laborergebnisse auf uns Menschen übertragen zu können.

- ob der gefundene, gesicherte und auf uns Menschen übertragene Effekt für unsere Gesundheit oder das Wohlbefinden überhaupt eine Bedeutung besitzt. So ist z.B. das Vibrieren unserer Körperhaare meßtechnisch nachweisbar, wenn es jedoch unter der Wahrnehmbarkeitsgrenze bleibt, für uns ohne Bedeutung.

- ob die Bedingungen, die zum Effekt geführt haben, im Alltag überhaupt auftreten können. Aus verschiedenen Gründen schwanken nämlich die elektromagnetischen Felder im Alltag ständig, sowohl mit der Zeit als auch mit dem Ort. Dies betrifft nicht nur ihre Stärke, sondern auch ihre Orientierung und Frequenz-Zusammensetzung. Resonanz-Effekte, die im Labor nur unter sorgfältig konstant gehaltenen Bedingungen gefunden werden können, sind daher im Alltag unwahrscheinlich.

Schließlich können sich Grenzwerte nicht nur auf einige wenige Frequenzen beschränken, sondern müssen auf den gesamten enorm großen Frequenzbereich erstreckt werden. Dies kann auf zwei Wegen geschehen:

1. Indem man willkürlich quer über den Frequenzbereich eine Begrenzungslinie zieht, mit der die bei nur wenigen Frequenzen bekannten Wirkungen ausgeschlossen werden sollen. Die damit erreichbare Sicherheit ist nur so gut wie es die experimentellen Daten zulassen.
2. Indem man Wirkungsmodelle erforscht, die durch einzelne Experimente bestätigt werden. Sie erlauben dann gleich hohe Sicherheitsabstände über den gesamten Frequenzbereich.

Die Grenzwerte, die in den europäischen Ländern für elektromagnetische Felder festgelegt wurden, haben trotz unterschiedlicher Zahlenwerte einiges gemeinsam:

— Sie haben zum Ziel, nicht nur unser Leben und die Gesundheit, sondern auch unser Wohlbefinden zu schützen;
— Medizinische Anwendungen sind von den Grenzwerten ausgenommen. (Sie unterliegen der Verantwortung des Arztes.)
— Es werden zunächst Basisgrenzwerte festgelegt. Das bedeutet, daß primär jene Größen begrenzt werden, die in unserem Körper wirken, z.B. die vom Feld im Körper erzeugte elektrische Stromdichte, die Stärke des Berührungsstromes oder die (auf die Körpermasse bezogene) in Wärme umgewandelte Strahlungsleistung.
— Die Basisgrenzwerte haben jedoch einen Nachteil: Sie sind meßtechnisch nicht überprüfbar. Aus diesem Grund werden in einem zweiten Schritt jene äußeren Feldgrößen, z.B. elektrische und magnetische Feldstärken, errechnet, bei denen die Basisgrenzwerte im Körper erreicht werden. Werden diese abgeleiteten Grenzwerte eingehalten, gelten auch die Basisgrenzwerte als eingehalten.
— Die (abgeleiteten) Grenzwerte legen nicht fest, wie hoch die Feldstärken sein dürfen, die einzelnen Verursacher jeweils erzeugen dürfen

(Emissionsgrenzwerte), sondern begrenzen die Summe aller elektromagnetischen Anteile, die auf uns einwirken (Immissionsgrenzwerte);

— Wirken verschiedene Felder auf uns ein, gilt das Mehrfässer-Prinzip: Es werden jeweils die Anteile all jener Felder aufsummiert, die die gleichen Auswirkungen besitzen.

— Es gelten verschiedene Werte für die Allgemeinbevölkerung und beruflich Exponierte. Dies sind nicht alle Berufstätigen, sondern nur solche, deren Beruf es erfordert, sich in höheren Feldern aufzuhalten. Es wird von ihnen angenommen, daß sie über die besonderen Aspekte dieser Situation geschult sind und, wenn nötig, auch kontinuierlich medizinisch überwacht werden, wie dies z.B. im Bereich der radioaktiven Strahlung vorgesehen ist.

— Störbeeinflussungen von elektronischen Geräten, insbesonders von Implantaten, z.B. Hörgeräten, Herzschrittmachern und implantierte Hörhilfen, werden durch die Grenzwerte nicht grundsätzlich ausgeschlossen. Es wird angenommen, daß dies ein technisches Problem ist, das durch die Konstruktion der Geräte selbst zu lösen ist. (Tatsächlich können derzeit z.B. elektronische Geräte im Flugzeug oder im Krankenhaus durch Handys gestört werden; auch die Funktion von Herzschrittmachern kann z.B. durch starke Felder von Hochspannungsleitungen oder durch Handys beeinflußt werden (Kapitel 6).)

Wissenschaftliche Ergebnisse bilden lediglich Enscheidungshilfen. Die Festlegung der Grenzwerte erfordert einen gesellschaftlichen Konsens. Im Bereich elektromagnetischer Felder sind sich Normungsgremien heute weitgehend einig, daß das Ziel von Grenzwerten nicht bloß der Schutz des Lebens und der Gesundheit sein soll, wie es z.B. in der Arbeitswelt gilt. Es soll darüber hinaus auch das Wohlbefinden der Bevölkerung vor Beeinträchtigung geschützt werden. Bezüglich der Strategien, mit denen dies erreicht werden sollen, gibt es jedoch je nach der Art des Risikofaktors verschiedene Ansätze:

1. Das *Vorbeugungsprinzip*: Es ist nicht klar definiert, wird jedoch meist so verstanden, daß vorbeugende kosten- effektive Maßnahmen in vernünftigem Umfang bereits dann gerechtfertigt sind, wenn Untätigkeit zu Leid führen könnte und wenn ausreichende Hinweise vorliegen, die aber noch keinen endgültigen Beweis darstellen müssen. Das Vorbeugungsprinzip ist in mehreren Dokumenten enthal-

ten, z.B. in der Rio-Umwelt-Deklaration der Vereinten Nationen (1992): *„Je nach ihren Möglichkeiten sollten von den Staaten die Umwelt vorbeugend geschützt werden. Bei Bedrohung durch schwerwiegende oder irreversible Schäden darf fehlendes Wissen kein Grund dafür sein, daß effiziente Umweltschutzmaßnahmen aufgeschoben werden.“* oder z.B. im EU-Vertrag von Maastricht, wo festgehalten ist, *daß „die Umweltpolitik der Gemeinschaft... zum Schutz der menschlichen Gesundheit beitragen und ... auf dem Vorbeugungsprinzip beruhen soll.“*

2. Das *Vermeidungsprinzip*. Es beruht darauf, daß selbst bei fehlenden Beweisen für ein Risiko überall dort Maßnahmen zur Verringerung eines Einflußfaktors getroffen werden sollten, wo dies einfach und mit geringem Aufwand möglich ist. Dieses Prinzip ist in Schweden als Richtschnur empfohlen und ersetzt dort die Festlegung von konkreten Grenzwerten.

3. Das *ALARA-Prinzip*: Das Prinzip beruht darauf, die Einwirkung so gering zu machen, wie dies mit vernünftigem Aufwand erreichbar ist (As Low As Reasonably Achievable). Es wird im Bereich der Röntgen- und radioaktiven Strahlung angewendet. In diesem Bereich wird das Risiko mit kleiner werdender Dosis zwar kleiner, verschwindet aber nicht. Es gilt daher der Grundsatz „Je weniger, desto besser“.

4. Das *Schwellwert-Prinzip*: Es wird dort angewendet, wo eine biologische Wirkung erst bei Überschreiten eines Mindestwertes einsetzt. Liegt die Einwirkung unter diesem Wert, wird die Sicherheit nicht mehr größer, auch wenn die Stärke weiter verringert werden würde.

Ob Grenzwerte ihren Sinn erfüllen, nämlich die Bevölkerung zu schützen und den Verursachern rechtzeitig die Grenzen aufzuzeigen, die bei technischen Entwicklungen zu beachten sind, hängt wesentlich davon ab, ob sie Vertrauen und die Akzeptanz finden. Eine wesentliche Voraussetzung dafür ist die Offenlegung der Überlegungen, die zu der Festlegung geführt haben.

1. Wollpullover und Gewitterwolken: Elektrostatische Felder

Gegensätze ziehen einander an, Gleiches stößt einander ab.
Berührung und Trennung erzeugen (elektrische) Aufladungen.
Ladungstrennung verursacht elektrische Felder.

Jedesmal, wenn er seine Haare gewaschen hat, stehen sie ihm beim Kämmen zu Berge. Wenn sie zur Türklinke faßt, verspürt sie manchmal einen schmerzhaften Stich, und wenn sich drohend Gewitterwolken zusammenballen und die ersten Blitze zucken, haben die Kinder Angst. Alle diese Erlebnisse haben eines gemeinsam: Sie zeigen, daß Elektrizität auch ohne Steckdose allgegenwärtig ist. Bereits die alten Griechen hatten erkannt, daß Bernstein durch Reiben mit Wolle in einen anderen „Zustand" gebracht werden kann, schließlich stammt ja die Bezeichnung „Elektrizität" vom griechischen Wort für Bernstein, nämlich „Elektron" („ελεκτρον").

Mit der Elektrizität ist es wie mit der Wahrheit: Jeder redet von ihr, doch niemand kennt sie wirklich. Wir kennen zwar ihre Auswirkungen und haben ihre Kräfte, so weit es ging, nutzbar gemacht, doch worin sie letztlich besteht, ist nach wie vor ungeklärt. Wir wissen, daß sie von einer Eigenschaft von Teilchen ausgeht, die wir mit *„elektrischer Ladung"* bezeichnen und daß es davon zwei verschiedene Sorten gibt. Bereits vor zwei Jahrhunderten wurden diese willkürlich und ohne, daß damit eine Wertung verbunden wäre, als „positiv" und „negativ" bezeichnet. Wir wissen heute auch, daß es in einem Körper die negativen Ladungen (die kleinen negativ geladenen Elektronen) sind, die sich leicht bewegen können, und dabei positiv geladene Atome zurücklassen.

Zwischen den elektrische Ladungen wirken Kräfte. Diese machen sich nach außen hin jedoch erst bemerkbar, wenn Ladungen getrennt sind: Dann zeigt sich, daß gleiche Ladungen einander abstoßen. Getrennte Ladungspaare hingegen sind ständig bestrebt, sich wieder zu vereinen. Es herrscht zwischen ihnen ein Zustand *„elektrischer Spannung"*. Er kann in Volt gemessen werden und verursacht ein *„elektrisches*

"

(Kraft-) Feld": Je kleiner der Abstand der getrennten Ladungspaare ist, desto größer ist die Anziehungskraft und damit die elektrische Feldstärke. Die Stärke des elektrischen Feldes wird daher in Spannung pro Abstand, also in Volt pro Meter (V/m) angegeben. Sobald jedoch zwei Ladungen vereint sind, verschwinden die Kräfte plötzlich wie durch einen Zaubertrick der Natur, die elektrische Spannung und die elektrische Feldstärke werden Null: Das (vereinte) Ladungspaar verhält sich elektrisch „neutral". Elektrische Felder treten daher immer dort auf, wo elektrische Ladungen getrennt sind.

1.1 Elektrostatische Aufladung

Auskleiden, Gehen, Kämmen und Kunststoff-Folien haben eines gemeinsam:
Die Möglichkeit elektrischer Aufladung.
Direkte und indirekte Entladung.
Blitze und ihre Gefahren.

Die Trennung elektrischer Ladungen erfordert die Überwindung ihrer gegenseitigen Anziehungskraft und erfordert Arbeit, eine Arbeit die z.B. in elektrischen Kraftwerken geleistet werden muß. In unserem Alltag sind Ladungstrennungen allgegenwärtig: Wir merken sie daran, daß wir Elektrisierungen verspüren, wenn wir aus (Kunststoff-) Sitzen aufstehen, über Teppichböden gehen oder daß unsere Haare knistern, wenn wir einen Wollpullover ausziehen.

Der Grund für die Ladungstrennung liegt darin, daß verschiedene Materialien zwar elektrisch neutral sind, aber verschieden viele Ladungsträger besitzen. Sobald sich zwei Objekte berühren, werden an der Kontaktfläche Ladungsträger an den armen Partner abgegeben, um den Unterschied auszugleichen: Jedes Ladungsteilchen, das so hinüberwandert, fehlt jedoch beim Geber zum Ladungsausgleich und stört auch beim Nehmer das Ladungsgleichgewicht. Beide laden sich daher entgegengesetzt auf und zwar so lange, bis sich die Ausgleichskraft und die stärker werdende Rückhaltekraft die Waage halten. Tatsächlich hat bereits vor mehr als 200 Jahren der italienische Physiker Volta (nach dem die Einheit der elektrischen Spannung benannt ist) festgestellt, daß man eine elektrische „Kontaktspannung" messen kann, wenn sich zwei unterschiedliche Materialien berühren. Unsere elektrischen Batterien sind nichts anderes, als die technische Nutzung dieses Kontaktphänomens.

Wenn die zwei Objekte so schnell wieder getrennt werden, daß die abgegebenen Ladungsträger nicht wieder zurückfließen können, verbleiben sie (zunächst) aufgeladen. Dies ist besonders dann der Fall, wenn wenigstens ein elektrisch schlecht leitendes Material, z.B. Kunststoff oder Wolle, beteiligt ist.

Ob Elektrisierungen nur unangenehm oder sogar lebensgefährlich werden können, hängt davon ab, wie viele der getrennten Ladungen von einem aufgeladenen Objekt gespeichert werden können. Die Speicherfähigkeit wird durch den Fachbegriff „elektrische Kapazität" bezeichnet. Sie ist durch die Form, Größe und räumliche Lage eines Körpers bestimmt und z.B. beim Kind nur halb so groß wie bei einem Erwachsenen; ein PKW hat jedoch die ca. 10fache Kapazität wie ein Erwachsener.

Bei Elektrisierungen können daher zwei Fälle unterschieden werden:

1. die *direkte Entladung* von uns zu einem geerdeten Gegenstand, z.B. der Türklinke (auch Türklinken in Holztüren sind als geerdet anzusehen): Die von uns speicherbare Ladungsmenge ist zu gering, um uns direkt zu gefährden. Sie erreicht maximal ca. ein Hundertstel der Gefahrengrenze und beträgt maximal ca. 10 bis 30 mJ (1 mJ = 1 Tausendstel Wattsekunden). Sie reicht aber aus, um uns schmerzhafte Elektrisierungen zuzufügen. Wenn man keine geerdete Gegenstände berührt, nimmt die Ladung oft nur langsam, innerhalb von Minuten, ab, sodaß wir sie auch über größere Entfernungen mit uns mittragen können;
2. die *indirekte Entladung* von einem aufgeladenen Gegenstand, z.B. von einer durch die Reibung des Förderbandes aufgeladenen Walze zu einem Arbeiter. Da die Speicherfähigkeit von anderen Objekten, z.B. von Druckwalzen, unsere eigene weit übersteigen kann, können auch gefährlich große Ladungsmengen entstehen. An Arbeitsplätzen kann es daher notwendig sein, zu hohe elektrostatische Aufladungen durch zusätzliche Maßnahmen gezielt zu verhindern.

Auch Autos oder Reisebusse können durch den Fahrtwind elektrostatisch aufgeladen werden. Es läßt sich jedoch zeigen, daß die Zeit, die die Ladungen benötigen, um zur Erde abzufließen, wesentlich kürzer ist als die Bremszeit. Wenn es dennoch beim Aussteigen zu Elektrisierungen kommt, so stammen sie vom Aufstehen aus dem Sitz und nicht von der aufgeladenen Karosserie. An manchen Autos herabhängende Streifen aus leitfähigem Gummi dienen daher mehr zur eigenen Beruhigung als zur Verhinderung von statischen Aufladungen. Sie können jedoch dazu beitragen, beim Parken unter Hochspannungsleitungen unangenehme Elektrisierungen zu vermeiden (Kapitel 2).

1.1.1 Im Alltag

Elektrostatische Aufladungen sind im Alltag durchaus nicht selten. Ihre wichtigste Ursache ist unsere Bewegung und die damit verbundene Reibung: Sie sind umso leichter möglich, je kleiner die Beweglichkeit der Ladungsträger, also je schlechter die elektrische Leitfähigkeit eines Stoffes ist. Aufladungen zeigen sich in verschiedener Form:

- Ziehen wir den Wollpullover schnell über das Haar, werden durch die Berührung zunächst die Ladungen ausgetauscht. Bei der Trennung erhöht sich die elektrische Spannung zwischen den getrennten Ladungen mit zunehmendem Abstand immer mehr und zwar so lange, bis die Isolationsfähigkeit der Luft überschritten wird und sie sich durch Mikro-Funkenentladung doch noch vereinen können. Dies können wir beim Kämmen als Knistern hören oder als Stechen spüren.
- Erfolgt die Ladungswiedervereinigung nicht vollständig, stehen uns die Haare zu Berge. Der Grund dafür ist, daß die Abstoßungskräfte den Abstand der auf den Haaren befindlichen (gleichnamigen) Restladungen, so weit es geht, vergrößern.
- Wenn wir über Teppichböden gehen, kommt es bei jedem Schritt zu Berührung und Trennung und damit ebenfalls zur elektrischen Aufladung. Wir tragen dann die Ladungen mit uns, bis wir uns einem geerdeten Gegenstand, z.B. der Türklinke, so weit nähern, daß eine Entladung durch Funkenüberschlag möglich wird, der sogar schmerzhaft als Mikroschock spürbar werden kann.
- Wenn wir z.B. Bücher einbinden und es beim Abwickeln einer Plastikfolie knistert, zeigt es sich, daß bei (schlecht leitenden) Materialien auch ohne andersartigen Partner elektrische Ladungen vorhanden sein können. Die Ursache ist hier jedoch, daß bereits bei der Herstellung durch Reibung elektrische Ladungen getrennt wurden. Diese sind an der Oberfläche verblieben und hatten sich im aufgerollten Zustand gegenseitig angezogen. Erst beim Abrollen werden sie wieder getrennt und zeigen sich als Funkenentladungen.

26

Das Ausmaß und die Häufigkeit der Aufladungen werden beeinflußt durch:

– die Art und Intensität unserer Bewegung, z.B. schlurfende, hastige Schritte;
– die Bekleidung, z.B. begünstigen schlecht leitende Stoffe wie Kunstfasern oder Wolle und weite Kleidung die Aufladung;
– die Raumausstattung: Teppichböden, Kunstfaserbezüge oder Kunststoffsesseln begünstigen die Aufladung;
– die Luftqualität: Verrauchte oder trockene Luft läßt Aufladungen länger bestehen bleiben.

1.1.2 Am Arbeitsplatz

Eine gewaltige Explosion erschütterte die Tankstelle. Als wäre es nicht ohnehin schlimm genug, geschah dies ausgerechnet in dem Moment, als von einem Tankwagen der Großbehälter nachgefüllt wurde. Es war nicht einfach, die Ursache zu ermitteln. Ein Attentat durch Terroristen schied aus, auch kriminelle Motive ergaben sich keine. Also doch der Leichtsinn eines Rauchers? Die Lösung war jedoch noch besorgniserregender: Durch Reibung am Zuleitungsrohr war es im (elektrisch schlecht leitenden) Benzin zur Trennung elektrischer Ladungen gekommen. Diese waren in den Großbehälter gespült worden und hatten sich so lange angesammelt, bis eine elektrische Spannung entstanden war, die groß genug war, um einen Funkenüberschlag auszulösen. Dieser hatte die gefährlichen Benzindämpfe zur Explosion gebracht.

Am Arbeitsplatz entstehen elektrostatische Aufladungen aus denselben Gründen wie im Alltag: Durch Berührung und Trennung oder Reibung verschiedener Stoffe, jedoch mit einem Unterschied: Maschinengetriebene Bewegungen oder Reibungsvorgänge sind oft schneller, andauernder und intensiver und daher die dadurch erzeugten elektrostatischen Aufladungen gefährlicher. Dies ist besonders zu beachten bei:

• Trennung fester Stoffe, z.B. bei Förderbändern und Transmissionsriemenantrieben, beim Mischen, Zerkleinern und Mahlen (z.B. in Zementwerken);
• Umgang mit Pulver, z.B. beim pneumatischen Fördern in Rohrleitungen, Ausschütten aus Kunststoffsäcken;
• mechanischer Belastung von Kunststoffen, z.B. Dehnen von Folien, Zusammendrücken oder Dehnen von Plastikteilen;

- Umgang mit schlecht leitenden Flüssigkeiten, z.B. Kunstharzen, Lacken, Heizöl und Benzin;
- Fördern, Rühren und Mischen schlecht leitender Flüssigkeiten;
- Verspritzen von Flüssigkeiten: Hierbei können sich elektrisch aufgeladene Nebel sogar unabhängig von der elektrischen Leitfähigkeit der Flüssigkeit bilden (z.B. Wasserfallelektrizität): Dies ist z.B. beim Reinigen von Tanks mit Wasserdampf zu beachten: In Tanks von mehr als 100 m³ können die angesammelten Ladungen gefährlich groß werden;
- Absetzen von Emulsionsbestandteilen, z.B. Ölrückstände im Reinigungswasser eines Tanks: Da das Absetzen der Tröpfchen langsam erfolgt, können elektrostatische Aufladungen auch noch nach Beendigung des Pumpens gefährlich sein.

Bei einigen wenigen Geräten wie z.B. Fotokopierern werden im Inneren gezielt Aufladungen erzeugt, Restladungen können dabei auch noch auf den angefertigten Kopien enthalten sein. Sie treten jedoch in unbedenklichen Mengen auf.

1.1.3 Gewitter

Nicht nur in der Vergangenheit stellten Gewitter eine große Gefahr dar. Auch heute sind sie das noch immer, obwohl uns dies in unserer städtischen Umgebung meist weniger bewußt wird. Thermische Aufwinde sind die Ursache, weshalb sich Gewitterwolken aufladen: Sie zerblasen die fallenden Regentropfen und trennen die elektrischen Ladungen. Vereinen sich dann mehrere kleine geladene Wassertröpfchen zu einem größeren, so hat dieser zwar das gleiche Volumen, aber eine wesentlich kleinere Oberfläche. Dies bedeutet, daß die Ladungen enger zusammengedrängt werden und die elektrische Feldstärke ansteigt. In Gewitterwolken entstehen dadurch Spannungen von über 2 Millionen Volt, die sich dann in Form von Blitzen zwischen entgegengesetzt geladenen Wolken oder zwischen Wolke und Erde entladen.

Blitze sind die energiereichste Form elektrostatischer Entladung. Die Blitzstromstärke kann bis zu 500.000 A betragen, sie klingt jedoch sehr schnell, innerhalb von Millionstel Sekunden, wieder ab.

Es ist auf den ersten Blick verwunderlich, daß es bei einem direkten Blitzschlag ausgerechnet die stromstarken Wolke-Erde-Blitze sind, die weniger lebensgefährlich sind, als die ca. 1000fach schwächeren Erde-

Wolke-Blitze. Der Grund liegt darin, daß die hohen Stromstärken am Körperwiderstand (nach dem Grundgesetz der Elektrotechnik: Spannung = Strom mal Widerstand) eine so hohe Spannung verursacht, daß das Isolationsvermögen der Luft überschritten wird. Dadurch entsteht entlang der Körperoberfläche ein Gleitlichtbogen. Dieser verursacht zwar Brandwunden auf der Haut, er schützt aber auch das Körperinnere, weil er den Großteil des Blitzstrom außen ableitet. Durch das Körperinnere fließen deshalb nur mehr kleinere Ströme von wenigen Ampere. Bei Erde-Wolke-Blitzen bildet sich kein schützender Gleitlichtbogen. Deshalb fließt der gesamte Blitzstrom von einigen 100 A durch den Körper.

Nicht nur der direkte Einschlag, sondern auch die Begleiterscheinungen eines Blitzes können gefährlich werden.

1. an jedem Teil, der vom Blitzstrom durchflossen wird, können gefährliche hohe Spannungen zur Erde entstehen: Dadurch kann es zu indirekten Überschlägen zu allen Teilen kommen, die einen guten Kontakt zur Erde haben.

- Dies ist der Grund, weshalb es gefährlich ist, unter einem Baum Zuflucht zu suchen: Bäume sind wie Blitzableiter. Sie ziehen Blitze besonders häufig auf sich. Wenn sie vom Blitz getroffen sind, können aber auch ihre Zweige zum Ausgangspunkt indirekter Überschläge werden.

- Wenn der Blitz in den Blitzableiter einschlägt, können auch im Inneren unseres Hauses z.B. alle mit einem Schuko-Stecker angeschlossenen Geräte hohe Spannungen zur Erde annehmen. Wenn die Elektroinstallation ordnungsgemäß ausgeführt ist, ist dies ungefährlich. Dann befinden sich nämlich alle Teile auf dem gleichen Spannungsniveau. Wenn jedoch vergessen wurde, wirklich alle geerdeten Teile, also auch die Wasserleitung und die Heizungsrohre, mit dem Schutzleiter der Elektroinstallation zu verbinden (man nennt dies Potentialausgleich), dann gibt es im Zimmer zur hohen Spannung der Geräte auch einen nahen Gegenpol, z.B. den Wasserhahn, und es kann zu einem gefährlichen Überschlag kommen (Faraday-Locheffekt).

2. Wenn der Blitz in die Erde oder in das Wasser eingeschlagen hat, ist die Gefahr noch nicht ganz gebannt: Es entstehen dann nämlich an der Erdoberfläche oder im Wasser elektrische Spannungen, die vom Körper abgegriffen werden können. Sie sind umso höher, je weiter die Kontaktpunkte auseinander liegen (Schrittspannung). Wir sind dann in einem Umkreis bis zu ca. 100 m vom Einschlagpunkt des Blitzes gefährdet. Wenn wir auf dem Boden liegen oder im Wasser schwim-

men würden, würden wir eine besonders hohe Spannung abgreifen. Außerdem würde der Blitzstrom direkt über unser Herz fließen.

3. Der Blitzstrom kann auch eine sehr rasche Erwärmung, und damit enorme Ausdehnungskräfte verursachen. Diese können z.B. Bäume spalten und Steine absprengen und uns durch die weggeschleuderten Teile gefährden.

1.1.4 Vom Mikroshock bis zum Herztod: Gesundheitliche Auswirkungen

> *Wir tragen elektrische Ladungen mit uns.*
> *Nicht jeder Blitzschlag tötet.*

Karin leidet an etwas, was fast jeder von uns bereits einmal erlebt hat: Sie ist besonders empfindlich und verspürt ständig kurze stechende Schmerzen, wenn sie z.B. eine Türklinke ergreift, mit dem Bein das eiserne Tischgestell berührt oder den Wasserhahn anfaßt. Die Wahrscheinlichkeit dafür ist im Winter größer als im Sommer. Die Ursache sind elektrostatische Aufladungen, die sie durch ihre Bewegung selbst erzeugt und mitträgt, bis sie sich in Form einer Funkenentladung auf einen elektrisch geerdeten Gegenstand entladen. Dabei treten elektrische Ladungen an der Körperoberfläche so konzentriert auf, daß sie die in der Haut befindlichen Nervenendigungen reizen.

Die Auswirkungen von Funkenentladungen sind im allgemeinen von Person zu Person sehr verschieden. Sie hängen auch wesentlich vom Körperbereich ab, an dem die Entladung stattfindet. Darüber hinaus sind sie seltener, wenn unsere Haut trocken ist, weil diese dann wie eine elektrische Isolation wirkt.

Wir nehmen Funkenentladungen nur dann wahr, wenn sie eine Mindeststärke, die Wahrnehmbarkeitsschwelle, überschreiten. Diese ist umso niedriger,

— je jünger man ist (Kinder sind empfindlicher als Erwachsene),
— je zarter die betroffene Hautstelle ist (Frauen sind empfindlicher als Männer, die Wange empfindlicher als die Handfläche),
— je dichter die Sinneszellen liegen (die Zungenspitze ist am empfindlichsten)
— je besser die Haut durchblutet ist (in der Wärme sind wir empfindlicher als in der Kälte).

Bei *direkter* Entladung (also der Entladung von Objekten kleinerer elektrischer Kapazität), hängt die Wahrnehmbarkeitsschwelle nur von der Menge der überspringenden Ladungen ab.

Die Wahrnehmbarkeitsschwelle liegt im Bereich von 0,26 µC: Ein µC ist jene Ladungsmenge, die ein Strom von einem Tausendstel Ampere in einer Tausendstel Sekunde transportiert.) Da nur die negativen Ladungsträger beweglich genug sind, um sich an der Funkenentladung zu beteiligen, hängt die Wahrnehmbarkeitsschwelle vom Vorzeichen der Aufladung ab, also davon, ob die (negativen) Ladungsträger von Körper zum Gegenstand oder vom Gegenstand zum Körper springen. Wenn wir negativ aufgeladen sind, ist die Wahrnehmbarkeitsschwelle um ca. ein Fünftel bis zu einem Drittel niedriger.

Bei *indirekter* Entladung größerer Kapazitäten, z.B. eines Reisebusses, hängt die Wahrnehmbarkeitsschwelle von der Energie der elektrischen Entladung ab.

Die Wahrnehmbarkeitsschwelle liegt in diesem Fall bei ca. 0,2 bis 1 mJ: Das ist jene Energie, die eine Taschenlampe in ca. einer Zehntausendstel Sekunde verbraucht.

Im Alltag sind die Wahrnehmbarkeitsschwellen meist etwas höher, da die Empfindung zunächst noch durch die unmittelbar folgende Berührung des Gegenstandes überdeckt wird. Wenn die Aufladungen stärker sind, wird die Empfindung intensiver, weil immer mehr Nervenzellen gereizt werden:

— Als unangenehm oder belästigende „Mikroschocks" werden Energien ab 2 bis 25 mJ empfunden. Diese können bei direkter Entladung durchaus noch erreicht werden.
— Bei dem Zehnfachen, ab ca. 250 mJ, löst eine Entladung bereits einen starken Schock aus. So hohe Energien können nur mehr bei indirekten Entladungen frei werden. Mit ihnen ist vor allem an Arbeitsplätzen zu rechnen, an denen automatisierte Abläufe stattfinden, wenn keine Maßnahmen zur Aufladungsvermeidung getroffen werden.
— Ab ca. 1000 mJ wirken bereits so viele elektrische Ladungen auf den Körper ein, daß sie das Herz so irritieren können, daß es zu pumpen aufhört und es zum Herzkammerflimmern kommen kann. Wenn

das Herz dann nicht durch einen Defibrillator wieder zum Schlagen gebracht werden kann, tritt der Tod innerhalb weniger Minuten ein. Nicht jede starke Entladung, auch nicht ein direkter Blitzschlag, muß jedoch Herzkammerflimmern bewirken. Das Herz kann nämlich nur während einem Drittel der Zeit eines Herzschlages zum Flimmern gebracht werden. Erfolgt die Entladung während der restlichen zwei Drittel, wird nur ein zusätzlicher Herzschlag (eine Extrasystole) ausgelöst, hernach pumpt das Herz ungestört weiter. Dies beweist auch die Blitzschlagstatistik: Nur ca. ein Drittel der vom Blitz Getroffen stirbt.

— Ein direkter Blitzschlag verursacht bei Überlebenden meist vorübergehende Lähmungen, vor allem der Arme, Beine oder der Atemmuskulatur, Hör-und Sehstörungen und Verbrennungen (Strommarken), vor allem an der Stromein-und -austrittstelle. Es kann auch zu Bewußtlosigkeit, Gehirnschädigungen, nur langsam abklingender Herzschädigung und einem gefährlichen Schock kommen.

1.1.5 Was tun?

Elektrostatische Aufladungen und die damit verbundenen Elektrisierungen lassen sich vermeiden!

Die Grundregel lautet dabei:

Vermeiden, was elektrisch schlecht leitet und
fördern was die elektrische Leitfähigkeit erhöht!

Die bedeutet:

1. Vermeiden Sie Kleidung aus reinen Kustfasern, aber auch aus reiner Schurwolle. Achten Sie darauf, daß die Kleidungsstücke einen Anteil von wenigstens 30 % Baumwolle oder Viskose enthalten.

2. Vermeiden Sie trockene Luft! Sie tritt vor allem im Winter auf: Der Nebel zeigt uns, daß die kalte Luft weniger Wasserdampf aufnehmen kann und daher weniger feucht ist. Wenn sie in den warmen Raum strömt und erwärmt wird, sinkt die relative Luftfeuchtigkeit stark ab. Achten Sie daher besonders in der kalten Jahreszeit auf eine ausreichende Luftbefeuchtung! Besorgen Sie Grünpflanzen oder verwenden Sie Luftbefeuchter, vergessen Sie aber nicht, diese regelmäßig nachzufüllen.

3. Vermeiden Sie Hausschuhe mit schlecht leitenden (Gummi-) Sohlen. Bevorzugen Sie Ledersohlen oder Filzpantoffeln.

4. Vermeiden Sie Einrichtungsgegenstände aus Kunststoffen oder aus Metall (z.B. Kunststoffsessel oder Metallgestelle).

5. Vermeiden Sie Teppiche oder Teppichböden in stark begangenen Bereichen. Bevorzugen Sie dort Bodenbeläge mit glatten Oberflächen, Terazzoplatten oder unglasierte Fliesen oder (teure) spezielle leitfähige Bodenbeläge wie z.B. leitfähige PVC-Beläge.

6. Beachten Sie, daß leitfähige Bodenbeläge ihre antistatische Wirkung verlieren, wenn sie mit (isolierendem) Bodenwachs gepflegt werden.

Richtiges Verhalten bei Gewitter

1. Das Wichtigste ist es, zunächst festzustellen, wieviel Zeit Ihnen bis zum Eintreffen des Gewitters noch verbleibt. Sie können dies auch ohne Uhr:

- Die Entfernung des Gewitters können Sie abschätzen, indem Sie die Sekunden zwischen Blitz und Donner zählen: Da sich der Schall mit 330 m/s ausbreitet, entsprechen drei Sekunden einer Entfernung von 1km.

- Durch wiederholte Bestimmung der Entfernung sehen Sie, wie schnell und in welche Richtung sich das Gewitter bewegt.

- Da der Donner nur im Umkreis von ca. 10 km gut zu hören ist, verbleiben Ihnen im schlechtesten Fall ca. 10 min bis zum Eintreffen, wenn sich das Gewitter schnell und direkt auf Sie zu bewegt.

2. Suchen Sie einen einschlaggeschützten Ort auf wie Schutzhütten, Senken oder Höhlen bzw. Bereiche unterhalb eines Felsvorsprunges.

3. Keinen Blitzschutz bieten Wohnwagen oder Autos aus Kunststoff und Zelte.

4. Im Inneren von Almhütten aus Holz oder Stein ist zu den Wänden ein Abstand von wenigstens 1 m zu halten (Überschlaggefahr).

5. Guten Schutz finden Sie auch im Inneren eines Waldes, jedoch nicht zu nahe an den Bäumen (Gefahr des Überspringens des

Blitzes). Halten Sie wenigstens 1m Abstand auch von den Zweigen!

6. Spielen Sie nicht Blitzableiter: Meiden Sie Erhebungen und gehen Sie gebückt. Metallgegenstände oder Schmuckstücke, die Sie am Körper tragen, erhöhen die Blitzableiterwirkung nicht. Bei einem direkten Blitzschlag könnten sich jedoch vor allem an Halsketten Verbrennungen ergeben.

7. Ist das Gewitter bereits über Ihnen und kein geschützter Ort erreichbar, hocken Sie sich mit möglichst geschlossenen Beinen hin, damit sie keine hohen Schrittspannungen abgreifen. Legen Sie sich jedoch nicht auf den Boden!

8. Vermeiden Sie alles, was den Blitzstrom führen könnte, z.B. Stahlsicherungen im Felsen, Wasserläufe, Rinnen, die sich im Gewitter mit Wasser füllen könnten usw.

9. Meiden Sie blitzschlaggefährderte Objekte, z.B. einzeln stehende Bäume und Masten.

10. Vertrauen Sie nicht auf das Sprichwort: „Eichen sollst du weichen, Buchen sollst du suchen!" Der Schutz hat mit der Art des Baumes nichts zu tun: (Statt Buchen hieß es ursprünglich „Bucken", also niederes Gehölz!)

11. Die Gefahr des Abgreifens hoher Spannungen besteht auch im Wasser: Schwimmer sollten bei Gewitter das Wasser verlassen.

12. Surfer sind fahrende Blitzableiter! Sie sind bei Gewitter besonders gefährdet.

13. Blitzableiter schützen nur, wenn auch die Elektroinstallation in Ordnung ist. Besonders wichtig ist, daß geerdete Teile wie z.B. Wasserleitungen und Heizungsrohre mit dem Schutzleiter der Elektroinstallation verbunden sind (Potentialausgleich).

1.1.6 Computerstörung und Explosionen: Indirekte Wirkungen elektrischer Entladungen

Wir selbst sind gefährliche Zündquellen.
Explosionen erfordern drei Bedingungen.
Reparaturversuche an elektronischen Geräten können teuer werden.

Der Patient war in einem kritischen Zustand, die Operation stand auf Messers Schneide. Der Anästhesist träufelte noch etwas Äther auf die

Gesichtsmaske des Patienten, um die Narkose aufrecht zu erhalten, die OP-Schwester eilte mit frisch sterilisiertem OP-Besteck herbei und reichte dem Chirurgen ein Skalpell, als plötzlich eine Explosion die hektische Ruhe zerbrach. Wie die spätere Untersuchung ergab, war von der Schwester ein elektrostatischer Entladungsfunken zum Patienten übergesprungen und hatte die explosionsgefährlichen Ätherdämpfe entzündet.

Heute müssen in Operationssälen vielfache Maßnahmen zur Vermeidung elektrostatischer Aufladungen getroffen werden, z.B. leitfähige Bodenbeläge, ausreichende Luftfeuchtigkeit, leitfähige Bekleidung. Darüber hinaus wurde Äther durch weniger explosionsgefährliche Narkosemittel wie z.B. Halothan ersetzt. Der Unfall zeigt jedoch, daß elektrostatische Aufladungen außer der mehr oder weniger unangenehmen Wirkung auf den Körper auch gefährliche indirekte Wirkungen verursachen können.

Explosionen

Die Hauptgefahr elektrostatischer Entladungen liegt darin, daß Entladungsfunken eine gefährliche *Zündquelle* darstellen können. Alle brennbaren Stoffe können nämlich explodieren, wenn drei Bedingungen gleichzeitig und in ausreichendem Maß erfüllt sind:

1. ausreichend viel brennbarer Stoff selbst,
2. genügend viel Sauerstoff zur raschen Verbrennung,
3. Zündenergie zur Auslösung des Vorganges.

Ist jedoch auch nur eine der drei Bedingungen nicht erfüllt, ist die Gefahr gebannt.

Die Mindestzündenergie hängt nicht nur vom Stoff selbst oder von Temperatur und Luftdruck ab, sondern auch, wie gut der Stoff dem Sauerstoff ausgesetzt ist (z.B. lassen sich einzelne zusammengeknüllte Buchseiten leichter entzünden als das geschlossene Buch) und ob der Sauerstoffanteil höher ist als normal (z.B. bei sauerstoffbeatmeten Patienten).

Sauerstoffanreicherungen erhöhen die Entzündungsgefahr enorm! Die Mindestzündenergie kann auf ein Hundertstel sinken: Sauerstoffgemische mit brennbarem Gas (z.B. Äthylenoxid) lassen sich bereits mit einem Zehntausendstel der Energie entzünden, die bei unserer direkten Entladung frei wird, doch selbst in normaler Luft, in der die Mindestzündenergie um das 10- bis 100fache höher ist, stellen bereits wir selbst eine gefährliche Zündquelle dar. Wir können unter ungünstigen Bedingungen durch unsere Entladung auch noch Staub-Luft-Gemische entzünden:

Selbst Holz; das normalerweise ja ungefährlich ist, kann explodieren, wenn es in ausreichender Menge als feiner Staub in der Luft schwebt (Tabelle 2). Wenn die Stäube nicht immer wieder hochgewirbelt werden, ist die Entzündungsgefahr wegen des Absinkens jedoch nur kurze Zeit gegeben.

Besonders gefährlich sind statische Entladungen in der Anwesenheit von (offenem) Sprengstoff, z.B. in Steinbrüchen und Militärdepots, beim Umgang mit leicht brennbaren Gasen und Flüssigkeiten, z.B. in Ölraffinerien oder Tankstellen, oder in sauerstoffangereicherter Atmosphäre, z.B. im Operationssaal.

Zerstörung elektronischer Bauteile

Hans ist nicht ungeschickt. Als sein Videorecorder Funktionsstörungen zeigt, ist es klar, daß er zunächst selbst einmal schaut, ob er den Fehler finden und beheben kann. Er schraubt daher das Gehäuse auf und nimmt die Platinen mit den elektronischen Bauteilen heraus. In dem Moment läutet das Telefon. Er eilt in die Diele und kommt verärgert zurück: Falsch verbunden. Als er neuerlich die Platine anfaßt, wird es ihm nicht bewußt, daß ein elektrostatischer Entladungsfunke auf einen Bauteil überspringt und diesen zerstört. Nach dem Zusammenbau merkt er jedoch, daß nicht nur die Funktionsstörungen nicht mehr auftreten, sondern das Gerät gar nicht mehr funktioniert. Die Reparatur durch den Servicedienst wurde teuer.

Die Entwicklung der Mikroelektronik hat elektronische Bauteile immer schneller und kleiner, aber auch immer empfindlicher z.B. gegenüber elektrostatische Funkenentladungen gemacht. Unsere Entladungs-

Tabelle 2. Mindestzündenergien von brennbaren Gasen und Stäuben (zum Vergleich: die elektrostatische Entladungsenergie einer Person beträgt ca. 10.000 bis 30.000 µJ, d.h. bereits unsere direkte elektrostatische Entladung kann brandgefährlich sein)

Mindestzündenergie von Stoffen		
Stoff	mit Sauerstoff µJ	mit Luft µJ
Kohlenstaub		30.000
Holzstaub		20.000
Aluminiumstaub		20.000
Gummistaub		10.000
Azetylen	0,2	20
Äthan	2	25
Propan	2	25
Äthylen	1	70

energie reicht bei weitem aus, um elektronische Bauelemente zu zerstören oder Funktionsstörungen von elektronischen Geräten zu verursachen. Sie übersteigt z.B. die Energie, die integrierte Schaltungen zerstört, um bis zum 10.000fachen. Dies ist der Grund, weshalb bei der Herstellung der Bauelemente, aber auch bei der Herstellung oder Reparatur elektronischer Geräte besondere Sicherheitsmaßnahmen erforderlich sein können, um Schäden durch direkte elektrostatische Entladung zu vermeiden. Das bedeutet aber auch, daß Hobbybastler bei der Reparatur auf diesen Umstand achten müssen, um nicht mehr zu schaden als zu nutzen.

Da elektrostatische Entladungen im Alltag unvermeidlich sind, gibt es Normen über Anforderungen an die elektromagnetische Verträglichkeit, die unter anderem den konstruktiven Schutz elektronische Geräte vor statischen Entladungen festlegen. Dieser muß gegeben sein, z.B. durch das Gehäuse selbst, durch entsprechenden Schaltungsentwurf, Überspannungsschutz oder Schirmung. In besonderen Fällen, z.B. in Computerzentren oder bei der Herstellung von integrierten Bauelementen, können darüber hinaus auch noch zusätzliche Schutzmaßnahmen wie z.B. leitfähige Fußbodenbeläge, Raumklimatisierung zur Erhöhung der Luftfeuchtigkeit und leitfähige Kleidung erforderlich sein.

1.2 Haarsträubend: Elektrische Gleichfelder

Der elektrische Spiegel der Erde.
Das natürliche elektrische Erdfeld ist nicht konstant.
Technisch erzeugte starke elektrische Gleichfelder sind selten.

In der Geschichte der Menschheit haben Äpfel schon mehrmals eine wichtige Rolle gespielt. Nicht nur, als Adam so verhängnisvoll auf Evas Vitaminangebot einging. Ein Apfel, den er vom Baum fallen sah, gab viel später Isak Newton die Idee, die letztlich zur Entdeckung der Gravitationsgesetze führte. Er erkannte, daß die Ursache, die den Apfel zu Boden fallen ließ, darin lag, daß zwei Massen, nämlich die Erde und der Apfel, einander anziehen. Man kann dies heute dadurch beschreiben, daß man sich die Erde von einem Kraftfeld, dem Gravitationsfeld, umgeben denkt. Es ist durch die Stärke der Kraft und die Wegrichtung bestimmt, in der sich eine angezogene Masse bewegen würde.

Auch elektrische Ladungen üben aufeinander Kräfte aus. Sie erzeugen so in ihrer Umgebung einen Spannungszustand, ein elektrischen

Feld. Dieses Feld kann durch Linien dargestellt werden, entlang derer sich elektrische Ladungen bewegen würden. Die Dichte der Linien gibt dabei die Stärke des elektrischen Feldes und die Pfeile die Richtung an, in der sich eine (positive) Ladung bewegen würde (Abb. 3).

1.2.1 Leben zwischen Ladungen: Gleichfelder in der Natur

Elektrische Felder sind allgegenwärtig: Sie treten immer auf, wenn elektrische Ladungen getrennt sind. Dies geschieht nicht nur, wenn wir uns bewegen, sondern auch in der Natur, z.B. durch thermische Aufwinde, die Gewitterwolken elektrisch aufladen oder wenn (negativ geladene) Elektronen durch kosmische Strahlung oder energiereiche Anteile der Sonnenstrahlung aus Atomen gerissen werden und die (positiv geladenen) Atomreste (Ionen) zurückbleiben.

Diese Ladungstrennungsvorgänge sind die Ursache dafür, daß sich in unserer Atmosphäre in ca. 60 bis 80 km Höhe elektrische Ladungen ansammeln. Sie bilden so eine elektrisch leitfähige Schicht, die sogenannte Ionosphäre. Es wird uns meist nicht bewußt, daß gerade diese Schicht im Alltag eine nützliche Rolle spielt: Ihr verdanken wir es nämlich, daß wir (Mittelwellen- und Kurzwellen-) Radio hören können: Sie wirkt nämlich wie ein Spiegel, der die ausgesandten Radiowellen immer wieder reflektiert und so entlang der Erdoberfläche auch rund um den Erdball führt. (Höherfrequente UKW-Radiowellen empfangen wir auf direktem Weg ohne Beteiligung der Ionosphäre.)

Die Ladungsansammlung in der Ionosphäre verursacht aber auch eine elektrische Spannung zur Erdoberfläche. Sie beträgt ca. 200.000 bis 300.000 V. Die Folge davon ist, daß wir uns im Freien in einem elektrischen Gleichfeld befinden. Seine Feldstärke ist meßbar, aber keineswegs konstant. Es zeigt sich nämlich, daß sich das elektrische Feld sehr leicht beeinflussen läßt: Das ist ein Vorteil und ein Nachteil zugleich: Alles, was in den Raum hineinragt, verzerrt das Feld so, daß es sich an der Spitze konzentriert und der darunter liegende Teil geschützt ist. (Diesen Umstand hat der amerikanische Präsident Franklin genützt, als er im Jahr 1752 erstmals einen Blitzableiter anwendete.) Die elektrische Feldstärke im Freien ist daher je nach Aufenthaltsort verschieden, an der Spitze von Erhebungen (Bäumen oder Bergen) höher als auf einer freien Wiese und in engen Tälern oder unter Bäumen noch geringer. Sie nimmt überdies mit der Seehöhe ab.

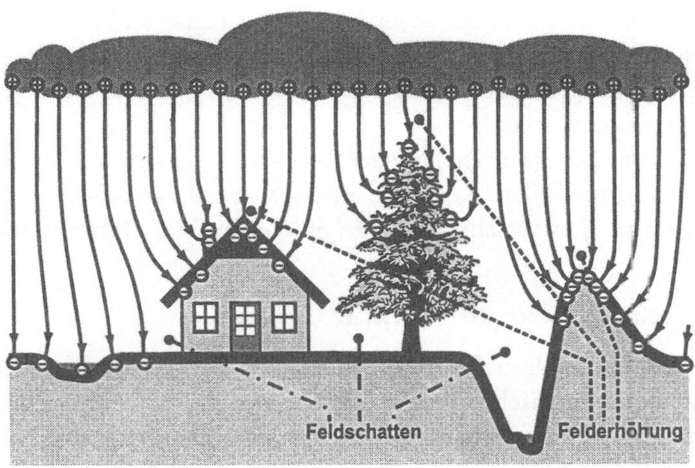

Abb. 3. Elektrisches Feld an der Erdoberfläche: Es ist räumlich nicht konstant: Es ist stärker an der Spitze von Erhebungen und geringer an deren Basis (Blitzableiterffekt). Die Dichte der Linien symbolisiert die Stärke des Feldes

Die Luft ist kein idealer elektrischer Isolator. Ihre geringe elektrische Leitfähigkeit erlaubt es, daß dauernd ein elektrischer „Leckstrom" in einer Gesamtstärke von ca. 1000 A zur Erdoberfläche fließt. Dieser würde reichen, um die elektrischen Ladungen der Ionosphäre innerhalb weniger Stunden auszugleichen und damit das elektrische Gleichfeld der Erde abzubauen. Daß die Ionosphäre erhalten bleibt, ist darauf zurückzuführen, daß Ladungsträger ständig nachgeliefert werden. Die wichtigste Rolle spielen dabei die Sonneneinstrahlung und die vielen ständig auf der Erde herrschenden Gewitter (im Mittel sind es weltweit ca. 1000 bis 2000 gleichzeitig).

Das natürliche elektrostatische Feld der Erde ist daher nicht nur von Ort zu Ort verschieden. Es ist auch zeitlich keineswegs so konstant, wie es die Bezeichnung vermuten läßt und schwankt mit

— der *Jahreszeit* (Im Winter ist die Feldstärke mit ca. 270 V/m ca. doppelt so groß wie im Sommer mit ca. 130 V/m);
— dem *Wetter* (Dadurch wird die erdnahe Ladungsverteilung beeinflußt: Unter Gewitterwolken können z.B. kurzfristig 100fach höhere Feldstärken (z.B. +20.000 V/m) auftreten; Niederschläge wie Regen, Schnee und Hagel können beträchtliche elektrische Ladungen mit sich führen);

– der *Sonnenaktivität* (Sie bewirkt nicht nur tages- und jahreszeitliche
  Schwankungen, sondern, z.B. nach Eruptionen, auch kurzzeitige
  Veränderungen in der Ionosphäre, die sich auch im Funkverkehr
  bemerkbar machen);
– der *Luftleitfähigkeit* (Je geringer die elektrische Leitfähigkeit, desto
  höher ist die Feldstärke. Diese erhöht sich z.B. bei Nebel und kann
  bei starker Luftverschmutzung in Städten auf das 4fache ansteigen).

1.2.2 Technisch erzeugte elektrische Gleichfelder

Sieht man davon ab, daß sie elektrische Aufladungsvorgänge begleiten,
sind stärkere elektrische Gleichfelder auf wenige Anwendungsfälle beschränkt. Wir sind es im Alltag gewohnt, vorwiegend elektrische Wechsel-
spannungen zu nutzen und begegnen Gleichspannungen und damit
elektrischen Gleichfeldern vergleichsweise selten, wenn wir z.B. Batteri-
en verwenden oder mit der Straßenbahn fahren. Selbst Sonnenkollektoren, die Gleichspannung abgeben, werden häufig mit Wechselrichtern
zur Erzeugung von Wechselstrom ausgestattet. Geringe elektrische Gleichfelder entstehen auch bei Stromkreisen, die von Netzfreischaltern überwacht werden (Kapitel 2).

Energieübertragung

Elektrische Gleichspannungen haben einen wesentlichen Nachteil: Sie
lassen sich nicht einfach und billig in verschiedene Spannungshöhen
umwandeln. Hochspannungs-Gleichspannungs-Übertragungsleitungen
(HGÜ) sind daher selten und nur in wenigen Ländern installiert. (Die
höchsten Übertragungsspannungen betragen 500.000 V.) Zur Energieübertragung werden vor allem Hochspannungs-Wechselspannungs-Übertragungsleitungen (HWÜ) verwendet.
Die elektrischen Felder von HGÜ-Leitungen unterscheiden sich von
jenen der HWÜ-Leitungen. Zwar sind an beiden die Feldstärken an der
Oberfläche der Stromleitungen so hoch, daß ständig Funkenentladungen
stattfinden, im Gegensatz zur Wechselspannung, bei der sich das Vorzeichen der Aufladungen periodisch ändert, bleibt es bei HWÜs gleich.
Es kann sich daher um die Leitungen eine Wolke elektrischer Ladungsträger ausbilden. Diese bewirkt einerseits, daß die Stärke des elektrischen Feldes unter der HGÜ-Leitung bis ca. doppelt so hoch ist wie bei
HWÜs. Sie beträgt z.B. unter dem positiven Pol einer 500 kV-HGÜs ca.

+21 kV/m und −16 kV/m unter dem negativen Pol. Ohne Raumladung wären nur 11 kV/m zu erwarten. Andrerseits können die Raumladungswolken und damit die von ihnen verursachten elektrischen Felder durch Wind über größere Entfernungen verfrachtet werden, sodaß die elektrische Feldstärke in seitlicher Entfernung wesentlich langsamer abnimmt als bei HWÜs. So betrug die Feldstärke bei einer 500 kV-HGÜ in 400 m Entfernung noch immer 2.000 V/m, das bedeutet ca. 200 fach mehr als bei einer HWÜ.

Bahnverkehr

Öffentliche Verkehrsmittel werden häufig mit Gleichspannung betrieben. Im schienengebundene Nahverkehr (U-Bahn, Stadtbahn, Straßenbahn) beträgt die Fahrdrahtspannung überwiegend +600 V. In Belgien, Frankreich, Italien, den Niederlanden, Polen, Rußland, Slowakei und Tschechien fährt auch die Eisenbahn mit Gleichspannung. (Die Fahrdrahtspannungen betragen dort +1.500 V, +3.000 V oder +6.000 V). Bei so niedrigen Spannungen entstehen noch keine Raumladungswolken. Die elektrischen Feldstärken sind vergleichsweise gering. Sie betragen z.B. unter einer Straßenbahnleitung in Kopfhöhe ca. 32 V/m und damit nur ca. ein Fünftel des natürlichen elektrischen Gleichfeldes. Selbst bei Eisenbahnleitungen liegen sie mit ca. 320 V/m noch im Bereich der natürlichen elektrischen Gleichfelder.

Stärkere elektrische Gleichfelder sind am Arbeitsplatz selten. Selbst bei Lichtbogen- und Plasmaschmelzöfen oder Elektrolyseanlagen dominieren nicht die elektrischen, sondern magnetische Gleichfelder, die durch die hohen Stromstärken verursacht werden. In speziellen Anlagen wie Prüflaboratorien und Forschungsstätten können jedoch hohe elektrische Gleichfelder auftreten. In Hochspannungsprüflaboratorien kann sogar bewußt die Durchschlagsfestigkeit der Luft überschritten und ein Überschlag erzeugt werden. Das Personal ist jedoch in der Regel keinen hohen elektrischen Gleichfeldern ausgesetzt.

1.2.3 Haarsträubend: Gesundheitliche Auswirkungen elektrischer Gleichfelder

Wohnstätten waren seit jeher von natürlichen elektischen Feldern abgeschirmt.
Bezüglich elektrischer Gleichfelder sind Betonbauten und natürliche
Urwaldbehausungen gleichwertig.
Der Blitzableitereffekt schützt Kinder.
Indirekte Durchströmungen sind nicht immer vernachlässigbar.
Grenzwerte sind notwendig.

„Was, du lebst in einem Betonbau?" entsetzt sich Inge. „Weißt du denn nicht, daß er das natürliche elektrische Feld, besonders das elektrisches „Schönwetterfeld" abschirmt, das für unser Wohlbefinden so wichtig ist? Wir Menschen haben uns schließlich im Verlauf unserer Entwicklung den natürlichen elektrischen Gleichfeldern angepaßt und sind nun diesem künstlichen Feldmangel schutzlos ausgeliefert!"

Leider ist Inge einer Falschmeldung aufgesessen. Sie hat gleich in mehrerer Hinsicht unrecht: Einerseits ändert sich das elektrische Gleichfeld der Erde sowohl von Ort zu Ort als auch zeitlich. Es ist daher nicht richtig, wenn sie behauptet, wir Menschen hätten uns im Lauf der Evolution an die „natürlichen elektrischen Feldstärken" angepaßt und zwar aus dem einfachen Grund, weil es diese konstanten Feldverhältnisse nie gegeben hat.

Andrerseits ließ sich das elektrische Gleichfeld der Erde immer schon leicht abschirmen: Bereits ein Baum (oder gar der Wald) reicht dazu, erst recht eine Höhle oder ein Blätterdach. Unsere Zufluchtstätten waren daher seit jeher auch vom elektrischen Gleichfeld abgeschirmte Bereiche. Es mag daher viele Gründe für die Wahl eines bestimmten Baumaterials geben, ob Holz, Ziegel, Beton oder auch nur ein Blätterdach: In Hinblick auf die Schirmwirkung gegenüber elektrischen Gleichfeldern sind sie alle gleich.

Gerade der Umstand, daß elektrische Gleichfelder leicht abgeschirmt werden können, erklärt, daß sie nur geringe biologische Auswirkungen haben. Unser Körper ist nämlich gegenüber ihrem Eindringen geschützt. Bereits unsere Kleidung reicht aus, um elektrische Gleichfelder abzuschirmen. Darüber hinaus sorgt die Leitfähigkeit unseres Körpers dafür, daß sie nicht in das Körperinnere eindringen können. Wenn es daher biologische Wirkungen gibt, sind sie vor allem an der Oberfläche unserer unbekleideten Körperstellen zu erwarten.

Tatsächlich können wir die Wirkung elektrischer Gleichfelder im Alltag häufig erkennen: Wenn wir mit dem Handrücken nahe an die

Bildröhre unseres Fernsehapparates kommen, können wir spüren, wie sich die Härchen aufrichten. Der Grund dafür liegt in einer Wirkung, die als „Influenz" bezeichnet wird. Sie beruht auf dem bereits bekannten Grundgesetz, daß sich Ladungen gleichen Vorzeichens abstoßen und ungleichen Vorzeichens anziehen. Wird daher ein (ungeladener) Körper einem elektrischen Gleichfeld ausgesetzt, so werden in ihm jene Ladungen zur Oberfläche gezogen werden, deren Vorzeichen jenem der Feldquelle entgegengesetzt ist, während die anderen Ladungen auf die abgewandten Seite verdrängt werden. Dies bewirkt, daß das elektrische Gleichfeld im Körper eine Ladungsumverteilung bewirkt Dadurch kann einerseits das äußere Feld nicht mehr in den Körper eindringen und das Körperinnere bleibt feldfrei. Andrerseits sammeln sich dadurch an unserer Körperoberfläche und an den Haaren gleichnamige Ladungen an. Da sich diese wiederum gegenseitig abstoßen und versuchen, sich so weit wie möglich von einander zu entfernen, richten sie sich auf. Diese Haarbewegung wird an die Haarwurzeln in der Haut übertragen und erregt die dort befindlichen Nerven. Über diesen Mechanismus können elektrische Gleichfelder wahrgenommen werden. Die Wahrnehmbarkeitsschwelle ist individuell sehr verschieden und liegt bei Feldstärken (des ungestörten homogenen Feldes) von ca. dem 10fachen Erdfeld (also bei ca. 1.000 V/m).

Die Feldstärke des elektrischen Gleichfeldes kann nicht beliebig hoch werden: Ab einer Feldstärke von ca. dem Zwanzigtausendfachen des Erdfeldes (ca. 2.000.000 V/m) wird das Isolationsvermögen der Luft überschritten. Es kommt dann wie bei einer Blitzentladung zu einem elektrischen Überschlag und je nach der Größe der beteiligten Ladungsmenge zu gefährlichen oder sogar tödlichen Folgen, wie sie bereits bei den elektrischen Funkenentladungen behandelt wurden. So hohe Feldstärken müssen daher mit einem entsprechenden Sicherheitsfaktor vermieden werden.

Wenn wir uns in einem elektrischen Feld befinden, kommt es zum Blitzableitereffekt: Wir ziehen förmlich elektrische Feldlinien an uns und verzerren das bisher gleichförmige Feld in Abhängigkeit von unserer Körperhaltung. Wenn wir aufrecht stehen, ist unser Kopf der stärksten Wirkung ausgesetzt: Es kommt dort zu einer Feldstärkenerhöhung um das ca. 18fache. Dies läßt sich dadurch zeigen, daß sich am Kopf die elektrischen Feldlinien konzentrieren (Abb. 4). Zum Ausgleich ist jedoch die Feldstärke im Fußbereich wesentlich erniedrigt. Wenn daher eine Mutter mit ihrem Kind in einem elektrischen Feld, z.B. unter einer

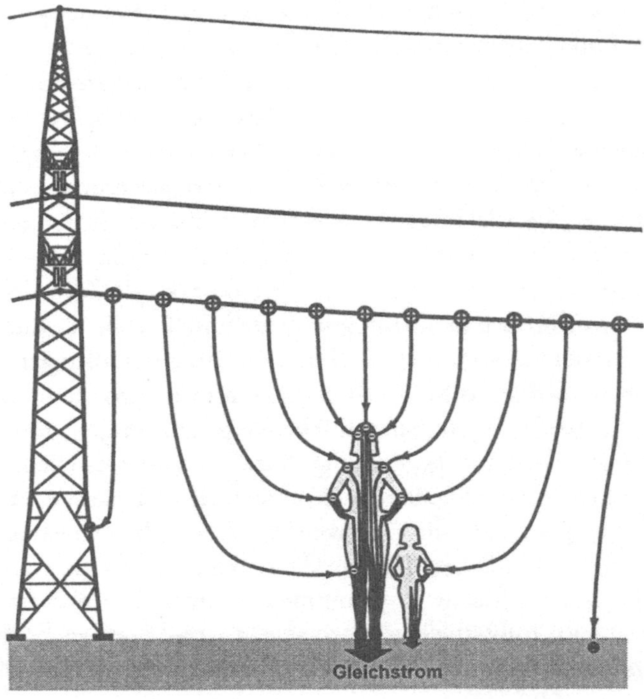

Abb. 4. Feldverzerrung durch den „Bitzableitereffekt": Die Mutter zieht die Feldlinien an sich, ihr Kopf ist den höchsten Feldstärken ausgesetzt, das Kind befindet sich im Feldschatten und ist dadurch geschützt. Das Körperinnere ist ebenfalls geschützt: Die Feldlinien enden an den Oberflächenladungen, das Innere ist feldfrei. Lediglich Leckströme fließen vom Kopf bis zum Fuß

Hochspannungsleitung spazieren geht, zieht sie die elektrischen Feldlinien auf sich, während das Kind geschützt in ihrem „Feldschatten" geht.

Die Feldlinien geben jene Wege an, entlang denen sich elektrische Ladungen im elektrischen Feld bewegen. Abbildung 4 zeigt daher auch, daß in einem elektrischen Feld ein „Leckstrom" in Form von elektrische Ladungen zum Körper hin und durch ihn zur Erde fließt. Ob es dadurch im Körperinneren zu erwähnenswerten biologischen Wirkungen kommt, hängt von der Stärke des Gleichstromes ab.

Die Auswirkungen von Gleichstrom sind gut bekannt. Er wird bereits seit vielen Jahrzehnten in der Physiotherapie eingesetzt. Sie hängen ab von der Stromdichte, also der auf die Fläche bezogenen Stromstärke, der Einwirkungsdauer, der Stromrichtung (Durchströmungen vom Fuß zum Kopf sind gefährlicher als umgekehrt), dem Stromweg im Körper und der Person selbst. (Es gibt individuelle und geschlechtsspezifische Unterschiede: Frauen sind etwa doppelt so empfindlich wie Männer, Kinder nochmals empfindlicher.) Die Bestimmung der Wahrnehmbarkeitsschwelle ergab, daß ca. 0,5 % der erwachsenen Männern Gleichströme ab ca. **1 mA** wahrnehmen können, 3 mA-Ströme können jedoch noch 90 % der Männer nicht wahrnehmen.

Ähnlich wie bei Funkenentladungen können zwei Fälle unterschieden werden:

1. Die *direkte Durchströmung* durch eine frei stehende Person. Wegen ihrer vergleichsweisen geringen Größe ist auch die Anzahl der Feldlinien und damit der „Leckstrom" klein. Er liegt im natürlichen Erdfeld um das Milliardenfache (ca. 5.10^{-12} A) und selbst an der Grenze der Durchschlagsfestigkeit der Luft (ca. 10^{-4} A) noch um das Zehnfache unter der Wahrnehmbarkeitssschwelle und kann daher vernachlässigt werden.

2. Die *indirekte Durchströmung* bei Berührung eines großflächigen Objektes: Unter ungünstigsten Annahmen fließt in diesem Fall auch noch der vom Objekt erfaßte Leckstrom über die Person ab. Damit kann sich im schlimmsten Fall ein etwa Tausendfach höherer Leckstrom als bei direkter Durchströmung ergeben. Im natürlichen Erdfeld ist auch dieser Fall vernachlässigbar: Die Stärke des Leckstromes liegt noch um das Millionenfache unter der Wahrnehmbarkeitsschwelle. Bei der in Luft größtmöglichen elektrischen Feldstärke (kurz bevor es zum elektrischen Überschlag kommt) läge der Leckstrom jedoch um das 100fache über der Wahrnehmbarkeisschwelle. Dies würde zwar (noch) keine Lebensgefahr, aber immerhin starke Schmerzen bedeuten. Es zeigt immerhin, daß Grenzwerte für elektrische Gleichfelder notwendig sind. Auf welchen Überlegungen sie beruhen, wird im nächsten Abschnitt erläutert.

1.3 Wieviel ist zuviel? Grenzwerte und Regelungen

Grenzwerte müssen schützen:
vor elektrischen Überschlägen,
bei indirekter Berührung großer Objekte.
Die Grenzwerte sind von Land zu Land verschieden.

Die Festlegung von Grenzwerten erfordert im Sonderfall der elektrischen Gleichfelder besondere Betrachtungen: Einerseits ist die Notwendigkeit von Grenzwerten unbestritten, da ja verhindert werden muß, daß so hohe Feldstärken erzeugt werden, daß es zu einem elektrischen Überschlag kommen kann. Andrerseits erzeugen wir selbst an unserem Körper bereits durch unsere Bewegungen immer wieder elektrische Feldstärken, die mehrere Zigtausend Volt pro Meter betragen und kurzzeitig (vor einer Funkenentladung) sogar die Durchschlagsfestigkeit der Luft überschreiten können. Bei der Begrenzung der in der Umwelt auftretenden Feldstärken elektrischer Gleichfelder ist daher zu beachten, daß ungerechtfertigte Eingriffe in unsere Privatsphäre, z.B. in Bezug auf unsere Kleidung und die Ausstattung unserer Wohnungen, vermieden werden.

Sieht man von der Gefahr der elektrischen Funkenentladungen ab, ist es beruhigend, daß in einem äußeren elektrischen Gleichfeld weder die direkte Entladung (nachdem wir uns selbst aufgeladen haben) noch die direkte Durchströmung (wenn wir frei im Feld stehen) nennenswerte biologische Wirkungen verursacht.

Schutzüberlegungen konzentrieren sich daher auf zwei unterschiedliche Aspekte, nämlich die Vermeidung bedenklicher indirekter Entladungen und indirekter Durchströmungen:

1. Die Vermeidung zu hoher *Aufladungen* von berührbaren Objekten, insbesonders am Arbeitsplatz, erfordert je nach Arbeitsplatz unterschiedliche Maßnahmen. Darüber ist daher, basierend auf dem Arbeitnehmerschutzgesetz, von Fall zu Fall zu entscheiden. Der Grenzwert der zulässigen Aufladung wurde in Deutschland durch die Begrenzung der maximal zulässigen Entladungsenergie festgelegt. Diese beträgt (für Berufstätige) **350 mJ**. Dies ist ein Wert, der vor Lebensgefahr schützt, aber schmerzhafte Schocks und Belästigungen durch Elektrisierungen zuläßt. Ein einheitliche europäische Regelung gibt es dazu noch nicht.

2. Die Begrenzung der *elektrischen Feldstärken* von technisch erzeugten (großräumigen) Gleichfeldern, z.B. von elektrischen Hochspannungs-

Gleichspannungs-Übertragungsleitungen, ist notwendig. Dabei ist zu berücksichtigen, daß nicht nur Erwachsene, sondern auch die deutlich empfindlicheren Kleinkindern den Feldern und damit Elektrisierungen ausgesetzt sein können. Der Grenzwert muß einerseits mindestens so niedrig sein, daß ein elektrischer Überschlag auch unter ungünstigen Bedingungen wie z.B. Schlechtwetter, mit Sicherheit ausgeschlossen werden kann. Die Wahl des Sicherheitsfaktors ist willkürlich und richtet sich nach dem erreichbaren sozialen Kompromiß. Andrerseits muß der Grenzwert so niedrig sein, daß er auch bei indirekter Berührung großflächiger Objekte unzumutbar hohe Leckströme verhindert. Tabelle 3 gibt einen Überblick über die bestehenden Grenzwerte für beruflich exponierte Personen und die Allgemeinbevölkerung.

Viele Länder und Organisationen stellen aus pragmatischen Gründen keine speziellen Überlegungen für den Sonderfall der elektrischen Gleichfelder an, sondern wählen jenen Wert, der sich ergibt, wenn man die Festlegung aus dem Bereich der elektrischen Wechselfelder und ihrer Reizwirkung auch für elektrische Gleichfelder übernimmt. (Für Wechselfelder wurde als Grenzwert der Mittelwert des quadrierten zeitlichen Feldstärkeverlaufs (Effektivwert) festgelegt. Dieser ist um das 1,42fache kleiner als der zeitliche Höchstwert. Bei Gleichfeldern ist grundsätzlich der quadra-

Tabelle 3. Grenzwerte für den zeitlich unbefristeten Aufenthalt in elektrischen Gleichfeldern

Land	Allgemeinheit V/m	(Einschlägig) beruflich Exponierte V/m	Publikation
Österreich	14.000	28.000	ÖN(V) S1119
Deutschland	nicht festgelegt	nicht festgelegt	BImSchV 1996
	30.000	30.000*	DIN VDE(V) 848-4
Europäische Gemeinschaft	nicht festgelegt	nicht festgelegt	Ratsempfehlung 99/519/EC, Ratsempfehlung (V) 1992
Schweiz	nicht festgelegt	nicht festgelegt	BUWAL 1998
ICNIRP (WHO)	nicht festgelegt	nicht festgelegt	Health Phys.1998

(V) Vornorm bzw. Entwurf, *VDE* Verband deutscher Elektrotechniker, *BUWAL* Schweizerisches Bundesamt für Umwelt, Wald und Landschaft, *WHO* Weltgesundheitsorganisation; *ICNIRP* Internationale Kommission zum Schutz vor nichtionisierender Strahlung
* Für maximal 2 Stunden in kontrollierten Bereichen.

tische Mittelwert und der Maximalwert gleich. Daher ist der Gleichfeld-Grenzwert um das 1,42fache größer als jener eines Wechselfeldes.)

Die bestehenden Grenzwerte sind, soferne sie überhaupt festgelegt wurden, von Land zu Land verschieden. Sie liegen im Bereich zwischen 14 kV/m und 42 kV/m und sind in Tabelle 3 zusammengefaßt.

2. Biologische Elektroinstallation und Hochspannungsleitungen: Niederfrequente elektrische Wechselfelder

Auch ein Staat kann irren.
Wir sind vor elektrischen Wechselfeldern (noch) geschützt.
Sferics als Gewitterbarometer.
„Biologische" Elektroinstallation? Wenn, dann richtig!
Nicht jeder, der elektrische Felder mißt, mißt richtig!

Im Jahr 1972 ging ein Raunen durch die Fachwelt: Die Behörden der Sowjetunion hatten eine Norm erlassen, die den Aufenthalt in elektrischen Feldern der Stromversorgung je nach deren Stärke zeitlich einschränkte. Die Begründung war spektakulär: Dadurch sollten Gesundheitsstörungen von Arbeitern in Umspannwerken vermieden werden. Man war im Westen besorgt. Sollte die Begründung stimmen, hätte das weitreichende Konsequenzen:

— Man müßte damit rechnen, daß Hochspannungsleitungen mit Spannungen über 115.000 V Gesundheitsstörungen verursachen könnten.
— Wegen der zeitlichen Begrenzungen in der Norm müßte man befürchten, daß sich Wirkungen mit zunehmender Expositionsdauer verstärken könnten.

Stimmen wurden laut, daß auch den Amerikanern die Gefährlichkeit der Felder längst bekannt wäre, denn wozu sonst wären in den USA die Versorgungsspannung und damit die elektrischen Felder in den Wohnungen nur halb so groß wie bei uns? Was nützte da der Umstand, daß im Westen die behaupteten Wirkungen in Laborversuchen nicht gefunden werden konnten. „Erniedrigt die Spannungen!" lautete die Forderung von manchen selbsternannten Experten. Es könne durchaus akzeptiert werden, daß sich damit auch die elektrischen Ströme und damit die Magnetfelder verdoppeln würden.

Es dauerte immerhin 8 Jahre, in denen elektrische Wechselfelder in den Medien für viele gesundheitliche Übel verantwortlich gemacht wurden, ehe Entwarnung gegeben werden konnte: Das Tauwetter zwischen Ost und West hatte Untersuchungen vor Ort erlaubt. Dabei wurde festgestellt, daß die eigentliche Ursache für die berichteten Gesundheitsbeschwerden nicht die elektrischen Felder waren, sondern der hohe Lärmpegel, der von den Leistungstransformatoren in den sowjetischen Umspannwerken erzeugt wurde.

Danach hieß es: „Alles kehrt! Es ist doch gut, daß wir in unseren Haushalten niedrigere Ströme haben." Wenig später hieß es: „Vielleicht sind es die Magnetfelder, auf die es ankommt?" (Kapitel 4). Heute wird es als Glück angesehen, daß dem Druck der Öffentlichkeit standgehalten wurde und teure Fehlinvestitionen unterblieben sind.

Unsere elektrische Energie wird von Generatoren erzeugt, die z.B. durch Wasserkraft angetrieben werden. Sie liefern eine (Wechsel-) Spannung, deren Vorzeichen und Stärke sich mit jeder Umdrehung periodisch ändert. An einem Meßgerät sieht man dies als zeitliche Schwingung mit einer positiven und negativen Halbwelle. Die Anzahl der Schwingungen pro Sekunde wird als *„Frequenz"* bezeichnet und (nach dem deutschen Physiker) in Hertz (Hz) angegeben. Die Spannung in unseren Steckdosen hat eine Frequenz von 50 Hz, in den USA sind es 60 Hz.

Der Niederfrequenzbereich reicht bis zu 30.000 Hz an jene Grenze, an der der elektrische Strom die Nerven und Muskel nicht mehr reizen kann. Er wird in folgende Teilbereiche unterteilt:

ULF (Ultra Low Frequency)-Bereich:	> 0 Hz	bis		3 Hz
ELF (Extra Low Frequency)-Bereich:	3 Hz	bis		3.000 Hz
VLF (Very Low Frequency)-Bereich:	3.000 Hz	bis		30.000 Hz

Elektrische und magnetische Wechselfelder sind wie Glieder einer Kette miteinander verbunden: Werden elektrische Ladungen bewegt, erzeugen sie ein Magnetfeld, der Wechsel des magnetischen Feldes wiederum verursacht ein elektrisches Wechselfeld, das elektrische Ladungen bewegt, die dadurch wiederum ein Magnetfeld erzeugen... usw. Im Gegensatz zum Hochfrequenzbereich sind jedoch bei niedrigen Frequenzen die Bewegungen der Ladungen so langsam, daß diese gegenseitigen Rückwirkungen zunächst noch vernachlässigt und elektrische und magnetische Wechselfelder getrennt betrachtet werden können.

50

2.1 Resonanzschwingungen und Sferics: Elektrische Wechselfelder in der Natur

Auch wenn in der Natur elektrische Gleichfelder dominieren, sind wir doch auch elektrischen Wechselfeldern ausgesetzt.

Elfi ist erst fünf Jahre alt. Sie kann auf ihrer Flöte bereits Lieder spielen. Ihre Mutter ist entzückt, jedoch der Onkel murrt nur: „Nichts als angewandte Physik: Die Töne macht doch die Flöte selbst! Elfi erzeugt ja nur ein Frequenzgemisch aus dem sich dann jene Frequenzen behaupten können, die mit dem Flötenvolumen in Resonanz kommen."

Auch die Natur spielt „Flöte": Der Raum zwischen der Erdoberfläche und der elektrisch geladenen Atmosphärenschicht (Ionosphäre, Kapitel 1) ist das Instrument und die ca. 2000 gleichzeitig auf der Welt zuckenden Blitze sind die Spieler: Sie erzeugen ständig ein elektrisches Frequenzgemisch, aus dem sich dann jene Wellenlängen behaupten können, die auf den Raum zwischen Erde und Ionosphäre abgestimmt sind. Die niedrigste Frequenz (Grundfrequenz), für die das gilt, ist jene, deren Wellenlänge ca. dem Erdumfang entspricht. Sie beträgt ca. 7,5 Hz (= Lichtgeschwindigkeit : Erdumfang). Bei ihr kommt die elektromagnetische Welle nach einem Erdumlauf gerade so wieder an, daß sie sich selbst verstärkt und nicht auslöscht. Die Grundschwingung und die Oberschwingungen (die erste Oberwelle hat eine Frequenz von ca. 14 Hz) werden nach ihrem Entdecker Schumann-Resonanzen genannt. Die Feldstärken der Schumann-Resonanzen sind sehr niedrig. Selbst bei der dominanten Grundschwingung beträgt sie nur ca. 0,003 V/m. Damit ist sie Millionenfach kleiner als jene Feldstärke, die wir wahrnehmen können. Ihre Größe verhält sich dabei zur Wahrnehmbarkeitsschwelle so wie ein Staubkorn zu einem Kirchturm.

Blitzentladungen äußern sich in einem kurzen Feldstärkeimpuls. Die Atmosphäre hat jedoch eine besondere Eigenschaft: Sie schwächt die mittleren Frequenzen des Gemisches stärker ab als die hohen oder niedrigen. Dadurch verwandelt sich ein Blitz-Impuls nach einiger Entfernung in eine Schwingung mit einem schnellen An- und langsamen Ausschwingen. Diese von der Atmosphäre beeinflußten Impulse werden daher (Atmo-) Sferics genannt. Da jede Blitzentladung solche Sferics aussendet, kann ihre Stärke und Häufigkeit für die Ortung und Charakterisierung der Heftigkeit von Gewittern ausgewertet werden. (Dies wird z.B. für die lokale Wettervorhersage im Flugverkehr und für die Erstellung von Gewitterkarten für das Fernseh-Wetter ausgenützt.)

2.2 Technisch erzeugte elektrische Wechselfelder

Elektrische Felder entstehen bereits, wenn elektrische Spannung vorhanden ist, unabhängig davon, ob tatsächlich Strom verbraucht wird. Sie sind daher in unserer Umgebung allgegenwärtig. Den größten Anteil haben die 50 Hz-Felder der Stromversorgung und die $16\frac{2}{3}$ Hz-Felder unserer Eisenbahn. Darüber hinaus entstehen noch höherfrequente Felder durch Fernsehgeräte und Personal Computer (Bild- und Zeilenablenkfrequenz) und Frequenzgemische durch alle Geräte und Einrichtungen, in denen Funken entstehen, z.B. Lichtschalter, Geräte mit Gleichstrommotoren (z.B. Mixer, Staubsauger, Bohrmaschine). Frequenzgemische erzeugen auch Geräte, in denen die elektrische Leistung elektronisch eingestellt wird (z.B. Helligkeitsregler, Geräte mit Schaltnetzteilen).

Hochspannungsleitungen

Die höchsten und räumlich am weitesten ausgedehnten technisch erzeugten elektrischen Wechselfelder werden von Hochspannungs-Wechselspannungs-Übertragungsleitungen (HWÜs) erzeugt. Hohe Spannungen werden deshalb zur Energieübertragung gewählt, weil damit die elektrischen Ströme und die von ihnen verursachten Übertragungsverluste klein gehalten werden können. Die höchste Übertragungsspannungen in Europa betragen 115.000 V, 230.000 V und 400.000 V (früher 110.000 V, 220.000 V und 380.000 V). Höhere Spannungen werden zur Langstreckenübertragung verwendet, z.B. 765.000 V in den USA und 1.100.000 V in Rußland.

Zur Versorgung der Eisenbahn werden in Österreich $16\frac{2}{3}$-Hz-Spannungen direkt erzeugt und über ein eigenes 110.000 V-Hochspannungsnetz verteilt (lediglich im Raum Wien beträgt die Übertragungsspannung 55.000 V).

Hochspannungsleitungen bestehen aus mehreren Leiterseilen. Jedes von ihnen erzeugt ein eigenes elektrisches (und magnetisches) Feld. (Magnetfelder werden in Kapitel 4 behandelt). Das Gesamtfeld ergibt sich daher aus der Überlagerung der Teilfelder. Da die Spannungen der einzelnen Leiterseile nicht gleichzeitig, sondern zeitlich versetzt schwingen, heben sich ihre Beiträge zum Gesamtfeld teilweise auf. Dies geschieht umso besser, je geringer der Abstand der Leiterseile ist.

Die Stärke des elektrischen Feldes in Bodennähe hängt außer von der Übertragungsspannung auch noch von weiteren Faktoren ab:

- von der Form der Hochspannungsmasten;
- von der Anzahl und Anordnung der Übertragungssysteme (sind mehrere Übertragungssysteme auf einem Masten untergebracht, wird das Feld wegen der Schirmwirkung durch das bodennächste System bestimmt);
- von der Anzahl und Anordnung der einzelnen Leiterseile (pro Übertragungssystem werden für die Bahnstromversorgung zwei, sonst drei Seile verwendet);
- vom Bodenabstand der (durchhängenden) Leiterseile;
- von der Nähe des Hochspannungsmasten;
- von der Form des Geländes.

Im Freien treten die höchsten Feldstärken an der Stelle des größten Durchhanges in der Mitte zwischen zwei Masten auf. Mit zunehmender seitlicher Entfernung nimmt die Feldstärke schnell, nämlich mit dem Quadrat der Entfernung ab (Abb. 5). Charakteristische Maximal-

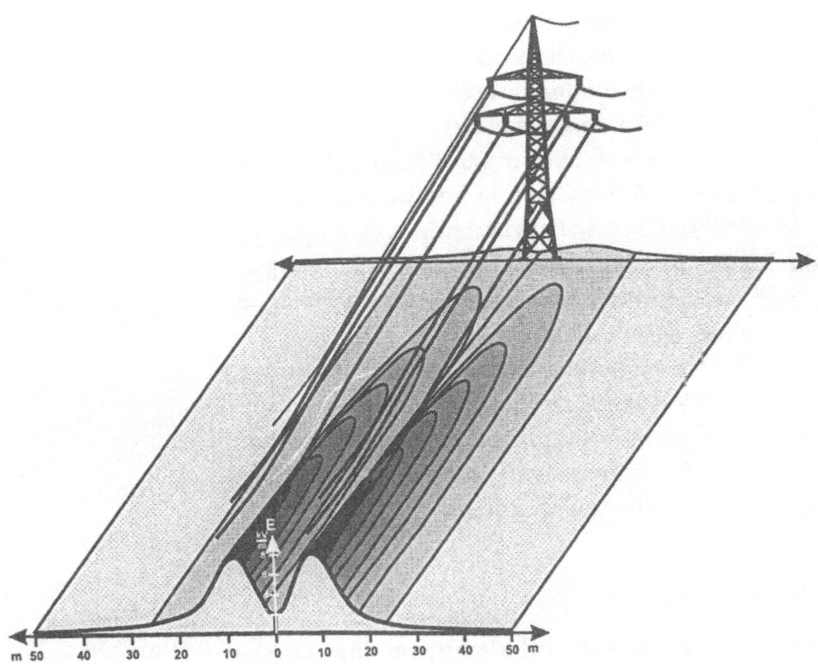

Abb. 5. Berechneter Verlauf des elektrischen Feldes einer Hochspannungsleitung. An der Stelle des größten Durchhanges und unter den Leiterseilen ist das Feld am größten, zum Masten hin nimmt es ab, ab ca. 20 m seitlicher Entfernung nimmt es schnell ab

53

Tabelle 4. Richtwerte für die elektrische Feldstärke unter Hochspannungsleitungen an der Stelle des größten Durchhanges. (die Werte können im Einzelfall nach oben oder unten abweichen)

Übertragungsspannung V	Elektrische Feldstärke V/m
30.000	100–500
115.000	1.000–2.500
230.000	2.500–6.500
400.000	5.000–8.000

werte sind in der Tabelle 4 angegeben. Der Verlauf der erzeugten elektrischen und magnetischen Felder ist am Beispiel einer 115.000 V-Hochspannungsleitung in Abb. 16 (Kapitel 4) dargestellt.

Häuser schirmen elektrische Wechselfelder wie ein Faraday-Käfig gut ab. Obwohl die Schirmwirkung eines Hauses mit zunehmender Frequenz abnimmt, ist sie bei der Frequenz unserer Stromversorgung noch sehr gut. Die äußeren elektrischen Wechselfelder werden bei 50 Hz noch um das ca. 100fache abgeschwächt. Das bedeutet, daß die elektrischen Felder im Hausinneren selbst im Nahbereich einer Hochspannungsleitung nicht wesentlich erhöht sind (Abb. 6).

Im Alltag werden die elektrischen Feldstärken meist überschätzt. Das liegt daran, daß Häuser und Bäume die Feldstärken stark verringern. So erniedrigt z.B. ein Baum in 5 m Entfernung die elektrische Feldstärke (unabhängig von seiner Belaubung, also auch im Winter) noch auf ca. die Hälfte. In Stadtteilen, in die Hochspannungsleitungen führen, sind daher die elektrischen Feldstärken nur im Freien in unmittelbarer Nähe der Leitungen erhöht.

In Hochspannungskabeln, die z.B. in Stadtgebieten verlegt sind, sind die Stromadern als Schutz vor mechanischen Beschädigungen mit einem Metallgeflecht umgeben. Dieses und das leitfähige Erdreich schirmen die elektrischen Felder ab. Es treten nach außen hin daher nur Magnetfelder auf (Kapitel 5).

Bahnstrecken

Eisenbahnen mit einer Fahrdrahtspannung von 15.000 V und einer Frequenz von 16⅔ Hz werden z.B. in Österreich, Deutschland, Schweiz, und Norwegen verwendet. Die elektrischen Feldstärken betragen in Kopfhöhe ca. 800 V/m. Schwankungen der Fahrdrahtspannung und damit der elektrischen Feldstärke um +20 % sind häufig. Die Abnahme mit dem seitlichen Abstand erfolgt jedoch nicht so schnell wie bei Hochspannungsleitungen, weil die Auslöschungswirkung durch die anderen Phasenseile fehlt.

Arbeitsplatz

Die relativ höchsten elektrischen Feldstärken gibt es in Umspannwerken, da hier die Hochspannungsleitungen dem Boden am nächsten sind. Es können Feldstärken bis ca. 12.500 V/m erreicht werden, in Rußland bis zu 27.000 V/m. Die Feldstärken, denen Hochspannungsmonteure ausgesetzt sind, hängen von der Arbeitstechnik ab: Meist werden die Leitungen für Wartungsarbeiten abgeschaltet. Wenn Arbeiten unter Hochspannung durchgeführt werden müssen, ist ein Schutz vor Funkenentladungen durch (leitfähige) Schutzkleidung und Schutzbrillen notwendig, die den Körper auch vor dem Eindringen elektrischer Felder schützen.

Höhere elektrische Feldstärken können in der Umgebung von Einrichtungen auftreten, die mit höheren Spannungen betrieben werden, z.B. Induktionsöfen (bis 20.000 V), Schweißmaschinen, Funkenerosionsmaschinen, Lichtbogen- und Plasmaschmelzöfen.

Besondere Aufmerksamkeit richtete sich wegen ihrer Verbreitung auf Computermonitore. In der Zwischenzeit erfüllen die meisten der Geräte eine Empfehlung der schwedischen Gewerkschaft (MPR-2) und werden als „strahlungsarm" bezeichnet, wenn die elektrische Feldstärke in 50 cm Abstand im Frequenzbereich 5 bis 2000 Hz unter 25 V/m bleibt.

Relativ höhere elektrische Feldstärken mit bis zu ca. 500 V/m verursachen Leuchtstoffröhren und Energiesparlampen.

Im allgemeinen werden die in Industrie und Gewerbe verwendeten elektrischen Geräte und Anlagen nur mit 230 V und 400 V betrieben, auch wenn sie höhere Leistungen besitzen. Die von ihnen erzeugten elektrischen Feldstärken sind daher mit jenen im Haushalt vergleichbar.

Haushalt

Die elektrischen Feldstärken sind in unseren Wohnungen räumlich sehr verschieden und nehmen mit zunehmender Entfernung zu Elektrogeräten und Leitungen rasch ab. Weil unser Körper daher nicht zur Gänze den Feldern ausgesetzt ist, ist die Situation grundsätzlich günstiger als bei den räumlich ausgedehnten Feldern der Hochspannungsleitung. Selbst an

ungünstigsten Stellen sind sie in der Wohnung meist kleiner als 100 V/
m (ausgenommen Heizdecken, wo wir den Heizdrähten sehr nahe sind).
Elektrische Felder von Netzkabeln werden meist überschätzt. In der
Regel sind sie vernachlässigbar klein, weil sich die Felder der Hin- und
Rückleitung weitgehend aufheben. In 10 cm Entfernung liegen sie be-
reits unter 0,02 V/m. Selbst vor Steckdosen sind sie in 10 cm Entfernung

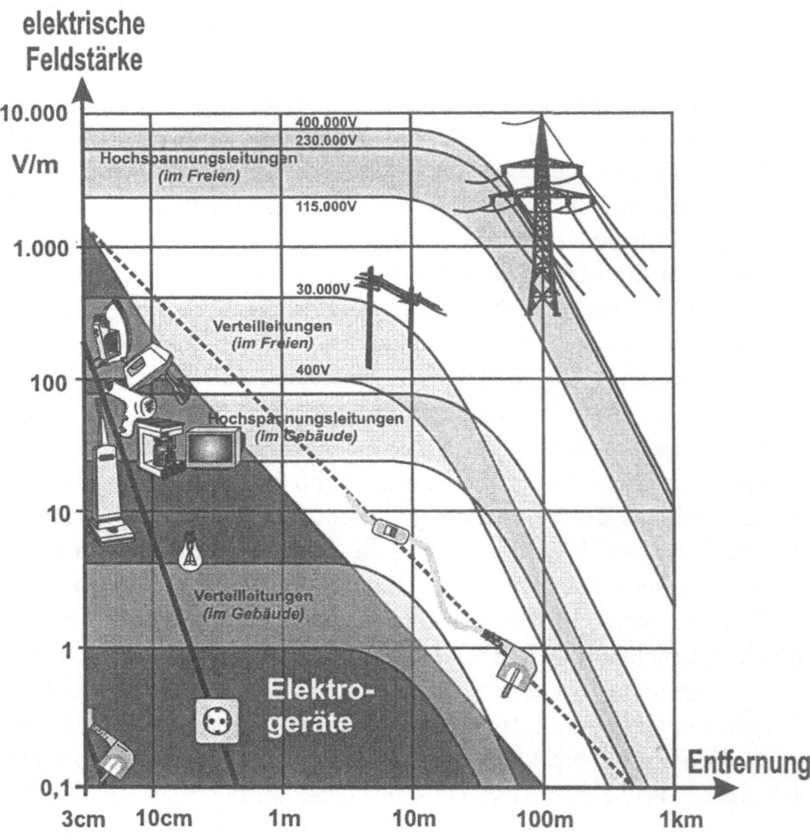

Abb. 6. Elektrische Feldstärke von Elektrogeräten und Hochspannungsleitungen in Abhängigkeit der Entfernung in doppelt-logarithmischer Darstellung (jedes Kästchen entspricht der Multiplikation mit 10). Man erkennt, daß die Feldstärken in der Nähe der
Geräte zwar höher sein können, aber schnell kleiner werden. Vernachlässigbar kleine
Felder erzeugen Netzkabel. Bei Hochspannungsleitungen erstrecken sich die Felder über
größere Bereiche. Ab ca. 10 bis 20 m Entfernung nehmen sie aber auch hier rasch ab. Die
Schirmwirkung von Häusern zeigt sich daran, daß die Felder von Hochspannungsleitungen
im Hausinneren nicht größer sind, als jene von Elektrogeräten, Felder von Verteilleitungen
sind vernachlässigbar klein

bereits unter 6 V/m abgesunken. Wenn jedoch durch einen Schalter in der Zuleitung, z.B. bei Stehlampen, nur eine Leitung abgeschaltet wird, können die Felder ca. 10.000fach größer sein. Sie nehmen dann auch mit der Entfernung langsamer ab.

Bei Elektrogeräten hängen die auftretenden elektrischen Feldstärken von der Konstruktion und der Verwendungsart ab. Abbildung 6 faßt die in Abhängigkeit der Entfernung ermittelten elektrischen Feldstärken zusammen.

2.3 Haarvibration und Körperstrom: Biologische Wirkungen elektrischer Wechselfelder

Wir sind bei den Frequenzen der Bahn und der Steckdosen am empfindlichsten. Ist das Wohnen nahe von Hochspannungsleitungen ungesund?

Die technisch erzeugten elektrischen Wechselfelder sind wesentlich größer als die in der Natur vorkommenden. Die Frequenz unserer Stromversorgung liegt in jenem Bereich, in dem unsere Nerven- und Muskelzellen am leichtesten zu erregen sind. Bedroht daher die Elektrizität unsere Gesundheit? Sind Befürchtungen berechtigt, daß das Wohnen in der Nähe von Hochspannungsleitungen Krebs verursachen oder begünstigen kann? Ist es sinnvoll oder gar notwendig, sich durch teure „biologische" Elektroinstallationen zu schützen?

Die Antwort auf diese Fragen erhalten wir, wenn wir uns die Mechanismen überlegen, mit denen elektrische Felder auf den Körper wirken können. Beruhigend ist dabei, daß unser Körper selbst durch zwei Umstände geschützt ist: Durch seine Leitfähigkeit und durch seinen eigenen Störschutz.

2.3.1 Haarvibrationen und Kribbeln: Wirkungen an der Körperoberfläche

Wahrnehmung kann zur Belästigung werden. In ungünstigen Fällen können Sicherheitsmaßnahmen notwendig sein.

Hubert kann blind erkennen, ob er unter einer Hochspannungsleitung spazieren geht. Er spürt dies an einem komischen Gefühl am Kopf. Allerdings nicht immer, nur wenn seine Haare kurz geschnitten sind.

Der Grund dafür ist gleich wie beim elektrischen Gleichfeld (Kapitel 1): Das elektrische Feld der Leitung bewirkt im Körper eine Ladungsumverteilung und eine Ansammlung gleicher Ladungen an der der Leitung zugewandten Seite. Die dadurch aufgeladenen Haare stoßen einander ab und richten sich auf. Da dies in jeder Halbwelle geschieht, schwingen die Haare mit der doppelten Frequenz. Wenn es ihre Trägheit zuläßt, übertragen sie die Bewegung an die Haarwurzeln. Dadurch kann sie wahrgenommen werden. Bei kurzen Haaren ist dies leichter als bei langen.

Die Wahrnehmbarkeitsschwelle ist individuell sehr verschieden. Felder von 115.000 V-Leitungen können von ca. 5 %, jene von 230.00 V-Leitungen von ca. 8 % und jene von 400.000 V. Leitungen von ca. 18 % der Personen wahrgenommen werden.

Karl hilft seiner Erbtante bei der Gartenarbeit. Als er den Wasserhahn aufdrehen will, verspürt er kurz ein Kribbeln an den Fingern. Es verschwindet jedoch, als er den Wasserhahn ergreift. Er denkt nicht daran, daß er sich unter einer Hochspannungsleitung befindet und daß er eben die Erfahrung *direkter Entladungen* gemacht hat (ähnlich, wie sie in Kapitel 1 beschrieben wurden). Es ist ihm schon gar nicht bewußt, daß die Leitungen eine Übertragungsspannung über 115.000 V haben mußte. Die Wahrnehmbarkeitsschwelle für direkte Entladungen liegt nämlich bei einer Feldstärke von ca. 4.500 V/m, und so hohe Werte gibt es erst bei 230.000 V- und 400.000 V-Leitungen. Er hatte sich immer wieder, nämlich im doppelten Takt des elektrischen Feldes (durch Influenz) elektrisch aufgeladen. Da er Gummistiefel trägt, ist er elektrisch isoliert, sodaß von ihm zum geerdeten Wasserhahn so lange Entladungsfunken überspringen, bis er direkte Berührung hatte.

Wenn sich Karl für ein Experiment zur Verfügung stellen würde, in dem die Stärke des elektrischen Feldes ständig erhöht würde, würde er außer dem zunehmend komischen Gefühl seiner vibrierenden Haare bei höheren Feldstärken auch ein Kribbeln am Hemdkragen und Brillengestänge fühlen, das immer intensiver und schließlich zum Sticheln und Stechen würde, bis es schließlich für ihn so unangenehm wäre, daß er den Versuch abbrechen würde. Der Grund dafür ist, daß sich in stärkeren Feldern auch an der Körperoberfläche Funkenentladungen bilden, die schließlich als Belästigung empfunden werden z.B. vom Hemdkragen und Brillengestell zur Haut.

Die Angaben, ab welchen Feldstärken Wahrnehmungen als Belästigung empfunden werden, sind sehr unterschiedlich. Ähnlich wie bei anderen Umweltreizen wie z.B. Lärm oder Staub hängen auch sie von subjektiven Faktoren ab. In Laborversuchen haben sich ca. 1 % der Personen bei einer Feldstärke einer 230.000 V-Leitung und ca. 2 % bei einer Feldstärke einer 400.000 V-Leitung belästigt gefühlt.

Heinz, den sonst nichts so leicht schreckt, zuckt zurück, als er die Autotüre aufmachen will. Dabei war er nur schnell barfuß vom Strand hochgelaufen, um das Badetuch aus dem Auto zu holen. Daß er ausgerechnet unter einer Hochspannungsleitung geparkt hat, ist ihm dabei nicht bewußt. Was er spürt, sind die Funken *indirekter Entladungen*, die vom Auto auf ihn überspringen, und zwar nicht nur einmal, wie dies in einem Gleichfeld zu erwarten wäre (Kapitel 1). Da sich das Auto in jeder Halbwelle des Wechselfeldes von neuem elektrisch auflädt, spürt er dies so lange, bis er durch Zurückzucken den Abstand vergrößert oder das Auto direkt berührt.

Die Wahrnehmbarkeitsschwelle für indirekte Entladungen hängt von der Größe des betreffenden Objektes ab. Hätte Heinz einen Reisebus berührt, hätte er unter ungünstigen Umständen bereits bei elektrischen Feldstärken von 500 V/m die Funkenentladungen wahrnehmen können. Bei Feldstärken von 50.000 V/m (die allerdings heute in der Umwelt nicht auftreten), wäre er sogar durch das Risiko des Herzkammerflimmerns in Lebensgefahr gewesen.

Es ist denkbar, daß im unmittelbaren Bereich einer Hochspannungsleitung besonders ungünstig gelegene großflächige Objekte, wie z.B. ein parallel verlaufender Metallzaun oder eine über das Fallrohr berührbare Dachrinne, bedenklich hohe Entladungsfunken (und indirekte Durchströmungen) bewirken könnten. Dies läßt sich durch vorbeugende Maßnahmen vermeiden. Es ist daher vorgeschrieben, daß derartige Objekte elektrisch gut geerdet werden müssen.

Auch wenn daraus keine unmittelbare Gesundheitsgefährdung abzuleiten ist, zeigt dies, daß es bereits heute in unserer Umwelt Feldstärken elektrischer Wechselfelder gibt, die negative Reaktionen von Personen bewirken können.

2.3.2 Nerven- und Muskelreizung: Wirkungen im Körperinneren

Unser Körper ist vor elektrischen Feldern doppelt geschützt.
Elektrische Wechselfelder verursachen in unserem Körperinneren Ströme.
Elektrische Berührungsströme können gefährlich hoch sein.
Unser Leben beruht auf Elektrizität.
Ein körpereigenes Schutzprinzip hilft auch gegen Elektrosmog.
Zellerregungen erfolgen nur bei Einhaltung von drei Bedingungen.

„Ich weiß jetzt, warum ich vor Gewittern immer so gereizt und nervös bin!", behauptet Martin. „Ich habe gelesen, daß die Sferics mit ihrer Frequenz ausgerechnet in dem Frequenzbereich unserer Hirnströme liegen. Das kann doch kein Zufall sein!"

Martin irrt. Er vergißt, daß die elektrische Feldstärke der Sferics bereits in Luft nur Tausendstel V/m beträgt und durch das Haus selbst sehr stark und im Körperinneren nochmals um das ca. 10 Millionenfache abgeschwächt wird. Daher kann eine Beeinflussung, ausgeschlossen werden.

Bei der Untersuchung biologischer Wirkungen von „Elektrosmog" stehen Wissenschaftler immer wieder vor der Aufgabe, nicht nur Effekte zu suchen, sondern auch nachzuweisen, daß sie tatsächlich von den untersuchten Feldern verursacht worden sind. So erschienen z.B. in den 1970er Jahren Berichte in Fachzeitschriften, wonach elektrische Felder die Bewegungsfreudigkeit, den Sauerstoffverbrauch und den Stoffwechsel von Mäusen steigern würden. Erstaunlich war, daß dies nicht mit der erwarteten Zunahme des Körpergewichtes verbunden war. Diese Befunde wurden auch von verschiedenen Gruppen bestätigt. Erst einige Zeit später konnte gezeigt werden, daß die daraus abgeleitete Annahme, das elektrische Feld würde die Gehirnfunktion beeinflussen, falsch war. Die Erklärung war einfacher: Das elektrische Feld hatte Haarvibrationen und Funkenentladungen verursacht und die Tiere irritiert. Aus diesem Grund waren sie unruhig in ihren Käfigen umhergelaufen und hatten die gemessenen Streßsymptome gezeigt.

Dieses Beispiel und das Normen-Beispiel aus der Sowjetunion zeigen die große Gefahr voreiliger Schlußfolgerungen: Selbst wenn biologische Veränderungen festgestellt werden, muß erst bewiesen werden, daß das Feld die Ursache ist und daß es tatsächlich auf die angenommene Weise wirkt.

Es gibt viele Umstände, die eine Feldwirkung vortäuschen könnten:

1. Haarvibrationen und Funkenentladungen machen die Exposition bewußt. Dies kann irritieren und verschiedenste psychosomatische Angstreaktionen auslösen;
2. Mikroshocks sind wie der Blitzableitereffekt von der Körperhaltung abhängig. Sie können daher Verhaltensänderungen verursachen, So war z.B. der beunruhigende Effekt, daß Mäuse in starken elektrischen Wechselfeldern an Körpergewicht verloren und ein verringertes Durstgefühl gezeigt hatten, nicht auf die vermutete Beeinflussung des Gehirns zurückzuführen. Wie sich erst später herausstellte, war die eigentliche Ursache einfacher: Die Tiere hatten jedesmal, wenn sie sich zum Trinken aufrichteten, schmerzhafte Funkenentladungen verspürt, die vom metallischen Trinkröhrchen zu ihrer Schnauze übersprangen;
3. Da biologische Wirkungen oft durch Vergleich mit einer nicht dem Feld ausgesetzten Kontrollgruppe festgestellt werden, können verschiedenste Gründe zu Unterschieden zwischen den Gruppen führen und Feldwirkungen vortäuschen, z.B. Beleuchtung (Abstand zu Lichtquellen), Temperatur (Entfernung zu Heizkörpern), Lüftung (Entfernung zur Klimaanlage), Geräusche (Abstand zu Liftschächten, Gebläsen und Transformatoren), Gruppenverhalten (Rivalitätskämpfe durch unterschiedlich viele dominante Tiere in einer Versuchsgruppe (so wurde z.B. berichtet, daß sich unter den für Versuche bestellten weiblichen Mäuse irrtümlich auch Männchen befunden hatten) oder unterschiedliche Fütterung und Tierpflege.
4. zu wenige Individuen, um Zufallsergebnisse erkennen zu können (dies ist auch eine Kostenfrage: Tiere und Versuchsanordnungen sind teuer);
5. Auswertungsfehler (z.B. falsche statistische Verfahren, willkürlicher Ausschluß „nicht passender" Einzelergebnisse).

Die größte Irrtumswahrscheinlichkeit haben Experimente, die sich lediglich darauf beschränken, überhaupt Effekte festzustellen. Wir wissen heute, daß das elektrische Feld verschiedene physikalische Möglichkeiten besitzt, Wirkungen zu verursachen und können diese gezielt untersuchen.

Es ist tröstlich zu wissen, daß wir durch unsere Leitfähigkeit vor dem direkten Eindringen des elektrischen Feldes in unser Körperinneres geschützt sind. Ähnlich wie beim elektrischen Gleichfeld enden die Feldlinien des elektrischen Wechselfeldes an den Ladungen an unserer Körperoberfläche. Unser Körperinneres wäre daher feldfrei. Da sich jedoch die Aufladung im Takt des Wecheslfeldes periodisch ändert, müssen elektrische Ladungen hin und her fließen, sodaß die Schutzwirkung mit zunehmender Frequenz abnimmt. Bei 50 Hz ist sie aber immer noch so groß, daß das äußere elektrische Feld in unserem Körper um das ca. Millionfache geschwächt ist.

Das elektrische Wechselfeld kann theoretisch
1. Oberflächenteile aufladen. Dies verursacht z.B. Vibrationen von Tasthaaren und Haaren bei Pelztieren aber auch der Panzerung von Insekten;
2. bewirken, daß sich die verursachten Ladungen über (körperhaltungsabhängige) Funkenüberschläge entladen;
3. elektrische Ströme im Körperinneren verursachen. Der Grund sind die ständigen Umladungen der Körperoberfläche;
4. auf geladene Teilchen im Körper Kräfte ausüben. Es läßt sich jedoch zeigen, daß diese so schwach sind, daß sie im Vergleich zu anderen gleichzeitig wirkenden Kräften vernachlässigbar sind (z.B. Kräfte, die Konzentrationsunterschiede ausgleichen, Wärmebewegungen verursachen oder chemische Bindungen bewirken).
5. den Körper durch den Stomfluß erwärmen, ähnlich wie dies bei der Kochplatte des E-Herdes geschieht. Es läßt sich jedoch zeigen, daß auch dieser Einfluß (bei niederfrequenten Feldern) vernachlässigbar klein ist.

Beruhigend ist, daß unser Körper selbst durch zwei Umstände geschützt ist: Durch seine eigene Leitfähigkeit und durch seinen eigenen Störschutz.

Es war gespenstisch anzusehen, wie Leben in den toten Körper zurückzukehren schien. Immer wieder begannen die leblosen Muskeln unter den elektrischen Entladungen zu zucken, mit denen im Jahr 1789 der italienische Arzt Luigi Galvani experimentierte. Damit war zwar nicht das erhoffte Mittel gefunden, das den Tod überwinden und uns ewiges Leben schenken konnte. Galvanis Experiment hat jedoch gezeigt, daß unser Leben wesentlich durch Elektrizität bestimmt wird: Unser Körper ist zusammengesetzt aus Abermillionen Zellen, deren Inneres gegenüber der Umgebung wie eine biologische „Batterie" eine elektrische Spannung aufweist. Die Erzeugung von Nervenimpulsen oder die Anspannung von Muskeln ist daher vor allem ein elektrischer Vorgang. Elektrische Signale melden über Nervenleitungen unserem Gehirn den Zustand unseres Körpers und übermitteln Befehle an unsere Organe und Gliedmaße. Die Folge ist, daß wir ständig von einem babylonischen Gewirr körpereigener elektrischer Signale erfüllt sind. Sie können sogar an unserer Körperoberfläche gemessen werden und geben Auskunft über die Vorgänge im Körperinneren, z.B. über die Tätigkeit unseres Herzens (Elektrokardiogramm, EKG), unseres Gehirns (Elektroenzephalogramm, EEG), unserer Muskeln (Elektromyogramm, EMG), unserer Nerven (Elektroneurogramm, ENG) und sogar unserer Augen (Elektrookulogramm, EOG). Es grenzt an ein Wunder, daß unser Körper bei den eng aneinanderliegenden Nervenfasern mit dem heillosen Durcheinander der elektrischen Signale so klaglos zurechtkommt. Er kann dies auch nur mit Hilfe eines Schutzes gegenüber unerwünschten Störungen. Er besteht im „Alles oder Nichts" Prinzip. Das bedeutet:

1. ein elektrisches Signal muß einen Mindestwert, die Reizschwelle, überschreiten, um überhaupt biologisch wirksam werden zu können und
2. wenn die Reizschwelle überschritten wird, reagiert eine Nervenzelle so gut sie nur kann. Das bedeutet, daß die Stärke eines Nervenimpulses von der Höhe des Reizes nicht mehr abhängt. (Die Nervenzelle wird jedoch umso schneller erregt, je größer der Reiz ist. Bei großen Reizstärken folgen daher die Nervenimpulse rascher aufeinander.)

Dieses Schutzprinzip unterscheidet nicht zwischen Störsignalen, die unser Körper ständig selbst erzeugt und Einwirkungen von außen. Das Automaten-Modell des „Alles oder Nichts" ersetzt daher hier das Gaspedal-Modell des „je stärker, desto wirksamer" (siehe Einleitung) und schützt uns auch vor „Elektrosmog": Bleibt die Stärke des „Elektrosmog" unter der Erregungsschwelle, gibt es auch keine Erregung von Nerven- oder Muskelzellen.

Für die Erregung einer Nerven- oder Muskelzelle müssen jedoch noch zwei weitere Bedingungen erfüllt sein:

a) Die Auslösung eines Nervenimpulses benötigt Zeit. Wechselfelder bestehen aus zwei entgegengesetzt wirkenden Halbwellen, deren Dauer mit zunehmender Frequenz abnimmt. Wenn die Zelle nicht mehr ausreichend Zeit hat, um einen Nervenimpuls auszulösen, also ab einer Grenzfrequenz, ist daher keine Erregung mehr möglich. Diese ist von Person zu Person verschieden und liegt im Bereich von ca. 30.000 bis 100.000 Hz. Dieser Umstand wird in der Chirurgie ausgenützt. Mit hochfrequenten elektrischen Stömen können so

Gewebe zerschnitten und gleichzeitig durchtrennte Blutgefäße verschlossen werden, ohne daß Muskel zusammenzucken. (Oberhalb der Grenzfrequenz können wir Ströme zwar noch spüren, jedoch nicht, weil sie die Nerven erregen, sondern weil sie das Gewebe erwärmen.)

b) Für die Auslösung eines Nervenimpulses muß sich ein Reiz genügend schnell ändern. Wir erfahren diesen Umstand auch im Alltag: In einem Gasthaus nehmen wir die verrauchte Luft nach einiger Zeit nicht mehr wahr, wenn sich keine Änderung ergibt. Wenn wir jedoch kurz im Freien waren und zurückkehren, wird uns der Geruch wieder bewußt. Da die Änderungsgeschwindigkeit abnimmt, werden die Zellen mit abnehmender Frequenz immer unempfindlicher. Dies wird z.B. in der Reizstromtherapie gezielt ausgenützt: Durch langsame Stromerhöhung können auch hohe Stromstärken ohne Schmerzen für den Patienten angewendet werden (man bezeichnet dies als „Einschleichen").

Diese biologischen Randbedingungen sind mit einer schlechten Nachricht verbunden: Ausgerechnet bei den 16⅔ Hz-Feldern der Bundesbahn und den 50 Hz-Feldern der Steckdosen stimmen sowohl die Dauer der Halbwelle als auch die Reizänderungsgeschwindigkeit. Wir sind daher bei diesen Frequenzen am empfindlichsten (Abb. 7).

Wie bei elektrischen Gleichfeldern verzerren wir das elektrische Feld und ziehen Feldlinien an uns. Diese konzentrieren sich vor allem an unserem Kopf. Die größte Beeinflussung tritt auf, wenn wir aufrecht (parallel zu den elektrischen Feldlinien) stehen. Wir werden dann von einem elektrischen Wechselstrom durchflossen, der vom Kopf zu den Füßen hin zunimmt und umso größer ist, je größer die Frequenz ist. Er läßt sich theoretisch und meßtechnisch gut bestimmen. Wie in Kapitel 1 sind zwei Fälle zu unterscheiden:

1. die *direkte Durchströmung*, wenn wir allein im Feld stehen. In diesem ungünstigsten Fall sind wir wie die Antenne unseres Rundfunkgerätes entlang der Feldlinien ausgerichtet sind. Dabei erreicht der Strom bei 50 Hz eine Stärke von ca. 14 µA pro 1000 V/m. In einem Feld einer 400.000 V-Hochspannungsleitung erreicht er etwa die Wahrnahmbarkeitsschwelle. In liegender Position würde er sich auf ca. ein Viertel verringern.

2. die *indirekte Durchströmung* bei Berührung eines (elektrisch von Erde isolierten) leitfähigen Objektes, z.B. eines Reisebusses. Da hier zum

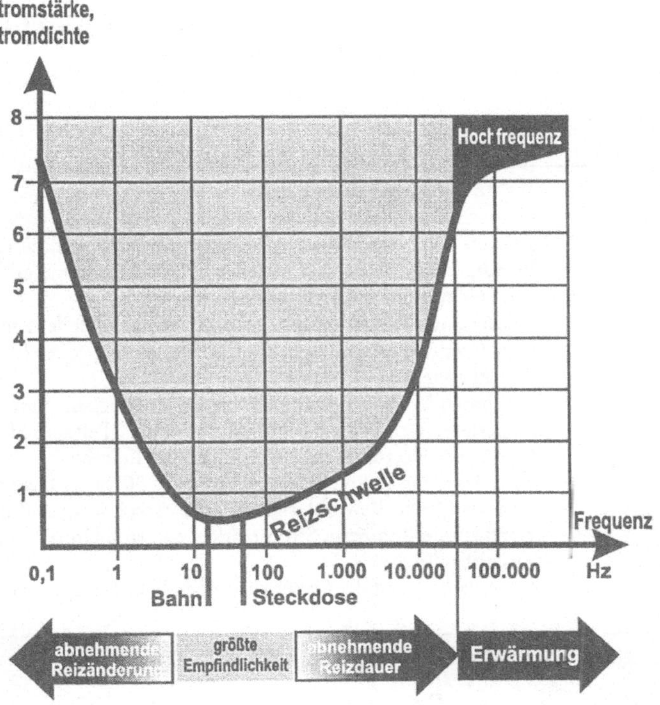

Abb. 7. Abhängigkeit der Reizschwelle von der Frequenz: Bei Bahn- und Steckdosen-Frequenz sind wir am empfindlichsten, zu höheren und niedrigeren Frequenzen nimmt unsere Empfindlichkeit stark ab

Strom, der bereits in unserem Körper fließt, noch der vom Objekt erfaßte Anteil hinzukommt, kann der Gesamtstrom auch gefährlich hohe Stärken erreichen.

Die bisherigen Ergebnisse zeigen, daß es vor allem elektrische Ströme sind, die biologische Wirkungen verursachen können. Diese sind jedoch gut bekannt. Wir kennen sie einerseits aus den medizinischen Erfahrungen mit der Reizstromtherapie, die bereits seit ca. 200 Jahren zur Behandlung von Nerven- und Muskelerkrankungen angewendet wird. Andrerseits wissen wir auch, was bei gefährlich hohe Ströme geschieht, die bei Elektrounfällen oder direktem Blitzschlag wirksam geworden sind. Tabelle 5 gibt einen Überblick über die Wirkungen bei Berührung von Objekten in einem elektrischen Wechselfeld an Kindern, Frauen und Männern.

Tabelle 5. Auswirkung von elektrischen Strömen bei Berührung leitfähiger Gegenstände in einem elektrischen Wechselfeld (indirekte Durchströmung)

Gesamtstrom (bei 50 Hz) mA	Auswirkung
0,2–0,4	Wahrnehmbarkeitsschwelle
0,9–1,8	schmerzhafter Fingerkontakt
1–15	schmerzvoller Schock, zunehmend schmerzhafte Verkrampfung der Handmuskeln, ab ca. 10 mA selbständiges Loslassen ergriffener Teile nicht mehr möglich (Loslaßschwelle)
15–30	zunehmende Verkrampfung der Arme, später auch der Atemmuskulatur (erschwerte Atmung), Blutdrucksteigerung, Grenze der Erträglichkeit
30–50	zunehmende Verkrampfung, Herzunregelmäßigkeit, Blutdrucksteigerung, nach einigen Minuten Bewußtlosigkeit und über 40 mA Gefahr des Herztodes durch Herzkammerflimmern
50–einige 100	unter 1 s Dauer: starke Schockwirkung, ca 30 %iges Herztodrisiko über 1 s Dauer: Bewußtlosigkeit, hohes Herztodrisiko durch Herzkammerflimmern, Strommarken an Stromeintritt- und Austrittstelle
Ab einigen 100 mA	Stommarken, mit der Dauer zunehmende Gewebsverbrennung

Bei Berührung eines Reisebusses unter einer 400.000 V-Hochspannungsleitung könnte z.B. der Gesamtstrom bereits um das ca. 30fache über der Wahrnehmbarkeitsschwelle liegen. Würde man elektrische Felder nicht begrenzen, wären wir bereits ab ca. 100.000 V/m durch Herzkammerflimmern und Herztod gefährdet (Tabelle 4). Das Beispiel zeigt, daß Sicherheitsmaßnahmen notwendig sind. Einerseits die Begrenzung der zulässigen elektrischen Feldstärken, andrerseits jedoch auch die Verringerung der möglichen Objektströme, z.B. durch Erdung parallel zu Hochspannungsleitungen verlaufender Metallzäune.

Der Gesamtstrom gibt nur ein grobes Bild über die biologischen Wirkungen. Auch kleinere Ströme können nämlich im Körperinneren bedeutsame Effekte verursachen. Tatsächlich ist es nämlich nicht die Stromstärke, sondern die Konzentration der Stromlinien (die elektrische Stromdichte) die für Wirkungen auf unsere Körperzellen verantwortlich ist. Es ist jedoch schwierig, festzustellen, wie die Größe der Stromdichten im Körperinneren mit dem äußeren elektrischen Feld zusammenhängt. Diese Frage kann naturgemäß nicht durch schmerzhafte Messungen geklärt werden, sondern erfordert die Hilfe von mathematischen Modellen, die das äußere elektrische Wechselfeld und unser Körperinneres möglichst detailgetreu nachbilden.

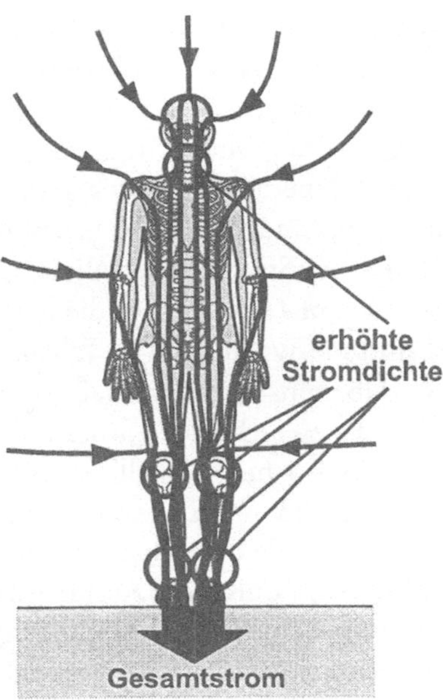

Abb. 8. Der elektrische Strom ist im Körper nicht gleichmäßg verteilt: Er konzentriert sich an Körperengstellen auf Muskel und Blutgefäße

Elektrische Ströme und der Straßenverkehr haben eines gemeinsam: Sie fließen dort, wo sie den geringsten Widerstand vorfinden. Das bedeutet, daß sich der Gesamtstrom im Körper nicht gleichmäßig verteilt: Er bevorzugt die (elektrisch gut leitenden) Blutgefäße und Muskeln und vermeidet Knochen und Sehnen. Es sind daher an unseren Körperengstellen im Hals, im Knie und besonders am Knöchel hohe Stromdichten wirksam, weil dort der Querschnitt nicht nur ohnehin bereits klein ist, sondern weil der Platz auch noch zum Großteil durch schlecht leitende Kochen und Sehnen ausgefüllt ist. Der Strom muß sich daher auf die wenigen verbleibenden Muskeln und Blutgefäße konzentrieren (Abb. 8).

Die Auswirkungen der Stromdichten auf unser Wohlbefinden oder unsere Gesundheit sind nicht an allen Körperstellen gleich: Sie sind vergleichsweise unkritisch im Bereich unserer Knöcheln. Dies gilt jedoch nicht für die Engstelle am Hals, an der auch das Rückenmark mit seinem Bündel an Nervenfasern zu beachten ist. Ein anderer kritischer Bereich ist das Herz: Der große Querschnitt unserer Brust täuscht: Er wird zum Großteil von den elektrisch schlechter leitenden Lungen eingenommen, außerdem bedeutet für uns eine Störung der Herztätigkeit Lebensgefahr. Die Stromdichte ist am Hals und im Rückenmark etwa 2 bis 5fach größer als im Herzen.

Die Untersuchung, wie die Auswirkungen von der Größe der elektrische Stromdichte im Körperinneren abhängen, ist schwierig. Inzwischen sind jedoch die Zusammenhänge gut bekannt. Grundsätzlich gilt für die Wirkung elektrischer Stromdichten dieselbe Frequenzabhängigkeit wie für die Gesamtströme (Abb. 7). Für die Frequenz unserer Stromversorgung (50 Hz) sind die Wirkungen in Tabelle 6 zusammengefaßt.

Es herrscht heute Übereinstimmung, daß vor allem die Zellmembrane die Orte sind, an denen elektrische Stromdichten Wirkungen verursachen könnten. Sie sind 5 bis 15 Millionstel Millimeter dick und enthalten Eiweißmoleküle, die mit Hormonen chemisch reagieren und dadurch das Verhalten der Zelle beeinflussen können. Darüber hinaus sind sie mit Poren durchsetzt, durch die Atome verschieden gut durchtreten können. Diese unterschiedliche Durchlässigkeit ist der Grund, weshalb die Konzentrationen von negativ geladenen Atomen (Ionen) im Zellinneren größer ist als im Außenraum. Dies ist auch der Grund, weshalb sich zwischen dem elektrisch negativen Zellinneren und dem Außenraum eine elektrische Spannung, das Membranpotential, messen läßt. Sie beträgt ca. −90 mV. Unsere Körperzellen können daher mit elektrischen Batterien verglichen werden.

Werden negative elektrische Ladungen an die Zellmembran herangeführt, verringert sich die Membranspannung zunächst passiv in Abhängigkeit der Stromdichte. Ab ca. 0,75 µA/cm² kommt es zum ersten Effekt: Die Membranspannung ändert sich überproportional stark. Es kommt zu einer sogenannten „lokalen Antwort". Sie bewirkt eine erhöhte Erregbarkeit, jedoch noch keine Auslösung eines Nervenimpulses. Erst

Tabelle 6. Biologische Wirkungen in Abhängigkeit der Größe der elektrischen Stromdichte im Körperinneren (WHO, 1993)

Stromdichte µA/cm²	Auswirkung
Unter 0,1	keine beobachteten Wirkungen
0,1–1	keine gesicherten biologischen Wirkungen
1–10	Stimulation einzelner Nerven- und Muskelzellen, beginnende Beeinflussung der Hirnfunktion
10–einige 10	Nerven- und Muskelstimulation
über 100	Beeinflussung der Herzfunktion, Verkrampfung von Muskeln, erschwerte Atmung, Herzkammerflimmern

wenn die Stromdichte die Reizschwelle übersteigt, ab ca. 100 µA/cm², kommt es zu einem dramatischen Ereignis: Es öffnen sich plötzlich die Poren der Membran und lawinenartig gleichen sich die Ionenkonzentrationen aus. Die vollständige Erregung der Zelle zeigt sich daran, daß die Membranspannung zusammenbricht und vorübergehend sogar positiv werden kann. In den nachfolgenden Aufräumungsarbeiten werden die eingeströmten Ionen wieder aus der Zelle transportiert und es stellt sich allmählich wieder der Ausgangszustand ein. (Bei Nervenzellen dauert dieser Vorgang wenige Tausendstel Sekunden bei Herzmuskelzellen ca. 100fach länger.)

Es ist beruhigend, daß wir so viel über die Wirkungen elektrischer Stromdichten wissen, doch könnte unser Körper nicht doch auch noch durch schwächere elektrische Wechselfelder unterhalb der Reizschwelle auf andere Weise oder erst nach längerer Zeit beeinflußt werden und gibt es Menschen, die besonders elektrosensibel reagieren?

Die Fragen sind berechtigt. Es wurde auch versucht, sie zu beantworten. Dazu wurden verschiedene Möglichkeiten untersucht:
1. Können schwache Felder durch Aufschaukelungsvorgänge wirksam werden, indem sie mit körpereigenen Vorgängen in Resonanz treten? Tatsächlich gibt es in unserem Körper z.B. Schrittmacherzellen, die sich selbst immer wieder periodisch erregen. Sie wirken als Taktgeber für unseren Herzschlag. Es konnte gezeigt werden, daß diese Zellen auf Stromdichten mit Frequenzen in der Nähe ihrer Eigenfrequenz besonders empfindlich reagieren, allerdings gab es auch dafür eine Schwelle (ca. 1 µA/cm²). Darüber hinaus konnte an mathematischen Modellen von Nervenzellen systematisch untersucht werden, ob Resonanzeffekte möglich sind. Es konnte gezeigt werden, daß dies möglich ist, aber erst, nachdem die Reizschwelle überschritten war. Eine erhöhte Empfindlichkeit bei diesen Frequenzen ließ sich nicht nachweisen.
Es gibt jedoch eine Ausnahme: Unser Organismus arbeitet nach einem Tagesrhythmus. Er zeigt sich z.B. daran, daß unsere Körpertemperatur am Morgen um ca. 1 bis 1,5 °C niedriger ist als am Abend und an unserem Wach-Schlaf Rhythmus. Versuche in unterirdischen Bunkern und Höhlen haben ergeben, daß die Periodendauer unter Ausschluß der Umwelt (Hell-Dunkel-Rhythmus, Sozialkontakte usw.) im Mittel um ca. 80 min länger ist als ein Tag. Bereits im Jahr 1968 wurde berichtet, daß sich diese Dauer durch Abschirmung des

Erdmagnetfeldes um weitere 80 min verlängerte. Durch Einschalten eines schwachen elektrischen Feldes von nur 2,5 V/m, das sich mit einer Frequenz von 10 Hz nicht sinus-, sondern rechteckförmig-abrupt änderte, konnte wieder eine Verkürzung um 50 min erreicht werden. Dieser Effekt wäre sehr hilfreich, um z.B. Schichtarbeiter oder Flugpassagiere von Transatlantikflügen wieder an die geänderte Tagesperiodik anzupassen. Unter Alltagsbedingungen, in Anwesenheit der anderen Zeitgeber, ließ er sich jedoch nicht mehr feststellen.

2. Gibt es Effekte, die aus schwachen Feldern ständig Energie aufnehmen und dadurch immer stärker werden? Daß es diese Möglichkeit gibt, ist aus der Atomphysik bekannt: In Teilchenbeschleunigern (Zyklotronen) werden Ladungsträger (Elektronen) durch ein Magnetfeld auf einer Kreisbahn gehalten und während jeder Halbwelle eines elektrischen Feldes beschleunigt. Dies geschieht jedoch nur bei einem elektrischen Wechselfeld, bei dem die (Zyklotronresonanz-) Frequenz so gewählt ist, daß die Periodendauer genau der Umlaufzeit des Teilchens entspricht. Auch in unserem Körper gibt es Ladungsträger und auch wir befinden uns in einem (Erd-) Magnetfeld. Könnte es nicht auch hier einen vergleichbaren Resonanzeffekt geben? Tatsächlich konnte gezeigt werden, daß z.B. für Kalzium-Ionen die Zyklotronresonanzfrequenz 50 Hz beträgt. Allerdings kann sich diese Resonanz in unserem Körper aus mehreren Gründen nicht entwickeln, unter anderem, weil ein Teilchen ständig mit anderen Teilchen zusammenstoßen würden und keine Gelegenheit hätten, auch nur einen einzigen ungestörten Umlauf zu absolvieren.

3. Selbst wenn heute noch keine Mechanismen bekannt sind, geben Langzeitstudien die Antwort? Derartige Studien gibt es. Sie leiden jedoch unter einigen grundsätzlichen Schwierigkeiten: Aus den Kurzzeit-Versuchen wissen wir, daß schwache Felder wenn überhaupt, so nur geringe Auswirkungen haben können. Langzeit-Tierversuche unter kontrollierten Laborbedingungen führen jedoch zu umso unzuverlässigeren Ergebnissen, je geringer die zu erwartende Beeinflussung und je länger die Versuchsdauer ist. Es gäbe jedoch einen Ausweg: Studien an der Bevölkerung. Dazu wird eine (genügend große) Gruppe von Personen ausgewählt, die über Jahre hinweg (relativ) größeren elektrischen Wechselfeldern ausgesetzt waren. Wird ihr Gesundheitszustand mit Personen verglichen, die gar nicht oder nur vergleichsweise niedrigen Feldern ausgesetzt waren, so könnten sich daraus Hinweise auf eine Feldwirkung gewinnen lassen. Selbst-

verständlich dürfen sich die beiden Gruppen in Bezug auf andere Faktoren nicht unterscheiden, wie Bildung, Berufsrisiko, Einkommen, Alter, Geschlecht, Lebensgewohnheiten, Wohnverhältnisse, andere Umweltfaktoren usw. Doch selbst wenn dies erreichbar wäre, gibt es eine entscheidende Schwierigkeit: Wie soll man über Jahre hinweg feststellen, welchen elektrischen Feldern jemand ausgesetzt war? Die einfachste, aber unzuverlässigste Lösung war, Personen nach indirekten Hinweisen der exponierten Gruppe zuzuordnen: Wenn sie einen „Elektro"-Beruf ausgeübt hatten oder in der Nähe einer Hochspannungsleitung wohnten. Aus mehreren Gründen ist dabei die Zuordnung von Personen in die Gruppe der Exponierten und der nicht exponierten Kontrollen sehr unsicher.

Im Vordergrund der Langzeitstudien stand bisher die Untersuchung eines möglichen Zusammenhanges zwischen Feldern und Krebserkrankungen im allgemeinen oder speziellen Krebsformen wie Blutkrebs (Leukämie) im besonderen. Die Ergebnisse dieser Studien gaben keinen überzeugenden Hinweis auf Langzeitwirkungen elektrischer Felder. Es war nicht nur kein klarer Zusammenhang zu erkennen, es war außerdem auch nicht möglich, festzustellen, was die Ursache für ein Ergebnis sein könnte: Das elektrische Feld, das ebenso vorhandene magnetische Wechselfeld, andere nicht erkannte Einflußfaktoren oder die Unzulänglichkeiten der Methodik selbst. (Die Ergebnisse werden ausführlicher im Kapitel 4 besprochen.)

Es sind bisher keine Ergebnisse bekannt, die belegen würden, daß elektrische Stromdichten unterhalb der Reizschwelle bzw. der Schwelle für eine lokale Antwort biologisch bedeutsam sein könnten. Es hat sich jedoch gezeigt, daß elektrische Stromdichten im Körperinneren bedenklich hoch werden könnten, wenn elektrische Wechselfelder nicht durch Grenzwerte begrenzt werden.

2.3.3 Elektrosensibilität

Unspezifische Krankheitssymptome können viele Ursachen haben.
Trotz subjektiver Überzeugung noch kein Nachweis für Elektrosensibilität.

Heinz ist verzweifelt. Seit einiger Zeit bekommt er in seiner Wohnung unerträgliche Kopfschmerzen und kann kaum mehr schlafen. Besonders schlimm ergeht es ihm, wenn er an seinem Computer arbeitet. Er verspürt dann schmerzhafte Stiche und bekommt Hautreizungen, die ihm das Arbeiten fast unerträglich machen. Das war nicht immer so. Als es mit leichteren Symptomen anfing, hat Heinz nach möglichen Ursachen gesucht. Ein Zeitungsartikel hat ihn auf die Spur gebracht. Er hat sich daraufhin einer Selbsthilfegruppe von „Elektrosensiblen" angeschlossen und ist in der Zwischenzeit davon überzeugt, daß es der „Elektrosmog" ist, der für seine Leiden verantwortlich ist. Er hat seine Stelle gekündigt und schläft, wenn er es in seiner Wohnung nicht mehr aushält, in seinem Wohnwagen, fern der Elektrizität.

Die Zahl von Personen nimmt zu, die Umgebungseinflüsse, wie z.B. das Wohnen in Hochhäusern Gasabsonderungen von Möbeln oder die Luftverschmutzung für ihre Krankheitssymptome verantwortlich machen. Heinz ist ein Beispiel dafür, daß auch „Elektrosmog" als Verursacher genannt wird. Der Umstand, daß die Mehrheit der Bevölkerung unter den gleichen Bedingungen keine Symptome entwickelt, wird von den Betroffenen dadurch erklärt, das sie eben „elektrosensibel" seien und eine wesentlich gesteigerte Empfindlichkeit gegenüber „Elektrosmog" hätten.

Es ist unbestritten, daß Personen wie Heinz Hilfe benötigen. Ebenso wichtig ist jedoch, herauszufinden, was die eigentliche Ursache für ihre Beschwerden ist, um wirklich helfen zu können. Elektrische und magnetische Felder wirken nämlich nicht nur jeweils auf ganz andere Weise auf den Körper, sie erfordern auch ganz unterschiedliche Abhilfemaßnahmen.

Ob die subjektive Überzeugung, die Elektrosensibilität sei schuld, tatsächlich zutrifft, wurde und wird auf verschiedene Weise untersucht. Bisher zeigte sich jedoch, daß die Zusammensetzung der Gruppen der Elektrosensiblen und die geäußerten Beschwerden sehr unterschiedlich sind. Es ließ sich kein charakteristisches Krankheitsbild finden. In Doppel-Blind-Experimenten waren Reaktionen nur mit der subjektiven Überzeugung korreliert, daß Felder einwirkten und nicht mit ihrem tatsächlichen Vorhandensein. Auch die meßtechnische Feststellung der Empfindlichkeit ergab für Elektrosensible kein auffallend niedrigeres Ergebnis. Fest steht nur, daß die angeführten Beschwerden unspezifisch sind und eine Vielzahl von Ursachen haben könnten wie z.B. andere (bekannte oder unbekannte) Gesundheitsstörungen, psychosomatische Reaktionen auf emotionalen, sozialen oder beruflichen Streß, chemische Faktoren wie Luftverschmutzung, Gasemissionen oder Zusatzstoffe in Lebensmitteln oder physikalische Faktoren wie Lärm oder das Wetter.

Ob es daher „Elektrosensibilität" als Ursache für Krankheitssymptome tatsächlich gibt, ist trotz der subjektiven Überzeugung der Betroffenen nach wie vor ungeklärt. Unabhängig von einem ursächlichen Zusammenhang kann jedoch eine (mit vernünftigen Aufwand betriebene) vorbeugende Vermeidung elektrischer und magnetischer Felder den Betroffenen Erleichterung verschaffen.

2.4 Wieviel ist zuviel? Grenzwerte und Regelungen

Das Zwei-Stufen-Konzept der Grenzwerte.
Bevölkerung und beruflich Exponierte werden getrennt betrachtet.
Auch indirekte Wirkungen sind bedeutsam.
Die Begrenzung der Aufenthaltsdauer ist nicht vorgesehen.
Grenzwerte sind (noch) von Land zu Land verschieden.

Es war ein langer Weg von der ersten Festlegung in der Sowjetunion bis zu unseren heutigen Grenzwerten. Am Ende hat es sich gezeigt, daß zwar die Zahlenwerte wieder ziemlich ähnlich sind. Ihre Grundlagen und damit die Sicherheit unterscheiden sich jedoch erheblich.

Es besteht heute Übereinstimmung darin, daß es sinnvoll ist, Grenzwerte in zwei Schritten festzulegen:

1. Zunächst werden Basisgrenzwerte festgelegt, die die eigentlich biologisch relevanten Größen begrenzen, z.B. die Stromdichte im Körperinneren.
2. Da die Einhaltung der Basisgrenzwerte naturgemäß nicht überprüft werden kann, werden abgeleitete Referenzgrenzwerte für die meßbare Feldgröße, die elektrische Feldstärke bestimmt. Da dies mit Hilfe von Modellrechnungen nur näherungsweise möglich ist, können sich die Grenzwerte einzelner Länder oder Organisationen unterscheiden, auch wenn sie auf denselben Basisgrenzwerten beruhen.

Wir wissen heute, daß wir gegenüber elektrischen Wechselfeldern zweifach geschützt sind: Einerseits durch die Leitfähigkeit unseres Körpers, und andrerseits durch das „Alles oder Nichts"-Prinzip unserer Körperzellen. Dennoch können elektrische Wechselfelder unsere Gesundheit gefährden und zwar durch die im Körper verursachten elektrischen Stromdichten und die bei Berührung eines Objektes fließenden Berührungsströme und die mögliche Funkenentladung.

Bei der Begrenzung der elektrischen Stromdichten sind zwei Frequenzabhängigkeiten zu beachten:

— Aus biologischen Gründen sind wir im Bereich zwischen etwa 10 bis 100 Hz am empfindlichsten. Je weiter sich die Frequenzen von diesem Bereich nach oben oder unten entfernen, desto unempfindlicher werden wir.
— Aus physikalischen Gründen nimmt die Stärke der vom elektrischen Wechselfeld verursachten elektrischen Stromdichten mit der Frequenz zu.

Beide Frequenzabhängigkeiten zusammen ergeben die Abhängigkeit der Wahrnehmbarkeitsschwelle von der äußeren elektrischen Feldstärke (Abb. 9).

Bei niederen Frequenzen können elektrische Wechselfelder bereits durch Haarvibarationen, Funkenentladungen oder Schockwirkungen beim Anfassen von Objekten wirksam sein, noch bevor sie unsere Körperzellen beeinflussen können. Der grundsätzliche Verlauf der Grenzwerte in Abhängigkeit der Frequenz wird daher bei sehr niedrigen Frequenzen durch diese Wirkungen bestimmt werden, bevor er sich an der Reizwirkung orientiert (Abb. 9).

Basisgrenzwerte wurden von verschiedenen Organisationen für verschiedene Frequenzen unterschiedlich festgelegt. Das Ziel ist es, den Kopf und das Herz zu schützen, höhere Stromdichten in den Extremitäten werden zugelassen. Für die Allgemeinbevölkerung liegen sie bei 50 Hz um den Faktor 10 bis 2,5 unter der untersten Erregungsschwelle $(0{,}1\ \mu A/cm^2)$ und werden über eine Fläche von 1 bis 100 cm^2 ermittelt. Personen, die beruflich höheren Feldern ausgesetzt und entsprechend geschult sind, werden als beruflich Exponierte bezeichnet. Für sie wurden 2- bis 5fach höhere Werte festgelegt. Einige Beispiele für Basisgrenzwerte sind für die Frequenz unserer Stromversorgung in Tabelle 7 zusammengefaßt.

Die Berechnung jener äußeren elektrischen Feldstärken, bei denen an den angegebenen Körperstellen die Basisgrenzwerte erreicht werden, ist nur näherungsweise möglich. Je nach der Komplexität des verwendeten Modells ergeben sich unterschiedliche Referenzgrenzwerte.

Die von den Basisgrenzwerten abgeleiteten äußeren elektrischen Feldstärken unterscheiden sich zwischen den Ländern und Institutionen in dreierlei Hinsicht:

Tabelle 7. Basisgrenzwerte für elektrische Wechselfelder unserer Stromversorgungsfrequenz (50 Hz). *ICNIRP* Internationale Kommission zum Schutz vor nichtionisierender Strahlung, *WHO* Weltgesundheitsorganisation

Land bzw. Organisation	Allgemeinbevölkerung $\mu A/cm^2$	(Einschlägig) beruflich Exponierte $\mu A/cm^2$	Mittelungsbereich cm^2	Bezugsstelle	Publikation
Österreich	0,1	0,2	1	Kopf, Herz	ÖN(V) S1119
Deutschland	0,2	1[)]	100	gesamter Körper	VDE 0848-4
Europäische Gemeinschaft	nicht festgelegt 0,2	nicht festgelegt 1	nicht festgelegt 1	nicht festgelegt Kopf, Rumpf	BImschVo Ratsempfehlung 99/519/EC Ratsempfehlung (V) 1992
Schweiz	0,2	1	1	Kopf, Rumpf	BUWAL 98
ICNIRP (WHO)	0,2	1	1	Kopf, Rumpf	Health Phys.98

[)] In den Extremitäten ist das 2,5fache zulässig.

- Einerseits durch die Größe des Basisgrenzwertes selbst, also den erzielten gesellschaftlichen Kompromiß;
- andrerseits durch die Körperstelle, für die der Wert gilt. Derselbe Zahlenwert der Stromdichte läßt verschieden hohe Felder zu. Wenn er z.B. nicht auf das Herz, sondern auf die Engstelle Hals bezogen ist, bewirkt er eine strengere Festlegung und wäre noch strenger, wenn er den ungünstigsten Bereich, nämlich den Knöchel, ebenfalls einschließen würde;
- schließlich die Größe der Fläche, über die er ermittelt wird: Um an der Engstelle Hals die Nervenstränge im Rückenmark zu schützen und die sehr ungleiche Stromdichteverteilung zu berücksichtigen, wäre eine Mittelung über ca. 1 cm² nötig, im Bereich des Herzens, wo die Stromdichteverteilung bereits gleichmäßiger ist, wäre eine Mittelung über 100 cm² ausreichend.

Dies erklärt die weitergehenden Unterschiede in den Referenzgrenzwerte in Tabelle 8. Es läßt sich jedoch der Trend erkennen, daß immer mehr Länder die Empfehlung der Weltgesundheitsorganisation übernehmen und z.B. bei der Frequenz unserer Stromversorgung

Tabelle 8. Von den Basisgrenzwerten abgeleitete Referenzgrenzwerte für die elektrische Feldstärke bei der Frequenz unserer Stromversorgung (50 Hz)

Land bzw. Organisation	Allgemeinbevölkerung V/m	(Einschlägig) beruflich Exponierte V/m	Publikation
Österreich	5.000	10.000	ÖN(V) S1119
Deutschland	5.000[']	nicht festgelegt	BImschVo
	6.670	21.320['']	DIN VDE(V) 0848-4
Europäische Gemeinschaft	5.000	12.280	Ratsempfehlung 99/519/EC Ratsempfehlung (V) 1992
Schweiz	5.000	10.000	BUWAL 1998
ICNIRP (WHO)	5.000	10.000	Health Phys.1998

(*V*) Vornorm bzw. Entwurf, *VDE* Verband deutscher Elektrotechniker, *BUWAL* Schweizerisches Bundesamt für Umwelt, Wald und Landschaft, *WHO* Weltgesundheitsorganisation; *ICNIRP* Internationale Kommission zum Schutz vor nichtionisierender Strahlung.
['] Kurzzeitige bzw. kleinräumige Überschreitungen um das 100fache sind zulässig.
[''] Für zeitlich unbegrenzten Aufenthalt.

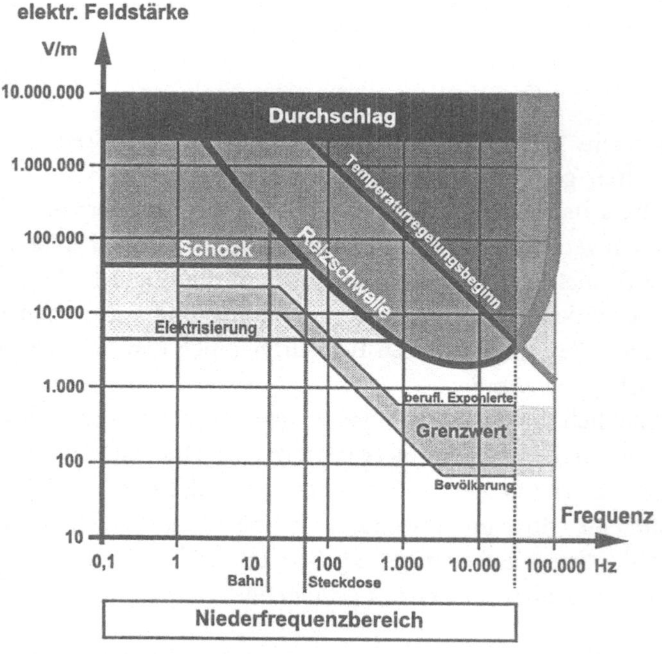

Abb. 9. Frequenzverlauf der von der Weltgesundheitsorganisation (ICNIRP) empfohlenen Referenzgrenzwerte für niederfrequente elektrische Wechselfelder für den dauernden Aufenthalt der (Allgemein-) Bevölkerung und beruflich Exponierter im Vergleich zu den Schwellenwerten für biologische Wirkungen elektrischer Stromdichten

für die Allgemeinbevölkerung die Feldstärke auf 5.000 V/m beschränken.

Der Frequenzverlauf der von der Weltgesundheitsorganisation vorgeschlagenen Referenzgrenzwerte ist in Abb. 9 dargestellt. Man erkennt, daß die Grenzwerte für die Allgemeinbevölkerung mit einem Sicherheitsfaktor von ca. 10 unterhalb der Reizschwelle bleibt. Im Bereich sehr niedriger Frequenzen wird er jedoch durch die Oberflächenwirkungen bestimmt. In diesem Bereich ist der Abstand zu biologischen Wirkungen geringer: Er wurde hier nicht so niedrig festgelegt, um wahrnehmbare Elektisierungen auszuschließen und hält nur einen Sicherheitsabstand von 5 zu schockauslösenden elektrischen Funkenentladungen ein. Diese sind auch der Grund, weshalb die Werte für beruflich Exponierte nicht wie üblich um das 5fache, sondern meist nur um das 2fache höher liegen als für die Allgemeinbevölkerung.

2.5 Was tun? Wie „biologisch" soll die Elektroinstallation sein?

Angst ist ein schlechter Ratgeber, aber ein gutes Verkaufsargument.
Gut gemeint ist noch nicht gut gemacht.
Außer Spesen nichts gewesen: Netzfreischalter sind kein Allheilmittel.
Vernünftiges Verhalten erspart Kosten.
Mauern schützen vor elektrischen Feldern.
Busunternehmer können etwas tun.

„Wir müssen unbedingt unsere Elektroinstallation in Ordnung bringen lassen!" klagt Dagmar ihrem Mann Hubert. „Als heute ein Fachmann angeläutet hat, habe ich das Angebot genützt und die elektrischen Felder in unserer Wohnung vermessen lassen- und stell dir vor: Sie sind viel zu hoch, sein Meßgerät hat ständig gesummt! Er hat mich aufgeklärt: Es gibt eine biologische Elektroinstallation. Damit kann man das Problem lösen!" Mißtrauisch fragt darauf Hubert: „Hat er bei der Messung sein Meßgerät in der Hand gehalten?" „Ja, selbstverständlich!" „Dann vergiß es! Du bist einem Scharlatan aufgesessen! Dabei hast Du noch Glück gehabt! Es gibt Leute, die auf noch fragwürdigere Weise agieren und die Messung der elektrischen Körperbelastung vortäuschen"

Hubert hat recht. Wer elektrische Felder mißt, indem er das Meßgerät in der Hand hält, hat sich bereits fachlich disqualifiziert. Er mißt nämlich Phantasiewerte. Der Grund dafür ist der Blitzableitereffekt, der dazu führt, daß unser Körper das elektrische Feld verzerrt (Abb. 4) und damit den Meßwert unbrauchbar macht.

Aber auch die andere weit verbreitete „baubiologische Meßmethode", die er meinte, ist nicht geeignet, elektrische Feldstärken zu messen: Sie besteht darin, daß eine z.B. im Bett liegende Person eine Meßelektrode halten muß und die elektrische Spannung zu einem geerdeten Gegenstand, z.B. dem Schutzkontakt einer Steckdose gemessen wird. Der gemessene Wert sagt weder etwas über die herrschende Feldstärke, noch über die „Belastung" der Person aus. Er ist jedoch geeignet, Angst und Verunsicherung zu erzeugen.

„Es mag ja sein, daß der Mann nicht richtig gemessen hat", gibt Dagmar ihrem Mann zunächst recht, „aber ich will doch etwas tun, um die elektrischen Felder zu vermeiden! Ich will eine gesunde biologische Elektroinstallation, wie sie hier im Prospekt steht!" Und tatsächlich kann Hubert im Prospekt lesen, Netzfreischalter und geschirmte Bioinstallationskabel würden vor dem „elektromagnetischen Wechselfeld" schützen.

Angst ist ein schlechter Ratgeber, aber ein gutes Verkaufsargument, erst recht wenn mit Halbwahrheiten argumentiert wird. Elektroinstallationen und Elektrogeräte erzeugen keine „elektromagnetische", sondern elektrische und magnetische Wechselfelder. Dazu gibt es eine gute und eine schlechte Nachricht: Elektrische Wechselfelder sind in unseren Wohnungen nicht nur vergleichsweise klein, unser Körper ist gegenüber ihren Wirkungen auch gut geschützt. Dies würde also keine (teuren) Maßnahmen rechtfertigen. Wenn heute seriös über biologisch relevante Wirkungen gesprochen wird, so betrifft dies vor allem magnetische Wechselfelder. Diese haben jedoch eine unangenehme Eigenschaft: Sie lassen sich (bei 50 Hz) mit vernünftigem Aufwand nicht abschirmen. Bei elektrischen Feldern wiederum ist dies wesentlich leichter möglich.

Die Angebote für eine „biologische" Elektroinstallation zielen daher auf die Verringerung der elektrischen Felder ab, die ohnehin unkritisch sind und lassen die magnetischen unbeeinflußt.

Die niedrigen elektrischen Wechselfelder in unseren Wohnungen (von deutlich unter 100 V/m) können aus physikalischen Gründen keine direkten Funkenentladungen bewirken (Elektrisierungen durch statische Entladungsfunken sind jedoch möglich, siehe Kapitel 1). Auch der Sicherheitsabstand gegenüber einer Beeinflussung unserer Körperzellen ist sehr groß, so groß wie der Unterschied zwischen der Größe eines Pflastersteins und eines Kirchturmes.

Wenn Dagmar etwas tun will, um elektrische Felder zu vermeiden, muß sie sich daher überlegen, ob sie Geld ausgeben will, um den ohnehin schon großen Abstand des Pflastersteines zur Kirchturmspitze noch weiter, z.B. auf die Größe eines Kieselsteines, zu verringern. Wenn es Hubert nicht gelingt, Dagmar zu überzeugen, hat sie die Möglichkeit, Geld auszugeben und bzw. oder die Felder durch kostenlose Maßnahmen zu verringern.

Das Grundprinzip lautet dabei:

Alles was an Spannung liegt, erzeugt elektrische Felder.
Daher Spannungen an Elektroleitungen (und Geräten) auf das nötige Maß beschränken!
Elektrische Felder können Mauern nicht durchdringen!
Vorbeugen und planen erspart Kosten.

Die beste und billigste Möglichkeit, elektrische (und magnetische) Felder zu vermeiden, ist es, bereits bei der Planung an die Vermeidung von Feldern zu denken. (In Kapitel 4 werden weitere Hinweise gegeben, worauf bei einer feldbwußten Planung einer Elektroinstallation zu achten ist).

Bei der Planung der Elektroinstallation sollten Sie:
1. die Steckdosen in genügender Anzahl und an den richtigen Stellen vorsehen. So vermeiden Sie später frei liegende Mehrfachsteckdosen, die auch sicherheitstechnisch nachteilig sind, weil sie die Überlastung von Stromkreisen begünstigen;
2. vor allem die Deckenauslässe für die Beleuchtung an der endgültigen Stelle planen. Auch hier ist die nachträgliche Lösung durch frei hängende Verlängerungsleitungen felderhöhend.
3. Wenn Sie Netzfreischalter verwenden wollen, berücksichtigen Sie dies rechtzeitig bei der Stromkreisaufteilung.

Ein Gerät, das nicht angesteckt ist, erzeugt kein elektrisches Feld, daher:
4. Machen Sie sich bewußt, wo die Geräte sind, die ständig an der Steckdose angesteckt sind. Tragen Sie sie z.B. in einen Plan der Wohnung ein. Elektrische Felder können zwar Mauern nicht durchdrin-

gen, zur Vermeidung magnetischer Felder wird sich der Plan jedoch bewähren (Kapitel 4).

5. Stecken Sie Geräte, die sie nicht dauern verwenden, aus. Das Ausschalten alleine reicht nicht: Die Spannung würde im Netzkabel dennoch bis zum Gerät geführt werden.

6. Vermeiden Sie einen „Kabelsalat": Die elektrischen Felder von Netzleitungen können sich gegenseitig auslöschen. Sie können dies umso besser, je enger sie aneinanderliegen.

7. Vergrößern sie die Entfernung zum Sitz- oder Schlafplatz, wo dies sinnvoll ist: Bei doppelter Entfernung sinkt das Feld auf ein Viertel!

Von den zwei Drähten der (zweipoligen) Elektroleitung steht nur einer unter Spannung. Achten Sie daher darauf, daß der Schalter diesen Leiter unterbricht:

8. Machen Sie ihren Elektriker darauf aufmerksam, daß Lichtschalter nicht den (blau isolierten geerdeten) Neutralleiter, sondern den andersfarbigen Phasenleiter unterbrechen sollen. Auf diese Weise machen sie die lange Zuleitung zu Lampen feldfrei und schützen sich außerdem beim Auswechseln von Glühbirnen.

9. Halogenleuchten, die über zwei getrennte Leiterseile versorgt werden, mögen dekorativ sein, durch den großen Leiterabstand sind jedoch die elektrischen Felder trotz niedrigerer Spannung nicht wesentlich kleiner (und die magnetischen Felder deutlich höher).

10. Mehrfachsteckdosen können mit einem Schalter ausgestattet sein. Mit ihm können sie alle angeschlossenen Geräte auf einmal spannungsfrei machen, allerdings nur, wenn der Schalter beide Leiter zugleich unterbricht oder wenn er tatsächlich den richtigen Leiter schaltet. Das hängt dann jedoch nicht vom Schalter ab, sondern wie sie den Stecker der Zuleitung in die Steckose gesteckt haben. Sie können dies kontrollieren. Es gibt isolierte Schraubenzieher (Phasenprüfer), die an ihrem Griffende ein Lämpchen enthalten. Stecken Sie die Schraubenzieherspitze nach dem Ausschalten in beide Löcher einer Steckdose: Wenn das Lämpchen bei einem Loch aufleuchtet, stecken sie den Zuleitungsstecker verkehrt an.

Die sicherste und billigste, aber unbequemste Art, elektrische Felder zu reduzieren, ist es, unbenützte Stromkreise auszuschalten. Zuvor sollten Sie sich aber vergewissern, daß daran wirklich keine Geräte angeschlossen sind, die nicht ausgeschaltet werden sollten wie z.B. die Tiefkühltuhe oder der Kühlschrank.

11. Die unbequemste aber billigste Art ist die Abschaltung unbenützter Stromkreisen mit Hilfe der Sicherungsautomaten.

12. Netzfreischalter sind eine bequeme Möglichkeit, Stromkreise anzuschalten. Sie werden wie ein Sicherungsautomat im Sicherungskasten eingebaut und überwachen die an ihnen angeschlossene Stromkreise. Sie erkennen, wenn kein Strom verbraucht wird, und schalten dann den Stromkreis ab. Damit Sie aber jederzeit ein Gerät wieder einschalten können, verwenden die Netzfreischalter eine Hilfs-Gleichspannung von ca. 2 bis 5 V. Wenn ein Schalter betätigt wird, merkt dies der Netzfreischalter und schaltet die Netzspannug wieder zu.

13. Überlegen Sie aber, ob Sie wirklich Geld investieren wollen: Gut gemeint ist noch nicht gut gemacht. Nicht jeder Stromkreis eignet sich für einen Netzfreischalter! Sehr häufig werden nämlich Netzfreischalter gekauft und installiert und nützen dennoch nichts. Dies ist immer dann der Fall, wenn in dem überwachten Stromkreis der Stromverbrauch nicht aufhört. Dies kann folgende Gründe haben:

a) Wenn der Stromkreis auch Geräte versorgt, die Sie nicht abschalten wollen, z.B. den Kühlschrank.

b) Wenn der Stromkreis auch Geräte versorgt, an die sie nicht gedacht haben, weil z.B. der Stromkreis nachträglich erweitert wurde. So könnte nachträglich von einer Unterverteiler-Dose eine Abzweigung zu einer zusätzlichen Zusatzsteckdose installierten worden sein. Derartige Änderungen kommen in Elektroinstallationen im Lauf der Jahre immer wieder vor.

c) Daß Geräte nur mit der Fernbedienung ausgeschaltet wurden: In dem Fall verbraucht das Gerät weiterhin Strom und der Netzschalter ist sinnlos, weil er nie abschalten kann. Da es immer wieder möglich ist, daß nur mit der Fernbedienung abgeschaltet wird, kann der Netzfreischalter auch immer wieder wirkungslos werden.

d) Selbst wenn Geräte mit dem Geräteschalter ausgeschaltet wurden, kann weiterhin Strom fließen: Häufig schaltet der Geräteschalter das Gerät nicht vollständig ab. Dies ist dann der Fall, wenn er sich im Sekundärkreis des Netztransformators befindet. Dann bleibt der Netztransformator im Leerlaufbetrieb und verbraucht weiterhin Strom.

e) Überzeugen Sie sich daher von Zeit zu Zeit von der Funktion des Netzfreischaltersschalters, um auf die oben angeführten Umstände aufmerksam zu werden. Sie können dies wieder mit dem

Phasenprüf-Schraubenzieher tun: Kontrollieren Sie damit eine Steckdose, die durch den Netzfreischalter freigeschaltet worden sein sollte. Das Lämpchen darf bei keinem der beiden Kontaktlöcher aufleuchten (ein Glimmen durch die Hilfsspannung wäre zulässig).

In Bezug auf elektrische Felder sind metallische Installationsrohre, elektrisch geschirmte Leitungen teure und überflüssige Maßnahmen. Auch der Verputz schirmt bereits elektrische Felder ab, während elektrische Felder vor den Steckdosen auch durch geschirmte Leitungen nicht vermieden werden.

Dagmars Verunsicherung hat auch ihre Freundin Isabella angesteckt. Sie hatte nämlich endlich ein Grundstück gefunden, das ihren Vorstellungen entspricht. Leider liegt es jedoch nahe an einer Hochspannungsleitung. Nun weiß sie nicht, ob sie es noch kaufen soll. Hubert kann ihr die Entscheidung nicht abnehmen. Er klärt sie jedoch auf, daß diese Leitungen zwei verschiedene Arten von Feldern hervorrufen, nämlich elektrische und magnetische. (Die Aspekte bezüglich der Magnetfelder werden in Kapitel 4 behandelt.) Die erste Frage, die er stellt, ist die nach der Spannung der Leitung. Verteilleitungen bis zu 30.000 V bestehen meist aus drei Leiterseilen, die von Holzmasten getragen werden. Höhere Gittermasten werden meist erst für Spannungen ab 115.000 V verwendet.

Aus elektrischer Sicht sind folgende Punkte zu beachten
1. Aus Sicherheitsgründen muß ein Mindestabstand der Gebäudeteile zu den Leiterseilen eingehalten werden. Er ist in Normen festgelegt und wird in der Regel im Baubescheid vorgeschrieben
2. Wenn Sie im Nahbereich von Hochspannungsleitungen beim Anfassen von metallischen Objekten, wie z.B. Gartenzäune, Dachrinnen, aber auch größeren Gartenschirmen, etwas Ungewohntes verspüren, z.B. ein Kribbeln, können Sie etwas dagegen tun: Lassen Sie sie elektrisch gut erden.
3. Die elektrischen Felder von den Leitungen lassen sich beeinflussen. Nützen Sie die Schirmwirkung von Bäumen und pflanzen Sie sie nach Möglichkeit in der Nähe von bevorzugten Aufenthaltsbereichen wie Gartentischen oder Kleinkinderspielplätzen.
4. Die Äste von Bäumen, besonders jene, auf die Kinder klettern könnten, sollten nicht zu nahe an die Hochspannungsleitung heranwachsen. Kürzen Sie sie rechtzeitig.

5. Drachen steigen zu lassen kann in der Nähe von Hochspannungslei-
    tungen lebensgefährlich werden. Klären Sie ihre Kinder darüber auf!

Wenn Sie Autos häufig unter Hochspannungsleitungen parken und
unangenehme Entladungen vermeiden wollen, können Sie etwas dagegen tun: Verwenden Sie leitfähige Gummibänder zur Erdung des Fahr-
zeuges. (Als Maßnahme gegen statische Aufladungen sind sie jedoch
nicht notwendig (Kapitel 1).) Da bei Reisebussen die Entladungen und
Dauerströme besonders unangenehm sein können, ist dort die Maßnahme besonders zu empfehlen. Sie kann auch durch den Hinweis ersetzt werden, nicht unter Hochspannungsleitungen zu parken.

3. Kompaß und Tumorbilder: Magnetische Gleichfelder

Es ist das vornehmste unter den Feldern. Es kündigt seine Gegenwart nicht theatralisch mit Blitz und Donner an und läßt uns nicht die Haare zu Berge stehen. Dennoch ist es segensreich wie keines: Das Erdmagnetfeld. Es wies den Schiffen den Weg und führt noch heute abertausende Vögel zu überlebenssichernden Futterplätzen, ja mehr noch: Es hüllt seinen Mantel behütend um unsere Erde und schützt uns vor dem gnadenlosen Bombardement kosmischer Strahlung. Trotzdem läßt es uns seine Macht nur dezent erahnen, wenn die bewegten Schleier des Nordlichts über den Himmel ziehen. Stören wir daher die Pläne der Natur, wenn wir das Erdmagnetfeld unbedacht durch Eisen im Bauwerk oder in unseren Wohnungen verändern? Gefährden Stahlbetonbauten unsere Gesundheit? Sind medizinische Magnetresonanzuntersuchungen zu verantworten, bei denen wir bis zu 80.000fach höheren Magnetfeldern ausgesetzt sind als jene, die bei Brieftauben nachweisbar biologisch wirksam sind? Dieses Kapitel hat sich zum Ziel gesetzt, diese Fragen zu beantworten.

3.1 Was ist ein Magnetfeld?

Magnetfelder und Rennfahrer haben eines gemeinsam: Die Grundlage ihrer Existenz ist Bewegung. Magnetfelder entstehen nämlich nur, wenn sich elektrische Ladungen bewegen, sei es in Form von elektrischen Strom oder auch, wenn Elektronen um den Atomkern kreisen. Umgekehrt können Magnetfelder ruhenden Ladungen nichts anhaben. Erst wenn sich diese bewegen, kann das Magnetfeld auf sie Kräfte ausüben.

Von der Kompaßnadel ist es uns vertraut, daß in einem Magnetfeld auf andere Teilchen, die bereits ein Magnetfeld besitzen (die z.B. magnetisiert sind), Kräfte wirken, die sie anziehen und z.B. zum Pol hin ausrichten. Wir wissen auch, daß dies auch für kleine Eisenspäne gilt, die (zunächst) noch nicht magnetisiert waren. Tatsächlich gibt es nur wenige Elemente (Eisen, Kobalt, Nickel und einige Seltene Erden), auf die ein Magnetfeld etwa 1000fach stärkere Kräfte ausüben kann als üblich. Man nennt diese besondere Eigenschaft ferromagnetisch (von ferro = Eisen). Ein Magnetfeld ist ein Kraftfeld wie das elektrische Feld auch – und doch anders: So wie die Ursache des Windes nicht eine Eigenschaft der Luft ist, ist die Ursache von Magnetfeldern keine Eigenschaft von Teilchen, sondern die Folge von Bewegung. Im Gegensatz zu den elektrischen Feldlinien haben Magnetfeldlinien keinen Anfang und auch kein Ende. Sie umschließen nämlich die bewegten elektrischen Ladungen, die sie erzeugen, in Form von geschlossenen Kurven (Abb. 10).

Im Gegensatz zu den elektrischen Ladungen, von denen es zwei verschiedene Sorten (positive oder negative) gibt, treten Magnetpole immer nur paarweise auf: So fein man auch unterteilt: Nordpol und Südpol lassen sich nicht trennen. (Das gilt auch für die Erde: Der Nord- oder Südpol sind nicht die Stellen, an denen das Magnetfeld erzeugt wird, sondern bloß die Orte, wo die Feldlinien aus der Erde heraustreten bzw. einmünden.)

Wir wissen heute, warum es isolierte Magnetpole nicht gibt. Ihre Ursache sind nämlich Kreisströme. Sie erzeugen Magnetfeldlinien, die an einer Seite, dem "Nordpol" auszutreten und auf einer anderen Seite, dem „Südpol" einzumünden scheinen (Abb. 11). Die Magnetpole haben jedoch eine Eigenschaft, die sie elektrischen Ladungen ähnlich macht: Ungleich Pole ziehen einander an und gleiche Pole stoßen einander ab.

Da ein Magnetfeld von bewegten elektrischen Ladungen (= elektrischer Strom) erzeugt wird, hängt es von zwei Faktoren ab: Einerseits ist

Abb. 10. Magnetfelder werden durch bewegte elektrische Ladungen erzeugt. Ihre Feldlinien haben keinen Anfang und kein Ende. Sie sind in sich geschlossen

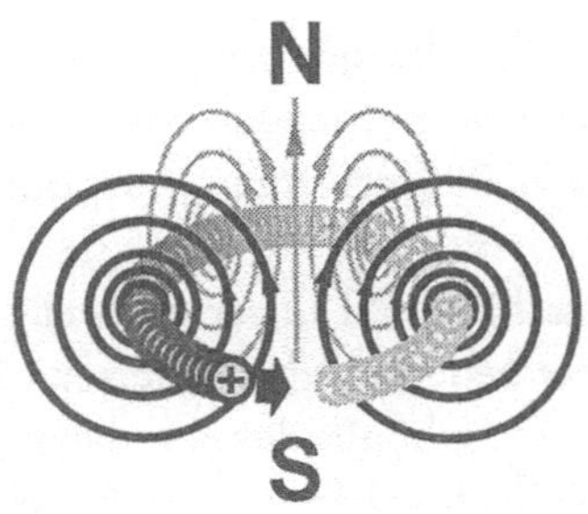

Abb. 11. Magnetpole werden durch kreisförmig bewegte elektrische Ladungen (Kreisströme) erzeugt. Sie gibt es nur als Paar

es umso stärker, je mehr Strom die Feldlinien umschließen und andrerseits, je kürzer die Feldlinien sind. Daher wird die *magnetische Feldstärke* in Stomstärke pro Meter (A/m) angegeben. Das ist der Grund, weshalb man mit Stromspulen das Magnetfeld verstärken kann: Je öfter die Stromleitung aufgewickelt ist, desto mehr Strom kann von einer Magnetfeldlinie umfaßt werden.

Eisen zeigt uns, daß die Wirkung eines Magnetfeldes sehr von der Eigenschaft des Materials (Permeabilität) abhängt. Um daher die Wirkung eines Magnetfeldes zu beschreiben, reicht die Angabe der Magnetfeldstärke nicht aus. Sie muß vielmehr mit der Materialeigenschaft multipliziert werden. Das Ergebnis hat einen eigenen Namen. Es wird als *magnetische Induktion* bezeichnet und in einer Einheit gemessen, die nach dem kroatischen Physiker Tesla genannt wird. Sie wird durch die Kraft bestimmt, die zwei stromdurchflossene Leitungen in Luft aufeinander ausüben. Ein Tesla ist eine große Maßeinheit. Häufig hat man es mit Induktionen zu tun, die im Bereich von Tausendstel Tesla (Millitesla = mT) oder Millionstel Tesla (Mikrotesla = μT) liegen. (Eine veraltete Einheit ist das Gauß, G. Es ist ein Zehntausendstel Tesla. 10 mG entsprechen daher 1 μT.)

Die Materialien können nach ihrem Verhalten im Magnetfeld in drei Gruppen eingeteilt werden:

1. *diamagnetische* Stoffe, deren Moleküle sich im Magnetfeld so ausrichten, daß das Magnetfeld im inneren insgesamt (leicht) geschwächt wird.
2. *paramagnetische* Stoffe, deren Moleküle sich im Magnetfeld so ausrichten, daß das Magnetfeld im inneren insgesamt (leicht) verstärkt wird.

3. *ferromagnetische* Stoffe, die sich zwar im Prinzip ähnlich verhalten wie paramagnetische Stoffe, jedoch mit dem Unterschied, daß sie das Magnetfeld ca. 1.000fach mehr verstärken.

Für das Magnetfeld verhält sich unser Körper wie die (schwach diamagnetische) Luft. Das bedeutet, daß einerseits ein Magnetfeld durch ihn nicht verzerrt wird (es gibt also keinen magnetischen „Blitzableitereffekt"). Andrerseits heißt das aber auch, daß wir gegenüber Magnetfeldern ungeschützt sind: Sie sind in unserem Körper gleich groß wie in Luft.

3.2 Kompaß und Nordlicht: Magnetische Gleichfelder in der Natur

Unser Erdmagnetfeld hat eine bewegte Geschichte.
Die Kompaßnadel zeigt nicht genau nach Norden.

„Wie soll man sich bloß in diesem Nebel zurechtfinden!" brummt Bill vor sich hin. „Ach was, zwei Tage noch Kurs West-Nordwest und wir müßten Land sehen!" ermuntert ihn der Kapitän. „Diese neumodischen Dinger sind doch wahrlich Wunderwerke! Auf die Nadel ist immer Verlaß, ich möchte bloß wissen, wie die Landratten das wohl machen!" lobt er den Kompaß. Damals, im Jahr 1190 und viele weitere Jahrhunderte war er wirklich eine entscheidende Hilfe. Ohne ihn wäre die Erkundung unserer Erde noch gefahrvoller gewesen. Heute genügt er jedoch unseren Genauigkeitsanforderungen längst nicht mehr. Das ergibt sich bereits daraus, daß der magnetische Nordpol, zu dem die Kompaßnadel hinweist, um ca. 11,4° vom geographischen Nordpol abweicht (Deklination). Wir wissen erst seit dem Jahr 1600, daß unsere Erde ein Magnetfeld besitzt. Es entsteht vermutlich zum überwiegenden Teil (ca. 98 %) dadurch, daß sich im flüssigen Erdkern elektrischen Ladungen relativ zum erstarrten Erdmantel bewegen. Elektrische Ströme in der Atmosphäre tragen ebenfalls (einen kleinen Teil) dazu bei und magnetische Gesteine bewirken überdies lokale Verzerrungen der Stärke und Richtung des Erdmagnetfeldes.

Sowohl die Stärke als auch die Richtung des Erdmagentfeldes ändern sich entlang der Erdoberfläche. Am relativ schwächsten ist es am Äquator (ca. 31 µT). In Mitteleuropa ist es um ca. die Hälfte angestie-

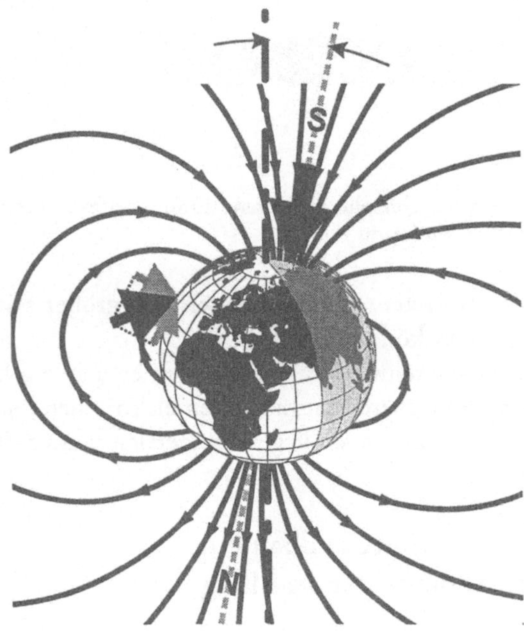

Abb. 12. Die Achse des Erdmagnetfeldes ist gegenüber der Drehachse der Erde um ca. 11,6° geneigt. Es ist an den Polen ca. doppelt so stark wie am Äquator

gen (ca. 45 µT). An den Polen ist es am stärksten, nämlich ca. 62 µT, also doppelt so groß wie am Äquator (Abb. 12). Das Magnetfeld des Mondes ist mehr als 1.60°fach kleiner. Es beträgt nur 0,036 µT.

Unser Magnetfeld ist keineswegs konstant. Es ändert sich mit
- Änderungen der Bewegung des Erdinneren und der Erdrotation (Sekularvariationen). Sie sind die Ursache, daß das Erdmagnetfeld im Verlauf der Erdgeschichte nicht nur häufig seine Stärke verändert, sondern sogar seine Richtung umgekehrt hat (Abb. 13). (Wir wissen dies aus der Untersuchung von Vulkangestein: Bei dessen Abkühlung richten sich die ferromagnetischen Kristalle nach dem Erdmagnetfeld aus: Je besser die Ordnung, desto stärker war das Erdmagnetfeld.) In den letzten hundert Jahren hat es um ca. 4 % abgenommen;
- dem von der Sonne je nach ihrer Aktivität abgegebenen Teilchenstrom, der die Feldstärke und den Verlauf der Feldlinien (Magnetosphäre) verändert. Die verursachten Schwankungen liegen meist nur im Promillebereich. Bei Sonneneruptionen können jedoch magneti-

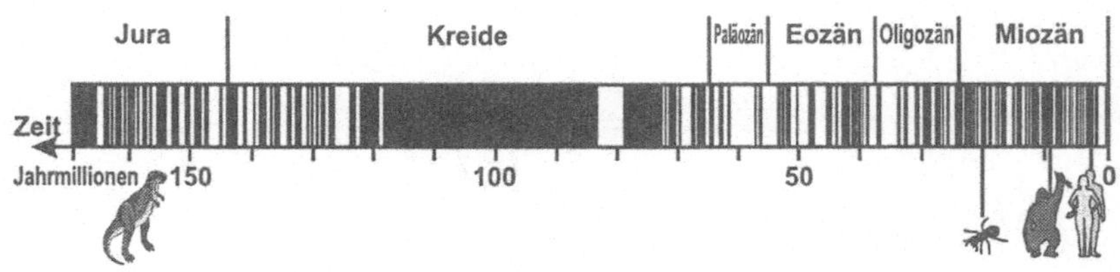

Abb. 13. Die Phasen der Umpolungen unseres Erdmagnetfeldes seit den letzten 170 Millionen Jahren (nach Hoffmann 1988)

sche Stürme auftreten, die auch wesentlich größer sein und bis zu 0,5 µT erreichen können;

– den von den Gezeitenwinden von der warmen Tag- zur kalten Nachtseite der Erdatmosphäre transportierten elektrischen Ladungen. Diese täglichen Schwankungen liegen im Bereich von ca. 0,03 µT.

3.3 Magnetkarten und Stahlbauten: Magnetische Gleichfelder im Alltag

Magnetisch gespeicherte Daten begleiten unser Leben.
Magnetschwebebahnen- und sonst?
Die Stärke technisch erzeugter magnetischer Gleichfelder ist im Alltag unbedeutend.
In Sonderfällen können sehr starke Felder wirken.
Eisen verändert in seiner Umgebung das Erdmagnetfeld.

Magnetisierte Materialien werden für uns immer bedeutsamer. Magnetschichten speichern Computerdaten, Videos und Musik. Magnetkarten verschiedener Art dokumentieren unsere Identität, Krankengeschichte, Geldkonten, Kreditwürdigkeit, Zutrittsberechtigung zu speziellen Bereichen, Mitgliedschaft zu Vereinen oder übernehmen die Rolle von wiederbefüllbaren Geldbörsen. Magnetstreifen erlauben uns den Eintritt zu Veranstaltungen, die Benützung von Telefonen, Kopierern, Schiliften oder Verkehrsmitteln oder verhindern mehr oder weniger versteckt den Diebstahl von Waren. Dennoch spielen Verursacher von magnetischen Gleichfeldern in unserem Alltag (noch) eine untergeordnete Rolle. Sieht man von Feldern von Permanentmagneten ab, wie sie z.B. in Magnetverschlüssen verwendet werden, gibt es magnetische Gleichfelder überall dort, wo elektrischer Gleichstrom fließt. Ihre Stärke schwankt daher auch mit dem (Gleich-) Stromverbrauch.

Magnetische Gleichfelder werden jedoch im Alltag nicht nur durch die technisch erzeugten Anteile bestimmt: Wenig beachtet, aber umso häufiger wird das uns umgebende magnetische Gleichfeld durch Verzerrungen beeinflußt. Vor allem Eisenteile können in ihrer Umgebung das Erdmagnetfeld erheblich verändern.

Energieversorgung

Hochspannungs-Gleichspannungs-Übertragungsleitungen (HGÜs) sind in nur wenigen Ländern in Verwendung (Kapitel 2). Die Stärke ihres Magnetfeldes ist weniger als halb so groß wie das Erdmagnetfeld.

Verkehrsmittel

Der schienengebundene Nahverkehr (Straßenbahn, U-Bahn, Stadtbahn) wird meist mit Gleichstrom betrieben. Wegen der niedrigeren Leitungshöhe können die Magnetfeldstärken größer als das Erdmagnetfeld sein. Bei Gleichspannungs-Eisenbahnen wie sie z.B. in Frankreich oder Italien verwendet werden, können nahezu 40fache Erdmagnetfeldstärken (über 2 mT) auftreten.

Relativ hohe Magnetfelder werden bei Magnetschwebebahnen verwendet, z.B. beim Transrapid, der zwischen Hamburg und Berlin vorgesehen ist. Sie nützen den Effekt aus, daß zwei gleichnamige Magnetpole einander abstoßen. Durch leistungsstarke Magnetspulen können an der Schiene 20.000fache Erdmagnetfeldstärken (bis 1.000 mT) erzeugt werden. Im Fahrgastraum des Transrapid wurden in Bodennähe Magnetfelder bis zu ca. 8fachen und im Sitzhöhe von ca. 2fachen Erdmagnetfeldstärken gemessen. Zusätzlich entstehen Wechselfelder mit geschwindigkeitsabhängigen Frequenzen bis zu ca. 500 Hz.

Arbeitsplatz

Starke magnetische Gleichfelder treten auf, wo hohe Gleichströme fließen, also
- in der Metallindustrie z.B. bei Hochleistungs-Gleichstrommotoren in Walzwerken, bei Lichtbogen- und Plasmaschmelzöfen (ca. 1000fache Erdmagnetfeldstärken, bis 50 mT) sowie bei Aluminium-Elektrolyse (ca. 200fache Erdmagnetfeldstärken, 10 mT);
- bei der Schrottverwertung im Bereich der Hubmagnete;

- in Forschungsanlagen zur magnetischen Energiespeicherung (mit Nutz-Magnetfeldern bis zu ca. 100.000fache Erdmagnetfeldstärken, 4.000 mT), z.B. in Bonneville (USA), am Arbeitsplatz bis zu 1000fachen Erdmagnetfeldstärken, 50 mT;
- in Hochenergie-Teilchenbeschleunigern zur Atomforschung, z.B. CERN oder DESY, können die Hände 13.000fachen bis 30.000fachen Erdmagnetfeldstärken (600 mT bis 1.500 mT) ausgesetzt sein.
- in zugänglichen Bereichen von Kernfusionsreaktoren, z.B. 200fachen bis 600fachen Erdmagnetfeldstärken (10 mT bis 30 mT), bei Impulsbetrieb kurzzeitig sogar ca. 4.000fachen bis 130.000fachen Erdmagnetfeldstärken (200 mT bis 6.000 mT);

Medizin

In einem der aussagekräftigsten Abbildungsverfahren, der Magnetresonanz-Tomographie (MR) wird der Umstand ausgenützt, daß manche Atome, z.B. das Wasserstoff-Atom, ein eigenes Magnetfeld besitzen. Durch starke äußere Magnetfelder lassen sich diese Atome zunächst dazu bewegen, sich wie eine Kompaßnadel auszurichten. Mit weiteren Magnetfeldern kann ein Schnittbild des Körpers aufgenommen werden, das z.B. die (gewebsabhängige) Dichte der Atome darstellt. Dazu wird der Patient für ca. 20 min starken magnetischen Gleichfeldern bis zu ca. 100.000fachen Erdmagnetfeldstärken (4.000 mT) ausgesetzt. Das Bedienungspersonal, das z.B. den Patienten auf eine Liege bettet und in die Magnetfeldspule einschiebt, kann Magnetfeldern bis zu 2.000 Erdmagnetfeldstärken (100 mT) ausgesetzt sein. In Feldern von ca. 6.600fachen bis 30.000fachen Erdmagnetfeldstärken (300 mT bis 1.500 mT) befinden sich Chirurgen, die unter Magnetresonanz- Kontrolle operieren. Geräte mit noch höheren Induktionen bis zu 8.000 mT sind bereits in Erprobung.

Haushalt

Ausgedehnte stärkere magnetische Gleichfelder sind im Haushalt selten. Sie entstehen durch Gleichstrom z.B. von Batteriegeräten. Kleinräumige Magnetfelder umgeben Permanentmagnete z.B. in Magnetverschlüssen und -halterungen (an Oberflächen 10 bis 300fache Erdmagentfeldstärke) oder in Telefonhörern (am Ohr 10 bis 30fache Erdmagentfeldstärke, 0,35–1 mT).

Eisenteile

Ingrid fühlt sich bereits längere Zeit nicht wohl: Sie kann nicht nur kaum schlafen, sie erwacht morgens immer häufiger mit Kreuzschmerzen. „Typischer Fall von durchgelegener Matratze!" stellt der herbeigerufene Schlafplatzexperte fest. „Das werden wir gleich haben!" fährt er mit einem Kompaß über ihre Federkernmatratze. „Wenn der Zeiger in Ruhe bleibt, ist alles in Ordnung. Oh jeh, Sehen Sie selbst: Er bewegt

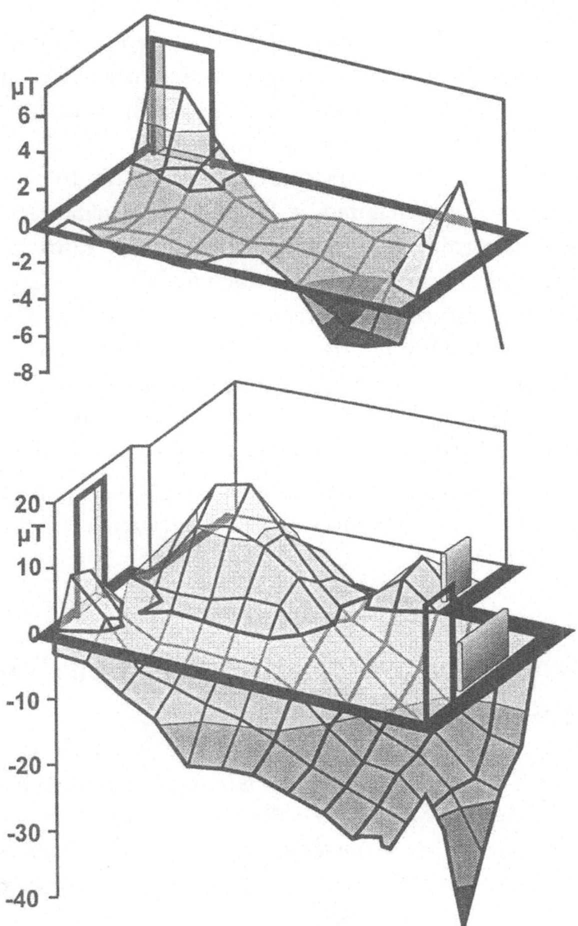

Abb. 14. Eisen zieht Magnetfeldlinien an sich. Vergleich der Variation des Erdmagnetfeldes durch die Eisenbewehrung in einem Ziegelbau (oben) und Stahlkonstruktionsbau (unten): Bereits die Metall-Türzargen verzerren das Erdmagnetfeld deutlich

sich hin und her! Ihr Platz ist total verstrahlt, sie benötigen dringend unsere Spezialmatratze! Sie ist zwar teurer als andere Produkte, aber dafür bleibt die Kompaßnadel ruhig!" Und tatsächlich kann er das demonstrieren. Ingrid ist beeindruckt und kauft. Was ihr jedoch nicht bewußt ist: Sie ist einem Trick aufgesessen: Die Kompaßnadel war lediglich durch das Eisen der jeweils nächstgelegenen Federkerne Ihrer Matraze abgelenkt worden. Mit einer Verstrahlung hatte die Demonstration nichts zu tun.

Eisen wirkt ähnlich, aber wesentlich schwächer wie ein Blitzableiter bei elektrischen Feldern: Es zieht die Magnetfeldlinien an sich. Das ist der Grund, weshalb das Erdmagnetfeld in unserem Alltag keineswegs konstant ist. In der Nähe von Eisengegenständen kann es auf mehr als den doppelten Wert ansteigen und zum Ausgleich an anderer Stelle wesentlich geringer sein als im ungestörten Fall.

Die Variationen des Erdmagnetfeldes sind räumlich umso ausgedehnter, je mehr Eisen vorhanden ist. Sie gibt es z.B. nahe von Gebrauchsgegenständen, Elektrogeräten mit Metallgehäusen, Einrichtungsgegenständen, Türzargen, Heizkörpern, aber auch unsichtbar als Bewehrung im Betonboden und natürlich erst recht bei Stahlträgern von Stahlkonstruktionsbauten. Abbildung 14 zeigt, daß das Erdmagnetfeld auch in einem Ziegelbau nicht konstant ist. An den metallischen Türzargen ist es z.B. um ca. ein Achtel erhöht. In Baukonstruktionen, bei denen Stahlträger Fußboden- und Deckenelemente tragen, ist die Variation wegen der größeren Eisenmassen großräumiger. Das Magnetfeld kann stellenweise um ca. die Hälfte größer sein als der Durchschnittswert des Erdmagnetfeldes (Abb. 14).

3.4 Nordlichteffekt im Herzmuskel: Biologische Wirkungen magnetischer Gleichfelder

Magnetische Gleichfelder sind vergleichsweise harmlos.
Relevante Wirkungen erst bei über 100fachen Erdmagnetfeldstärken.
Nordlichteffekt, Kompaßeffekt, chemische Reaktionen.
Anziehung von Eisen, Ummagnetisierung, Gerätebeeinflussung.

„Kein Wunder, daß sie krank sind, ihr Körper blockiert den Fluß kosmischer Energie" stellte Dr. Mesmer fest. Er mußte es ja wissen. Er war schließlich der begehrteste Modearzt von Paris im ausgehenden 18. Jahrhundert. Dann nahm er einen Magneten und strich mit ihm mehrmals langsam entlang des Körpers seiner Patientin. „Das wird ihnen helfen. Mit dieser neuen Magnetbehandlung werde ich Ihre Energieblockaden beseitigen. Kommen Sie zwei Mal wöchentlich zur Behandlung. Das Finanzielle regelt mein Assistent." Wir wissen heute, daß Mesmers Hypothese (Mesmerismus) und seine Behandlungsmethoden nicht gerechtfertigt waren, doch gibt es auch heute wieder Vorstellungen über Magnetfelder und ihre Wirkungen, die mit den gesicherten Wissen nicht in Einklang zu bringen sind.

„Wer weiß, ob das gut ist. Soll ich wirklich in den Stahlkonstruktionsbau einziehen?" ist Gabi verunsichert. „Ach was", entgegnet Georg, „vor kurzem bin ich mit einem Magnetresonanz-Tomographen untersucht worden. Dabei bin ich eine halbe Stunde lang in einem Magnefeld gelegen, das mehr als 30.000 Mal größer war als das Erdmagnetfeld und ich spüre nichts davon."

Tatsächlich ist bekannt, daß manche Tiere, insbesonders die Zugvögel, bereits auf so schwache Felder wie das Erdmagentfeld reagieren können: Bei Schlechtwetter, wenn andere wichtigere Orientierungshilfen fehlen, hilft es ihnen, ihren Weg zu finden. Kann es auch uns beeinflussen?

Wie geht das?

3.4.1 Direkte Wirkungen

Das magnetische Gleichfeld ist das vergleichsweise harmloseste der elektromagnetischen Felder. Es bleibt von unserem Körper unbeeinflußt, als ob er Luft wäre (er hat ja die gleichen magnetischen Eigenschaften wie Luft). Dennoch darf es nicht beliebig groß werden. Es hat nämlich doch einige Möglichkeiten, wirksam zu werden:

1. (Nur) wenn sich elektrische Ladungen bewegen, lenkt sie das Magnetfeld von ihrer Richtung ab. Das ist für uns sehr wichtig: Dadurch werden wir nämlich vor der energiereichen Teilchenstrahlung der Sonne geschützt. Wenn (elektrisch geladene) Teilchen auf unser Erdmagnetfeld treffen, werden sie am direkten Auftreffen gehindert und in Spiralbahnen um die Magnetfeldlinien zu den Polen hin abgelenkt (Lorentz-Kraft) und erzeugen dort Lichterscheinungen in der Atmosphäre, das Nordlicht. (Aus diesem Grund ist die Teilchenstrahlung in höheren Atmosphärenschichten, den zwei van Allen Gürteln, wesentlich stärker.)

Auch in uns kann das magnetische Gleichfeld nur dann wirksam werden, wenn sich elektrische Ladungen bewegen, entweder wegen unserer Körperfunktionen selbst oder weil wir uns selbst durch das Erdmagentfeld bewegen.

Wenn jedoch elektrische Ladungen durch das Magnetfeld abgelenkt werden, geschieht dies je nach deren Vorzeichen nach verschiedenen Seiten. Dadurch werden im Körper Ladungen getrennt und es entsteht quer zur Bewegungsrichtung eine elektrische Spannung (und eine elektrische Stromdichte). Sie ist umso größer, je größer die Bewegungsgeschwindigkeit ist.

a) Die schnellsten Bewegungen finden im Herzen statt: Unser Herzmuskel erreicht bei jedem Herzschlag eine Spitzengeschwindigkeit von ca. 180 m/h. Dadurch können direkt im Herzmuskel Stromdichten von ca. 1 bis 2 μA/cm² pro Tesla erzeugt werden. Dennoch ist das Risiko gering. Diese Bewegung und damit die Stromdichten treten nämlich in einer Phase auf, in der die Herzmuskelzellen bereits erregt und daher noch nicht oder nur sehr schwer wiedererregbar sind. Bei Herzpatienten mit Erregungsausbreitungsstörungen ist jedoch Vorsicht geboten.

Die Ladungsträger im Blut bewegen sich noch schneller, wenn sie vom Herzen in die Aorta ausgepumpt werden. Sie erreichen dann Spitzengeschwindigkeiten von über 5 km/h und bei körperlicher Anstrengung mit steigendem Puls sogar über 25 km/h. Das bedeutet, daß quer zur Aorta Spannungen von 125 mV pro Tesla auftreten können.

Diese zusätzlichen elektrischen Spannungen äußern sich in Veränderungen des Elektrokardiogramms, die ab ca. 6.600fachen Erdmagnetfeldstärken (300 mT) erkennbar sind und ab ca. 40.000fachen Erdmagnetfeldstärken (2.000 mT) als pathologisch eingestuft werden würden, wenn sie nicht durch das Magnetfeld erzeugt worden wären.

In unseren Nervenfasern werden Impulse (je nach Fasertyp) mit größeren Geschwindigkeiten übertragen, als sie ein Formel I Rennauto erreichen kann, nämlich bis zu 432 km/h. Dennoch ist eine Beeinflussung unseres Nervensystems durch magnetische Gleichfelder vernachlässigbar. Der Grund liegt darin, daß zwar die Übertragungsgeschwindigkeit der Information groß, jedoch die Geschwindigkeit der Ladungsträger selbst klein ist. Tatsächlich konnten auch experimentell keine Hinweise auf eine Beeinflussung unseres Gehirns, z.B. durch Verhaltensänderungen, festgestellt werden. Erst bei sehr starken

Magnetfeldern über dem 100.000fachen des Erdmagnetfeldes wurde über eine Beeinflussung des Lernvermögens von Affen berichtet.

b) Wenn wir uns mit hohen Geschwindigkeiten im Erdmagnetfeld bewegen, kommt es ebenfalls zur Ladungstrennung. Zwischen Scheitel und Sohle entsteht so eine elektrische Spannung von ca. 500 mV pro Tesla und km/h. Das bedeutet, wenn wir uns auf (österreichischen) Autobahnen mit der erlaubten Höchstgeschwindigkeit von 130 km/h bewegen, entsteht an unserem Körper eine Spannung von unter 3 mV. Dies ist kleiner als ein Fünfhundertstel einer Taschenlampenbatterie-Spannung. Selbst in einem Flugzeug über dem Nordpol würde sie nur auf ein Fünfzigstel der Batteriespannung ansteigen.

2. Den Kompaß-Effekt gibt es auch im Körper: Wir wissen, daß Atome und Moleküle aus bewegten elektrischen Ladungsteilchen aufgebaut sind und daß daher jedes ein kleines Magnetfeld erzeugt. So kann man sich z.B. vorstellen, daß die (negativ geladenen) Elektronen um den (positiv geladenen) Atomkern kreisen und (wie in Abb. 10) je ein Magnetfeld mit Nord- und Südpol erzeugen. Je nach Ladungsvorzeichen und Bewegungsrichtung können sich diese Magnetfeldbeiträge gegenseitig aufheben oder verstärken. Es gibt daher Atome und Moleküle (z.B. das Wasserstoffatom oder ferromagnetische Moleküle wie Brauneisenstein, Fe_3O_4), die wie eine Kompaßnadel ein eigenes Magnetfeld besitzen. Ein magnetisches Gleichfeld übt daher auf diese atomaren Kompaßnadeln Kräfte aus, um sie in Feldrichtung zu orientieren. Die Orientierung ist umso vollständiger, je stärker das Magnetfeld ist.

a) Bei ferromagnetischen Molekülen sind die Orientierungskräfte am größten. Sie wurden z.B. im Kopf und Nacken von Brieftauben festgestellt. Es wird daher angenommen, daß sie es sind, die ihnen helfen, den Weg zu finden. (Da diese Moleküle auch das härteste Material bilden, das ein Organismus aufbauen kann, werden sie auch für andere biologische Zwecke verwendet. Es ist daher nicht überraschend, daß sie auch bei anderen Lebewesen wie z.B. Bakterien, Krebsen, Schildkröten, Schmetterlingen Bienen und dem Menschen gefunden wurden.) Auch bei komplizierteren Molekülen, wie z.B. Enzyme oder die DNS als Träger unserer Gene konnten in starken Gleichfeldern von über 20.000facher Erdmagnetfeldstärke (1.000 mT) Orientierungseffekte festgestellt werden.

Mit Hilfe des Orientierungseffektes werden in der Medizin Schnitt-bilder unseres Körpers gewonnen. Wasserstoffatome besitzen näm-lich nicht nur ein ausreichend großes Magnetfeld, sondern kommen in unserem Körper auch häufig genug vor. (In der Magnetresonanz-Tomographie werden sie zunächst in starken Gleichfeldern, ca. 5.000fach bis 100.000fachen Erdmagnetfeldstärken, ausgerichtet. Wenn sie hernach durch zusätzliche Felder ausgelenkt werden, sen-den sie ein meßbares Signal aus, wenn sie wieder in ihre Ausgangs-lage zurückkehren.)

b) Auch Körperzellen können sich im Magnetfeld ausrichten, allerdings nur, wenn sie nicht in einem Gewebe eingebunden sind. An frei be-weglichen Netzhaut-Sichelzellen konnte jedoch in einer Nährlösung bei 20.000facher Erdmagnetfeldstärke (1.000 mT) eine Orientie-rung beobachtet werden. In unserem Körper sind die Kräfte und die Beweglichkeit der Zellen jedoch zu gering für diesen Effekt.

3. Chemische Reaktionen können von magnetischen Gleichfeldern auf zwei unterschiedlichen Wegen beeinflußt werden:

a) Viele chemische Bindungen erfolgen, indem ein Bindungspartner ein oder mehrere seiner äußersten Elektronen dem anderen Partner überläßt (Ionenbindung). Da Magnetfelder auf bewegte elektri-sche Ladungen wirken, können sie den Energiezustand oder die Umlaufrichtung (Spin) von Elektronen verändern. Dadurch kön-nen sie den Elektronenaustausch und damit die chemische Reakti-on erleichtern oder erschweren.

b) Es gibt biochemische Reaktionen, wie z.B. bei Hormonen, bei de-nen die Molekülform der Bindungspartner nach dem Schlüssel-Schloß-Prinzip aufeinander angepaßt sein muß. Besonders bei kom-plizierteren Molekülen mit einem eigenen Magnetfeld kann die Orientierungswirkung die Form der Moleküle verändern und die Bindung erschweren.
Eine Änderung der Enzymaktivität wurde jedoch erst ab ca. 130.000-facher Erdmagnetfeldstärke festgestellt.

4. Magnetische Gleichfelder können (zumindest theoretisch) im Zu-sammenwirken mit (niederfrequenten) elektrischen oder magneti-schen Wechselfeldern unter ganz bestimmten (Zyklotron-) Resonanz-bedingungen dazu beitragen, daß bewegte elektrische Ladungen aus dem Wechselfeld stetig Energie aufnimmt (Kapitel 2). Die Verhält-

nisse in unserem Körper lassen es jedoch nicht zu, daß dieser Effekt relevant wird.

5. Es gibt jedoch einen Befund, für den sich noch keine Erklärung gefunden hat: Unser Organismus arbeitet nach einem Tagesrhythmus. Er zeigt sich z.B. daran, daß unsere Körpertemperatur am Morgen um ca. 1 bis 1,5 °C niedriger ist als am Abend und an unserem Wach-Schlaf Rhythmus. Versuche in unterirdischen Bunkern und Höhlen haben ergeben, daß die Periodendauer unter Ausschluß der Umwelt (Hell-Dunkel, Sozialkontakte usw.) im Mittel um ca. 80 min länger ist als ein Tag. Bereits im Jahr 1968 wurde berichtet, daß sich diese durch Abschirmung des Erdmagnetfeldes um weitere 80 min verlängerte. Unter Alltagsbedingungen, in Anwesenheit weiterer Zeitgeber, konnte der Effekt nicht mehr gefunden werden.

Die Wirkungsmechanismen und die experimentellen Ergebnisse geben bisher keine Anhaltspunkte für die Annahme, daß magnetische Gleichfelder bleibende Veränderungen bewirken könnten. Beim Menschen konnte bei Magnetfeldern im Bereich der Stärke des Erdmagnetfeldes keine bedeutsamen Wirkungen festgestellt werden. Befürchtungen über die Magnetfeldverzerrungen durch Eisenteile in unserer Wohnung sind daher unbegründet.

3.4.2 Indirekte Wirkungen

Anziehungskräfte

Wir wissen, daß Magnete Eisen (bzw. ferromagnetische Materialien) anziehen. So erleichtern uns z.B. magnetisierte Schraubenzieherspitzen den Umgang mit kleinen Schrauben. In starken Magnetfeldern kann dies jedoch für Patienten, medizinisches Personal und Techniker gefährlich werden:

Es geschieht häufiger als vermutet, daß nach einem Unfall ferromagnetische Teile (z.B. Klammern, Schrauben oder Nägel) in den Körper eingebracht werden. Wenn diese durch starke Magnetfelder verdreht werden, können innere Blutungen entstehen. Dies ist z.B. der Grund, weshalb Patienten vor der Magnetresonanzuntersuchung durch eine Metallsuchschleuße geführt werden müssen.

Eisenwerkzeug kann in starken Magnetfeldern so kräftig angezogen werden, daß es wie ein Geschoß auf den Magneten zufliegt und dann selbst mit Muskelkraft nicht mehr entfernt werden kann. So kann z.B. die Anziehungskraft eines Magnetfeldes ab ca. 75 mT abgelegtes Werkzeug in Bewegung versetzen (das wäre bei 4T-Magnetresonanztomographen sogar bis zu einer Entfernung von ca. 2 m möglich).

Bei Magnetresonanztomographen müssen dies nicht nur Monteure beachten: Es gibt bereits Geräte, die zur Kontrolle während Operationen verwendet werden, bei denen der Chirurg im hohen Magnetfeld arbeitet und natürlich keine ferromagnetische Operationsbestecke verwenden darf.

Um-Magnetisierung

Wir verwenden immer häufiger und immer mehr Magnetkarten, die verschiedenste Informationen in einer dünnen Schicht von Eisenkristallen gespeichert haben. Starke Magnetfelder können diese Schicht ummagnetisieren, so die Information löschen und die Karte unbrauchbar machen. Sie können aber auch Daten auf anderen magnetischen Informationsträgern, wie z.B. Computerdisketten, Datenbänder, Ton- oder Videobänder, löschen.

Funktionsbeeinflussung von Geräten

Auch wenn magnetische Gleichfelder nicht so kritisch sind wie Wechselfelder, können sie doch elektronische Geräte stören. Dies betrifft z.B. Fernsehgeräte oder Computermonitore, in denen das Bild durch magnetische Ablenkung von bewegten Elektronen geschrieben wird oder in denen z.B. Relais verwendet werden, die mit Hilfe von Magneten schalten. So kann z.B. ein Herzschrittmacher ab ca. dem 20fachen Erdmagnetfeld in seiner Funktion verändert werden. Auch Armbanduhren können beeinflußt werden.

3.5 Wieviel ist zuviel? Grenzwerte für magnetische Gleichfelder

Grenzwerte sind berechtigt.
Herzbewegung und Kraftwirkung auf Eisen.

Es ist beruhigend, daß magnetische Gleichfelder in unserem Alltag noch keine Stärke erreicht haben, bei denen biologisch relevante Wirkungen zu befürchten sind. In der medizinischen Anwendung und an manchen Arbeitsplätzen wie z.B. an Hochenergiebeschleunigern, können jedoch bereits heute so starke Magnetfelder auftreten, daß eine Gefährdung zumindest für Risikogruppen nicht mehr ausgeschlossen werden kann, wie z.B. Personen mit Reizleitungsstörungen im Herzen.

Die Berechtigung für Grenzwerte ist daher weitgehend akzeptiert. Die Festlegung erfolgte dabei einerseits nach dem Prinzip „So niedrig wie vernünftigerweise möglich". Andrerseits sollten wichtige Anwendungsbereiche wie z.B. in der Medizin nicht ungerechtfertigt eingeschränkt oder unmöglich gemacht werden.

Die Grenzwerte beruhen auf den Überlegungen zur Bewegung des Herzmuskels im Magnetfeld und der Kraftwirkung auf ferromagnetische Teile.

Die bestehenden Grenzwerte einiger europäischer Länder und Institutionen sind in Tabelle 9 zusammengefaßt:

Tabelle 9. Referenzgrenzwerte für zeitlich unbefristeten Aufenthalt in magnetischen Gleichfeldern

Land bzw. Organisation	Allgemeinbevölkerung µT	(Einschlägig) beruflich Exponierte µT	Publikation
Österreich	1.750	8.750	ÖN(V) S1119
Deutschland	21.220	67.900	
	500[c]	127.300[b]	
		212.200[a]	DIN VDE(V) 0848-4
	nicht festgelegt	nicht festgelegt	BImschVo
Europäische Gemeinschaft	32.000	200.000	Ratsempfehlung 99/519/EC, Ratsempfehlung (V) 1992
Schweiz	40.000	200.000	BUWAL 1998
ICNIRP (WHO)	40.000	200.000	Health Phys.1998

(V) Vornorm bzw. Entwurf, *VDE* Verband deutscher Elektrotechniker, *BUWAL* Schweizerisches Bundesamt für Umwelt, Wald und Landschaft, *WHO* Weltgesundheitsorganisation; *ICNIRP* Internationale Kommission zum Schutz vor nichtionisierender Strahlung
[a] Bis zu 1 Stunde, [b] bis zu 2 Stunden, [c] für Herzschrittmacherpatienten.

> **Was tun?**
>
> 1. Es gibt Gründe, sich für einen Holz-, Ziegel-, Beton- oder Stahl-
>   konstruktionsbau zu entscheiden. Die Angst vor Magnetfeld-
>   verzerrungen durch Eisen ist jedoch kein Argument für eine be-
>   stimmte Bauform.
> 2. Eine gute Matratze ist für einen gesunden Schlaf wichtig und
>   von Zeit zu Zeit zu erneuern. Es gibt Gründe, sich für Kau-
>   tschuk-, Bio- oder Federkernmatratzen zu entscheiden, der Um-
>   stand, daß Eisen verwendet wird, zählt nicht dazu.
> 3. Fallen Sie nicht auf den Kompaß-Trick hinein, wenn ein Ver-
>   käufer das Pendeln der Kompaßnadel als schlechtes Zeichen
>   ausgibt.
> 4. Hufeisenmagnete erzeugen an ihren Polen starke Magnetfelder.
>   Legen Sie sie nicht auf Karten mit Magnetstreifen (z.B. Konto-
>   oder Bankomatkarten) aber auch nicht auf magnetische Daten-
>   träger wie Computerdisketten oder Videobänder: Die gespei-
>   cherte Information könnte verlorengehen.

4. Energieversorgung und Elektrogeräte: Niederfrequente magnetische Wechselfelder

Magnetische Wechselfelder und das Erdmagnetfeld sind so gleich wie eine bewegte und eine ruhende Säge.
Die Magnetfelder in unserer Wohnung bestimmen wir selbst.
Für Magnetfelder sind Wände wie Luft.
Magnetfelder lassen sich nicht leicht abschirmen, aber vermeiden.

Heinz leidet unter Depressionen. Hilde kann schlecht schlafen. Gabi ist fahrig und nervös. Sie kennen sich zwar nicht und haben doch eines gemeinsam: Sie geben magnetischen Wechselfeldern die Schuld für ihre Probleme: Für Heinz ist es die Hochspannungsleitung, Hilde beschuldigt ihren Radiowecker und Gabi schwört, daß es der Transformator ist, der zwei Stockwerke unter ihr untergebracht ist.

Sind diese Vermutungen berechtigt? Welche Auswirkungen haben magnetische Wechselfelder auf unser Wohlbefinden und unsere Gesundheit? Wie kann man sich vor ihnen schützen? Dieses Kapitel gibt die Antwort.

4.1 Blitze und Resonanzen: Natürliche magnetische Wechselfelder

Natürliche magnetische Wechselfelder sind in der Regel sehr klein.
Technisch erzeugte Magnetfelder schwanken ständig mit dem Stromverbrauch.
Magnetische Wechselfelder werden zunehmend gezielt genutzt.

Es war im Jahr 1896 nicht abzuschätzen, welche Umwälzung sich anbahnte: Marconi gelang es erstmals, über Funk Nachrichten zu übertragen. Er verwendete damals noch kein Mikrofon, sondern nützte den Umstand, daß bei Funkenentladungen auch elektromagnetische Schwingungen in einem breiten Frequenzband entstehen. Diese konnten auch noch in großer Entfernung empfangen werden. Auch die weltweit ständig ca. 2000 gleichzeitig zuckenden Blitze erzeugen elektromagnetische Impulse (Sferics) mit Frequenzanteilen bis zu einigen Tausend Hertz. Sie breiten sich im Raum zwischen der elektrisch leitfähigen Ionosphäre und der Erdoberfläche aus und bestehen nicht nur aus einer elektrischen Komponente, sondern auch aus einem magnetischen Anteil. Die relativ stärksten Schwingungen entstehen bei den Schumann-Resonanzfrequenzen (Kapitel 2). Ihre Stärke ist jedoch sehr gering. Sie beträgt bei der Grundfrequenz von ca. 7 Hz nur 0,00025 µT bis 0.0036 µT und nimmt mit zunehmender Frequenz rasch weiter ab.

In der Nähe eines Blitzes entstehen durch die hohen Blitzströme von bis zu 500.000 A auch starke Magnetfeldimpulse: Die Maximalwerte können z.B. in 10 cm Entfernung von einem Blitzableiter bis zu 1.000.000 µT und selbst in 100 m Entfernung noch 1.000 µT erreichen.

4.2 Transformator und Haarfön: Magnetische Wechselfelder im Alltag

Magnetfelder sind nicht nur Nebeneffekt des Stromverbrauchs. Sie werden zunehmend dienstbar gemacht, z.B. für Energieumwandlung, Kochen (mit Induktionsherden), Diebstahlsicherung, Fahrkartenkontrolle, Zutrittsbeschränkung, Straßengebühreneinhebung (Road Pricing).

Magnetische Wechselfelder werden durch die Bewegung elektrischer Ladungen, also den elektrischen Strom, erzeugt. Im Gegensatz zu den Wechselfeldern in der Natur sind wir der Stärke und Häufigkeit technisch erzeugter Wechselfelder meist nicht ohnmächtig ausgesetzt: Besonders in unserer Wohnung bestimmen wir selbst darüber, wenn wir elektrischen Strom verbrauchen.

Elektrische Wechselfelder werden von der immer gleich hohen elektrische Spannung verursacht. Ihre Stärke ändert sich daher zeitlich nicht, jene der magnetischen Wechselfelder hingegen sehr stark. Sie ändern sich nämlich ständig mit dem jeweils momentanen Stromverbrauch. Dies gilt nicht nur für Hochspannungsleitungen und Trafos, sondern auch in unseren Wohnungen: Auch hier schaltet z.B. der Thermostat von Kühlschrank und Tiefkühltruhe immer wieder ein und aus, wird ein Lichtschalter betätigt, schwankt der Stromverbrauch der Waschmaschine je nach Waschgang oder der des Fernsehgerätes mit der Helligkeit des Bildes.

Im Gegensatz zu elektrischen Feldern lassen sich nicht nur die 50 Hz-Frequenz der Stromversorgung, sondern auch ungeradzahlige Oberwellen, z.B. 150 Hz und 250 Hz feststellen. Sie stammen von (nichtlinearen) Verbrauchern wie z.B. Transformatoren. Dazu kommen noch breitbandige Frequenzgemische von Funken, die beim Schalten oder in Gleichstrommotoren entstehen und von einer Anwendung, die immer mehr zunimmt, nämlich elektronischer Leistungsregler. Sie werden in Geräten verwendet, um die teureren Transformatoren zu ersetzen und sind auch als Helligkeitsregler (Dimmer) bereits weit verbreitet.

Hochspannungsleitungen

Elektrische Energie ist das Produkt von Strom und Spannung. Der Strom ist es, der bei der Energieübertragung die Verluste bestimmt. Es ist daher wirtschaftlich, die Übertragungsspannung hoch und den Strom vergleichsweise niedrig zu wählen. Hochspannungsleitungen verwenden Drehstromsysteme. Darunter versteht man drei Leitungen, deren Spannungen jeweils um eine Drittelperiode zeitlich versetzt (mit 50 Hz) schwingen. Dies ist der Grund, weshalb an den Hochspannungsmasten drei oder 6 Leiterseile zu sehen sind, abgesehen von einem dünneren geerdeten Blitzschutz-Seil an der Spitze. Da der Strom in jedem Leiterseil zum Magnetfeld beiträgt, hängt das Gesamtfeld von der Anzahl und der Anordnung der Leiterseile zueinander ab. In Abb. 15 ist der Verlauf der elektrischen und magnetischen Feldlinien am Beispiel einer 115.000 V-Leitung mit zwei Drehstromsystemen dargestellt. Die Felder konzentrieren sich in der Nähe der Leiterseile und sind dort sehr inhomogen. Am Boden sind sie gleichförmig: Das elektrische Feld ist dort senkrecht und das magnetische Feld waagrecht gerichtet.

Der grundsätzliche Verlauf der Stärke des Magnetfeldes ist ähnlich dem des elektrischen Feldes (Abb. 5): Die größten Felder entstehen in der Mitte zwischen zwei Hochspannungsmasten, wo die Leitungen am tiefsten hängen. Zur Seite hin nehmen sie ab einer Entfernung, die ca. der Leiterhöhe entspricht, sehr schnell ab, nämlich mit dem Quadrat der Entfernung. Die Leiterstöme sind nicht konstant, sondern schwanken mit dem Energieverbrauch. Um den Spielraum für diese ständigen Schwankungen zu ermöglichen, darf eine Leitung auf Dauer nicht bis an ihre Leistungsgrenze (thermischer Grenzstrom) belastet werden. Aus diesem Grund sind auch die Magnetfelder in der Regel kleiner als in Tabelle 8 angegeben.

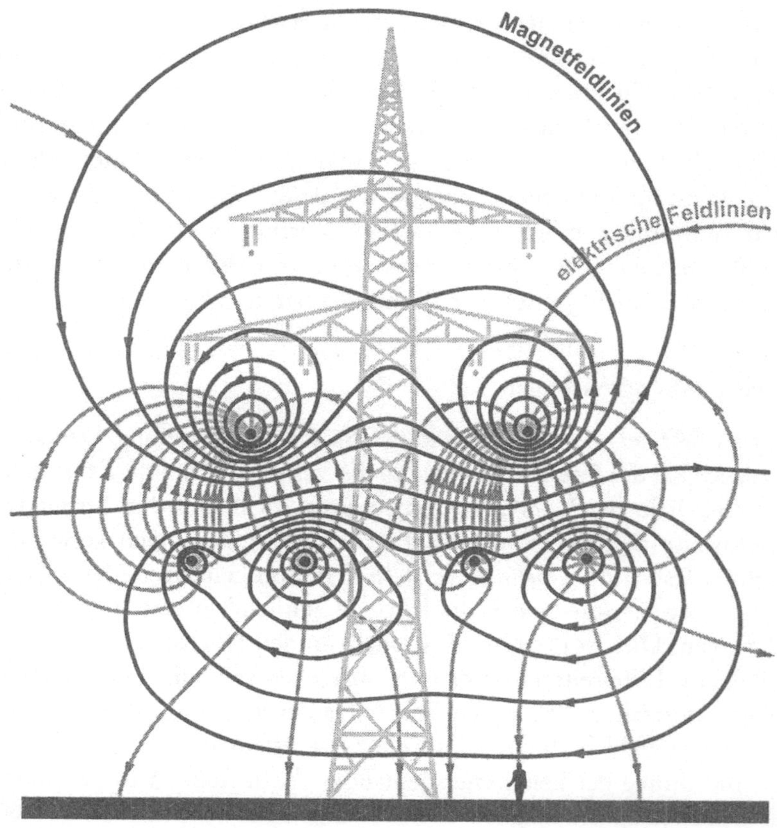

Abb. 15. Elektrische und magnetische Felder am Beispiel einer 115 kV-Hochspannungs-
leitung mit zwei Drehstromsystemen an der Stelle des größten Durchhanges. Magnetfeldlinien (schwarz) umschließen die Stromleitungen. Elektrische Feldlinien (grau) beginnen
an einem Leiter und enden am Gegenpol. Am größten sind die Feldstärken in der Nähe der
Leiterseile. Am Boden sind die Felder gleichförmig. Das elektrische Feld ist dort senkrecht,
das Magnetfeld waagrecht gerichtet (nach Bauhofer 1996)

Je nach der Art der angeschlossenen Verbraucher zeigt die Stromstärke und damit das Magnetfeld tageszeitliche, wöchentliche und jahreszeitliche Schwankungen. Es ist meist in der Nacht niedriger als am Tag.
Die Magnetfelder an der Stelle des größten Durchhanges liegen je nach
Bauform und Leiterbelegung im Bereich zwischen ca. 10 bis 50 µT pro
1000 A Leiterstrom. Anhaltswerte sind in Tabelle 10 für die größtmög-
liche Strombelastung der Leitungen zusammengefaßt.

Tabelle 10. Maximalstärken des Magnetfeldes unter Hochspannungsleitungen an der Stelle des größten Durchhanges bei größtmöglicher Strombelastung. Im allgemeinen ist die Stromstärke und damit die Magnetfeldstärke geringer

Spannung V	Maximaler Betriebsstrom A	Magnetfeld µT
30.000	425	4
115.000	500–700	7–18
230.000	800–2.100	9–41
400.000	2.100–2.300	21–47

Hochspannungskabel

Hochspannungskabel führen ähnlich hohe Ströme wie Freileitungen. Da sie nur ca. 1m von der Erdoberfläche entfernt sind, wäre in ihrer Nähe ein stärkeres Magnetfeld zu erwarten. Tatsächlich ist es jedoch deutlich kleiner und beträgt etwa 10 µT pro 1000 A Strombelastung. Mit zunehmender seitlicher Entfernung nimmt es bereits innerhalb weniger Meter erheblich ab. Der Grund liegt darin, daß im Kabel die drei Phasenleiter des Drehstromsystems enger aneinanderliegen und sich daher ihre Magnetfeldanteile gegenseitig besser aufheben als bei Freileitungen. Der Vorteil der kleineren, räumlich begrenzteren Felder und der Schonung des Landschaftsbildes muß jedoch erkauft werden: Kabel sind nicht nur teurer in der Anschaffung, Wartung und Reparatur. Sie erwärmen sich durch den Strom und trocknen dadurch im Trassenbereich den Boden aus, vor allem aber stellen sie eine Gefahr für Boden und Grundwasser dar, wenn das enthaltene Isolieröl bei Beschädigung, z.B. durch Bauarbeiten, in das Erdreich austritt.

Transformatoren

Transformatoren sind Einrichtungen, in denen wir uns Magnetfelder dienstbar gemacht haben. Sie haben die Aufgabe, die für die Energieübertragung gewählte Hochspannung zu erzeugen oder in der Nähe der Verbraucher wieder in niedrige Spannungen umzuwandeln. Magnetfelder sind dabei wie Arbeitssklaven, die die elektrische Energie von einer Spannungsseite zur anderen bringen müssen. Sie sind allerdings gefangen: Ihr Käfig ist ein geschlossener Ring aus Eisen, in dem die Magnetfeldlinien verlaufen. Wie viele Gefangene rütteln auch die Magnetfelder an ihrem Käfig und machen sich bemerkbar: Der Trafo brummt umso lauter, je mehr Arbeit die Magnetfelder leisten müssen. (Der Grund liegt darin, daß die Magnetfelder den Eisenring periodisch ummagnetisieren und auf die Wicklungen der Stromspulen Kräfte ausüben. Dies bewirkt kleine Längenänderungen und Vibrationen, die wir hören können.) Nach außen treten lediglich Streufelder in Erscheinung. Sie sind nach oben und unten hin größer als nach der Seite. Ihre Stärke hängt davon ab, wieviel elektrische Leistung gerade umgewandelt wird.

Da die elektrische Leistung das Produkt von Spannung und Strom ist, fließen auf der Niederspannungsseite des Transformators hohe Ströme, die ebenfalls Magnetfelder erzeugen. Wie groß diese sind, hängt dabei wesentlich davon ab, wie geschickt die Stromleitungen montiert wurden und wo sie verlaufen. Wenn Transformatoren in Wohngebäuden untergebracht sind, sollten die Niederspannungskabel möglichst weit weg vom Wohnbereich und möglichst eng aneinander verlegt sein, also z.B. nicht an der Decke oder der Wand zur angrenzenden Wohnung. Die leistungsstärksten Transformatoren stehen in Umspannwerken. Dort werden auch Stromspulen ohne Eisenkern verwendet, die die Aufgabe haben, bei Kurzschlüssen den Strom zu begrenzen. Da hier das entstehende Magnetfeld ungehindert in Luft austreten kann, sind die Streufelder besonders stark und können in zugänglichen Bereichen bis über 20.000 µT erreichen.

Verkehrsmittel

54 % aller bestehenden Eisenbahnstrecken werden mit Wechselspannung betrieben. In Österreich und Deutschland ist die Bahnfrequenz nur ein Drittel unserer Stromversorgungsfrequenz, nämlich 16⅔ Hz. Die auftretenden Magnetfelder schwanken hier noch mehr als üblich. Kurzzeitige hohe Spitzen entstehen vor allem beim Anfahren und Beschleunigen der Züge. Die Magnetfelder im Inneren der Waggons sind wegen der Elektroheizung im Winter höher als im Sommer und liegen im Bereich von einigen µT. Der Strom wird von der Fahrdrahtleitung abgenommen, fließt über Räder und Schiene in das Erdreich und von dort auf dem Weg des geringsten Widerstandes zur Einspeisestelle zurück. Je nach Streckenverlauf können daher auch noch in einigen km Entfernung von der Bahnlinie Magnetfeldanteile festgestellt werden.

Die relativ größten Magnetfelder treten naturgemäß bei Magnetschwebahnen auf. Wenn keine zusätzlichen Abschirmmaßnahmen getroffen werden, können sie im Waggoninneren je nach Antriebsprinzip in die Nähe der zulässigen Grenzwerte kommen.

Sicherheitssysteme

Mehr oder weniger gut als Spulen erkennbare Gebilde flankieren bereits sehr viele Kaufhaustüren. Sie machen bewußt, daß Magnetfelder heute vielfältig verwendet werden: Zur Diebstahlsicherung, zur Zutrittsbeschränkung zu Sperrbereichen oder zur Erkennung von Metallgegenständen bei Flugpassagieren oder Besuchern. Sie alle beruhen darauf, daß die von Spulen erzeugten Magnetfelder verändert werden, z.B. durch Waren, die (noch) mit Magnetstreifen markiert sind, durch Personen, die eine Erkennungskarte tragen oder durch (metallische) Waffen. Die verwendeten Frequenzen liegen im Übergangsbereich zwischen Niederfrequenz- und Hochfrequenz, nämlich zwischen 3.000 Hz und 3.000.000 Hz.

Torsysteme verwenden Frequenzen im Bereich von 100 Hz bis 10.000 Hz. Die festgestellten Maximalwerte im Durchgehbereich lagen zwischen 100 bis 1.000 µT. Bei so starken Feldern kann eine Beeinflussung von Herzschrittmachern nicht mehr ausgeschlossen werden (Kapitel 5). Da sich z.B. eine Kassiererin im seitlichen Streubereich auch lange Zeit aufhalten kann, ist auf die Einhaltung der Grenzwerte besonders zu achten.

Von Hand geführte Magnetspulendetektoren zur Personenkontrolle beruhen auf dem gleichen Prinzip. Die Felder nehmen jedoch wesentlich rascher ab und erfassen nur einen Teil unseres Körpers.

Eine größere Bedeutung werden in Zukunft Systeme erhalten, die z.B. beim Zutritt zu U-Bahnen die (Magnetstreifen-) Fahrkarten kontrollieren oder bei Straßengebührensystemem (Road Pricing) die Abbuchung der Gebühren automatisch vornehmen.

Arbeitsplatz

In Industrie und Gewerbe werden Magnetfelder im Frequenzbereich bis ca. 3.000.000 Hz gezielt erzeugt, um Metall
— zu schmelzen oder zu erhitzen z.B. für die Bearbeitung oder um Oberflächen zu härten;
— zu beschleunigen, indem es vom Magnetfeld einer Spule angezogen oder abgestoßen wird, z.B. für Pressen oder Stanzen;
— zu verschweißen.

Darüber hinaus treten stärkere Magnetfelder auch überall dort auf, wo leistungsstarke Anlagen und Geräte betrieben werden und daher hohe Ströme fließen.

- In der Nähe von Induktionsöfen (z.B. bis 70.000 µT bei 50 Hz). Die verwendeten Frequenzen liegen im Bereich zwischen 50 Hz und 10.000 Hz;
- Schweißmaschinen (z.B. bis 13.000 µT);
- Funkenerosionsmaschinen, die Frequenzgemische bis über 30.000 Hz erzeugen;
- Gießereiöfen mit Strömen bis über 10.000 A;

Computerbildschirme werden heute weitgehend nach den Empfehlungen der schwedischen Gewerkschaft „strahlungsarm" hergestellt und erzeugen Magnetfelder, die in 30 cm (Arbeits-) Entfernung kleiner als 0,25 µT sind.

Haushalt

Im Haushalt entstehen Magnetfelder vor allem durch die Geräte, die mehr Strom verbrauchen (z.B. Geräte, die Wärme erzeugen wie Haarfön, Trockenhaube, Elektroherd, Bügeleisen), Geräte, die einen Transformator oder Magnetspulen enthalten (z.B. Fernsehgerät, Stereoanlage oder Halogenleuchte) oder die von einem Motor angetrieben werden (z.B. Bohrmaschine, Mixer oder Staubsauger). Gemeinsam ist ihnen jedoch, daß die Magnetfelder bereits innerhalb unserer Körperabmessungen sehr klein werden. Meist sind sie z.B. nach 1 m bereits um das ca. 100fache erniedrigt (Abb. 16). Die Magnetfelder von Netzkabeln werden meist überschätzt. Selbst bei hohen Strömen bewirkt die Zusammenfassung der Hin- und Rückleitung eine rasche gegenseitige Auslöschung.

Es gibt jedoch Geräte, die Magnetfelder bewußt nützen: Induktionsöfen. Bei Ihnen wird nicht die Herdplatte, sondern der Kochtopf direkt durch Wirbelströme erwärmt, die Magnetfelder erzeugen. Um zu vermeiden, daß zu starke Magnetfelder nach außen dringen, besitzen die Geräte eine spezielle Erkennungsschaltung, die die Magnetspulen abschaltet, wenn kein Kochtopf aufgestellt ist. Stärkere Expositionen treten daher nur an den Händen auf oder wenn Kochtöpfe verwendet werden, die für die Kochplatte zu klein sind.

Auch bei den Leitungen unserer Elektroinstallation heben sich die Felder der Hin- und Rückleitung gegenseitig großteils auf. Die vergleichsweise größten Magnetfelder finden sich daher vor dem Sicherungskasten. In ihm kommen ja alle stromführenden Leitungen zusammen. Die Magnetfelder können dort einige µT erreichen.

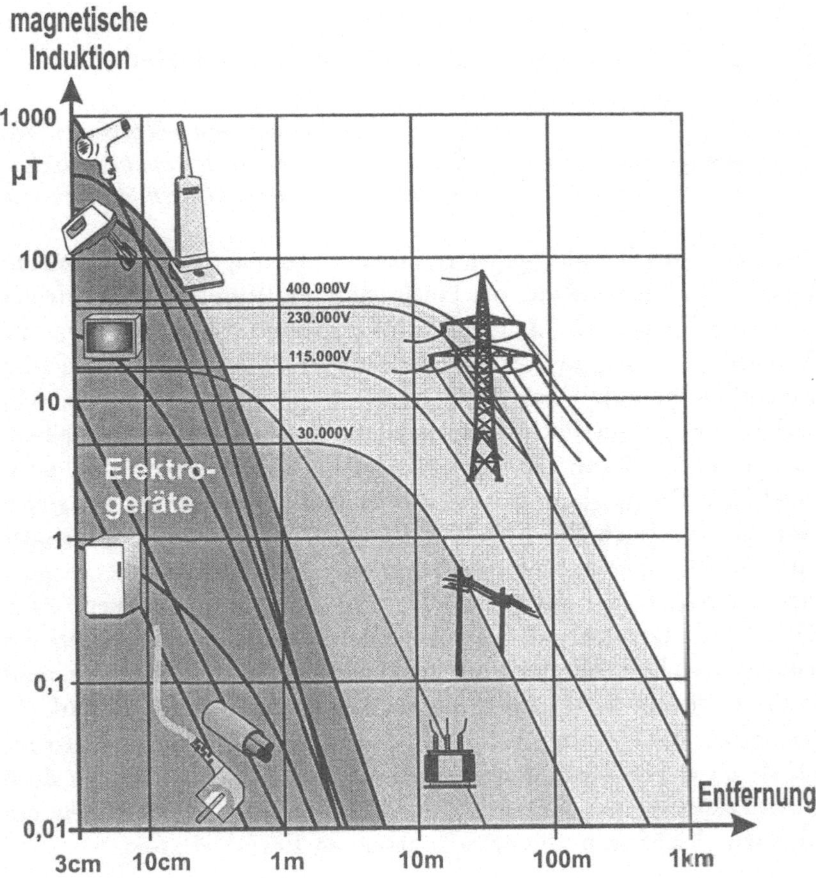

Abb. 16. Magnetfelder von Elektrogeräten und Energieversorgungseinrichtungen in Abhängigkeit der Entfernung in doppelt-logarithmischer Darstellung (jedes Kästchen entspricht der Multiplikation mit dem Faktor 10). Man erkennt, daß die Felder in der Nähe der Geräte zwar höher sein können, aber bereits nach 1m Abstand sehr klein sind. Vergleichsweise kleine Magnetfelder werden durch Netzkabel erzeugt. Bei Hochspannungsleitungen und Transformatoren reichen sie wesentlich weiter, nach 10 bis 20 m nehmen sie aber auch hier sehr rasch ab. Häuser schirmen Magnetfelder nicht ab

Da Magnetfelder nur so lange vorhanden sind, wie Strom verbraucht wird, beeinflussen wir selbst bewußt oder unbewußt den Magnetfeldpegel in unseren Wohnungen. Im Gegensatz zu elektrischen Feldern schirmen Mauern Magnetfelder nicht ab. Ein Kühlschrank an der Wand zum Schlafzimmer wirkt daher auch zum Schlafplatz.

111

4.3 Augenflimmern und Muskelzittern: Biologische Wirkungen magnetischer Wechselfelder

Von der ruhenden und bewegten Säge:
Magnetische Wechselfelder lassen sich mit der Erdmagnetfeldstärke nicht vergleichen.
Wir werden vor zu starken Magnetfeldern gewarnt.

„Du brauchst Dir keine Sorgen zu machen!" beruhigt Hubert seine Frau Hilde. „Die Magnetfelder der Hochspannungsleitung sind viel kleiner als das Erdmagnetfeld, da kann nichts passieren! Außerdem, sogar die Magnetfelder eines so unscheinbaren Gerätes wie Dein Haarfön sind wesentlich größer!" Doch damit weckt er Günters Widerspruch: „Du meinst es sicher gut, doch Du verwendest das falsche Argument," gibt er zu bedenken. „Wenn Du Wechselfelder mit Gleichfeldern gleichsetzt, vergleichst Du Äpfel mit Birnen! Das ist ähnlich, wie wenn ich sagte, es wäre gleich, ob ich eine Säge bloß ruhig an Deinen Arm drückte oder auch noch gleichzeitig hin und her bewegte!" Wenn Du daher magnetische Wechselfelder mit Gleichfeldern in einen Topf wirft, kennst Du Dich entweder nicht aus oder willst Hilde täuschen," korrigiert ihn Günter. „Auch der Vergleich mit dem Haarfön hinkt. Schließlich nimmt ja die Feldstärke bereits innerhalb der Körperabmessungen so stark ab, daß bereits das Herz nur mehr 10fach geringeren Feldern ausgesetzt ist, als sie unter Hochspannungsleitungen möglich sind. Du kannst doch nicht Felder, die nur auf einen kleinen Teil unseres Körpers wirken, mit anderen gleichsetzen, die unseren gesamten Körper erfassen."

Günter hat recht. Magnetische Wechselfelder sind wirksamer als Gleichfelder, doch ob die Felder von Geräten mit jenen von Hochspannungsleitungen verglichen werden können oder nicht, hängt vom Wirkungsmechanismus ab.

Wie geht das?

Wechselfelder haben zusätzliche Wirkungsmöglichkeiten.
Wie relevant sind Resonanzeffekte?
Wirkungsmechanismen sind nicht nur theoretisch interessant:
Sie erst ermöglichen die Übertragung von experimentellen Ergebnissen auf den
Menschen.

Magnetische Wechselfelder unterscheiden sich von elektrischen Wechselfeldern in einigen Punkten wesentlich:

1. Wir sind gegenüber Magnetfeldern nicht geschützt: Sie sind in unserem Körperinneren gleich stark wie in Luft. Es fehlt daher aber auch die Gefährdung durch einen magnetischen „Blitzableitereffekt".
2. Unser Körperinneres ist geschützt. Wenn Magnetfeldwirkungen auftreten, sind sie vor allem am Körperrand zu erwarten.
3. Der ungünstigste Fall ist nicht wie bei elektrischen Feldern die Orientierung parallel, sondern senkrecht zur Körperachse.
4. Magnetfelder sind nicht wie die elektrischen Felder durch die Physik (Durchschlagsfestigkeit der Luft), sondern nur durch unsere aktuellen technischen Möglichkeiten begrenzt.
5. Magnetische Wechselfelder sind nicht konstant wie die elektrischen Felder, sondern schwanken ständig mit dem momentanen Stromverbrauch.

Im Vergleich zu Gleichfeldern haben magnetische Wechselfelder zusätzlich eine Reihe von Möglichkeiten, in unserem Körper wirksam zu werden. Das bedeutet jedoch nicht, daß alle denkmöglichen Mechnismen auch biologisch bedeutsame Effekte verursachen können.

1. Der wichtigste Mechanismus beruht auf der zeitlichen Änderung des Magnetfeldes. Dieser Umstand gibt ihnen eine zusätzliche Möglichkeit, in unserem Körper zu wirken. Dadurch entstehen nämlich in unserem Körper elektrische Ströme (Induktionsgesetz). Sie verlaufen in geschlossenen Bahnen um die Magnetfeldlinien herum und werden als Wirbelströme bezeichnet (Abb. 17).

Sie sind umso stärker,
a) je schneller die zeitliche Änderung erfolgt. Sie werden daher umso stärker, je höher die Frequenz ist. Rechteckschwingungen oder gepulste Felder mit steilen Anstiegs- und Abfallflanken verursachen daher (kurzzeitige) höhere Stromspitzen als die Sinusschwingungen unserer Stomversorgung;
b) je mehr Magnetfeldlinien von den Strombahnen umfaßt werden können, also je größer die Fläche ist, die die Strombahnen umschließen. Die Stromstärke nimmt daher vom Zentrum zur Körperoberfläche hin zu;
c) je größer unsere Körperquerschnittsfläche ist. Sie hängt von unserer Orientierung zum Magnetfeld ab (Abb. 18). Am ungünstigsten ist es, wenn die Magnetfeldlinien senkrecht zu unserer Körperlängsachse gerichtet sind. Im Vergleich zur (günstigsten) parallelen Orientierung ist die Stromstärke dann fast doppelt so groß. (Bei

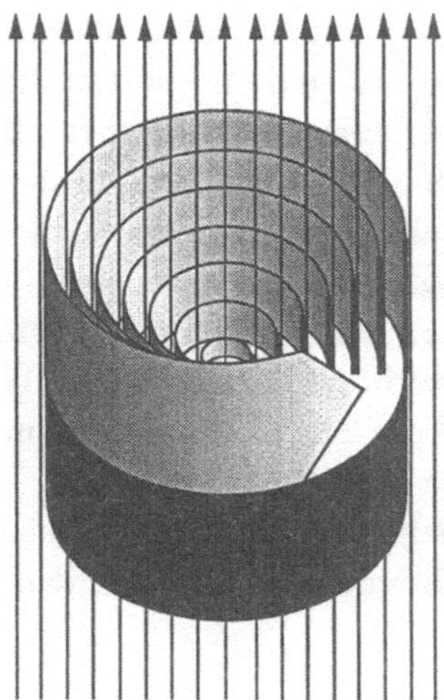

Abb. 17. Die Änderung magnetischer Felder erzeugt elektrische Wirbelströme. Sie sind umso stärker, je mehr Magnetfeldlinien die Stromlinien umfassen und nehmen daher vom Zentrum zum Rand hin zu

Hochspannungsleitungen stehen das erzeugte elektrische und magnetische Feld senkrecht aufeinander. Wenn wir dort aufrecht stehen, sind beide ungünstigsten Fälle gleichzeitig erfüllt: Das elektrische Feld verläuft parallel und das magnetische senkrecht zu unserer Körperachse, Abb. 15).

In Bezug auf diesen Mechanismus hat Günter recht: Ein Magnetfeld, von einem Elektrogerät, das nur einen Teil unseres Körpers erfaßt, kann nicht so große Körperströme erzeugen, wie jenes einer Hochspannungsleitung, das uns ganz erfaßt.

2. Magnetische Wechselfelder haben überdies die gleichen Wirkungsmöglichkeiten, die auch das Gleichfeld besitzt (Kapitel 3). Diese Wirkungen sind, soferne sie bei den Feldstärken im Alltag überhaupt auftreten, nicht von der Querschnittsfläche abhängig. Für sie würde daher Günters Behauptung über den Unterschied zwischen Teil- und Ganzkörperexposition nicht stimmen. Sie beruhen auf

— der Ablenkung bewegter elektrischer Ladungen, z.B. in unserem Herzmuskel;

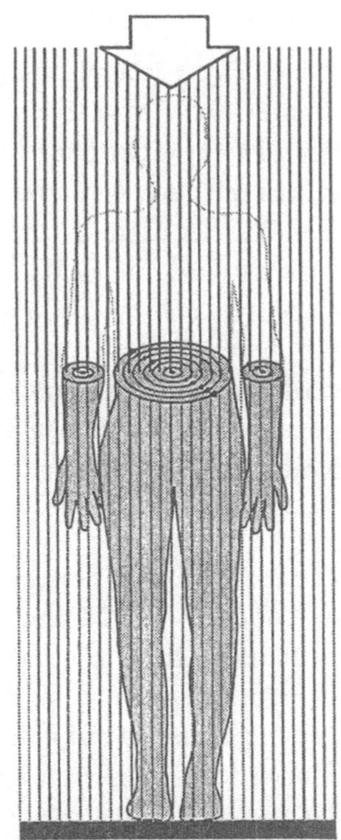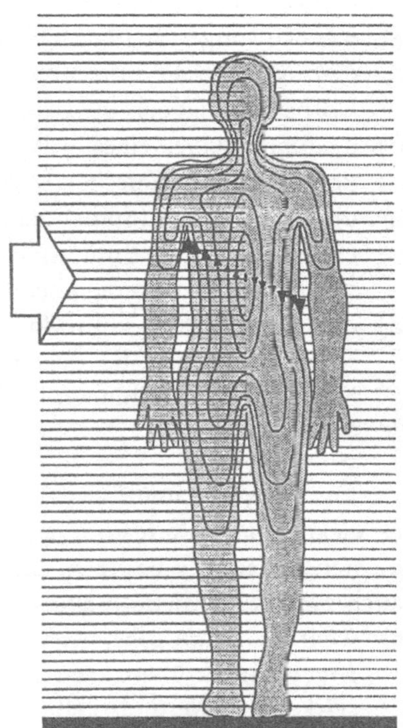

Abb. 18. Von einem magnetischen Wechselfeld in unserem Körper erzeugte elektrische Wirbelströme: Sie sind umso stärker, je größer die Querschnittsfläche ist. Sie nehmen vom Zentrum zum Körperrand hin kontinuierlich zu. Steht das Magnetfeld quer zur Körperachse (rechts), ist sie ca. doppelt so groß wie bei paralleler Orientierung (links)

— der (wechselnden) Kraftwirkung auf Atome und Moleküle mit einem eigenen Magnetfeld (Kompaßeffekt);

Als theoretisch mögliche Mechanismen kämen darüber hinaus noch Resonanzeffekte im Zusammenwirken mit dem Erdmagnetfeld Frage. Dazu wären jedoch mehrere Bedingungen genügend lange und genau einzuhalten, z.B. die Stärke des Feldes und die Frequenz, teilweise sogar die Richtung des Erdmagnetfeldes relativ zum magnetischen Wechselfeld. Die folgenden Mechanismen beruhen auf Hypothesen. Sie wurden aufgestellt, um widersprüchlichen Laborbefunde zu erklären, z.B. der Veränderung der Kalziumkonzentration (siehe nächster Anschnitt). Experimentell wurden sie in einem lebenden Körper noch nicht nachgewiesen.

Effekte könnten zustande kommen, indem

a) ein sich (ungestört) bewegendes Ladungsteilchen stetig Energie aus dem Magnetfeld aufnimmt (Zyklotronresonanzeffekt). In unserem Körper sind jedoch die Bedingungen für diesen Effekt nicht erfüllt;

b) die Bindungskraft eines Elektrons an den Atomkern verändert wird und sich damit die Wahrscheinlichkeit für eine chemische Reaktion ändert;

c) die Orientierung (Spins) der Elektronen verändert wird, die sich an einer chemischen Bindung beteiligen. Damit würde sich die Wahrscheinlichkeit für eine chemische Bindung ändern;

d) die Form von Molekülstrukturen verändert wird. Bei gewissen chemischen Reaktionen, bei denen sich zwei Partner nach dem Schlüssel-Schloß-Prinzip verbinden, könnte dies die Bindungswahrscheinlichkeit beeinflussen.

Die Frage, ob außer den Wirbelströmen und der Ablenkung bewegter elektrischer Ladungen in unserem Herzmuskel noch andere Mechanismen Bedeutung besitzen, interessiert nicht nur theoretisch. Sie hat auch zwei wesentliche praktische Bedeutungen, nämlich

a) wenn es darum geht, die Ergebnisse aus einem Tierversuch auf den Menschen zu übertragen und herauszufinden, welche Magnetfeldstärke gleichwertig ist. (Beruht ein Effekt, der an einer Maus festgestellt wurde z.B. auf Wirbelströmen, wäre das Magnetfeld, das für uns als gleichwertig anzusehen wäre, wesentlich kleiner, weil unsere Körperquerschnittsfläch viel größer ist.)

b) wenn aufgrund von Ergebnissen bei einigen wenigen Frequenzen die Grenzwerte für den gesamten Frequenzbereich festgelegt werden müssen.

Was geschieht?

Nerven- und Muskelstimulation.
Unter Alltagsbedingungen sind Resonanzeffekte nicht zu erwarten.
Keine überzeugenden Hinweise auf Langzeitwirkungen

4.3.1 Akute Wirkungen

Stimulation von Nerven- und Muskelzellen

Da jede Bewegung elektrischer Ladungen ein Magnetfeld erzeugt, gibt es auch in unserem Körper ein Gewirr nicht nur von elektrischen, sondern auch von magnetischen Feldern. Es lassen sich daher ähnlich wie die elektrophysiologischen Signale (Kapitel 2) auch magnetophysiologische Signale messen, die Auskunft geben z.B. über die Tätigkeit unseres Herzens (Magnetokardiogramm, MKG) oder unseres Gehirns (Magnetoenzephalogramm, MEG). Es gibt nur einen nicht unwesentlichen Unterschied: Die Ladungen bewegen sich in unserem Körper relativ langsam und erzeugen daher extrem schwache Magnetfelder. Sie liegen im Bereich von nur 0,00001 µT für das MKG und 0,0000003 µT für das MEG. So kleine Magnetfelder sind heute zwar meßbar, allerdings nur mit großem technischen Aufwand.

Die wichtigsten und gesicherten biologischen Wirkungen magnetischer Wechselfelder beruhen auf den erzeugten Wirbelströmen. Sie können unsere Nerven- und Muskelzellen erregen, wenn sie drei Bedingungen gleichzeitig erfüllen (Kapitel 2):

1. Die Stromdichte muß einen Mindestwert, die Reizschwelle, überschreiten. Diese stellt den Schutzwall dar, mit dem sich unser Körper gegen die Störung durch seine eigenen elektrischen Vorgänge, z.B. das starke elektrische Signal des Herzmuskels, schützt. Sie ist für verschiedene Körperzellen verschieden. Bei der empfindlichsten Nervenzellenart beträgt sie ca. 1 µA/cm². Herzmuskelzellen sind ca. 100 fach unempfindlicher. Unterhalb der Reizschwelle reagieren die Zellen nicht („Alles oder Nichts"-Gesetz).
2. Die Stromdichte muß sich schnell genug ändern. Dies macht unsere Körperzellen für niedrige Frequenzen unter 50 Hz zunehmend unempfindlicher (Abb. 7) und ist der Grund, weshalb Gleichfelder unsere Zellen nicht erregen können.
3. Die Einwirkung muß genügend lange dauern. Dies macht unsere Körperzellen für höhere Frequenzen über ca. 100 Hz zunehmend unempfindlicher. Über ca. 30.000 Hz bis 100.000 Hz kann schließlich überhaupt keine Erregung mehr stattfinden.

Um die Auswirkungen der magnetisch erzeugten Wirbelstromdichten untersuchen zu können, ist es wichtig, zunächst die kritischen Körperbereiche festzustellen. Da die Stromdichten zum Körperrand hin zunehmen, ist zu erwarten, daß sich vor allem dort die ersten Effekte bemerkbar machen.

Tatsächlich konnte d'Arsonval bereits im Jahr 1896, ein neues Phänomen beschreiben: Personen, deren Kopf einem stärkeren magnetischen Wechselfeld ausgesetzt wurden, hatten plötzlich Seheindrücke, wie Flimmern oder Leuchten, die sie nicht erklären konnten. War es zu einer massiven Beeinflussung des Gehirns gekommen, die sich nur am deutlichsten in Form dieser Magnetophosphene (vom Griechischen phos = Licht und phaínein = leuchten) zeigte? Gab es vielleicht noch weitere, weniger offensichtliche Auswirkungen?

Heute wissen wir über die Zusammenhänge dieser Flimmereindrücke gut Bescheid. Es sind die vom Magnetfeld erzeugten Wirbelströme, die nicht das Gehirn selbst, sondern die empfindlichen Sehzellen der Netzhaut erregen. Das kann aus mehreren Umständen geschlossen werden: 1. daß der Effekt von der Anpassung der Sehzellen an die Raumhelligkeit abhängt, 2. daß er zuerst an den Rändern des Gesichtsfeldes wahrgenommen wird, weil die empfindlichsten Dämmerungs-Sehzellen als erstes stimuliert werden und 3. daß er schließlich bei Patienten, denen beide Augen entfernt werden mußten, nicht erzeugt werden kann. Erste Flimmereindrücke entstehen (bei ca. 5 % der Personen) im empfindlichsten Frequenzbereich von 20 bis 30 Hz ab ca. 2.000 µT, zunächst am Rande des Gesichtsfeldes. Mit zunehmender Magnetfeldstärke dehnen sie sich immer mehr in das zentrale Gesichtsfeld aus. Nach Ausschalten des Magnetfeldes benötigten die Sehzellen noch einige Minuten, um ihre normale Empfindlichkeit wieder zu erreichen. Magnetophosphene haben für uns auch eine praktische Bedeutung: Sie liegt darin, daß wir durch sie gewarnt werden, wenn wir uns in zu starke Magnetfelder begeben würden.

Ein weiterer Bereich kritischer Körperzellen, die sich nahe am Körperrand befinden, sind die grauen Nervenzellen in unserer Großhirnrinde, die wir für alle bewußten Vorgänge benötigen. Obwohl unsere Nervenimpulse mit erstaunlich hohen Geschwindigkeiten von bis zu ca. 430 km/h übertragen werden, bewegen sich die Ladungsträger selbst dabei nur langsam. Eine direkte Beeinflussung der Nervenleitung durch Ablenkung bewegter elektrischer Ladungen kann daher ebenso wie im Fall der magnetischen Gleichfelder selbst bei den höchsten derzeit erzeugbaren Magnetfedstärken vernachlässigt werden.

Ob und unter welchen Bedingungen magnetische Wechselfelder das Gehirn auch auf andere Weise beeinflussen kann, wird noch untersucht. Dabei spielen die elektrischen Hirnsignale, das Elektroenzephalogramm (EEG) eine wichtige Rolle. Sie können mit Elektroden gemessen werden, die an mehreren Stellen des Kopfes angebracht werden. Diese sind wie Mikrophone, die über einzelnen Zusehersektoren eines Fußballstadions angebracht sind. Sie können nur feststellen, wie sich die jeweiligen Zusehergruppen der Heimmannschaft oder des Gegners insgesamt verhalten. Sie erfassen nicht die Aktivitäten einzelner Zuseher, und doch wäre es mit ihnen möglich, das Geschehen am Spielfeld (und sogar das Resultat) in groben Zügen zu verfolgen. Ähnlich globale Aussagen über die Aktivität von Bereichen unserer Hirnrinde und des darunter liegenden Stammhirnes können mit EEG-Elektroden gemacht werden. Dabei ergeben sich zwei Schwierigkeiten:

— Die Messung ist störanfällig, weil die elektrischen Signale sehr klein sind und nur einige bis 100 Millionstel Volt betragen. Sie sind ca. 100fach kleiner als das EKG.
— Im Gegensatz zum EKG fehlt beim EEG eine ausgeprägte Periodik. Die Signale ändern sich ständig mit unserer Aufmerksamkeit, dem Fühlen, Sehen und Tun.

Aus diesen Gründen werden die Hirnsignale im Computer verarbeitet. Dabei wird meist nicht der zeitliche Verlauf selbst, sondern die Rhythmik der Signale ausgewertet. Dazu wird berechnet, aus welchen Frequenzen sich das EEG-Signal zusammensetzt und wie sich der Schwerpunkt der Aktivität mit der Zeit oder dem äußeren Einfluß zwischen den Frequenzbereichen verlagert. Grob wurden folgende Zuordnungen getroffen:

0,5 bis 3,5 Hz	Delta-Band	dominiert bei Erwachsenen im Tiefschlaf
4 bis 7 Hz	Theta-Band	dominiert bei Erwachsenen im Schlaf
8 bis 13 Hz	Alpha-Band	dominiert bei Erwachsenen im in aktiven Wachzustand und beim Träumen
14 bis 30 Hz	Beta Band	dominiert bei Erwachsenen bei Aufmerksamkeit und geistiger Tätigkeit

Der Frequenzgehalt des EEG hängt auch vom Reifegrad des Gehirnes ab. Bei Säuglingen und Kindern dominieren die niederfrequenten Anteile im Theta- und Delta-Band.

Bei Untersuchungen an Freiwilligen konnten bei Magnetfeldern bis zu 60.000 µT (50 Hz) keine mit dem Feld einsetzenden Veränderungen des EEG festgestellt werden. Es zeigte sich jedoch, daß sich bei so starken Magnetfeldern die Form des Hirnsignals änderte, das über dem Sehzentrum gemessen worden war. Es waren auch deutliche Magnetophosphene ausgelöst worden. Bleibende Veränderungen wurden nicht festgestellt. Nach Ausschalten des Feldes stellte sich der Ausgangszustand nach einer Erholungszeit wieder ein, die sich bei Wiederholung der Versuche von wenigen Minuten bis zu 40 Minuten verlängerte.

Brust- und Bauchmuskulatur liegen ebenfalls nahe am Körperrand. Sie sind daher grundsätzlich höheren Stomdichten ausgesetzt, als das Herz. Es ist daher zu erwarten, daß wir noch bevor wir durch Herzkammerflimmern gefährdet sind, Atembeschwerden bekommen, weil sich unsere Brustmuskel zu verkrampfen beginnen. Dies wurde in Tierversuchen bestätigt: Bei Hunden kam es bei starken Magnetfelder von 2.500.000 µT (50 Hz) zu Bauchmuskelzuckungen. Der Herzschlag wurde erst bei noch stärkeren Feldern gestört.

Resonanzen

Bereits im Jahre 1979 wurde berichtet, daß sich nach der Einwirkung von Magnetfeldern auf isoliertes Hühnerhirngewebe die Konzentration von Kalzium in der Nährlösung erhöhte. Seither wurde dieser Effekt von mehreren Gruppen untersucht, ohne wirklich eine Klärung zu erreichen. Es wurden nämlich mehr Fragen aufgeworfen als beantwortet: Es zeigte sich, daß sich die Konzentration erhöhen, erniedrigen oder unverändert bleiben konnte. Als Ursachen wurde vermutet, daß die Wahrscheinlichkeit der chemischen Bindung oder die Durchlässigkeit der Zellmembran für Kalziumionen verändert worden sein könnte. Da sich der Effekt in konzentrischen Ringen von Laborschalen nicht änderte, scheinen Wirbelströme als Ursache nicht in Frage zu kommen. Hingegen scheint die Stärke und die Orientierung des Erdmagnetfeldes eine Rolle zu spielen: Manche Gruppen fanden den Effekt nur, wenn das Erdmagnetfeld zum magnetischen Wechselfeld parallel, andere Gruppen wiederum nur, wenn es dazu senkrecht gerichtet war. Gemeinsam war allen Versuchen jedoch ein weiterer erstaunlicher Umstand: Der Effekt trat nur bei speziellen Frequenzen auf, die überdies von der Stärke des Erdmagnetfeldes abhingen. Doch nicht nur das: Auch die Stärke des Wechselfeldes schien eine Rolle zu spielen: Der Effekt verschwand nämlich wieder, wenn das Wechselfeld erhöht worden war. Welcher Wirkungsmechanismus dafür verantwortlich ist, ist noch ungeklärt. Theoretische Überlegungen zeigten jedoch, daß solche Frequenz- und Amplituden-„Fenster" nicht grundsätzlich unmöglich sind. Sie ergaben auch Hinweise auf die möglichen Resonanzfrequenzen: Berechnungen zeigten, daß die Resonanzfrequenzen von der Masse und der Ladung des betrachteten elektrischen Ladungsträgers, z.B. des Kalzium-Ions, und der Stärke des Erdmagnetfeldes bestimmt werden.

Dieser Effekt ist zwar aus wissenschaftlicher Sicht sehr interessant. Grund zu Befürchtungen gibt er jedoch nicht. Dies nicht nur deshalb, weil er an Menschen nicht nachgewiesen werden konnte. Er müßte auch so stark sein, daß er unser Regelungsvermögen überfordert. Darüber hinaus ändern die magnetischen Wechselfelder im Alltag mit dem Stomverbrauch ständig nicht nur den Betrag, sondern auch ihre Richtung. Überdies ist das Erdmagnetfeld wegen der Eisenteile in unserer Umgebung weder dem Betrag noch der Richtung nach konstant (Kapitel 3). Aus diesen Gründen können sich Resonanzeffekte unter Alltagsbedingungen nicht ausbilden.

4.3.2 Langzeitwirkungen: Krebs durch Magnetfelder?

Krebs hat viele Ursachen.
Daß elektrische und magnetische Felder Krebs auslösen könnten, ist unwahrscheinlich,
doch können sie die Erkrankung ungünstig beeinflussen?
Bisher gibt es keinen überzeugenden Hinweis darauf.

„Ich muß ihnen leider eine ernste Mitteilung machen. Sie haben Krebs!" Stefan ist außer sich, seitdem ihm der Arzt das gesagt hat. „Warum ausgerechnet ich? Ich habe immer gesund gelebt, war gerne in der Natur, habe nicht geraucht- und jetzt das!" Verzweifelt versucht er, herauszufinden, was die Ursache gewesen sein könnte. Hätte er sein Haus nicht in der Nähe der Hochspannungsleitung bauen sollen?

Die Auseinandersetzungen darüber, ob Krebserkrankungen mit elektrischen oder magnetischen Feldern von Stromleitungen zusammenhängen, ist nicht neu. Sie wurde im Jahr 1979 ausgelöst, als eine amerikanische Studie berichtete, daß Blutkrebs (Leukämie) von Kindern in der Nähe von Stromleitungen häufiger wäre als anderswo. Heute, viele Jahre und zahlreiche Studien später ist die Frage nach wie vor unentschieden. Wir können die verzweifelte Frage Stefans zwar nicht eindeutig beantworten, doch wissen wir immerhin so viel, daß wir die Größenordnung eines möglichen Risikos eingrenzen können.

Für Krebserkrankungen, insbesonders Leukämie gibt es viele Ursachen. Sie können entstehen:

– als unvermeidbare Begleiterscheinung, der Abermillionen Zellteil-
  ungsvorgänge in unserem Körper. Dabei muß unsere Erbsubstanz
  immer wieder kopiert werden. Dieser komplizierte Vorgang ist nicht
  fehlerfrei. Es können daher auch Fehler passieren, die die betroffene
  Zelle außer Kontrolle geraten und zur Krebszelle werden lassen,
– als Folge des ständigen Bombardements durch energiereiche kosmische Strahlung, das auch die Gene unserer Zellen verändern kann;
– als Folge des Einflusses der energiereichen radioaktiven Strahlung,
  der wir alle ständig ausgesetzt sind (Kapitel 8).
– durch chemische Substanzen, die in der Luft, dem Wasser oder den
  Lebensmitteln enthalten sein können;
– durch unsere Lebensweise. Sie beeinflußt z.B. das Ausmaß an Schad-
  stoffen, die auf uns einwirken und unsere Widerstandsfähigkeit gegenüber Erkrankungen;
– durch unsere Gefühlswelt. So wie der Glaube heilen und Angst krank
  machen kann, können Trauer, Kummer und Streß den Ausbruch von
  (latent vorhandenem) Krebs begünstigen.

Diese vielfältigen Ursachen sind der Grund, weshalb die Häufigkeit
von Krebserkrankungen im statistischen Sinn auch mit dem Wohnort
(z.B. an Hauptverkehrsstraßen), dem Einkommen, der Ausbildung, den
Lebensumständen oder der Freizeitgestaltung zusammenhängen.

Spielen daneben auch elektrische und magnetische Felder eine Rolle? Und wenn ja, welche? Wir kennen heute keine physikalischen Wechselwirkungen, die Krebs *verursachen* könnten. Die Wissenschafter sind
sich daher weitgehend einig, daß die Auslösung von Krebserkrankungen
durch elektrische und magnetische Felder nicht wahrscheinlich ist. Es
stellt sich daher heute (nur mehr) die Frage, ob sie ihren *Verlauf* ungünstig *beeinflussen* könnten. Der Grund für diese Überlegung sind Ergebnisse von Laborversuchen und epidemiologische Studien.

Ein möglicher Weg, auf dem magnetische Wechselfelder Krebserkrankungen beeinflussen könnten, wären Auswirkungen auf unser Immunsystem oder die Zellteilungsgeschwindugkeit, z.B. durch Beeinflussung
der Produktion oder Aktivität von Hormonen oder Enzymen. Es gibt
Hinweise auf eine derartige Möglichkeit. Im Tierversuch wurde festgestellt, daß Magnetfelder unterhalb der empfohlenen Grenzwerte die
Konzentration des Hormons Melatonin im Blut verringern können.
Melatonin wird in der Zirbeldrüse während der Nacht gebildet. Diese
Drüse liegt im Zentrum unseres Gehirns unterhalb de Stammhirnes in
einem Bereich, der vor Wirbelströmen gut geschützt ist. Sie wird durch

den Sehnerv, also den Lichteinfall auf unsere Netzhaut, gesteuert. Da Melatonin das Tumorwachstum hemmt, wäre dieser Effekt ein indirekter Weg zur Beeinflussung von Krebserkrankungen. Er zeigt jedoch, daß auch unsere Lebensweise Auswirkungen auf unsere Gesundheit besitzt: Die künstliche Beleuchtung und Verschiebung unserer Aktivitäten in die Nachtphase kann auch die Beeinflussung der körpereigenen Periodik der Hormonproduktion zur Folge haben (Kapitel 7).

Auch das Emzym ODC (Ornithindekarboxylase) wurden in Experimenten an isolierten Zellen untersucht. Enzyme sind Moleküle, die chemische Reaktionen beeinflussen können, ohne selbst daran teilzunehmen. Es ist bekannt, daß ODC die Zellteilung und das Tumorwachstum beeinflußt. Obwohl die Ergebnisse noch widersprüchlich sind, gibt es Hinweise darauf, daß niederfrequente Magnetfelder unterhalb der empfohlenen Grenzwerte seine chemische Aktivität beeinflussen könnten. Ein wesentlicher Aspekt dabei ist jedoch, daß eine Beeinflussung sehr rasch verschwand, wenn die Amplitude oder die Frequenz der Magnetfelder nicht sorgfältig konstant gehalten wurden.

In Untersuchungen am Menschen konnten weder Auswirkungen auf die Melatoninproduktion noch auf ODC gefunden werden. Es ist sehr unwahrscheinlich, daß die Konstanzbedingungen, die für das Auftreten der Effekte eingehalten werden mußten, im Alltag eingehalten werden.

Epidemiologische Studien

Epidemiologische Studien sind statistische Untersuchungen ähnlich wie Meinungsbefragungen. Dazu werden aus der Bevölkerung zwei (genügend große) Gruppen von Personen ausgewählt. Dann werden beide Gruppen verglichen und berechnet, um wieviel die Erkrankungshäufigkeit der Exponierten größer (oder kleiner) ist als jene der nicht Exponierten. Dieses Verhältnis wird als Risikofaktor bezeichnet. Selbstverständlich dürfen sich die beiden Gruppen in Bezug auf andere Faktoren nicht unterscheiden, die ebenfalls das Auftreten der Erkrankung beeinflussen können, wie Bildung, Berufsrisiko, Einkommen, Alter, Geschlecht, Hautfarbe, Lebensgewohnheiten, Wohnverhältnisse, andere Umwelteinflüsse usw.

Es gibt drei Möglichkeiten, die Gruppen auszuwählen:
1. Nach der Stärke der Exposition: Eine Gruppe enthält Personen, die über Jahre hinweg (relativ) größeren Feldern ausgesetzt waren. Die zweite Gruppe, die Kontrollgruppe, besteht aus Personen, die nach

Möglichkeit gar nicht exponiert waren. Danach wird der Gesundheitszustand beider Gruppen untersucht. So wurden z.B. Personen mit „Elektro"-Berufen (Elektriker, Elektroniker, Elektrotechniker usw.) mit Kontrollgruppen verglichen.

2. Nach dem Gesundheitszustand (Fall-Kontroll-Stude). Eine Gruppe wird z.B. aus dem Krebsregister ausgewählt und enthält die Erkrankten, die Kontrollgruppe besteht aus Gesunden. Danach wird untersucht, wie groß die Felder waren, denen die Kranken und Gesunden ausgesetzt waren. Diese Methode eignet sich besonders für seltene Erkrankungen wie z.B. Blutkrebs.

3. Nach dem Zufallsprinzip werden Personen aus der Bevölkerung ohne Rücksicht auf Gesundheit oder Feldexposition ausgewählt (Kohortenstudie). Erst in einem zweiten Schritt werden daraus die Erkrankten und die Expositionsverhältnisse ermittelt und der Risikofaktor bestimmt. Dies geht natürlich nur dann, wenn man bereits weiß, daß die Erkrankung genügend häufig vorkommt. Für seltene Krankheiten ist diese Methode nicht geeignet.

Epidemiologische Studien haben Vor- und Nachteile. Der wichtigste Vorteil ist, daß unter realistischen Alltagsbedingungen Auswirkungen auf Menschen direkt untersucht werden können, ohne die Wirkungsweisen genau kennen zu müssen.

Sie haben jedoch auch schwerwiegende Nachteile.

1. Epidemiologisch Studien sind nicht geeignet, zu beweisen, daß ein Einflußfaktor, z.B. „Elektrosmog", tatsächlich die Ursache für Veränderungen ist. Sie stellen nämlich nur fest, ob eine Veränderung gleichzeitig mit dem Einflußfaktor aufgetreten ist. Mit ihnen kann nicht bewiesen werden, daß er auch die Ursache dafür war. Dies soll an dem Beispiel eines Zeitungsartikels erläutert werden: „Glatzköpfe sind Supertypen" lautete eine Schlagzeile. Dann wurde berichtet, daß in einer Studie untersucht wurde, ob Haarausfall Männer erfolgreicher macht. Tatsächlich konnte eindeutig festgestellt werden, daß dies zutrifft: Männer mit weniger Haaren haben häufiger eine bessere Position und verdienen besser als die Vergleichsgruppe. Was jedoch übersehen wurde ist, daß die statistische Korrelation keinen ursächlichen Zusammenhang beweist. Das Ergebnis der Studie war richtig, die Schlußfolgerung jedoch falsch: Die eigentliche Ursache für den gefundenen Zusammenhang war nämlich ... das

Alter! Mit den Jahren hatten sich Männer emporgearbeitet und mit den Jahren hatten viele von ihnen auch Haare verloren, doch die Ursache für ihren Erfolg war der Haarausfall nicht.

Selbst wenn daher ein Zusammenhang von Erkrankungen und „Elektrosmog" gefunden wird, ist zu prüfen, ob die Erkrankungen tatsächlich von ihm verursacht worden sind. So ist z.B. in Amerika, wo auch in Städten die Elektroversorgung nicht durch Erdkabel, sondern durch an Masten hängende Leitungen und Kabel erfolgt, mehr „Elektrosmog" entlang von Hauptverkehrsstraßen oder in schlechteren Wohngegenden zu finden, in denen auch die Belastung durch krebserregende Luftschadstoffe höher ist.

2. Epidemiologisch Studien sind ein grobes Instrument. Sie sind wie eine Kartoffelwaage: Sie ist zwar gut geeignet, Kartoffelsäcke abzuwiegen. Wenn aber ein Brief gewogen werden soll, ist das Ergebnis nicht zu gebrauchen, weil die Wage zu unempfindlich ist. Epidemiologische Studien sind zwar gut geeignet, starke Zusammenhänge wie z.B. zwischen Lungenkrebs und Rauchen aufzuzeigen Dabei ist das Risiko ca. 20 fach erhöht. Wegen der vielen Einflußfaktoren ist die Methode jedoch meist nicht genau und zuverlässig genug, um kleine Risiken sicher feststellen zu können. So wurde z.B. im Nachhinein festgestellt, daß es die Methodik von Studien war, die einen höheren Risikofaktor für „Elektrosmog" vorgetäuscht hatte: Bei der Auswahl der Kontrollgruppe hatte man nämlich etwas übersehen. Um sicherzustellen, daß sie auf dem Zufall beruhte, wurde das Verzeichnis einer Telefongesellschaft herangezogen. Daraus wurden jene Personen ausgewählt, deren Telefonnummern von einem Computer zufällig gezogen worden waren. Genau darin lag jedoch das Problem: Dadurch hatte sich nämlich die Kontrollgruppe in einem wesentlichen Punkt von der Studiengruppe unterschieden: Sie war gesünder. In ihr waren nämlich die ganz Armen, die sich kein Telefon leisten konnten, jedoch ein höheres Erkrankungsrisiko haben, grundsätzlich ausgeschlossen. Da das Erkrankungsrisiko der Studiengruppe nun durch ein niedrigeres Risiko der Kontrollgruppe dividiert wurde, wurde ein ungerechtfertigt hoher Risikofaktor vorgetäuscht.

Alle „Elektrosmog"-Studien kämpfen mit einer weiteren entscheidenden Schwierigkeit: Wie soll man über Jahre hinweg feststellen, welchen elektrischen oder magnetischen Feldern die Personen ausgesetzt waren? Die Frage rührt an weitere Probleme: Grundsätzlichen und methodischen:

1. Die grundsätzlichen Probleme liegen in zwei Aspekten:
   a) Durch welches Maß soll die Elektrosmog-Exposition überhaupt erfaßt werden? Sind es die elektrischen Felder, die magnetischen, auch die hochfrequenten oder alle? An welchem Ort, zu Hause, am Arbeitsplatz oder an beidem? (Die bisherigen Studien haben sich entweder nur auf den Wohnbereich oder nur auf den Arbeitsplatz, und dort nur auf elektrische oder magnetische oder hochfrequente Felder beschränkt.) An welcher Stelle soll gemessen werden, die Felder verändern sich ja stark selbst innerhalb der Wohnung? Zu welcher Zeit, sie schwanken ja stark mit der Tageszeit, dem Wochentag und der Jahreszeit? Nur an einem willkürlich gewählten Zeitpunkt der Studie, zum Zeitpunkt der Feststellung der Erkrankung oder über die Jahre hinweg, während derer sich die Krankheit entwickelt hat?
   b) Die Expositionsbestimmung ist je nach Studie unterschiedlich erfolgt. Die einfachste, aber unzuverlässigste Lösung war, Personen nach indirekten Kriterien der exponierten Gruppe zuzuordnen, z.B. durch die Berufsbezeichnung „Elektro"-Beruf, durch die Entfernung ihrer Wohnung zu einer Hochspannungsleitung oder durch die Anzahl und Nähe der Elektro-Freileitungen zu ihrer Wohnung (Verdrahtungscode).
   Der vom Bemühen her genauere Ansatz ist es, die Felder zu messen. Das ist nicht nur aufwendig und daher eine Frage der verfügbaren Gelder. Es hängt auch von der Kooperationsbereitschaft der zufällig ausgewählten Personen ab. Von ihr hängt es ab, ob dem Studienteam der Zutritt zu Haus oder Wohnung überhaupt gewährt wurde. In der Not wurde oft an der nächstgelegenen zugänglichen Stelle gemessen, an der Wohnungstüre oder der Hauseingangstüre. Naturgemäß sind diese Werte nicht charakteristisch für die Exposition in der Wohnung.
2. Wenn man dann gemessen hat, stellt sich eine weitere entscheidende Frage: Wie soll aus den Meßwerten das charakteristische Expositionsmaß ermittelt werden? Das kann ohne Gedankenmodell über die Wechselwirkung (siehe Einleitung) nicht entschieden werden: Nach dem Sparschwein-Modell wäre aus allen Meßwerten der zeitliche Mittelwert zu berechnen. Nach dem Automaten-Modell wären nur Meßwerte über dem Schwellwert zu zählen, nach dem Gewöhnungs-Modell wären zusätzlich die zeitlichen Änderungen der Exposition zu bewerten.

Meist ging man pragmatisch vor: Man errechnete mehrere Varianten und nahm jene, die das größte Risiko ergab. Dies ist der Grund, weshalb dieselbe Krankheit in verschiedenen Studien mit verschiedenen und widersprüchlichen Expositionsmaßen in Zusammenhang gebracht wird.

3. Wir alle Nutzen heute die Elektrizität und wir alle sind elektrischen und magnetischen Feldern ausgesetzt. Im strengen Sinn gibt es daher in unserer Gesellschaft die nicht exponierten Kontrollen nicht. Das führt zu der Frage: Wer ist als exponiet und wer als nicht exponiert anzusehen? Die Grenze wurde willkürlich gezogen. Bei Entfernungen wurde sie mit Abständen kleiner als 50 m von Hochspannungsleitungen festgelegt. Bei Meßwerten mit 0,2 µT ... und zwar unabhängig von der Art der Ermittlung (z.B. zeitlicher oder räumlicher Mittelwert, zeitlicher oder räumlicher Spitzenwert), was im Grunde natürlich jeweils etwas anderes bedeutet.

4. Da das alles entscheidende Expositionsmaß sehr unsicher ist, ist auch die Zuordnung von Personen in die Gruppe der Exponierten und der nicht Exponierten Kontrollen fehleranfällig. Das bedeutet aber, daß auch die ermittelten Risikofaktoren unsicher sind.

Mit der Aussagekraft einer epidemiologischen Studie ist es ähnlich wie bei einer Meinungsumfrage vor einer Wahl. Sie hängt entscheidend von der Anzahl der untersuchten Personen ab. Dies gilt für jede der vier Gruppen, aus denen der Risikofaktor berechnet wird, nämlich exponierte Kranke, exponierte Gesunde, nicht exponierte Kranke und nicht exponierte Gesunde. Dies ist am Beginn einer Studie schwer vorherzusehen: In der bisher größten Studie wurden in Schweden insgesamt über 436.500 Personen im Nahbereich von Hochspannungsleitungen untersucht. Darunter befanden sich ca. 130.000 Kinder. Dennoch verblieben z.B. in der Gruppe der stark exponierten Kranken nur mehr 7 Leukämiefälle, eine Zahl die für statistische Auswertung extrem klein ist und die erkennen läßt, wie schwer die Fehlzuordnung von bereits ein oder zwei Fällen ins Gewicht fällt. Die statistische Unsicherheit des Ergebnisses läßt sich angeben. Wenn ein Risikofaktor statistisch nicht signifikant ist, bedeutet dies, daß der Nachweis eines erhöhten Risikos nicht gelungen ist.

Abbildung 19 faßt die Ergebnisse der Studien an Erwachsenen chronologisch geordnet zusammen (Studien an Kindern ergeben ein ähnliches Bild). Daraus läßt sich folgendes erkennen:

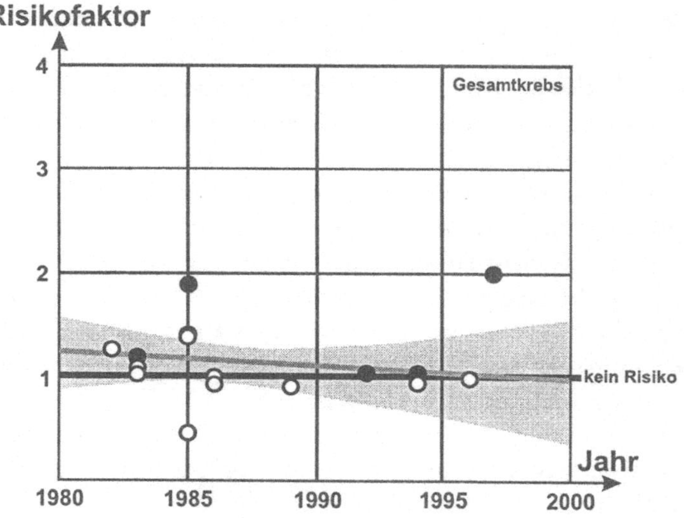

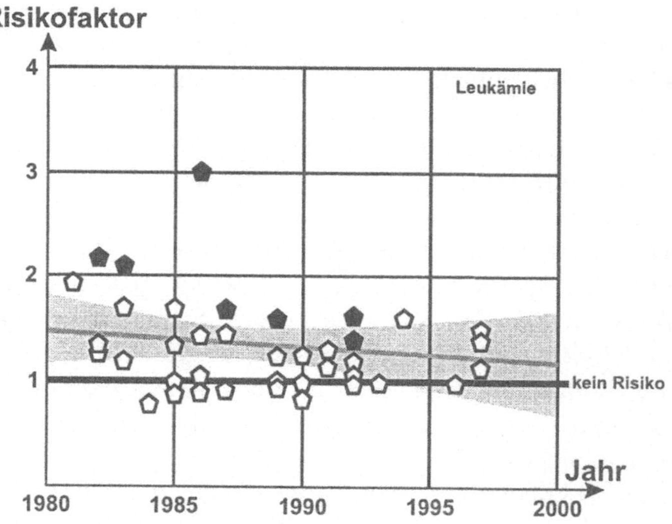

Abb. 19. Chronologische Darstellung der aus epidemiologischen Studien an Erwachsenen ermittelten Risikofaktoren für alle Krebserkrankungen (oben) und Blutkrebs (unten). Schwarz gefüllt sind statistisch signifikante Risikofaktoren, nicht gefüllte Symbole stehen für statistisch nicht nachgewiesene Risiken. Ein fehlendes Risiko entspricht dem Risikofaktor 1. Die statistische Ausgleichsgerade über alle Einzelergebnisse belegt, daß das Risiko in der Vergangenheit überschätzt wurde, der graue Unschärfebereich zeigt, daß die Wahrscheinlichkeit eines Zusammenhanges nicht gesichert werden konnte

a) Gemeinsam ist den Gesamtkrebsfällen und der Untergruppe der Blutkrebsfälle, daß die Risikofaktoren trotz mit den Jahren verbesserter Untersuchungsmethodik tendenziell abnehmen (die statistische Ausgleichsgerade neigt sich zum Null-Risiko). Dies bedeutet, daß ein Risiko, wenn es besteht, in den vergangenen Jahren eher überschätzt wurde und daß der Hinweis auf einen Zusammenhang schwächer statt stärker wird, wenn man alle Ergebnisse statistisch auswertet.

b) Für Geamtkrebserkrankungen ist die Anzahl der Studien kleiner. Es läßt sich kein Zusammenhang erkennen. Es gibt nur wenige statistisch signifikante Ergebnisse.

c) Für Blutkrebs (Leukämie) ist die Anzahl der Studien größer. Dennoch gibt es nur wenige statistisch signifikante Ergebnisse. Die Risikofaktoren sind etwas höher als bei Gesamtkrebserkrankungen. Die Risikofaktoren sind in Richtung auf ein bestehendes Risiko verschoben. Dies ist jedoch zumindest zum Teil durch methodische Einflüsse der Studiendurchführung verursacht.

Insgesamt zeigt sich, daß die Anzahl der Krebsfälle innerhalb der Gesamtbevölkerung über Jahre hinweg im Mittel gleich bleibt. Sie schwankt jedoch zufällig von Jahr zu Jahr. Die Risikofaktoren, die sich theoretisch aus diesen Schwankungen berechnen lassen, liegen in demselben Schwankungsbereich wie die in den epidemiologischen „Elektrosmog"-Studien ermittelten.

Die bisherigen Ergebnisse lassen den Schluß nicht zu, daß der Elektrosmog die Ursache für ein erhöhtes Krebsrisiko sein könnte. Sie sind derzeit weder als Beweis noch als Gegenbeweis für einen Zusammenhang anzusehen. Dennoch lassen sie zumindest die Abschätzung der Größenordnung des Problems zu, das sich im schlimmsten Fall ergeben würde. Beispielsweise leben in Deutschland ca. 26.000 Kinder in der Expositionszone von Hochspannungsleitungen. Wegen des allgemeinen Krebsrisikos erkrankt davon im Jahr 1 Kind an Leukämie. Würde der Risikofaktor tatsächlich 1,5 betragen, würde das bedeuten, daß in Deutschland jedes zweite Jahr ein weiteres Kind erkranken würde. Die Dringlichkeit der Verringerung dieses hypothetischen Risikos wäre dann gegenüber alternativen Maßnahmen gegen reale und größere Risiken abzuwägen, wie z.B. Unfälle an Kinderspielplätzen oder am Schulweg.

4.3.3 Indirekte Wirkungen

Bildflimmern und Störspannungen.

„Schon wieder dieser Mist!" schimpft Peter. Immer wieder fängt sein Computerbildschirm zu flimmern an. Selbst die Rosenquarzpyramide, die er zur Beseitigung von Störstrahlungen verschiedenster Art gekauft hat, scheint da machtlos zu sein (Kapitel 9). Was er nicht weiß ist, daß sein Computertisch an der Wand steht, an der sich der Elektroverteiler der benachbarten Bäckerei befindet. Jedesmal, wenn dort besonders viel Strom verbraucht wird, erhöhen sich die Magnetfelder und stören seinen Bildschirm. Im Bild sichtbare Störbeeinflussungen können nämlich schon ab ca. 0,5 µT bis 1,5 µT vorkommen.

„Ich habe mir ohnehin in den Elektroverteiler einen Überspannungsschutz einbauen lassen und trotzdem ist mein Computer kaputt!" klagt Georg. Er weiß, daß Blitze in Freileitungen einschlagen können und daß es die Schutzmaßnahmen des E-Werkes nicht verhindern können, daß Spannungsspitzen bis zur Steckdose gelangen können. Was er jedoch nicht bedacht hat war, daß an der Außenwand seines Arbeitszimmers der Blitzableiter verläuft. Dort ist zwar der Blitzstrom sicher zur Erde geflossen, doch dabei hatte er innerhalb von weniger als einer Zehntausendstel Sekunde ein hohes Magnetfeld von bis zu 1.000.000 µT erzeugt. Damit ist jedoch etwas eingetreten, daß auch in unserem Körper auftreten kann: Die zeitliche Magnetfeldänderung hat auf ruhende Ladungen Kräfte ausgeübt. Sie hat damit elektrische Störspannungen oder (in geschlossenen Stromkreisen) Wirbelströme erzeugt, die die Elektronik im Computer zerstört haben.

Störspannungen können auch von anderen magnetischen Wechselfeldern erzeugt werden. In Geräten oder auf Daten- oder Meßleitungen können sie sich von einfachem Flimmern einer Anzeige, der Behinderung der Datenübertragung bis zum Umschalten einer Gerätefunktion auswirken. Dies ist bereits so häufig geworden, daß neuere Geräte dagegen konstruktiv geschützt und „elektromagnetisch verträglich" aufgebaut sein müssen, damit sie in elektromagnetischen Störfeldern zu keiner Gefahr werden. Es ist z.B. je nach Gerät eine Immunität gegenüber 50 Hz-Magnetfeldern von 1 µT bis 126 µT gefordert. Besonders kritisch sind Störbeeinflussungen von lebenswichtigen Medizingeräten und elektronischen Implantaten. Herzschrittmacher sind je nach Type und Hersteller unterschiedlich empfindlich. Bei den empfindlichsten Typen sind Störbeeinflussungen bereits ab ca. 20 µT berichtet worden (Kapitel 5).

4.4 Wieviel ist zuviel? Grenzwerte für magnetische Wechselfelder

Gesicherte Wirkungen sind nur von Stromdichten bekannt.
Langzeitwirkungen müssen nicht berücksichtigt werden.

Die Strategie für die Festlegung von Grenzwerten für magnetische Wechselfelder ist gleich wie für elektrische Wechselfelder: Gesicherte Wirkungen sind nur durch elektrische Stromdichten bekannt. Andere Wirkungsmechanismen, vor allem Resonanzeffekte sind bisher nur theoretische Vorstellungen. Sie wurden zwar bewertet, konnten bisher jedoch aus zwei Gründen nicht berücksichtigt werden:

1. Es konnte bisher nicht gezeigt werden, daß sie für die menschliche Gesundheit bedeutsam werden könnten,
2. es ist unwahrscheinlich, daß sie sich bei den Verhältnissen im Alltag, die durch ständige Änderungen der Stärke und Orientierung der Magnetfelder charakterisiert sind, überhaupt ausbilden können.

Die seit 1979 durchgeführten Untersuchungen über Hochspannungsleitungen oder berufliche Magnetfeldexpositionen und Krebserkrankungen sind derzeit weder als Beweis noch als Gegenbeweis für einen Zusammenhang anzusehen. Sie können daher ebenfalls nicht als Grundlage für Grenzwerte dienen.

Es wurde gleich wie im Fall der elektrischen Wechselfelder in zwei Schritten vorgegangen:

1. Zunächst wurden Basisgrenzwerte für die elektrische Stromdichte im Körper festgelegt (Tabelle 5). Dabei ist man von der niedrigsten bekannten Reizschwelle (nämlich 1 µA/cm²) ausgegangen. Der Basisgrenzwert wurde dann so gewählt, daß eine Erregung von Nerven- und Muskelzellen (in kritischen Bereichen) ausgeschlossen werden kann. Er liegt daher mit einem Sicherheitsfaktor unter der Reizschwelle. Der Faktor ist willkürlich gewählt und bei unterschiedlichen Institutionen verschieden. Er liegt zwischen 5 (Deutschland) und 10 (Österreich).
2. Die Einhaltung der Basisgrenzwerte kann naturgemäß nicht direkt überprüft werden. Wer ließe sich schon gerne zu diesem Zweck eine Meßsonde in den Körper stechen? In einem zweiten Schritt wurden daher jene Werte des Magnetfeldes abgeschätzt, die diese Strom-

dichten im ungünstigsten Fall (also z.B. bei Längsorientierung) im Körper erzeugen. Dafür sind zwei Entscheidungen notwendig:

a) Zunächst ist festzulegen, für welche Körperstelle die Überlegungen gelten sollen. Darf der Basisgrenzwert an keiner einzigen Stelle überschritten werden oder bloß an den kritischen Stellen nicht? Kritisch sind: Der Kopfrand mit Großhirnrinde und Netzhaut, das Rückenmark (insbesonders an der Engstelle Hals), das Herz und die Atemmuskulatur. Die Festlegungen unterscheiden sich zwischen den Institutionen und sind in Tabelle 7 zusammengefaßt.

b) Danach werden mit Hilfe mathematischer Modelle abgeleitete Referenzgrenzwerte bestimmt. Obwohl die Wirkungen der Stromdichten gut bekannt sind, kann die Stärke der magnetischen Wechselfelder, die sie verursachen, nur näherungsweise angegeben werden. Da die Stromdichten im lebenden Menschen nicht gemessen werden können, muß errechnet werden, wie groß das Magnetfeld sein muß, damit die Stromdichte an der festgelegten Stelle den festgelegten Basisgrenzwert erreicht. Dies ist kein einfaches Unterfangen. Nicht nur deshalb, weil die Stromdichte vom Zentrum zum Rand hin zunimmt, sondern weil die Strombahnen ständig den Weg mit dem geringsten elektrischen Widerstand bilden. Sie bevorzugen Blutbahnen und meiden Lungengewebe, Fett oder Knochen. Einfache Modelle, die diese

Tabelle 11. Referenzgrenzwerte für 50 Hz-magnetische Wechselfelder

Land bzw. Organisation	Allgemeinbevölkerung µT	(Einschlägig) beruflich Exponierte µT	Publikation
Österreich	100	500	ÖN(V) S1119
Deutschland	424	1.360	
		2.550[**]	
		4.240[*]	DIN VDE(V) 0848-4
	100	nicht festgelegt	BImschV
Europäische Gemeinschaft	100	400	Ratsempfehlung 99/519/EC, Ratsempfehlung (V) 1992
Schweiz	100	500	BUWAL 1998
ICNIRP (WHO)	100	500	Health Phys.1998

(*V*) Vornorm bzw. Entwurf, *VDE* Verband deutscher Elektrotechniker, *BUWAL* Schweizerisches Bundesamt für Umwelt, Wald und Landschaft, *WHO* Weltgesundheitsorganisation; *ICNIRP* Internationale Kommission zum Schutz vor nichtionisierender Strahlung [*] bis zu 1 Stunde, [**] bis zu 2 Stunden.

lokalen Erhöhungen nicht berücksichtigen, lassen daher ca. doppelt so starke Magnetfelder zu, als genauere Modelle. Darüber hinaus ist die Körperquerschnittsfläche, die ja die Stromstärke bestimmt, von Person zu Person verschieden. Die Variationsbreite muß daher durch einen abgeschätzten Sicherheitsfaktor berücksichtigt werden. Aus diesen Gründen können die abgeleiteten Referenzgrenzwerte unterschiedlich groß sein, selbst wenn sie vom gleichen Basisgrenzwert ausgeben.

Tabelle 11 zeigt eine Zusammefassung von (Referenz-) Grenzwerten. Für die Allgemeinbevölkerung, die ja viel inhomogener zusammengesetzt ist, wurden die Grenzwerte um den Faktor 3,2 bis 5 niedriger gewählt als für Personen, die in ihrem Beruf mit Feldern umgehen müssen und daher einschlägige Erfahrungen besitzen oder vorbeugend gesundheitlich überwacht werden können.

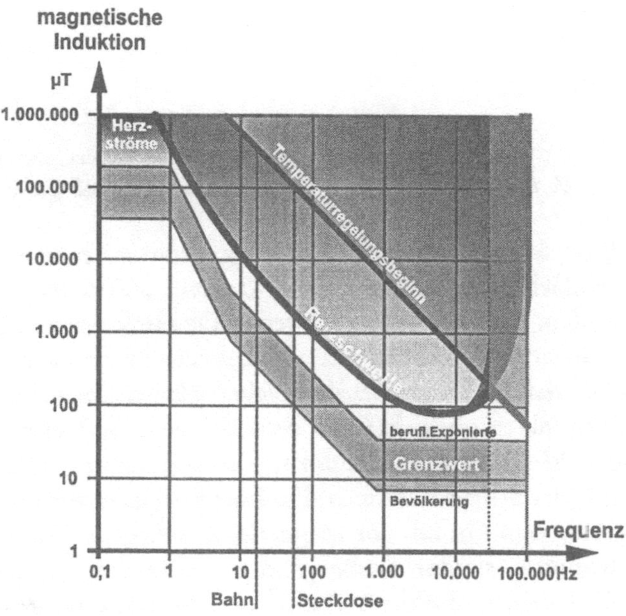

Abb. 20. Frequenzverlauf der von der Weltgesundheitsorganisation und ICNIRP empfohlenen Referenzgrenzwerte für niederfrequente magnetische Wechselfelder für den dauernden Aufenthalt der Allgemeinbevölkerung und von beruflich Exponierten im Vergleich zu den Schwellenwerten für biologische Wirkungen elektrischer Stromdichten

Sowohl die Erzeugung der Stromdichten selbst als auch die Empfindlichkeit unserer Körperzellen gegenüber elektrischen Stromdichten ist von Frequenz zu Frequenz verschieden. Es reicht daher nicht, bei einer einzigen Frequenz, z.B. 50 Hz, einen Wert zu bestimmen. Die Basis- und Referenzgrenzwerte müssen mit der Frequenz so angepaßt werden, daß im gesamten Frequenzbereich möglichst die gleiche Sicherheit erreicht wird. Die von der Weltgesundheitsorganisation vorgeschlagenen Referenzgrenzwerte sind in Abb. 20 in Abhängigkeit der Frequenz dargestellt. Bei sehr niedrigen Frequenzen werden sie durch die Trennung elektrischer Ladungen im bewegten Herzmuskel bestimmt. Danach folgen sie dem Frequenzverlauf der Empfindlichkeit unserer Nerven- und Muskelzellen. Bei 50 Hz beträgt er für die Allgemeinbevölkerung 100 µT, für beruflich Exponierte gilt das 5fache.

Wie die Zusammenfassung der Stärken der Magnetfelder zeigt (Abb. 16), sind die Magnetfelder in unserem Alltag wesentlich niedriger als die zulässigen Grenzwerte. Querschnittsuntersuchungen zeigen, daß typische Alltagswerte kleiner als ein Tausendstel des Grenzwertes sind.

4.5 Was tun?

Magnetfelder lassen sich nicht abschirmen, aber vermeiden!
Vorbeugendes vernünftiges Verhalten ist wirkungsvoll und kostet nichts.

„Der Radiowecker mit seinem Elektrosmog macht mich noch verrückt! Ich kann einfach nicht schlafen." klagt Dagmar. „Wir haben zwar den Netzfreischalter, doch das ist mir zu wenig. Du mußt was tun, Hubert!"

Um sie nicht noch mehr zu verunsichern, klärt Hubert seine Frau lieber nicht auf, daß ihr Netzfreischalter nicht funktionieren kann, so lange an einem Stromkreis noch ein Gerät betrieben wird, und sei es auch nur der Radiowecker (Kapitel 2). Darum sagt er nur: „Schatz, Magnetfelder lassen sich leider nicht abschirmen. Du kannst sie aber vermeiden!"

Es besteht kein Grund, vor Magnetfeldern Angst zu haben. Es ist jedoch vernünftig, sie dort vorbeugend zu vermeiden, wo dies durch richtiges Verhalten und ohne Verzicht auf Lebensqualität möglich ist. Teure Investitionen sind jedoch nicht gerechtfertigt. Zum Leidwesen des Fachhandels gibt es keine käuflichen Mittel, um Magnetfelder in unserer Umgebung abzuschirmen. Wir haben dennoch drei Möglichkeiten, um etwas gegen sie zu unternehmen, nämlich

(rechtzeitig) planen
Strom sparen
Abstand halten

Rechtzeitig planen bedeutet

1. bereits bei der Planung der Elektroinstallation auf die Vermeidung von Magnetfeldern, vor allem im Schlafbereich und in den Kinderzimmern, zu achten. Dies bedeutet vor allem, Leitungen, in denen viel Strom fließt, von diesen Bereichen fernzuhalten.

   a) Führen Sie den Elektroanschluß nicht über das Dach nach unten, sondern über Erdkabel vom Keller aus nach oben durch;

   b) Sehen Sie den Elektroverteiler (in dem ja alle Stromleitungen zusammenkommen) nicht in der Nähe dieser Räume vor;

   c) Achten Sie darauf, daß die Leitungen zu starken Verbrauchern wie z.B. Elektroherd, Backrohr, Waschmaschine, Geschirrspüler, Boiler, Elektroheizung usw. möglichst kurz und in Bereichen verlegt sind, die von diesen Räumen möglichst großen Abstand haben;

   d) Normale Steckdosen-Stromkreise sind nur mit einem der drei Phasenleiter des Hausanschlußkabels verbunden. Achten Sie darauf, daß möglichst alle drei Phasenleiter gleich belastet werden. So heben sich die Magnetfelder der Zuleitung gegenseitig am besten auf.

   e) Sehen Sie Drehstromsteckdosen für leistungsstarke Geräte vor.

   f) Überlegen Sie die Aufstellung von starken Verbrauchern auch aus dem Gesichtspunkt der Feldvermeidung: Müssen sie an die Schlafzimmerwand angrenzen oder geht es auch weiter weg?

   g) Vor dem oft zitierten Radiowecker am Nachtkästchen brauchen Sie sich nicht zu fürchten: Er verbraucht wenig Strom und selbst die Magnetfelder seines Netztransformators sind innerhalb weniger Dezimeter auf vernachlässigbar kleine Werte abgesunken. Dennoch sollten Sie etwas beachten: Ein Trafo brummt und wenn das Nachtkästchen den Resonanzkörper abgibt, kann *das* Ihren Schlaf stören. Stellen Sie ihn daher auf eine weiche (schalldämmende) Zwischenlage, z.B. in Form eines Deckchens.

Teure Metall-Installationsrohre sind schade um das Geld: Gegen elektrische Felder würden sie zwar nützen, doch diese werden ohnehin bereits durch den Verputz gut abgeschirmt und gegen Magnetfelder sind sie nutzlos. Auch teure Kabel statt billiger Einziehdrähte lohnen sich nicht. Sie würden zwar etwas geringere Magnetfelder bewirken, die Investition steht jedoch in keinem vernünftigen Aufwand zum erzielbaren Nutzen.

2. Auch im Alltag haben Sie eine Reihe von Möglichkeiten:

a) Machen Sie sich bewußt, wo sie leistungsstarke Geräte verwenden. Wählen Sie dafür möglichst jene Stellen, die von Schlafbereichen möglichst weit weg sind;

b) Prüfen Sie, ob Sie die Wahl haben, ein (leistungsstarkes) Gerät an Steckdosen verschiedener Stromkreise anzuschließen. Verwenden sie dann jene, deren Zuleitung vom Schlafbereich weiter weg verläuft;

c) Achten Sie darauf, daß, wo immer möglich, Zuleitungskabel möglichst gebündelt liegen (z.B. bei Mehrfachsteckdosen): So löschen sich deren Magnetfelder am besten aus.

Strom sparen verbindet zwei attraktive Vorteile: Sie schonen Ihre Brieftasche und verringern Magnetfelder.

1. Das beginnt bereits beim Neukauf von Elektrogeräten:

a) Bevorzugen Sie stromsparende Modelle. Sie müssen dadurch nicht gleich auf Komfort verzichten: Kühlschränke und -truhen sind bloß besser isoliert, Waschmaschinen haben ein ausgereifteres Waschprogramm;

b) Bevorzugen Sie nach Möglichkeit Drehstrom-Modelle: Bei ihnen wird die gleiche Leistung mit weniger Strom erreicht und die Felder der drei Phasenleiter löschen sich gegenseitig besser aus. (Dies ist der Grund, weshalb z.B. bei dreiphasigen E-Herden die Magnetfelder kleiner werden können, wenn mehrere Kochplatten gleichzeitig verwendet werden.) Dies ist jedoch nur dann der Fall, wenn sie auch tatsächlich von Drehstrom-Steckdosen versorgt werden. Diese erkennen Sie daran, daß Stecker mit 5 Kontaktstiften hineinpassen. (Drehstrom-E-Herde können auch an nur eine Phase angeschlossen werden. Sie besitzen dann einen Stecker mit 3 Kontaktstiften.)

c) Entscheiden Sie sich bei Energiesparlampen für Leuchten, die sie nicht häufig ein- und ausschalten müssen. Sie erzeugen zwar etwas höhere elektrische Felder, doch sind die Magnetfelder deutlich reduziert;

d) Halogenleuchten, die über zwei getrennte Leiterseile versorgt werden, mögen dekorativ sein, wegen der niedrigeren Spannung und des großen Leiterabstandes sind jedoch die magnetischen Felder deutlich höher.

2. Achten Sie bewußt auf den Stromverbrauch
   a) Den größten Spareffekt bringt der bewußte Umgang mit der Beleuchtung: Lassen Sie das Licht nicht brennen, wenn sie längere Zeit aus dem Zimmer gehen. Schalten sie es aber auch nicht ständig kurzfristig ein und aus: Der Einschaltstrom ist kurzzeitig um ein Vielfaches höher und die Lampen gehen dabei früher kaputt.
   b) Schalten Sie Geräte möglichst nicht mit der Fernbedienung, sondern mit dem Schalter aus. Auch im Bereitschaftsbetrieb wird Strom verbraucht z.B. von Fernseher, Videorecorder, Satellitenempfänger und Stereoanlage;
   c) Nicht jedes Gerät, das Sie ausschalten, verbraucht keinen Strom mehr. Wenn sich der Schalter auf der Sekundärseite des Netztransformators befindet, fließt nach wie vor ein (Leerlauf-) Strom und der Transformator erzeugt ein Magnetfeld. (Dies macht auch den Netzfreischalter unwirksam, Kapitel 2.) Das Ausstecken des Netzsteckers oder das Ausschalten mit dem Kippschalter der Mehrfachsteckdose beenden den Stromfluß sicher.
   d) Machen Sie sich zunächst bewußt, welche Elektrogeräte Sie ständig oder längere Zeit angesteckt haben. Überlegen Sie, ob dies bei allen notwendig ist;
   e) Verwenden Sie z.B. im Kinderzimmer als Nachtlicht keine Dimmer: Sie erzeugen höherfrequente Magnetfeldanteile. Bevorzugen Sie eine Lampe mit leistungsschwacher Glühbirne.

Magnetfelder lassen sich zwar (mit vernünftigem Aufwand) nicht abschirmen, sie nehmen jedoch mit zunehmender Entfernung rasch ab. Beachten Sie dabei:

> **Die ersten Meter sind die wichtigsten, dort nimmt das Magnetfeld am meisten ab!**

Dies betrifft z.B.

1. den Abstand ihres Bauplatzes von Trafostationen und Hochspannungsleitungen. Das Magnetfeld einer Hochspannungsleitung verringert sich z.B. bei Vergrößerung des Abstandes von 5 m auf 10 m um 75 %, bei 30 m auf 35 m nur mehr um 27 %;

2. die Anordnung der Wohnräume in Ihrem Haus: Wenn nicht andere Gründe dagegen sprechen, sollten ständig bewohnte Räume und Schlafräume auf der abgewandten Seite von Magnetfeldquellen geplant werden, Sanitärräume und Lagerräume, Garagen etc. jedoch eher auf der zugewandten Seite;

3. die Aufstellung von Geräten. So verringert sich z.B. das Magnetfeld von einem Fernseher bei Vergrößerung des Abstandes von 50 cm auf 1 m um 75 %, von 2 m auf 2,50 m jedoch nur mehr um 36 %.

4. auch Nachbarräume: Beachten Sie, daß Wände für Magnetfelder wie Luft sind und denken Sie auch an Geräte in anschließenden Räumen, die Sie nicht sehen!

5. die Aufstellung der Möbel, insbesonders der Betten. Muß das Bett wirklich an der Verteilerwand stehen oder geht es auch anders? Achten Sie auf den Abstand zu Leitungen, Verteilern und Geräten, besonders vom Schlafbereich. Wenn Sie nicht wissen, wo Leitungen verlaufen, verwenden Sie Leitungsdetektoren. Sie sind nicht teuer und sind z.B. in Baumärkten erhältlich.

5. Herzerwärmend:
Hochfrequente elektromagnetische Wellen

In elektromagnetischen Wellen sind elektrische und magnetische Felder
zusammengekettet.
Das natürliche Wellenloch zwischen Blitzentladung und Wärmestrahlung.
An manchen Arbeitsplätzen gibt es ein elektromagnetisches Schutzproblem.
Thermische oder auch nichtthermische Wirkungen?
Aufklärung ist besser als teurer Pseudoschutz.

„Der Adler ist gelandet!" funkte Neil Armstrong zur Bodenstation in Huston, Texas, nachdem er als erster Mensch den Boden unseres Mondes betreten hatte, und über eine Life-Schaltung konnten hunderte Millionen Zuseher auf der ganzen Erde die Bilder verfolgen, als kämen sie nicht aus 385.000 km Entfernung, sondern von nebenan.

„Schatz, es wird heute etwas später, ich stecke gerade in einem Stau. Laut Verkehrsfunk wird es noch etwas dauern. Ich lasse mein Handy auf jeden Fall eingeschaltet, damit Du mich erreichen kannst. Soll ich auf der Heimfahrt noch etwas mitbringen?" fragt Stefan. „Nein danke, doch schade, daß Du die Direktübertrageung aus den USA versäumst. Ich nehme Sie für Dich auf Video auf. Bis bald!" verabschiedet sich Claudia.

Es war ein weiter, aber rasanter Weg von der ersten erfolgreichen Nachrichtenübertragung durch Marconi im Jahr 1896. Nur wenige Entwicklungen haben unser Leben so grundlegend verändert, wie die Telekommunikation. Sie ist eine der Grundlagen nicht nur für die Raumfahrt, sondern für unsere heutige Gesellschaft schlechthin. Sie macht uns überall erreichbar, aber auch verfolgbar. Elektronische Medien berichten via Satellit vom entferntesten Winkel und machen die Welt zum globalen Dorf, sie beeinflussen unsere Mobilität, Kommunikation, Freizeitgestaltung und unser Kaufverhalten. Ihre Bilder verdrängen zunehmend die Schrift: Immer mehr sind sie es, die Wissen, Wertvorstellungen, Verhaltensweisen und politische Inhalte transportieren. Und dies alles mit Hilfe eines zunehmend knapper werdenden Gutes: Den hochfrequenten elektromagnetischen Wellen. Zur Nachrichtenübertragung steht nur ein begrenzter

Frequenzbereich zur Verfügung: Je niedriger die Frequenz, desto weniger Information kann übertragen werden, je höher die Frequenz, desto geringer ist ihre Reichweite. Der dazwischen liegende Bereich muß auf die verschiedenen Nutzer aufgeteilt werden. Nur einige wenige Frequenzbänder, die ISM-Frequenzen, sind für allgemeine Anwendungen für Industrie, Wissenschaft und Medizin freigegeben (Abb. 21).

Diese Entwicklung hat nicht nur Auswirkungen auf uns und die Gesellschaft, sie ist auch begleitet von Ängsten über mögliche gesundheitliche Auswirkungen des immer größer werdenden Wellensalates, der uns umgibt. In der öffentlichen Wahrnehmung konzentriert sich dabei das Interesse derzeit vor allem auf die Mobilfunkfrequenzen. Es ist ja nicht zuletzt der Mikrowellenherd, der uns demonstriert, daß hochfrequente elektromagnetische Wellen gefährliche Auswirkungen haben können, wenn mit ihnen sogar Fleisch gegart werden kann. Dennoch beziehen sich die Ängste vor allem auf hypothetische „nicht-

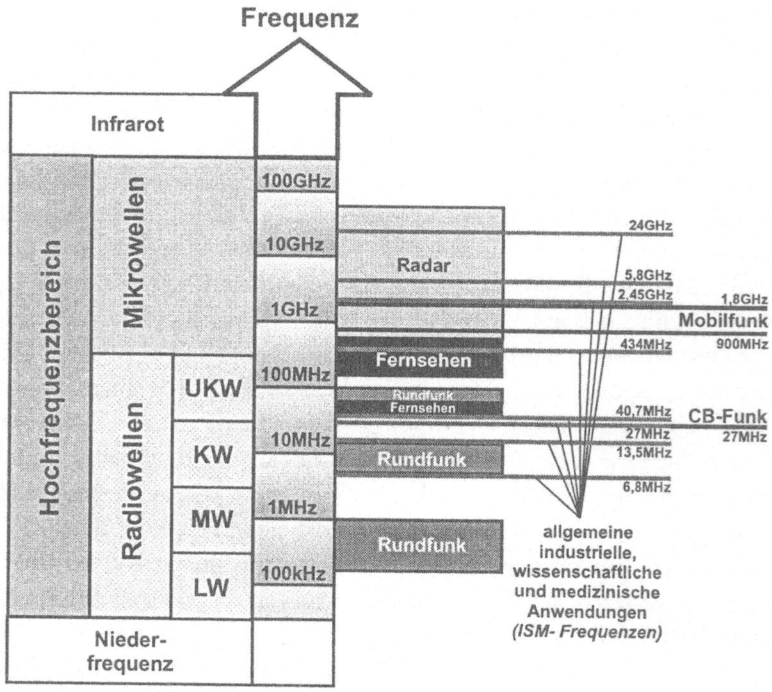

Abb. 21. Aufteilung des Hochfrequenzbereichs auf Frequenzbereiche und einige Nutzer in einer logarithmischen Frequenzskala: Nach jedem Kästchen vergrößert sich der Wert um das 10fache

thermische" Effekte schwacher Wellen. Hinter diesen Ängsten steht die Frage, ob nicht nur deren Energie, sondern auch ihr Zeitverlauf von Bedeutung ist. Wäre dies der Fall, müßten vor allem gepulste Aussendungen z.B. von Flugsicherungs- und Autoabstandsradaranlagen, Fernsehsendern, der Mobilkommunikation und auch von digitalen Rundfunksignalen gesondert bewertet werden.

Dieses Kapitel faßt zunächst die natürlichen und technisch erzeugten Quellen hochfrequenter elektromagnetischer Wellen zusammen und versucht, der Frage nach der gesundheitlichen Bedeutung thermischer und nicht-thermischer Wirkungen auf den Grund zu gehen.

Was sind hochfrequente elektromagnetische Wellen?

Der Hochfrequenzbereich ist riesengroß. Er reicht von 30.000 Hz bis 300.000.000.000 Hz. Diese Größenordnung muß verdeutlicht werden: Wenn die Frequenz am Anfang die Höhe einer Kirchturmspitze wäre, entspräche sie am anderen Ende der Entfernung bis zum Mond oder anders: Wenn die Wellenlänge, die am Anfang, bei 30.000 Hz noch größer ist, als der höchste Berg der Erde, ist sie am anderen Ende des Bereichs bereits auf die Größe eines Sandkornes geschrumpft.

Bereits im Niederfrequenzbereich haben wir festgestellt, daß es eine enge Verknüpfung zwischen elektrischen und magnetischen Feldern gibt: Bewegte elektrische Ladungen erzeugen ein Magnetfeld, dessen Änderung elektrische Ladungen bewegt, die wiederum ein Magnetfeld erzeugen, dessen Anderung ... usw.. Im Hochfrequenzbereich erfolgt dieser Wechsel immer schneller. Die Verbindung zwischen elektrischen und magnetischen Feldern wird deshalb so eng, daß sie untrennbar verbunden sind (daher auch die Zusammenziehung in das Wort „*elektromagnetisch*"). Wie die Glieder einer Kette umfassen die magnetischen Feldlinien die elektrischen und diese wiederum die magnetischen, und beide stehen auf einander senkrecht. Die Schwingungen sind aber auch so schnell, daß sich die Feldlinien vom Entstehungsort, z.B. einer Antenne, ablösen und sich wie die Wellen auf einem See in den Raum ausbreiten können.

Die Art, wie sich elektromagnetische Wellen von einer Antenne lösen und in den Raum ausbreiten, wird von der Länge der Antenne (im Vergleich zur Wellenlänge) bestimmt. Auch Schlitze und Öffnungen in Schutzschirmen können selbst wieder zu Antennen werden und so z.B. Wellen in das Innere des zu schützenden Bereiches aussenden. Es lassen sich drei Fälle unterscheiden:

1. Wenn die Antenne wesentlich kürzer als die Wellenlänge ist, werden die Wellen kugelförmig nach allen Seiten ausgesandt (Dipolantenne, z.B. des Rundfunks oder von Handys).
2. Wenn die Antennenlänge ungefähr der Wellenlänge entspricht, ergibt sich bereits eine Vorzugsrichtung und es findet eine geringe Bündelung der Wellen statt.
3. Mit zunehmender Antennenlänge wird die Bündelung immer besser. Wenn die Antenne viele Wellenlängen lang ist, sendet sie die Wellen aus wie ein Leuchtturm das Licht (Richtantenne, z.B. von GSM-Basisstationen). Die Bündelung wird durch den „Antennengewinn" charakterisiert. Er gibt an, um wieviel die Intensität in Hauptsenderichtung größer ist als bei der ungerichteten Aussendung durch eine Dipolantenne. Bei GSM-Antennen von Basisstationen ist der Antennengewinn z.B. 13fach.

Die *Ausbreitungsgeschwindigkeit* ist (theoretisch nur im Vakuum) für alle elektromagnetischen Wellen unabhängig von der Frequenz gleich groß. Sie entspricht daher der Lichtgeschwindigkeit. Diese beträgt ca. eine Milliarde km/h (oder 300.000.000 m/s). Elektromagnetische Wellen sind daher so schnell, daß sie innerhalb eines Lidschlages den gesamten Erdball umrunden. In unserem Körper ist die Geschwindigkeit ca. 100fach kleiner, weil sich seine magnetischen und vor allem elektrischen Eigenschaften vom Vakuum unterscheiden.

Elektromagnetische Wellen transportieren Energie. Diese setzt sich aus den Energieanteilen der elektrischen und magnetischen Komponente zusammen. Das entscheidende Maß für die Stärke einer Welle ist, wie viel Leistung (Energie pro Zeit) pro Flächeneinheit sie mit sich führt. Dies wird als *Intensität* bezeichnet. Sie ist gleich der Multiplikation der elektrischen mit der magnetischen Feldstärke und wird z.B. in Millionstel Watt pro cm² (μW/cm²) angegeben.

Wenn sich elektromagnetische Wellen in Materie ausbreiten, verlieren sie an Stärke. Dies geschieht deshalb, weil dabei ein Teil ihrer Intensität in Wärme umgewandelt also absorbiert, wird. Die biologischen Auswirkungen hängen dabei davon ab, wieviel Leistung pro Kilogramm in Wärme umgewandelt wird. Dies wird als *spezifische Absorptionsrate* (SAR) bezeichnet und in Watt pro Kilogramm (W/kg) angegeben.

Je stärker die Absorption, desto kleiner ist der Bereich, in dem die Erwärmung stattfindet. Die *Eindringtiefe* ist das Maß, mit dem angegeben wird, nach welcher Wegstrecke die Intensität unter 37 % (das 1/efache) gesunken ist. Dies ist auch etwas, was Sie beim Garen im Mikrowellenherd berücksichtigen müssen. Die Eindringtiefe beträgt bei Fleisch nur etwa 6mm. Das ist der Grund, weshalb dickere Stücke mit geringerer Leistungseinstellung gegart werden müssen. Dadurch soll der Wärme Zeit gegeben werden, um durch Wärmeleitung von den Randbereichen in das Innere vordringen zu können.

Wie schnell die Wellen bei ihrer Ausbreitung schwächer werden, hängt außer von den Materialeigenschaften auch von der Entfernung zur Antenne ab. Man kann zwei Bereiche unterscheiden:

Im *Nahfeld*, z.B. um die Antenne des Handys, sind die Wellenfronten gekrümmt. Das elektrische und magnetische Feld schwingen zeitlich versetzt und die Intensitätsverteilung ist sehr ortsabhängig: An Stellen, wo die elektrische Feldstärke maximal ist, kann die magnetische verschwinden und umgekehrt.

Im *Fernfeld*, wo die Entfernungen bereits wesentlich größer als die Wellenlänge sind, sind die Wellenfronten eben (Abb. 22). Das elektrische und magnetische Feld schwingen gleichzeitig. Sie werden mit zunehmender Entfernung in gleicher Weise schwächer. Daher ändert sich ihr Verhältnis nicht mehr. Es hat sogar einen charakteristischen Wert, nämlich 377 Ohm und wird als „*Wellenwiderstand* des freien Raumes"

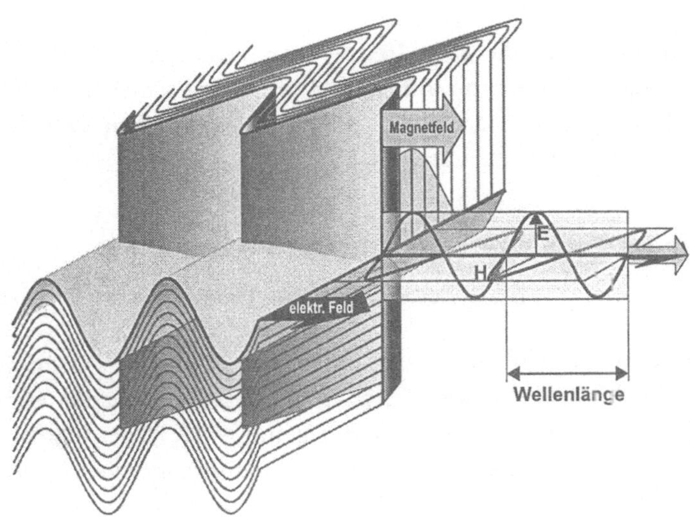

Abb. 22. Ausbreitung elektromagnetischer Wellen in großer Entfernung von der Antenne (Fernfeld): Elektrische und magnetischen Feldstärke schwingen gleichzeitig. Ihre Wellenfronten sind eben und stehen aufeinander senkrecht

bezeichnet. Die Intensität der Wellen läßt sich aus diesem Grund aus dem Quadrat der elektrischen oder magnetischen Feldstärke ermitteln. Da die Feldstärken linear mit der Entfernung kleiner werden, nimmt die Intensität der Welle mit dem Quadrat der Entfernung ab.

5.1 Radio und Handy: Hochfrequente elektromagnetische Wellen

„Es muß doch eine vernünftige Musik zu finden sein!" schimpft Klaus und dreht an seinem Radiogerät: Mittelwelle, Kurzwelle, es zischt und surrt, dazwischen Wortfetzen in verschiedenen Sprachen, fremdländische Musik, weiter zu UKW, vertrautere Klänge, Lokalsender. „Ach, was," resigniert er, „ich suche mir ein Fernsehprogramm!" und begibt sich mit der Fernsteuerung auf die Suche.

Wir alle können uns so einen kleinen Eindruck verschaffen, wie vielfältig und zahlreich die elektromagnetischen Wellen sind, die heute zu unserem Alltag gehören. Trotzdem ist der Intensitätspegel, summiert über den Frequenzbereich, im allgemeinen gering: Für 90 % der Bevölkerung liegt er unter 0,05 µW/cm², für nur ca. 1 % über 1 µW/cm².

Es gibt jedoch einige Bereiche, in denen hohe Intensitäten einwirken und wo die bestehenden Grenzwerte angenähert oder sogar erheblich überschritten werden können, wie z.B. an manchen Arbeitsplätzen in der Industrie und Medizin oder bei der beruflichen und privaten Nutzung von Funksprechgeräten.

5.1.1 In der Natur erzeugte elektromagnetischen Wellen

Das Wellenloch zwischen Blitzentladung und Wärmestrahlung.

In der Natur besteht im Bereich hochfrequenter elektromagnetischer Wellen ein Wellenloch, weil die zwei wichtigsten Ursachen entweder nicht mehr oder noch nicht wirksam genug sind: Einerseits sind das die regionalen Blitzentladungen, deren Frequenzanteile in den unteren Hochfrequenzbereich hereinreichen. Andrerseits erzeugt Materie, deren Temperatur über dem absoluten Nullpunkt (−273 °C) liegt-und das ist jegliche bekannte Materie- auch Anteile, die in den oberen Hochfrequenzbereich hinunterreichen, auch wenn die stärksten Anteile im Bereich des infraroten oder sichtbaren Lichtes liegen (Kapitel 6). Der Anteil der Wärmestrahlung der Erde, summiert über den Hochfrequenzbereich, schwankt je nach Jahreszeit. Der Anteil der Sonnenstrahlung beträgt im Hochfrequenzbereich nur ca. 1 %. Lediglich bei Sonneneruptionen kann er um mehrere Größenordnungen ansteigen. Auch die Atmosphärenhülle liefert geringe Beiträge, noch geringere Anteile liefern Mond und das thermische Rauschen von Planeten und der Materie im Weltall.

Auch wir selbst senden elektromagnetische Wellen aus. Die von uns abgegebene Wärmestrahlung hat eine Intensität von insgesamt ca. 50.000 µW/cm². Auf den Hochfrequenzbereich entfällt davon allerdings nur ca. 1 Millionstel (ca. 0,08 µW/cm²).

5.1.2 Technisch erzeugte elektromagnetische Wellen

Das Wellenloch erlaubt Telekommunikation mit niedrigen Intensitäten.
Frequenzen sind ein kostbares Gut- und daher fast lückenlos genützt.
Von Flutlicht, Laternen, Brause und Taschenlampe.
Offene und umschlossene Quellen, gewollte und ungewollte Aussendung.

Es gibt eine zunehmende Vielfalt von Quellen, in denen hochfrequente elektromagnetische Wellen entweder bewußt oder als ungewollte Nebenwirkung erzeugt werden. Die Unterschiede betreffen nicht nur die Stärke und räumliche Verteilung der Wellen, sondern auch die Frequenz und den Zeitverlauf der Aussendung, ob ununterbrochen oder gepulst. Der Intensitätspegel ist im städtischen Bereich im allgemeinen höher. Die Wellen machen jedoch vor Stadt- oder Landesgrenzen nicht Halt und nehmen auch in ländlichen Gebieten zu.

Die Vielfalt der technischen Verursacher macht es erforderlich, sie zu ordnen.

Nach dem *Aussendeverhalten* der Sender gibt es
- *offene Quellen*, mit denen es beabsichtigt ist, Wellen gleichmäßig oder gebündelt in die Umgebung auszusenden, z.B. Rundfunk-, Fernsehsender, Richtfunk-, Mobilfunkantennen, Handys;
- *umschlossene Quellen*, bei denen die Wellen vor allem in einem umschlossenen Nutzraum wirken sollen und das Austreten in die Umgebung unbeabsichtigt ist, z.B. Mikrowelleherde, Magnetresonanztomographen oder Plastikschweißmaschinen.

Nach dem *Zeitverlauf* der Wellen gibt es
— *kontinuierliche* Aussendung, bei der die Wellen ununterbrochen und sinusförmig, allenfalls mit einer Variation der Stärke (Amplitudenmodulation) ausgesendet werden, z.B. MW- und KW-Rundfunksignale, Diebstahlsicherungssysteme, Mikrowellenherde bei maximaler Leistungseinstellung;
— *gepulste* Aussendung, bei der die Wellen mit periodischen Unterbrechungen oder aufgesetzten Impulsen ausgesendet werden. Diese Art der Aussendung war bereits bisher häufig anzutreffen, z.B. bei Radaranlagen (kurze Mikrowellenpulse), Fernsehsendern (Signal mit Bildsynchronisations- und Zeilenaustastimpulsen) und Mikrowellenherden (Intervallbetrieb bei kleinerer Leistungseinstellung). Die verfügbaren Sendefrequenzen sind jedoch knapp. Der Wunsch nach zusätzlichen Anwendungen wie z.B. die Mobiltelefonie und nach immer mehr Rundfunk- und Fernsehsendern kann heute nicht mehr dadurch erfüllt werden, daß zusätzliche Frequenzen freigegeben werden, weil dafür keine mehr vorhanden sind (Abb. 23). Es müssen daher die bestehenden Frequenzen besser genutzt werden.

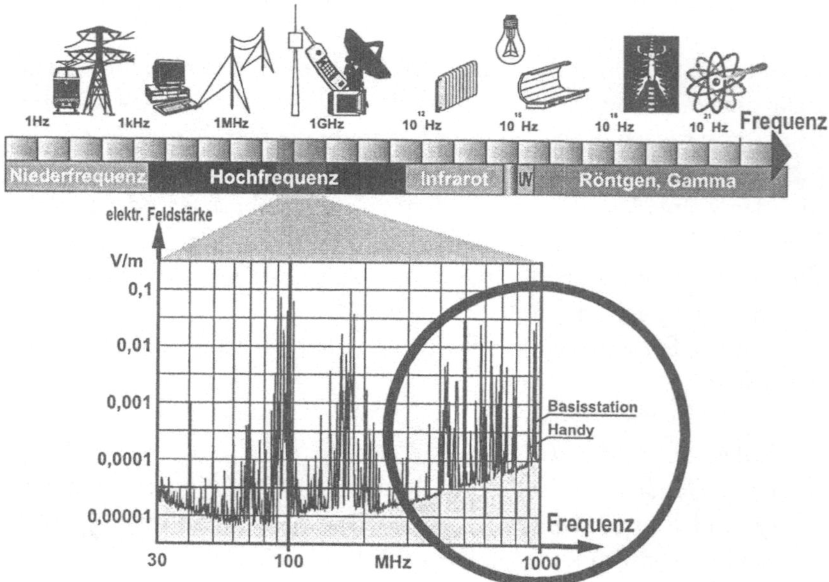

Abb. 23. Ausschnitt aus dem Frequenzspektrum unserer Umweltfelder im UKW- und nahen Mikrowellenbereich in doppelt-logarithmischer Darstellung. Die Frequenzen sind ein knappes Gut und weitgehend ausgenützt. Der Mobilkommunikation sind nur zwei der zahlreichen Zacken zugeordnet. (Forschungszentrum Seibersdorf, 1995)

Die Lösung heißt: Zeitliche Verschachtelung. Das Prinzip besteht darin, daß die Informationen zwar grundsätzlich auf die gleiche Weise wie bisher übertragen werden, nämlich als Amplituden- oder Frequenzschwankungen. Neu ist hingegen, daß die Trägerfrequenz in Gruppen von wiederkehrenden Zeitfenstern unterteilt wird. Für einen bestimmten Zweck wird immer wieder nur eines dieser Zeitfenster verwendet, in den verbleibenden Pausen stehen die anderen Zeitfenster für andere Anwendungen zur Verfügung. Bei GSM-Telefonen werden derzeit auf diese Weise 8 Teilnehmer mit einer einzigen Trägerfrequenz versorgt. (Die Digitaltechnik bringt keine weiter Pulsung mit sich. Sie verwendet nur Phasensprünge im kontinuierlichen Signal.)

Offene Quellen mit gewollter Aussendung

„Ich ziehe aus!" schimpft Irene. „Warum hat man die Mobilfunkantenne ausgerechnet mitten in unserem Dorf aufgestellt und nicht auf dem Berg, so wie den Radiosender auch? Jetzt bin ich ihrer Strahlung ausgesetzt und kann nichts dagegen tun. Ich werde noch ganz krank davon!" Irene ist ein gutes Beispiel, daß die Angst vor einer Quelle zunimmt, je näher sie uns ist, auch wenn dies unbegründet ist. Es ist ihr nicht bewußt, daß ein Rundfunksender viel stärker ist und weiter reicht: Die Intensität, die Mobilfunkwellen z.B. am Rande des Versorgungsbereiches (etwa in 2 km Entfernung von der Basisstation) besitzen, werden von Rundfunksignalen oft erst nach 150 km erreicht (Abb. 23).

Nachrichtenübertragung

Rundfunkgesellschaften und Mobilfunkbetreiber haben ein gemeinsames Problem: Sie müssen dafür sorgen, daß die Intensität der Wellen im gesamten Versorgungsgebiet größer ist als der natürliche Hintergrundpegel. Sie tun dies auf unterschiedliche Weise:

– nach dem „*Flutlicht-Prinzip*", so wie die Beleuchtung eines Fußballfeldes. Hier werden jeweils in großen Abständen wenige, aber leistungsstarke Sender betrieben. Dies ist die Lösung, die Rundfunkgesellschaften gewählt haben. Der Österreichische Rundfunk verfügte im Jahr 1995 über 1600 Radio- und Fernsehsender. Hinzu kommen weitere Sender von Funkdiensten, z.B. der Exekutive, Feuerwehr, Rettung, Verkehrsbetriebe, Taxiunternehmen, Frächter, sonstiger Firmenfunk und von Funkamateuren. Die Sendeleistungen betragen meist 6 W, maximal 25 W bei Frequenzen im Bereich zwischen 46 MHz und 470 MHz. Funkamateure besitzen Bewilligungen für Sender bis 1.000 W (Klubstationen), CB-Funksprechgeräte (27 MHz) sind bis maximal 4 W zulässig. Bereits dabei werden die Grenzwerte weitgehend ausgeschöpft. Wenn sie jedoch illegal mit Nachverstärkern ausgerüstet werden, wie dies gelegentlich geschieht, werden die zulässigen Grenzwerte um ein Vielfaches überschritten. Ab 50 W wird die Nachrüstung von der Funküberwachung geortet und abgestellt.

Es ist nicht verwunderlich, daß Rundfunksender zu den leistungsstärksten Quellen zählen: Fernsehsender erreichen bis zu 1.000.000 W, Mittel- und Kurzwellen-Radiosender 600.000 W und UKW-Radiosender noch ca. 100.000 W. (Kurz- und Mittelwellen können sich im Raum zwischen der Erde und der Ionosphäre über weite Strecken ausbreiten. Je höher die Frequenz, desto stärker werden jedoch die Wellen von der Luft geschwächt. Bei sehr kurzen Wellen, im UKW-Bereich (Ultra KurzWelle) ist die Reichweite noch kleiner, deshalb können sie nur mehr direkt empfangen werden.) Die Intensitäten ändern sich im Versorgungsgebiet sehr stark (Abb. 24). Im Nahbereich der Sender können die zulässigen Grenzwerte in einem Umkreis bis zu 100 m überschritten werden. (Diese Gebiete sind einzuzäunen und zu kennzeichnen.) Für das Fernsehen werden Ton und Bild auf getrennten Trägerschwingungen übertragen. Der Ton in Form von Frequenzschwankungen, das Bild durch Amplitudenschwankungen. Eine kleine Amplitude bedeutet „Hell" und eine große „Dunkel". Für das Schreiben des Bildes sind zusätzliche Impulse nötig. Das Fernsehbild wird nämlich von einem Elektronenstrahl wie ein Brief auf einer Schreibmaschine auf dem Leuchtschirm Zeile für Zeile geschrieben. Austastimpulse müssen daher am Ende jeder der 625 Zeilen dafür sorgen, daß der Elektronenstrahl unbemerkt an den Beginn der nächsten Zeile springt. Weitere (Bildsynchronisations-) Impulse am Ende jedes Bildes machen den Elektronenstrahl unsichtbar, während er vom Ende der letzten Zeile zum Anfang der ersten Zeile des nächsten Bildes geführt wird. Das Fernsehsignal enthält daher Pulse mit der Bildfrequenz von 50 Hz bzw. 100 Hz und der Zeilenfrequenz von 15.625 Hz.

— nach dem „*Laternen-Prinzip*" unserer Straßenbeleuchtung. Dazu wird ein enges Netz vieler, jedoch leistungsschwacher Sender aufgebaut,

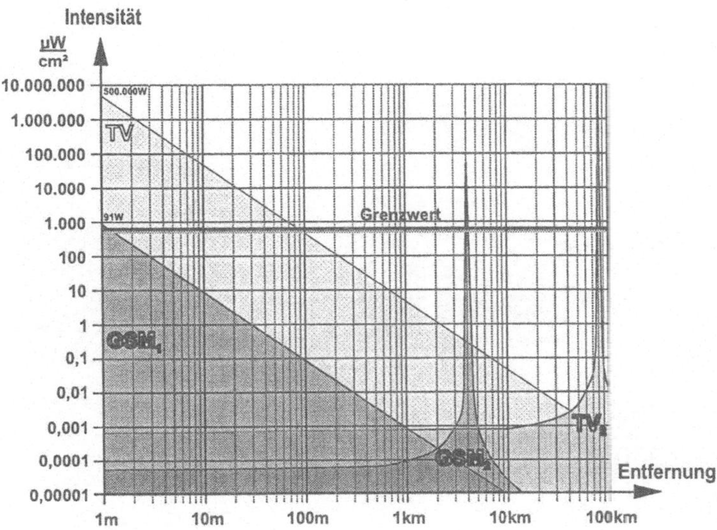

Abb. 24. Vergleich der Intensitätsabnahme eines 500.000 W-Fernsehsenders mit einer Einkanal- (13 W-) Mobilfunkstation (in der Hauptkeule mit 7fachem Antennengewinn) in doppelt-logarithmischer Darstellung: Jedes Kästchen entspricht der Erhöhung um das 10fache. Die Intensitätsabnahmen bei den zweiten Sendern sind zwar grundsätzlich gleich, erscheinen jedoch in der logarithmischen Darstellung verzerrt. Man erkennt, daß die Fernsehsignale stärker sind und viel weiter reichen: Die Intensität der Mobilfunkwellen am Rand des Versorgungsbereiches, z. B. in 2 km Entfernung wird von Fernsehsignalen erst nach 148 km erreicht

wie das die Mobilfunkbetreiber tun. Im Vergleich zur Flutlicht-Versorgung durch Rundfunksender sind die Unterschiede der Intensitäten im Versorgungsgebiet wesentlich, nämlich bis zu 10.000fach, geringer. Die Sendeleistungen von Mobilfunk-Basisstationen betragen nämlich pro Kanal 13 W, also ca. nur ein Fünfzigstel der Leistung eines Mikrowellenherdes. Dabei sendet die Basisstation wie ein Leuchtturm (Abb. 25). Die Wellen sind vertikal stark gebündelt und verteilen sich horizontal wie in einem 120°-Tortenstück über ein Gebiet von mehr als 2 Quadratkilometern. (Für eine Rundumversorgung werden daher drei Antennen benötigt). Da eine Basisstation nur eine begrenzte Anzahl von Teilnehmern versorgen kann, ist in Ballungsgebieten ein engmaschigeres Netz nötig als am Land. Um gegenseitige Störungen durch Überreichweiten zu vermeiden, muß dann auch die Sendeleistung weiter verringert werden. In Fußgängerzonen werden z.B. Mikrozellen geschaffen und Sender verwendet, die nur

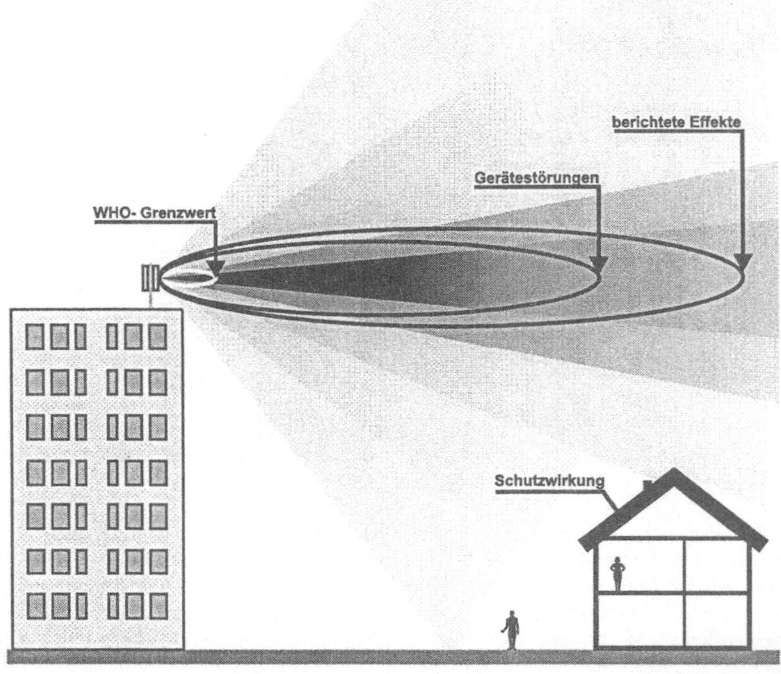

Abb. 25. Die Aussendung von Mobilfunkwellen erfolgt wie bei einem Leuchtturm vertikal eng gebündelt über die Häuser hinweg. Das Haus mit Dachantenne liegt selbst geschützt im Sendeschatten. Mauerwerk, Dachziegel und Betondecken schirmen die Wellen ab. Der zulässige Grenzwert wird bereits kurz vor der Antenne unterschritten. Intensitätsbereiche, in denen Gerätestörungen auftreten können oder bei denen über (unbestätigte) Laborbefunde berichtet wurde, beschränken sich auf den Hauptkeulenbereich

mehr mit der Handy-Leistung 2 W senden. Die höhere Dichte von Basisstationen (eines Netzbetreibers) erhöht daher die Intensität der Wellen in der Umwelt nicht, sondern hat im Gegenteil Vorteile: Sie verringert die Spitzen und erniedrigt sogar die Schwankungsbreite der Intensität. Bei einer Basisstation mit 4 Kanälen zu je 13 W wird der zulässige Grenzwert in der Hauptsendekeule bereits nach ca. 2,6 m unterschritten, nach ca. 82 m ist er bereits kleiner als ein Tausendstel des Grenzwertes. Bei Rundfunk- und Fernsehsendern würde dieser Wert erst beim 17- bis 55fachen, also in 1,4 km bis 4,5 km Entfernung unterschritten werden.

– nach dem *„Brause-Prinzip"* wird eine einzige Strahlungsquelle, nämlich ein Satellit, verwendet, der so weit entfernt ist, daß die Intensität im gesamten Versorgungsgebiet nahezu gleich ist. Rundfunk-, Fernseh- und Telekommunikationssatelliten befinden sich in einer geostationären Umlaufbahn über dem Äquator in einer Höhe von ca. 36.000 km. Die Bodenfeldstärke ist so gering (0,000001 µW/cm²), daß sie mit einer Parabolantenne wie mit einem Brennglas auf den Empfänger fokussiert werden muß.

– nach dem *„Taschenlampen-Prinzip"* bei Punkt- zu Punkt-Verbindungen (Richtfunkstrecken): Dabei werden die Wellen in einer allseitig eng gebündelten Keule zum Empfänger hin ausgesendet. Dies erlaubt geringe Sendeleistungen bis zu maximal 20 W bei Frequenzen zwischen 1,5 bis 15 GHz. In der Sendekeule beträgt die Intensität direkt vor der Antenne maximal 1.500 µW/cm², in 100 m Entfernung nur mehr 30 µW/cm². Richtfunkstrecken werden hauptsächlich zur Übertragung von Telefongesprächen, aber auch von Rundfunk- und Fernsehprogrammen verwendet.
Die Verbindung zu den Satelliten erfolgt ebenfalls eng gebündelt mit Hilfe von Bodenstationen, z.B. Aflenz in Österreich. Diese senden mit großen Parabolantennen, z.B. mit 32 m Durchmesser, mit 6 bis 14 GHz Mikrowellen und Sendeleistung von 50 bis 70 W und einem ca. 15.000fachen Antennengewinn. Wegen der engen Bündelung und der Abstrahlung nach oben ist die Intensität am Boden vernachlässigbar klein. Die Intensitäten können noch bis zu einer Entfernung von 90 m über dem zulässigen Grenzwert (1.000 µW/cm²) liegen. Eine Gefährdung von Paragleitern oder Segelfliegern wurde bisher nicht bekannt.

Mobilfunk

Der Mobilfunk zählt zu den Bereichen mit den größten Wachstumsraten. Es werden verschiedene Systeme angeboten:
– *Pager* (Personenrufdienste): Die gerufene Person führt nur einen Empfänger mit sich, der selbst nicht aktiv sendet. Er gibt lediglich die Information von einer Basisstation akustisch und/oder optisch wieder.
– *Schnurlostelefone:* Sie können nur mit einer einzigen nahegelegenen Basisstation kommunizieren, z.B. in der Wohnung oder Firma. Es reichen daher niedrige Sendeleistungen bis ca. 0,2 W. Neben analogen werden zunehmend digitale DECT-Systeme verwendet (Digital European Cordless Telecommunications).

— *Mobiltelefone (Handys):* Sie sind Empfangs- und Sendegeräte und keiner bestimmten Basisstation zugeordnet. Beim Verlassen des Versorgungsbereiches wird das Gespräch von einer anderen Basisstation übernommen. Die Verbindung erfolgt nur bis zur Basisstation auf dem Funkweg und danach über das Leitungsnetz.
Noch in den 80er Jahren beruhten Mobiltelefone auf analogen Verfahren. Das bedeutete, daß für jede Verbindung eine eigene Trägerfrequenz erforderlich war, auf der die Mitteilung entweder bei konstanter Frequenz als Amplitudenschwankung oder bei konstanter Amplitude als Frequenzschwankung aufmoduliert war. Das hatte zwei technische Nachteile: Wegen der ununterbrochenen Aussendung konnte mit einer Trägerfrequenz nur eine einzige Person telefonieren und es wurde die Batterie schneller verbraucht. Die Lösung für beide Probleme brachte die zeitliche Verschachtelungstechnik der GSM-Handys (Global System for Mobile Telecommunication). Durch die Einteilung des Trägerfrequenzsignals in 8 Zeitschlitze kann mit 8 Teilnehmern (in Zukunft 16) gleichzeitig Kontakt aufgenommen werden Es stehen insgesamt je 124 verschiedene Frequenzen zur Verfügung: Für die Verbindung von den Handys zur Basisstation im Mikrowellen-Frequenzband 890–915 MHz und für die Antwort der Basisstation zu den Handys im Frequenzband 935–960 MHz. Für weitere GSM-Netze wurde das Frequenzband um 1.800 MHz zugewiesen. GSM Handys haben bei 900 MHz eine maximale Sendeleistung von 2 W, bei 1.800 MHz jedoch nur 1 W. Basisstationen (mit der Ausnahme eines Kontrollkanals) und Handys haben eines gemeinsam: Nicht nur, um die Batterie zu schonen, sondern auch um das störende Übersprechen in den Versorgungsbereich anderer Basisstationen gering zu halten, wird die Sendeleistung je nach Empfangsbedingung ständig auf die kleinstmögliche Stärke hinuntergeregelt. Es gibt zwischen ihnen jedoch auch wesentliche Unterschiede:

a) Handy-Signale sind wesentlich stärker gepulst (im Verhältnis 1:7), da ja nur in einem der 8 möglichen Zeitschlitze gesendet wird. Die Pulsfrequenz ist daher konstant und beträgt 217 Hz. Im Bereitschaftsbetrieb meldet das Handy seine Position von Zeit zu Zeit (mit einer Frequenz von 2 bis 8 Hz). Die durch die Leistungsregelung verursachten Amplitudenschwankungen sind langsamer und werden von der Unruhe des Nutzers und seiner Fortbewegungsgeschwin-

digkeit bestimmt. Zur weiteren Energieersparnis (und zur Verringerung der Exposition) kann auch während des Zuhörens auf den
Bereitschaftsmodus geschaltet werden. Relevante Expositionen ergeben sich dann nur während des eigenen aktiven Sprechens.

Wegen der körpernahen Anwendung und der geringen Eindringtiefe
ist die Exposition auf das Ohr und den handynahen Hirnbereich beschränkt. Das Auge ist geringer exponiert. In Einzelfällen können
die Grenzwerte für lokale Körperexposition nahezu ausgeschöpft werden. Die Körperexposition des Kopfes kann sich bei einzelnen Modellen bis 10fach unterscheiden. Der Handybenutzer bestimmt
jedoch die Stärke der Exposition auch selbst durch die Art, wie er
das Handy an den Kopf hält, wie oft er das Ohr wechselt und von wo
aus er telefoniert. Ungünstig ist z.B. das Telefonieren aus dem Auto
ohne Außenantenne.

b) Basisstation-Signale sind wesentlich unregelmäßiger und schneller
gepulst: Je nach Nutzung der vorhandenen 8 Zeitschlitze schwankt
die Pulsung zwischen der Handy-Pulsung 1:7 und einem fast kontinuierlichen Signal, das nur durch kurze Pausen zwischen den Zeitschlitzen unterbrochen ist, also Pulsfrequenzen zwischen 217 Hz
und 1.736 Hz. Der Kontrollkanal ist den Analogsystememm am ähn-
lichsten: Er enthält gleichbleibend hohe Amplituden, wobei auch
gerade nicht benutzte Zeitschlitze (mit einem Überbrückungssignal)
aufgefüllt sind. Die Amplitudenschwankungen der anderen Kanäle
sind schneller, da sie leistungsgesteuert sind und von den wechselnden Empfangsverhältnissen in 8 Zeitschlitzen abhängen.

Die Intensität der Basisstation-Wellen ist wegen der relativ großen
Entfernungen zu Personen wesentlich kleiner. Hauswände, Geschoß-
decken und Dächer schirmen die Mikrowellen je nach Dicke, Material und Anzahl der (Fenster- und Tür-) Öffnungen um jeweils das ca. 4-
bis 100fache.

Radartechnik

Radars (RAdio Detection And Ranging) werden heute zur Erkennung,
Ortung und Entfernungsmessung nicht nur in der Flugsicherung angewendet, sondern zur Verkehrsüberwachung, in der Schifffahrt, zur Wetter-
beobachtung, Lawinenwarnung, aber auch im militärischen Bereich,
z.B. zur Lenkung von Raketenwaffen. Sie verwenden Mikrowellen im
Frequenzbereich von 5 bis 35 GHz.

Die leistungsstärkesten Radaranlagen mit über 3.000 GW Sendeleistung (multipliziert mit dem Antennengewinn) werden in der Weltraumtechnik z.B. zur Ortung von Satelliten eingesetzt. Die Intensitäten betragen in 100 m Entfernung noch ca. 100.000 µW/cm².

Flugsicherungsradaranlagen arbeiten nach dem Echoprinzip: Es werden kurze Mikrowellenimpulse ausgesendet. Diese werden z.B. von Flugzeugen nach allen Richtungen, also auch zurück zum Sender, reflektiert und dort als Echo empfangen. Aus der Zeit bis zum Eintreffen der Echos kann die Entfernung bestimmt und auf dem Radarschirm angezeigt werden. (Tarnkappenbomber reflektieren die Mikrowellen auch. Ihre Oberfläche besteht aber aus lauter ebenen Abschnitten, die die Echos wie ein Spiegel reflektieren, aber nicht zurück in die Richtung des Radars. Diese Flugzeuge können daher nicht geortet werden.)

Charakteristisch für Flugsicherungsradaranlagen ist die Aussendung sehr kurzer vertikal fächerförmiger, aber horizontal eng gebündelter Mikrowellenimpulse mit hoher Intensität. Großanlagen können Impulsleistungen bis zu einigen Millionen Watt besitzen, typische Werte liegen bei einer halben Million. Die nur 0,1 bis 50 Millionstel Sekunden lange Impulse werden mit einer Wiederholfrequenz von 100 bis 4.000 Hz ausgesendet. Wegen der langen Pausen ist daher der zeitliche Mittelwert klein. Bei rotierenden Antennen (z.B. 5 Umdrehungen pro Minute) verringert sich der Mittelwert der Exposition einer Person nochmals um das Verhältnis der Erfassungsdauer zur Umdrehungsdauer, z.B. 1:30, sodaß sich in 100 m Entfernung trotz hoher Spitzenintensitäten von ca. 4.000.000 µW/cm² nur ein Mittelwert von 10 µW/cm² ergibt.

Das Landeanflugradar sendet wie bei einem Taschenlampenstrahl allseits eng gebündelte Mikrowellen in einer festgelegten Richtung aus. In der Rumpfspitze von Flugzeugen ist zur Navigationshilfe ebenfalls ein Radar, das RADOM (RAdar DOMe = Radarkuppel), untergebracht. Die Intensität beträgt an seiner Oberfläche ca. 15.000 µW/cm². In 1,7 m Entfernung ist sie unter den zulässigen Grenzwert (1.000 µW/cm²) abgesunken. Am Boden ist es ausgeschaltet.

Schiffsradars wurden bereits im zweiten Weltkrieg eingesetzt. Bei leistungsstärkeren Geräten der Hochseeschiffe können im Nahbereich gefährlich hohe Intensitäten auftreten. Im Binnenschiffsverkehr können an der Antenne bis zu ca. 10.000 µW/cm² auftreten. Ein Sicherheitsabstand ist daher erforderlich.

Verkehrsradargeräte arbeiten nicht mit gepulsten Wellen. Die Entfernungen sind zu gering und die Lichtgeschwindigkeit zu hoch, um meßbare Zeitdifferenzen zwischen Senden und Echo zu erzeugen. Sie nützen jedoch einen Effekt, der unser gesamtes Weltbild verändert hat. Er wurde erstmals vom Österreicher Christian Doppler im Jahr 1842 richtig gedeutet und nach ihm benannt: Wellen, die von bewegten Objekten ausgesandt (oder reflektiert) werden, verändern ihre Frequenz je nach deren Richtung und Geschwindigkeit. Dies zeigt sich auch am Licht der Sterne. Da es zu niedrigeren Frequenzen hin verschoben ist, wissen wir, daß alle Sterne unseres Weltalls von einander wegstreben und daß daher unser Universum durch einen „Urknall" entstanden sein muß. Es ist nicht erhoben worden, wie viele Polizisten sich der Tragweite dieses Effektes bewußt sind, den sie zu so profanen Zwecken wie der Bemessung der Höhe von Strafmandaten einsetzen. Verkehrsradargeräte senden nämlich Mikrowellen kontinuierlich aus. Sie messen aus der Doppler-Frequenzverschiebung des Echosignals die Geschwindigkeit der entgegenkommenden und/oder der sich entfernenden Fahrzeuge. (Laserpistolen, die zunehmend mobile Mikrowellenradargeräte ersetzen, arbeiten nach demselben Prinzip (Kapitel 6).) Die verwendeten Sendeleistungen sind mit 0,0005 bis 0,1 W gering. Die Fahrzeuge können nur bis zu einer Entfernung von ca. 40 m erfaßt werden. Selbst direkt an der Antenne liegen die (mittleren) Intensitäten unter dem zulässigen Grenzwert, auf der gegenüberliegenden Straßenseite (z.B. nach 3m) betragen sie selbst direkt in der Hauptsendekeule nur noch ca. 0,9 bis 5,2 μW/cm² (in den USA bis 25 μW/cm²). Beschwerden von Anrainern über unzulässige Bestrahlung haben daher keine Aussicht auf Erfolg.

Weitere Radaranwendungen sind Bewegungsmelder, das Wetterradar zur Ortung von Wolken und Niederschlägen und Lawinenradars zur Bestimmung der Schneedeckendicke. Militärische Radaranlagen werden zur Luftraumüberwachung und als Feuerleitsysteme zur Ortung von Objekten und Lenkung von Abwehrwaffen eingesetzt. Sie können sehr leistungsstark sein und hohe Intensitäten verursachen.

Medizin

Die *Wärmetherapie (Diathermie)* mit Hilfe hochfrequenter elektromagnetischer Wellen wurde bereits am Ende des 19. Jahrhunderts eingesetzt. Sie bot nämlich die Möglichkeit der Wärmezufuhr an tieferliegendes Gewebe ohne schmerzhafte Übererwärmung der Haut. Auch heute noch ist sie eine Standardmethode der Medizin. Durch Erwärmung werden die Blutgefäße erweitert und damit die Durchblutung, die Sauerstoffversorgung und den Stoffwechsel gesteigert. Am häufigsten werden in Österreich die ISM-Frequenzen (Abb. 22) 27,12 MHz (Kurzwellendiathermie), 2,45 GHz (Mikrowellendiathermie) und 433,92 MHz (Dezimeterwellendiathermie) zur Behandlung der Extremitäten und des unteren und oberen Rumpfbereiches verwendet.

Bei Kurzwellendiathermie wird der Patient mit einigen 100.000 µW/cm² behandelt, die über angelegte Elektroden erzeugt werden. Die Zuleitungen stellen jedoch Quellen unerwünschter Streufelder dar, die sowohl für den Patienten als auch für das Personal zu einem Problem werden können. Noch in 50 cm Entfernung vom Kabel wurden Intensitäten über 25.000 µW/cm² gemessen, die über das 100fache über dem zulässigen Grenzwert liegen. Innerhalb eines Umkreises von 2 m um Patient und Zuleitungen muß mit einer Überschreitung der Grenzwerte gerechnet werden.

Bei Mikrowellendiathermie erfolgt die Applikatorzuleitung über geschirmte (Koaxial-) Kabeln. Die Streustrahlung ist daher vernachlässigbar. Hier wird die Exposition des Personals vor allem durch die Plazierung des Applikators bestimmt.

Diebstahlsicherung und Waren- und Personenidentifizierung durch Mikrochips

„Schon wieder!" stellte der Mann am Ausgang fest, als der Alarm ertönte. Mit rotem Kopf mußte die Dame ihren Einkaufskorb leeren. Ihre entrüsteten Unschuldsbeteuerungen halfen jedoch nichts: Das nicht bezahlte Unterkleid war schnell gefunden, auch wenn es sich in die vordere Spitze des gekauften Stiefels verirrt hatte.

In immer mehr Kaufhäusern müssen die Kunden mehr oder weniger gut getarnte Detektorspulen passieren, die einen Alarm auslösen, wenn noch Waren mitgeführt werden, deren Sicherungsstreifen an der Kassa nicht entfernt oder deaktiviert worden war. An nahegelegenen Arbeitsplätzen, z.B. der Kasse, kann der zulässige Grenzwert für beruflich exponierte Personen überschritten werden. Die Anlagen verwenden grundsätzlich 4 Frequenzbereiche:

a) Niederfrequenz (zwischen 16 Hz und 12,5 kHz). Die Artikelsicherung kann mit Hilfe von Preisauszeichnungspistolen und kleinsten Klebeetiketten erfolgen, die metallische Sicherungsstreifen enthalten. Sie eignet sich auch für metallhaltige und flüssige Waren. Die

Deaktivierung kann jedoch nicht auf Distanz erfolgen, und die Durchgangsbreiten sind schmal.

b) Langwellen-Systeme (35 kHz bis 132 kHz) sind zuverlässig, zur Sicherung müssen statt Etiketten Hart-Markierungen mit integrierter

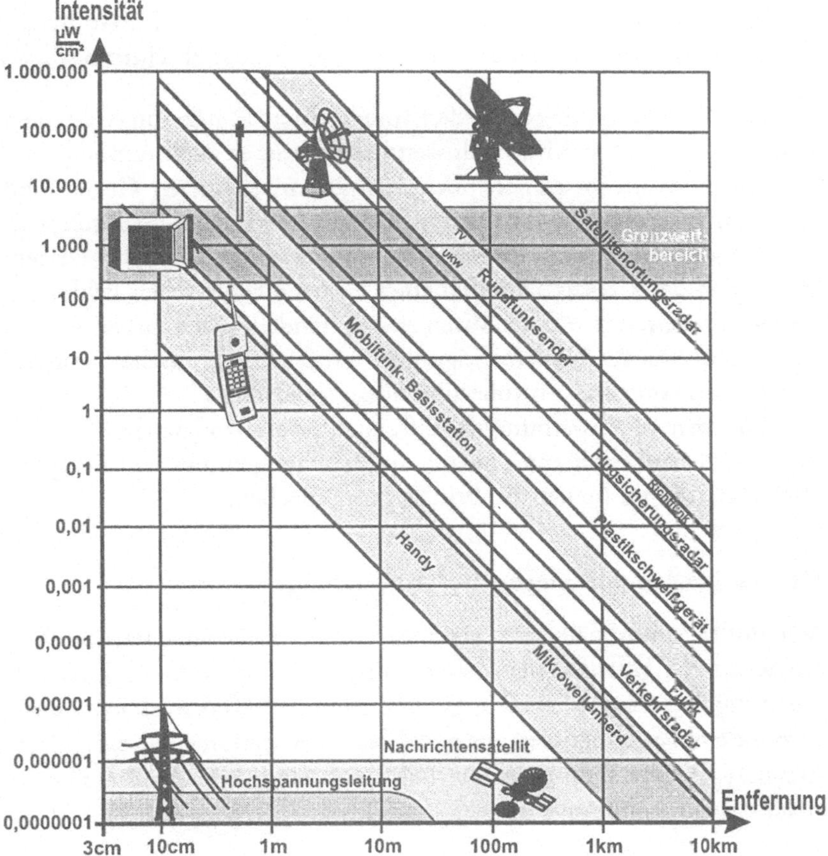

Abb. 26. Intensitäten elektromagnetischer Wellen offener Quellen in Abhängigkeit der Entfernung in doppelt-logarithmischer Darstellung (in beiden Richtungen bedeutet jedes Kästchen die Erhöhung um das 10fache). Die Darstellung erstreckt sich über einen gewaltigen Intensitätsbereich. Er ist so groß wie der Unterschied von einer Stunde zum Alter unseres gesamten Universums. Der Bereich, in dem die Ganzkörper-Grenzwerte (für Frequenzen von 5 MHz bis 300 GHz, Abb. 27) liegen, wurde als Band eingezeichnet. Man erkennt dadurch grob mögliche Grenzwertüberschreitungen. Für kleinräumige Quellen wie das Handy oder der Mikrowellenherd gelten die höheren (nicht eingezeichneten) Teilkörper-Grenzwerte

aktiver oder passiver Elektronik verwendet werden, die meist händisch entfernt werden müssen.

c) Radiofrequenz-Systeme (1,8 bis 10 MHz) verwenden entweder feste Scheiben oder in Klebeetiketten integrierte elektronische Dünnfilmschaltkreise, die auch auf Distanz deaktiviert werden können.

d) Mikrowellen-Systeme (2,45 GHz) ermöglichen durch ihren breiteren Kontrollbereich von mehreren Metern eine unsichtbare Installation. Die elektronischen Etiketten sind jedoch abschirmbar.

Die Zukunft wird jedoch den intelligenten Markierungssystemen gehören. Sie werden Mikrochips enthalten, die es auch ermöglichen, differenzierte Informationen über den gekennzeichneten Gegenstand zu enthalten und nach Aktivierung aktiv zu übertragen. Dadurch wird es nicht mehr nötig sein, die gekauften Waren an der Kassa vorzuzeigen: Sie werden beim Durchschreiten eines elektromagnetischen Feldes der Kasse mitteilen, um welche Waren es sich handelt. Auch in Fahrkarten, Ausweisen und Zutrittsberechtigungen werden elektronische Speicherchips eine manuelle Kontrolle überflüssig machen.

Eine weitere Anwendung hochfrequenter elektromagnetischer Felder sind Gebäudesicherungsradars, die Bewegungen mit dem Dopplereffekt erfassen und einen Einbruchsalarm abgeben.

Offene Quellen mit ungewollter Aussendung

Wie in der Atmosphäre erzeugen auch Funken elektromagnetische Wellen bis in den Hochfrequenzbereich hinein. Sie entstehen, bei der Anwendung der elektrischen Energie z.B. beim Ein- und Ausschalten von Stromkreisen oder bei Geräten mit Gleichstrommotoren wie z.B. Mixer, Staubsauger oder Bohrmaschine. Die ausgedehntesten Quellen sind jedoch Hochspannungsleitungen.

Hochspannungsleitungen

Klaus könnte Hochspannungsleitungen blind erkennen. Wenn er mit seinem Auto unter einer Leitung hindurchfährt und sein Autoradio auf den Mittelwellenbereich eingestellt hat, verursachen die Störfelder ein deutliches Rauschen. Die elektrischen Feldstärken an der Oberfläche der Leiterseile von Hochspannungsleitungen sind nämlich sehr groß. Bereits die zusätzlichen Felderhöhungen durch kleine Unebenheiten wie z.B. Verunreinigungen, Insekten oder Wassertröpfchen, reichen daher aus, um ständig Funkenentladungen und damit hochfrequente Störfelder zu verursachen. Um die Funkenentladungs- („Corona"-) Verluste klein zu halten, werden bei Übertragungsspannungen über 115.000 V die Leiterseile jeweils doppelt, dreifach oder vierfach aufgeteilt.

Die Stärke der Störfelder hängt sehr von der Witterung, der Luftverschmutzung und der Entfernung zur Hochspannungsleitung ab. Selbst bei Schönwetter schwankt sie bis zum 5fachen. Bei Regen und Nebel kann man die Funkenentladungen deutlich am Summen und Zirpen der Leitungen hören. Hier erhöhen sich die Störfeldstärken um das 60fache.

Um Störungen des Rundfunk- und Fernsehempfanges zu vermeiden, sind die zulässigen Störpegel von Hochspannungsleitungen durch Vorschriften begrenzt. In Wohngebiete führen meist nur Niederspannungsleitungen mit 23.000 V oder 36.000 V. Wegen der geringeren Entfernung können bereits niedrigere Störpegel den Rundfunkempfang beeinflussen. Besonders bei schlecht instandgehaltenen Leitungen mit Stellen mangelhafter Isolation oder schlechten Kontakten können sich störende Funkenüberschlägen häufen.

Medizin

Die *Hochfrequenzchirurgie* hat den Chirurgen erstmals die Möglichkeit eröffnet, auch in stark durchbluteten Geweben, z.B. der Leber, zu operieren und dabei auch zu sehen, was sie tun. Sie leiten nämlich mit einer Elektrodenspitze elektrischen Strom stark konzentriert in den Körper ein. Dort verursacht er zweierlei: Die Zellen werden so schnell erwärmt, daß sie aufplatzen und sich das Gewebe öffnet. Die Wärme bewirkt jedoch noch mehr: Sie versiegelt durchschnittene Blutgefäße und verhindert so, daß Blut in die Operationswunde einfließt. Hohe Frequenzen im Bereich von 350 kHz bis 700 kHz werden verwendet, um sicher zu verhindern, daß der Strom die Muskeln erregt und der Patient zusammenzuckt. Doch die ungeschirmten Zuleitungen stellen Quellen von Störfeldern dar. Sie können andere Medizingeräte beeinflussen. Wenn die Zuleitung mit ihrer Isolation direkt am Patienten aufliegt, kann sie lokal ungewollte Gewebsverbrennungen verursachen. Die Anwendung der Hochfrequenzchirurgie erfordert daher besondere Umsicht und Sorgfalt. Messungen zeigen, daß das Personal kurzzeitig Überschreitungen des zulässigen Langzeit-Grenzwertes bis zum ca. 3fachen ausgesetzt sein kann.

Fernsehgeräte und Computermonitore

Fernsehgeräte und Computermonitore arbeiten nach demselben Prinzip: Ein Elektronenstrahl wird in der Bildröhre durch eine Spannung von 15.000 bis 30.000 V beschleunigt und bringt bei seinem Auftreffen den Bildschirm zum Leuchten. Durch Magnetspulen, die die bewegten Elektronen ablenken (Kapitel 2), wird das Bild wie ein Brief bei einer Schreibmaschine Zeile für Zeile geschrieben. Neben den niederfrequenten Feldern entstehen daher elektrische und magnetische Felder mit der Zeilenfrequenz von 15.625 Hz und deren Oberwellen, sowie schwache weiche Röntgenstrahlung, die jedoch durch den Bleiglasschirm stark geschwächt wird (Kapitel 7). Bei Computerterminals kommen noch Anteile der Taktfrequenz, z.B. 90 MHz, hinzu, die dafür sorgt, daß die Rechenoperationen koordiniert ablaufen. Wie Messungen gezeigt haben, liegen diese Störfelder um das Hundert- bis Millionfache unter den bestehenden Grenzwerten.

Umschlossene Quellen

Umschlossene Quellen sind industrielle oder kommerzielle Elektrogeräte und Anlagen, wie z.B. Plastikschweißgeräte oder Mikrowellenherde. Bei ihnen werden hochfrequente Wellen in einem metallischen Nutzraum erzeugt, in den das zu behandelnde Gut eingebracht wird. In ihrer Umgebung entstehen auch Streufelder. Sie können an manchen Arbeitsplätzen sogar die zulässigen Grenzwerte weit überschreiten.

Induktionsöfen

Zur Erwärmung von Metallen und Halbleitern wie z.B. Silizium oder Germanium, werden nicht nur Niederfrequenzen, sondern auch Hochfrequenzen bis 100 MHz verwendet. Typische Anwendungen sind Schmieden, Schmelzen, Schweißen, Löten, Tempern, Härten, Warmpressen von Stangen und Rohren und Herstellen von Metall-Glas-Verbindungen. Messungen zeigen, daß auch am Arbeitsplatz enorme Grenzwertüberschreitungen mit Intensitäten bis über 100.000 μW/cm^2 möglich sind.

Hochfrequenzschweißgeräte

Hochfrequenzschweißgeräte mit Frequenzen zwischen 13 und 41 MHz, von nähmaschinenartigen Ausführungen bis zu Warmprägepressen, dienen vor allem in der Kunststoffindustrie zum Verschweißen von Plastik. Dazu wird das Material von Hand aus zwischen verschieden geformte messerförmige Elektroden gelegt. Das Bedienpersonal, meist Frauen, befindet sich dabei im Nahfeld der Elektroden. In 10 cm Entfernung vor den Elektroden wurden Intensitäten von ca. 800.000 $\mu W/cm^2$ gemessen. Im Bereich des Kopfes und des Oberkörpers wurden in mehreren Studien erhebliche Grenzwertüberschreitungen festgestellt. Die Intensitäten sind bei Nähmaschinen am größten und erreichten am Arbeitsplatz 28.000 $\mu W/cm^2$, also das 28fache des Grenzwertes.

Mikrowellenerwärmung

Die Erwärmung durch Mikrowellen, vorwiegend mit 2,45 GHz, hat sich bereits in vielen Bereichen durchgesetzt:
— Zur Lebensmittel- und Speisenerwärmung im Haushalt, Gastgewerbe, in Krankenhäusern, Heimen, Kantinen und Verkaufsautomaten;
— In der Lebensmittelindustrie z.B. zur Trocknung von Nudeln und Kartoffelchips, zum Konditionieren von Mehl, zum Rösten von Nüssen und zum Pasteurisieren;
— In der Kuststoffindustrie zur Erwärmung vor dem Strangpressen, Schweißen von Folien und Aushärten von Epoxydharz;
— In der holzverarbeitenden Industrie zum Trocknen von Holz, Furnier, Papier, Überzügen und Anstrichen und zum Verleimen;
— In der Landwirtschaft zur Trocknung von Getreide;
— Im Gesundheitswesen zum Desinfizieren von infektiösem Abfall.

Unsere Mikrowellen-Haushaltsherde besitzen Anschlußleistungen von 300 bis ca. 1.300 W. Die Mikrowellen werden immer mit voller Stärke erzeugt, bei kleineren Leistungseinstellungen jedoch zeitlich gepulst. Durch metallische Dichtungen und mehrfache Sicherheitsschalter wird das Austreten der Mikrowellen verhindert. Die Gerätevorschrift begrenzt die zulässige Streuintensität in 5 cm Entfernung auf 5.000 $\mu W/cm^2$. Bei Neugeräten wird dieser Wert weit unterschritten. Bei intensiver Nutzung kann es jedoch zur Abnützung der Türkontakte und zu erhöhten Intensitätswerten kommen. In verschiedenen Studien wurden bei gewerblichen Geräte Grenzwertüberschreitungen festgestellt, in einem Fall bis zum 25fachen.

Medizin

Magnetresonanztomographen erzeugen in dem Patiententunnel nicht nur sehr hohe magnetische Gleichfelder, um die Wasserstoffatome in unserem Körper auszurichten (Kapitel 3). Um diese zu veranlassen, sich durch ein meßbares Signal bemerkbar zu machen, ist auch die Anregung mit starken Hochfrequenzwellen mit einer Resonanzfrequenz von 42 MHz pro Tesla Gleichfeld erforderlich. Um Störungen anderer Geräte zu vermeiden, enthalten daher die Tomographen eine Hochfrequenzabschirmung. Da sich während der Bildaufnahme kein Personal in der Nähe aufhält, bestehen durch Hochfrequenzfelder keine Expositionsprobleme.

5.2 Wärme - und sonst? Biologische Wirkungen hochfrequenter elektromagnetischer Wellen

Keine physikalischen Unterschiede zur konventionellen Erwärmung.
Erwärmt wird vor allem Wasser.
Unser Wärmegefühl warnt uns erst, wenn es bereits zu spät ist.
Nicht die Existenz, die Gesundheitsrelevanz von nichtthermischen Wirkungen ist die Frage.
Keine Hinweise auf Langzeitwirkungen.

„Käpt'n, die Schmerzen im Bauch bringen mich noch um!" stöhnte der Matrose. „Das sieht Dir ähnlich! Letzte Woche beim Landurlaub hast Du noch keine Beschwerden gehabt. Selbst als Du stockbesoffen von Deinen Kameraden in die Kajüte getragen wurdest, hast Du nicht geklagt. Warte erst ab, bis der Krieg zu Ende ist. Es wird Deine Leber sein, die den vielen Gin nicht verträgt. Du solltest nicht so viel saufen!" beschwichtigt ihn der Kapitän. Damals, während des zweiten Weltkrieges, konnte er schließlich nicht wissen, daß seine Matrosen höchst gefährdet waren, wenn sie sich im starken Mikrowellenfeld unmittelbar vor dem neuartigen rotierenden Ding, dieser Radarantenne, aufhielten. Er hatte zwar recht, es war die Leber, aber schuld war (noch) nicht der Alkohol, sondern etwas Neues, Unsichtbares: Die Mikrowellen des Radars.

„Das Essen ist bald fertig!" ruft Mathilde, als sie durch das Fenster des Mikrowellenherdes sieht, wie schon der Dampf des Schnitzels zum Deckel des Glasgeschirrs hochsteigt. Sie ist soeben Zeugin dafür, daß intensive Mikrowellen biologisches Gewebe so stark erhitzen können, daß es gegart, also abgetötet werden kann. Der Kapitän hatte es damals nicht gewußt, doch heute ist es unbestritten, daß zu intensive Mikrowellen lebensgefährlich werden können und daß wir Grenzwerte benötigen, die dies verhindern.

Dabei stellen sich eine Reihe von Fragen:
* Ist die Erwärmung durch Mikrowellen anders als wir es gewohnt sind, kommt es gar zu Veränderungen im Gewebe?
* Reagiert unser Körper auf die Erwärmung durch Mikrowellen gleich wie auf die vertraute Erwärmung durch die Raumheizung?
* Wie hängt die Wärmewirkung von der Frequenz der Wellen ab?
* Gibt es außer der Wärmewirkung auch noch andere, nicht-thermische Wirkungen?
* Wenn es sie gibt, sind gepulste Wellen, z.B. vom Mobilfunk, Fernsehen oder Radar, gefährlicher als kontinuierliche Sinusschwingungen?

5.2.1 Wärmewirkungen

Der Mensch als Antenne.
Vom Schwitzen bis zum Hitzschlag.

Wie geht das?

„Saukälte!" brummt Hubert an der Eingangstüre. Mit blassem Gesicht und klamm-blauen Händen betritt er die Wohnung. Doch bald röten sich seine Wangen und er spürt, wie Wärme in seine steifen Hände zurückkehrt. Er ist schon zu lange verheiratet, um dies auf das Wiedersehen mit Doris zurückzuführen. Er weiß, daß es lediglich die Temperaturfühler seiner Haut sind, die die Zimmerwärme registriert und das Signal zur Erweiterung der Blutgefäße und (Wieder-) Erwärmung gegeben haben.

Wir verfügen nämlich über ein sehr ausgereiftes Regelungssystem, das in der Lage ist, die Temperatur unabhängig von den Umgebungsbedingungen auf Zehntel Grad genau konstant zu halten. Das ist nur deshalb möglich, weil wir in unserer Haut ein Frühwarnsystem in Form von Wärmefühlern besitzen, die Temperaturänderungen bereits melden, noch ehe sich unsere Körpertemperatur geändert hat. Wenn wir daher z.B. im Sommer in die Hitze hinaustreten, werden unsere Blutgefäße schnell erweitert. Damit können wir mehr Wärme abgeben und verhindern, daß sich unser Inneres erhitzt. Die Temperaturregelung bezieht sich allerdings nicht auf den gesamten Körper. Sie betrifft nur den lebenswichtigen Kernbereich, der das Hirn und die inneren Organe umfaßt. Die Temperatur in der Peripherie, wie Ohren, Hände oder Füße, spielt daher eine untergeordnete Rolle. Dies ist der Grund, weshalb wir Fieber in einer Körperöffnung messen (oral, rektal oder vaginal) oder das Fieberthermometer so lange in der Achselhöhle halten müssen, bis sich diese auf die Kerntemperatur aufgewärmt hat.

Die unumstritten dominierende Wirkung hochfrequenter elektromagnetischer Wellen beruht auf der Absorption ihrer Energie und deren Umwandlung in Wärme. Physikalisch gesehen ist Wärme nichts anderes als die ungeordnete Bewegung von Atomen und Molekülen. Um Gewebe erwärmen zu können, müssen daher elektromagnetische Wellen Teilchen in Bewegung versetzen. Sie können dies auf verschiedene Weise:

– Die Feldstärke der elektrischen Komponente kann auf elektrisch geladene Teilchen eine Kraft ausüben (Kapitel 1 und 2) und sie im Takt der Welle (linear) hin und her bewegen. Wenn die Frequenz oder die Masse eines Moleküls so hoch ist, daß es wegen seiner Trägheit diesen ständigen Richtungswechsel nicht mehr mitmachen kann, kann es dennoch Energie aufnehmen: Moleküle, deren positive und negative Ladungen an verschiedenen Enden konzentriert sind (Dipole) können im Takt der Welle um ihre Ruhelage hin und her pendeln.
– Die Feldstärke der magnetischen Komponente kann auf Atome oder Moleküle mit einem eigenen magnetischen Feld eine Kraft ausüben und sie im Takt der Welle in ihre jeweilige Richtung ziehen und/ oder nach ihr ausrichten.

Wenn die Teilchen auf diese Weise in Bewegung versetzt wurden, können sie ihre aufgenommene Bewegungsenergie über Stöße an andere Teilchen weitergeben und so Wärme erzeugen. Der Vorgang unterscheidet sich daher nicht von der konventionellen Erwärmung. Chemische Veränderungen finden nicht statt. Es gibt jedoch ein Molekül, das die Energie aus der elektromagnetischen Welle besser als alle anderen aufnehmen kann: Es hat eine kleine Masse, kann also den Kräften gut folgen, seine positiven und negativen Ladungen sind gut getrennt, es ist also ein guter Dipol, und es besitzt ein großes eigenes Magnetfeld: Das Wassermolekül.

Wasserreiches Gewebe wird daher besonders gut erwärmt. Die (trockene) Haut nimmt hingegen wenig Wärme auf. Dies hat jedoch für uns Konsequenzen. Wenn wir intensiven elektromagnetischen Wellen ausgesetzt sind, wird unser Frühwarnsystem, die Wärmefühler der Haut, umgangen und erst der hinter einer wärmeisolierenden Fettschicht gelegene (wasserreiche) Muskel bevorzugt erwärmt. Unsere Wärmeregulation ist dadurch behindert. Im Gegensatz zum Niederfrequenzbereich, wo wir vor zu starken elektrischen Feldern durch Haarvibrationen oder Mikroentladungen (Kapitel 2) und vor zu starken Magnetfeldern durch Augenflimmern (Kapitel 4) gewarnt werden, nehmen wir Erwärmungen durch hochfrequente elektromagnetische Wellen erst wahr, wenn es bereits zu spät ist, z.B. bei der Mikrowellenherd-Frequenz erst bei 63facher Grenzwertüberschreitung. Im Zweifelsfall, wenn z.B. ein Monteur an einer Richtfunkantenne zu arbeiten hat, schützt nur vorbeugend richtiges Verhalten und nicht die Reaktion auf eine Wahrnehmung.

Die Erwärmung unseres Körpers hängt stark von der Frequenz der Wellen ab (Abb. 27). Unser Körper verhält sich nämlich wie eine Antenne. Er nimmt dann am meisten Energie auf, wenn die Wellenlänge etwa unserer Körperlänge entspricht. Wir sind dann auf die (Resonanz-) Frequenz „abgestimmt". Dies ist im UKW-Bereich, für Erwachsene ungefähr bei der Frequenz von ca. 100 MHz (z.B. Radio Ö3), der Fall. Für Kinder liegt die Resonanzfrequenz entsprechend der kleineren Abmessungen bis ca. 4fach höher. Es gibt noch höhere Resonanzfrequenzen, wo Teile unseres Körpers wie Rumpf oder Kopf mehr Energie aufnehmen. Ratten, die beliebten Versuchstiere, haben ihre Resonanz (je nach Körperhaltung) bei 10- bis 50fach höheren Frequenzen. Rückschlüssen vom Tierversuch auf den Menschen können daher falsch sein, wenn diese frequenzabhängigen Unterschiede nicht berücksichtigt werden.

Unterhalb des Resonanzbereiches, im Frequenzbereich der Diebstahlsicherungen und der Mittel- und Kurzwellensender, wo die Wellenlängen viel größer sind als unsere Körpermaße, ist das Absorptionsvermögen zunächst gering und steigt mit dem Quadrat der Frequenz (Abb. 27). Die Erwärmung erfolgt jedoch sehr ungleichmäßig. Der Grund dafür ist, daß die durch das elektrische und magnetische Feld verursachten Ströme teilweise gleichgerichtet sind und sich daher an manchen Stellen verstärken, an anderen jedoch fast aufheben.

Oberhalb des Resonanzbereiches, im Frequenzbereich der Fernsehsender und des Mobilfunks nimmt das Absorptionsvermögen des Gewebes weiterhin mit der Frequenz zu. Die Wellen verlieren daher ihre Energie wesentlich schneller. Dies zeigt sich daran, daß die Eindringtiefe immer kleiner wird und sich die Wärme immer mehr auf die oberflächennahen Muskel konzentriert. Dennoch nimmt die Gesamterwärmung unseres Körpers zunächst ab und pendelt sich dann ein (Abb. 27). Das ist scheinbar ein Widerspruch: Der Grund liegt darin, daß die Wellenlänge im Vergleich zu unseren Körpermaßen immer kleiner wird und zunehmend optische Gesetze zu wirken beginnen. Das bedeutet, daß ein Teil der Wellen bereits an unserer Körperoberfläche reflektiert wird und daher zur Erwärmung gar nicht beitragen kann. Die optischen Gesetze bringen jedoch auch Nachteile: Einerseits können gekrümmte

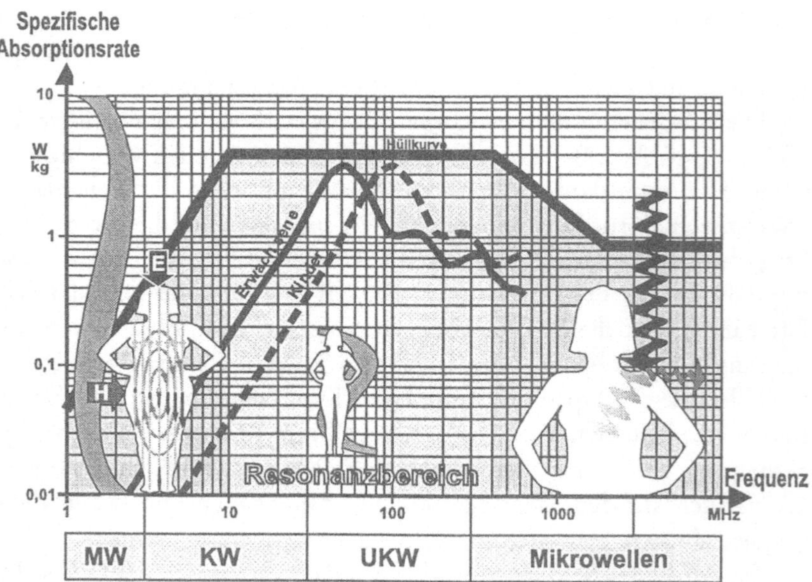

Abb. 27. Veränderung der Körpererwärmung (spezifischen Absorptionsrate) bei Exposition gegenüber elektromagnetischen Wellen gleicher Stärke (10 mW/cm²) in Abhängigkeit von der Frequenz in doppelt-logarithmischer Darstellung. Im Resonanzbereich, wenn die Wellenlänge ungefähr gleich der Körperabmessung ist, ist die Körpererwärmung am größten. Unterhalb des Resonanzbereiches ist sie ungleichförmig: Elektrische Verschiebungsströme und magnetische Wirbelströme heben sich stellenweise auf und verstärken sich an anderer Stelle. Oberhalb des Resonanzbereiches nimmt die Erwärmung ab, weil ein Teil der einfallenden Wellen bereits reflektiert wird. Eine Hüllkurve schließt alle möglichen Verläufe ein

Oberflächen, wie z.B. unser Kopf, wie optische Linsen wirken und die Wellen im Inneren an „heißen Stellen" konzentrieren. Andrerseits können sich im Inneren einfallende und z.B. an der Fett-Muskel-Grenzfläche reflektierte Welle überlagern und einander verstärken.

Die Menge der zugeführten Wärme allein ist noch kein Maß für ihre biologische Auswirkung. Die gleiche Wärmemenge, die ein Erwachsener sogar noch als angenehm empfindet, kann nämlich bereits zuviel sein, wenn sie im kleineren Körper eines Kindes konzentriert ist. Als Maß für die biologische Wirkung wird aus diesem Grund die spezifische Absorptionsrate (SAR) angegeben. Mit ihr wird die aufgenommene Wärmeleistung vergleichbar, weil sie auf die Körpermasse bezogen wird. Sie wird in Watt pro Kilogramm angegeben.

Die Körpererwärmung (die spezifische Absorptionsrate) wurde an mathematischen Modellen berechnet und experimentell überprüft, z.B. mit einem wassergefüllten Taucheranzug. Außer von der Frequenz hängt sie auch noch von den elektrotechnischen Randbedingungen ab, z.B. davon, ob wir elektrisch geerdet oder isoliert stehen und von unserer Orientierung z.B. parallel zur elektrischen oder magnetischen Feldkomponente oder parallel zur Ausbreitungsrichtung der Wellen. Es wurde daher eine Hüllkurve des Erwärmungsverlaufes definiert, die alle möglichen Ergebnisse einschließt. Mit ihrer Hilfe wurde der Verlauf der Grenzwerte im hochfrequenten Bereich bestimmt (Abb. 29).

5.2.2 Akute Wirkungen

Es gibt eine Wärmewirkungsschwelle: Die Überforderung unserer Temperaturregulation.
Erhöhungen unserer Körper(kern)temperatur haben Konsequenzen.
Augentrübungen sind erst jenseits unserer Schmerzgrenze möglich.
Krebsstudien haben den Verdacht nicht erhärtet.

„Herr Doktor, ich weiß nicht, was ich tun soll. Seitdem ich am Bildschirm arbeite, habe ich Kopfschmerzen, ich bin nervös und kann nachts nicht schlafen. Kann man denn nichts gegen die Strahlung tun?" fragt Hermann besorgt seinen Hausarzt.

„Michi, setz dich nicht so nahe zum Fernseher, die Strahlung ist nicht gesund!" ermahnt Doris ihre Tochter.

Die Sorgen von Hermann und Doris sind berechtigt, doch die Ursachen, die sie angeben, sind falsch. Es sind nämlich nicht die elektromagnetischen Wellen, sondern der Umgang mit den Geräten, der Probleme bereiten kann.

Die Zufuhr von Wärme ist nicht an sich negativ. Jeder von uns weiß, daß sie angenehm ist, wenn sie nicht zu stark wird. Bei der Bewertung der hochfrequenten Erwärmung geht es daher nicht um die Fragen ob überhaupt, sondern darum, wieviel Wärme uns zugeführt werden darf.

Wenn auf uns genügend starke hochfrequente Wellen einwirken, steigt die Gewebetemperatur exponentiell bis zu einer neuen Gleichgewichtstemperatur an. Als Maß für die Geschwindigkeit der Erwärmung dient die Zeit, bis zu der die Temperaturerhöhung 63 % des Endwertes erreicht hat. Sie wird als *thermische Zeitkonstante* bezeichnet und beträgt für uns ca. 6 min. Diese Dauer wird bei der Grenzwertfestlegung als Grenze zwischen Kurzzeit- und Dauerexposition angesehen.

Die Erwärmung hängt auch wesentlich von den Durchblutungsverhältnissen im Gewebe ab. Durch den Temperaturanstieg wird die Durchblutung (lokal) erhöht, weil sich Blutgefäße und Kapillaren vorübergehend erweitern. Nach Beendigung der Erwärmung kehrt sie langsam (innerhalb von 20 bis 30 min) auf den Ausgangswert zurück. In dieser Zeit kann die Temperatur sogar etwas unter den Ausgangswert absinken. Die Trägheit der Wärmeregulation ist der Grund, weshalb schwankende Expositionen ungünstiger als gleichbleibende sind.

Wenn die Erwärmung so stark ist, daß sie von unserem Regelungssystem nicht mehr ausgeglichen werden kann, kommt es zu einem Temperaturanstieg und zu physiologischen Veränderungen. Die Auswirkungen hängen vom Absorptionsvermögen (also dem Wassergehalt) und der Empfindlichkeit des Gewebes ab.

a) Am größten ist die Wärmeempfindlichkeit für *Hodengewebe* und *Spermien*. Nicht nur Männer, auch Säugetiermännchen tragen die Hoden außerhalb des warm gehaltenen Bauchraumes, damit ihre Temperatur einige Grade niedriger gehalten werden kann. Dies hat zwei Gründe: Einerseits ist das spermienbildende Hodenepithel sehr temperaturempfindlich. Andrerseits bekommen die Spermien bei ihrer Bildung einen Energievorrat mit, mit dem sie in weiterer Folge auskommen müssen. Dieser soll nicht durch die bei höheren Temperaturen schnelleren Bewegungen vorzeitig verbraucht werden. Bei Erwärmung des Hodens würde daher die Bildung von Spermien verringert oder unterbrochen und die Zeugungsfähigkeit der Spermien vermindert werden. In Mäuseversuchen wurde eine Reduzierung des Spermienepithels und Abtötung der Spermien bei Hodentemperaturen ab 37 °C festgestellt. Dies trat bei Kurzzeit-Expositionen mit 5,6 W/kg (2,45 GHz) auf. Bei dauernder Exposition mit mittleren Intensitäten war es den Mäusen möglich, sich darauf einzustellen und die Hodentemperatur niedrig zu halten.

b) Das größte Absorptionsvermögen besitzen Flüssigkeitsansammlungen, z.B. in Hirnventrikeln, Innenohr, Magen, Harn- und Gallenblase, gefolgt von Blut (als wasserreiche flüssige Aufschlämmung von Zellen) und Muskelgewebe. Das relativ geringste Absorptionsvermögen haben Fettgewebe und Knochen.

c) Besondere Beachtung verdient die Augenlinse. Dies nicht deshalb, weil sie besonders wärmeempfindlich wäre oder besonders gut absorbieren würde, sondern, weil sie nicht durchblutet ist und daher Wärme besonders schwer abgeben kann. Außerdem können sich ihre Zellen nicht erneuern. Schäden, die einmal entstanden sind, bleiben daher bestehen. Es ist bekannt, daß zu starke Wärmestrahlung die Augenlinse trüben kann und die Betroffenen an grauem Star erblinden können (Kapitel 6). Mit hochfrequenten elektromagnetischen Wellen konnten an narkotisierten Kaninchen Linsentrübungen erst festgestellt werden, wenn die Augen auf über 45 °C erwärmt wurden. Dazu waren sehr hohe Intensitäten erforderlich, nämlich 100.000 bis 200.000 µW/cm² bei 400 MHz bis 3 GHz und 800.000 µW/cm² bei 5,5 GHz. So hohen Intensitäten wären wir nicht ungewarnt ausgesetzt. Dabei würde nämlich unsere Haut bereits so stark erhitzt werden, daß unsere Schmerzgrenze überschritten wäre.

Bei niedrigeren Intensitäten, z.B. 80.000 µW/cm², konnten noch mikroskopisch kleine Trübungen festgestellt werden, wenn die Augen auf über 41 °C erwärmt wurden. Solche Trübungen können sich zwar innerhalb einiger Tage zurückbilden, folgen die Expositionen jedoch zu rasch aufeinander, können sich diese Mikrotrübungen zu makroskopischen Veränderungen summieren. Da getrübte Linsen verstärkt andere, z.B. Wärmestrahlung, absorbieren, tendieren sie zu beschleunigtem Fortschreiten, auch wenn die Expositionsbedingungen unverändert bleiben. Die für Linsentrübungen erforderlichen Intensitäten sind umso größer, je größer die Körpermasse und je besser die Wärmeregulation sind. So konnten sie bei frei beweglichen Affen überhaupt nicht erzeugt werden, bei narkostisierten Tieren traten noch vor Lisentrübungen Gesichtsverbrennungen auf. Befürchtungen, wir könnten z.B. bei der Benützung von Handys Augenschäden davontragen, sind daher unbegründet.

Ist unser ganzer Körper den elektromagnetischen Wellen ausgesetzt, können je nach der zugeführten Wärmemenge folgende Wirkungen auftreten:

1. In Tierversuchen wurde festgestellt, daß bis zu einer Exposition von ca. 1 W/kg die Erwärmung so niedrig ist, daß noch keine aktive Temperaturregelung erforderlich ist. Wenn die Exposition zu hoch ist, kann sich die Körper(kern)temperatur erhöhen. Da biochemische Reaktionen, die Diffusion von Stoffen und die Zähigkeit von Flüssigkeiten temperaturabhängig sind, kann sich das vielfältig physiologisch auswirken. Eine Erhöhung der Körperkerntemperatur über 1 °C kann bereits bedeutsame biologische Veränderungen verursachen. Dies ist ab ca. 4 W/kg möglich.

2. Schwerwiegende Auswirkungen auf den Schwangerschaftsverlauf wurden ab ca. 8 W/kg festgestellt: Es war das Geburtsgewicht verringert und die Mißbildungsrate erhöht.

3. Wird die Exposition weiter erhöht, treten z.B. ab ca. 20 W/kg unspezifische Symptome auf wie z.B. Schlaflosigkeit, Kopfschmerzen, Müdigkeit, Unlust, Angst und Nervosität, die sich bis zu Schwindel, Übelkeit und Erbrechen steigern können. Sie sind jedoch von Person zu Person verschieden stark. Am gefährlichsten ist die Möglichkeit des Verklumpens von Blutkörperchen, die eine erheblich Erhöhung des Risikos eines Herzinfarktes oder Schlaganfalles darstellt.

4. Wenn sich bei längerer Dauer unsere Körper(kern)temperatur weiter erhöht, kommt es zu einer weiteren Bedrohung: Zwei unserer Regelungssysteme kommen miteinander in Konflikt: Die Temperaturregelung versucht, Wärme an die Umgebung abzugeben, indem sie die Blutgefäße erweitert und die Durchblutung der Extremitäten erhöht. Dadurch sinkt jedoch der Blutdruck. Dem versucht wiederum unsere Blutdruckregelung entgegenzuwirken, die für die lebenswichtige Versorgung unseres Gehirnes mit Sauerstoff verantwortlich ist. Der Sieger heißt jedoch Temperaturregelung: Der Blutdruck bricht zusammen und gefährdet dadurch die Sauerstoffversorgung des Gehirns. Liegt die Körpertemperatur längere Zeit über 40 °C, kommt es zum Kreislauf- (Hitze-) Kollaps, ab 41 °C treten Hirnschäden auf, ab 43 °C werden diese lebensbedrohend und es tritt der Tod durch Hitzschlag ein. Bei Expositionen ab 30 W/kg starben Mäuse bereits nach einer Minute.

5.2.3 Nichtthermische Wirkungen

Unter nichtthermischen Wirkungen versteht man Wirkungen von elektromagnetischen Wellen, die so schwach sind, daß sie keine (nennenswerten) Erwärmungen mehr verursachen können. (Im Gegensatz dazu sind „athermische" Wirkungen solche, die bei stärkeren Intensitäten auftreten, obwohl im Untersuchungsobjekt durch aktive Kühlung eine Temperaturerhöhung verhindert wurde.)

Da gesundheitlich bedeutsame Wärmewirkungen durch unsere heutigen Grenzwerte bereits ausgeschlossen sind, geht es bei der Untersuchung nichtthermischer Wirkungen um zwei Aspekte:

1. Wenn bei Intensitäten unterhalb der Grenzwerte (bedeutsame) nichtthermische Wirkungen auftreten, hat dies Auswirkungen auf die Höhe der Grenzwerte.
2. Wenn der zeitliche Verlauf der Hochfrequenzsignale eine Rolle spielt, sind Expositionen, z.B. durch Flugsicherungsradar-, Mobilfunk- oder Fernsehwellen neu zu bewerten.

Daß es Wirkungen hochfrequenter elektromagnetischer Wellen gibt, die nicht auf der Erwärmung beruhen, ist unbestritten. Bereits die elektrische Feldstärke an sich ist als Kraftwirkung auf eine elektrische Ladung definiert. Überall, wo es eine elektrische Feldstärke gibt, z.B. auch als Bestandteil der elektromagnetischen Wellen, ist daher zumindest theoretisch auch mit (nichtthermischen) Kraftwirkungen zu rechnen. Bei der Diskussion geht es daher nicht um die Existenz nichtthermischer Wirkungen an sich, sondern um ihre biologische Bewertung, nämlich um die Frage, ob und unter welchen Bedingungen sie im Körper entstehen und überdies biologisch bedeutsam werden können.

Reizwirkungen

Eine Erregung von Nerven- und Muskelzellen ist nur möglich, wenn die Reizdauer, also die Dauer einer Halbwelle, genügend groß ist. Im Hochfrequenzbereich ist daher eine Reizwirkung aus physiologischen Gründen nicht möglich. Die Bestätigung wird weltweit täglich in den Operationssälen geliefert, wo Patienten mit starken hochfrequenten elektrischen Strömen operiert werden, ohne daß ihre Muskeln zusammenzucken.

Mikrowellenhören

Die Suche nach nicht-thermischen Wirkungen verlief nicht ohne Irrtümer. So wurde z.B. lange Zeit der Umstand, daß Radarimpulse bereits ab einem Intensitätsmittelwert von 400 µW/cm² als Klicken, Klopfen, Summen oder Zischen gehört werden können, als Beweis für die Existenz nichtthermischer Effekte gehalten. Unabhängig davon, wie sie ihren Kopf hielten, hatten die Versuchspersonen den Eindruck, die Quelle befände sich in ihrem Hinterkopf. In der Zwischenzeit konnte gezeigt werden, daß diese Annahme falsch war. Die hohen Pulsenergien werden nämlich im Hirngewebe absorbiert. Obwohl dadurch eine Erwärmung um nur 5 Millionstel Grad entsteht, verursacht der rasche Temperaturanstieg eine mechanische Druckwelle, die im Innenohr den Höreindruck auslöst. Die Schwelle für diesen Effekt wurde bei der Kurzzeit-Absorption von 130 bis 520 W/kg festgestellt. Das entspricht einer Wärmezufuhr von 0,004 bis 0,16 Ws/kg. Es handelte sich also doch um einen Wärmeeffekt.

Resonanzen

Urspünglich war von einzelnen Physikern die Meinung vertreten worden, daß aus grundsätzlichen physikalischen Gründen keine biologischen Effekte mehr möglich wären, wenn die absorbierte Strahlungsenergie kleiner ist als die thermische Rauschgrenze, also jene Energie, die alle Teilchen aufgrund ihrer Temperatur bereits besitzen. Heute weiß man, daß diese Begründung nur teilweise richtig ist. Sie trifft nämlich auf Resonanzeffekte nicht zu. Tatsächlich gibt es heute eine Reihe theoretischer Vorstellungen, die Resonanzeffekte auch unterhalb der thermischen Rauschgrenze möglich erscheinen lassen, allerdings mit einigen wichtigen Einschränkungen:

1. Ein experimenteller Beweis für diese Hypothesen ist noch nicht gelungen.
2. Auf (nichtthermische) Resonanzeffekte durch reine (unmodulierte) Hochfrequenzen gibt es bisher weder theoretische noch experimentelle Hinweise.
3. Nichtthermische Effekte könnten durch Hochfrequenzwellen erzeugt werden, die zusätzlich niederfrequente Anteile mit sich führen. In dem Fall würden Überlegungen über Resonanzwirkungen anwendbar sein, die bereits in den Kapiteln 2, 3 und 4 behandelt wurden.

Damit unterscheiden sich nichtthermische Wirkungen in einem wichtigen Punkt von den Wärmewirkungen: Sie können nicht im gesamten Hochfrequenzbereich auf treten, sondern sind ihrem Prinzip nach auf einige wenige Sonderfälle beschränkt, in denen die Resonanzbedingungen erfüllt sind. Das bedeutet auch, daß von Ergebnissen mit bestimmten Expositionsbedingungen nicht unkritisch auf die Auswirkungen bei anderen Expositionsbedingungen geschlossen werden kann.

Tatsächlich ist die Situation noch komplizierter: Einige Hypothesen, die sich auf experimentelle Berichte stützen, beruhen auf dem Schlüssel-Schloß-Modell. Das bedeutet, daß Effekte nicht nur bei bestimmten Frequenzbedingungen auftreten, sondern auch wieder verschwinden, wenn die Stärke der Wellen zunimmt. Es müssen also auch bestimmte Amplitudenbedingungen erfüllt sein. Schließlich müssen die Bedingungen über genügend lange Zeit sehr genau eingehalten werden. Bei zufälligen Schwankungen der Stärke oder der Frequenz verschwanden die Effekte wieder.

Die Suche nach nichtthermischen Effekten erfolgt auf verschieden komplexen Ebenen: An der Struktur einzelner Moleküle, dem Ablauf chemischer Reaktionen, dem Verhalten isolierter Körperzellen, von Zellsuspensionen, Gewebspräparaten, lebenden Organismen verschiedener Entwicklungsstufen wie Einzellern (z.B. Amöben), Würmern, Schnecken, Fliegen, Säugetieren (z.B. Mäusen, Ratten, Meerschweinchen, Kaninchen und Affen) bis zu freiwilligen Versuchspersonen. Da die Wirkungsmechanismen nicht ausreichend bekannt sind, ist es schwierig, jene Untersuchungsgrößen festzulegen, die von hochfrequenten elektromagnetischen Wellen beeinflußt werden könnten. Da die Intensitäten klein und damit die möglichen biologischen Wirkungen gering sind, müssen komplizierte empfindliche (und störanfällige) Nachweismethoden angewendet werden. Es ist daher nicht überraschend, daß die berichteten Ergebnisse uneinheitlich und widersprüchlich sind.

Es ist wahrscheinlich, daß die Orte, wo Wechselwirkungen stattfinden, vor allem die Zellmembrane sind. Hinweise auf eine Beeinflussung kann man erhalten, wenn man untersucht, ob sich die Konzentration bestimmter Ionen aufgrund einer Exposition ändert. Besonders interessant ist dabei das Kalzium-Ion. Der Grund dafür ist, daß es nicht nur eine wichtige Rolle im Stoffwechsel unserer Körperzellen spielt, sondern auch bei dem in unserer geographischen Breite herrschenden Erdmagnetfeld eine Resonanz bei der Bahnfrequenz erwarten läßt.

An Hirngewebspräparaten konnte festgestellt werden, daß unmodulierte Hochfrequenzwellen keinen Einfluß hatten. Schwankte ihre Amplitude jedoch mit 16 Hz, änderte sich die Kalziumkonzentration bereits bei absorbierten Intensitäten von nur 0,0013 W/kg. Die Veränderungen waren allerdings nicht größer, als sie auch so im Körper vorkommen. Sie wurden auch mit zunehmender Intensität nicht stärker, sondern waren nur innerhalb begrenzter Intensitätsbereiche feststellbar. Nach der Exposition verschwand der Effekt wieder.

Auch die Aktivität von Enzymen und Hormonen wurde untersucht. So wurde z.B. bei dem Enzym ODC (Ornithindekarboxylase) bei unmodulierten Hochfrequenzwellen keine Beeinflussung gefunden. Erst bei zusätzlichen niederfrequenten Amplitudenänderungen konnten Veränderungen seiner Aktivität, also seiner Rolle in der Stimulierung chemischer Reaktionen, festgestellt werden. Es zeigte sich jedoch, daß die genaue Einhaltung der Resonanzbedingungen äußerst wichtig ist. Der Effekt verschwand, wenn die Amplitude unregelmäßig schwankte oder wenn die Pulsation nicht konstant war (also unter Bedingungen, wie sie z.B. bei Mobilfunk-Basisstationen üblich sind).

Widersprüchliche Ergebnisse gab es auch bei der Untersuchung der Hirnaktivität. Änderungen des EEG durch Kurzzeit-Einwirkung von GSM-Handysignalen konnten nicht bestätigt werden. Auch mehrere Schlafstudien mit Handy-Signal-Expositionen während der gesamten Nacht ergaben keine klaren Hinweise auf eine Beeinflussung.

Untersuchungen über die Beeinflussung von Genen oder der Nachkommenschaft, z.B. von Eintagsfliegen, ergaben keine Hinweise auf Veränderungen. Erste beunruhigende Ergebnisse konnten durch Nachfolgeuntersuchungen nicht bestätigt werden.

Die bisherigen Ergebnisse zeigen, daß das Tumorwachstum durch Erwärmung beschleunigt werden kann. Es gibt jedoch weder überzeugende experimentell Ergebnisse noch Theorien, die belegen, daß Krebs durch nichtthermische Effekte schwacher elektromagnetischer Wellen verursacht werden könnte. Ob eine Beeinflussung des Wachstums schon bestehender Tumore möglich ist, z.B. durch die Erhöhung der Zellteilungsrate, die Verminderung der Produktion des Hormons Melatonin (Kapitel 4) oder die Verstärkung der Wirkung anderer krebserzeugenden Ursachen, wird weiterhin untersucht. Bisher gibt es keine überzeugende Bestätigung für diese Möglichkeiten.

Chemische Reaktionen

Atome und Moleküle können in einen reaktionsfreudigeren Zustand versetzt werden, wenn sie elektromagnetische Energie aufnehmen (können). Dazu muß jedoch ein ganz bestimmter Mindest-Energiebetrag zugeführt werden, der wiederum einer bestimmten Frequenz elektromagnetischer Wellen entspricht.

Für das Aufbrechen einer chemischen Bindung müssen ebenfalls Mindestenergien aufgenommen werden. Selbst die schwächste chemische Bindung, die Van-der-Waals-Bindung erfordert jedoch zu ihrer Lösung Frequenzen, die jenseits der Mikrowellen im Bereich der Infrarotstrahlung liegen.

Eine Beeinflussung chemischer Bindungen durch die Absorption von Energiequanten ist daher im Hochfrequenzbereich nicht möglich. Gibt es jedoch Resonanzeffekte? Eine Chemische Reaktion zweier Bindungspartner kommt dann zustande, wenn sie sich bis auf eine kritische „Reaktionsdistanz" nähern. Eine mögliche Vorstellung geht davon aus, daß Moleküle durch die hochfrequenten Wechselkräfte in (Resonanz-) Schwingungen versetzt werden könnten, die sich so lange aufschaukeln, bis die Reaktionsdistanz erreicht ist und die Bindungsreaktion stattfinden kann. Unter diesen Annahmen könnten kleine Energien die Wahrscheinlichkeit von chemischen Reaktionen verändern. Ein experimenteller Nachweis dieser Hypothese oder ihrer biologischen Bedeutung konnte bisher nicht erbracht werden. Die erwarteten Resonanzfrequenzen liegen im Mikrowellenbereich, z.B. um 50 GHz.

5.2.4 Krebs durch elektromagnetische Wellen? Langzeitwirkungen

„Eure Exzellenz, ich muß ihnen eine Mitteilung machen!" wurde im Jahr 1953 der Botschafter der US-amerikanischen Botschaft in Moskau vom Abwehrchef überrascht. „Wir werden mit Mikrowellen mit Frequenzen zwischen 2,58 und 4,1 GHz bestrahlt! Leider sind wir erst jetzt dahintergekommen, doch es scheint schon länger so zu gehen!" Doch Moskau war nur die Spitze eines Eisberges: Eine ähnliche Mitteilung bekamen zu der Zeit auch die Amtskollegen in Budapest, Bukarest, Belgrad, Leningrad, Prag, Sofia, Warschau und Zagreb. Politische Protestnoten blieben ohne Erfolg, denn selbst die sowjetischen Grenzwerte, die damals ohnehin bereits 1000 fach niedriger waren, als jene der USA, wurden dabei eingehalten: Die Mikrowellen wurden danach noch viele Jahre lang ausgesendet, bis 1975 mit 5 µW/cm², dann ein Jahr lang mit 15 µW/cm² und anschließend mit Bruchteilen von µW/cm².

Damit wurden insgesamt 12.671 Beschäftigte in US-amerikanischen Botschaften Teilnehmer an einem unfreiwilligen Langzeit-Experiment mit chronischer Mikrowelleneinwirkung. In den nachträglich durchgeführten Analysen konnte kein Einfluß auf die Gesundheit festgestellt werden.

Seither wurde auch in gezielten epidemiologischen Studien untersucht, ob es Langzeitwirkungen hochfrequenter elektromagnetischer Wellen auf unsere Gesundheit gibt. Grundsätzlich gilt auch in diesem Bereich, was bereits in Kapitel 4 ausführlich erläutert wurde: Epidemiologische Studien sind ein vergleichsweises grobes Instrument. Wie zuverlässig das Ergebnis ist, hängt unter anderem auch entscheidend davon ab, wie gut es möglich ist, die Exposition zu bestimmen und Personen richtig den Gruppen der Exponierten und Nicht-Exponierten zuzuordnen.

Im Gegensatz zu magnetischen Wechselfeldern sind im Hochfrequenzbereich höher exponierte Personen seltener. Die Studien erfolgten daher an Personen, von denen man vermutete, daß sie beruflich oder privat häufiger stärkeren Wellen ausgesetzt wären, z.B. Mikrowellen-Arbeiter, Plastikschweißer, Radarpersonal, Soldaten, Arbeiter in Rundfunksendern, Amateurfunker oder Personen, die in der Nähe von Rundfunk- und Fernsehsendern lebten. Es ist daher nicht erstaunlich, daß die Ergebnisse uneinheitlich und in der Mehrzahl der Fälle statistisch nicht signifikant waren. Untersuchungen der Bevölkerung in der Nähe leistungsstarker Rundfunk- und Fernsehsender leiden unter den geringen Fallzahlen oder methodischen Mängeln, die die statistische Auswertung unsicher machen. So wurde z.B. über erhöhte Schlafstörungen in der Nähe eines schweizer Kurzwellensenders berichtet, allerdings unter Bedingungen, die psychosomatische Reaktionen zuließen, weil die besorgten Personen über das Abschalten und den Betrieb des Senders Bescheid wußten.

Die theoretischen Wirkungsmodelle, Laborbefunde und epidemiologischen Untersuchungen ergaben bisher auch bei längerer Einwirkung keine überzeugenden Hinweise, daß hochfrequente elektromagnetische Wellen unterhalb der Grenzwerte, egal ob kontinuierlich oder gepulst, unsere Gesundheit beeinflussen könnten.

5.2.5 Indirekte Wirkungen

Metallerwärmung, Störspannungen, Stromschlag, Explosionsgefahr.
Handys stören auch im Bereitschaftsbetrieb.
Nutzen/Risiko-Überlegung für Herzschrittmacherpatienten.

Metallerwärmung

Erwartungsvolle Spannung liegt auf den Gesichtern der Arbeitskollegen. Manche können sich in der Vorfreude ihrer Erwartung nur mit Mühe ein Lächeln verbeißen. „Ach, sei so gut, bring mir bitte die Zange, die neben dem Induktionsofen liegt!" wendet sich der Gruppenleiter an den Neuling. Gespannt folgen ihm die Augen, als er der Aufforderung nachkommt. Plötzlich schreit er erschreckt auf, als er sich beim Erfassen der Zange fast die Finger verbrennt. Schallend bricht die aufgestaute Schadenfreude durch, und ein dröhnendes Lachen umgibt die Runde. Die Streufelder des Induktionsofens hatten nämlich in der Zange Wirbelströme verursacht und sie auf diese Weise erwärmt.

Ernster sind die unerwünschten Wärmewirkungen als Nebeneffekt in der Medizin: Bei der Diathermie kann in Patienten eine so hohe Erwärmung von Metallimplantaten wie z.B. Metallschrauben und -platten entstehen, daß Gewebsschäden auftreten. Die unerwünschte Gewebserwärmung stellt auch für die Weiterentwicklung in der Magnetresonanz-Computertomografie eine wichtige Einschränkung dar.

Störspannungen

Elektronische Geräte sind störempfindlicher als wir. Dies hat mehrere Gründe: 1. Sie besitzen metallische Leiterschleifen, in den Störspannungen besonders gut erzeugt werden können. 2. Wegen der eingebauten Verstärker können auch kleine Signale bedeutsam werden. 3. Die Auswirkungen können durch die Irreführung von Computerprogrammen verstärkt werden. Elektronische Geräte müssen zwar einen Mindest-Störschutz gegen hochfrequente Störfelder besitzen. Dennoch können stärkere Quellen die Geräte beeinflussen oder sogar Beuteile zerstören. Dies könnte auch militärisch ausgenützt werden: Bei der Explosion von „sauberen" Kernwaffen in großer Höhe werden auch hochintensive Mikrowellen frei, die in einem weiten Umkreis alle nicht speziell geschützten Geräte und damit die gesamte elektronische Infrastruktur einschließlich der Nachrichtenübertragungsmöglichkeiten zerstören würden.

Störspannungen werden durch Hochfrequenzwellen noch häufiger und wirkungsvoller erzeugt als durch niederfrequente magnetische Wechselfelder (Kapitel 4). Sie können eine Reihe von Wirkungen besitzen:

1. Die zahlenmäßig häufigsten Störquellen sind Handys. Wenn sie nahe an empfindliche Elektrogeräte gehalten werden, können die von ihnen verursachten Störspannungen deren Funktion beeinflussen, z.B. ein Flimmern des Computermonitors bewirken. Im Alltag sind diese Störungen unkritisch. Es gibt jedoch zwei Sonderfälle:
   a) Die Passagiere werden gebeten, ihre Handys während der Start- und Landephase von Flugzeugen auszuschalten. Der Grund ist, daß die Steuerleitungen entlang des Passagierraumes verlegt sind. Handys können daher in ihnen Störspannungen erzeugen, die vor allem in den Start- und Landephasen ernste Konsequenzen haben können, in denen das komplexe Zusammenspiel der Steuerungs- und Antriebselemente besonders wichtig ist.
   b) Vor allem bei lebenswichtigen elektromedizinischen Geräten können Störspannungen, die durch Mobilfunkgeräten verursacht werden, kritisch werden, ja sogar das Leben des Patienten gefährden. Dabei sieht man es den Geräten nicht an, ob sie empfindlich reagieren. Grundsätzlich ist alles möglich: der Ausfall z.B. eines (Beatmungs-) Gerätes, die Unterdrückung z.B. eines (Herz-) Alarmes, die ungerechtfertigten Auslösung eines Alarmes (z.B. bei Infusionspumpen), die Änderung der Geräteeinstellung (z.B. der Beatmungsfrequenz, der Infusionsförderrate), eine falsche Anzeige, (z.B. der Herzfrequenz, des Blutdruckes), die unbeabsichtigten Aktivierung (z.B. eines Defibrillators oder Elektrorollstuhls).
   Je leistungsstärker ein Mobilfunkgerät, desto weitreichender und häufiger stört es. Häufige Störungen (bis ca. 5 m Entfernung) gibt es durch Sprechfunkgeräte von Rettung, Polizei oder Feuerwehr, gelegentliche (bis ca. 2 m) durch Handys und seltene (bis ca. 1 m) durch Schnurlostelefone. Es ist ein Irrtum, zu glauben, Handys, mit denen nicht gerade aktiv gesprochen wird, stören nicht, im Gegenteil: Im Bereitschaftsbetrieb senden sie nämlich mit einer verminderten Frequenz, gegen die der Störschutz der Medizingeräte machtlos ist, weil sie gerade in dem Frequenzbereich liegt, in dem z.B. Patientenmonitore das Herzsignal erwarten. Es kann daher zu gefährlichen Verwechslungen kommen. Aus diesem Grund sind Handys im Krankenhaus in der Nähe

kritischer Medizingeräte nicht nur nicht zu benützen, sondern auszuschalten.

2. Die Störempfindlichkeit von Herzschrittmachern ist von Firma zu Firma und Modell zu Modell verschieden. Jedes 3. Modell kann durch Handys in seiner Funktion beeinflußt werden. Keine Störungen wurden bei 1.800 MHz GSM-Handys festgestellt. Der Bereitschaftsbetrieb ist kritischer als die aktive Benützung. Eine akute Gefährdung wurde dadurch bisher nicht bekannt. Herzschrittmacherpatienten müssen jedoch nicht auf ihr Handy verzichten. Der Nutzen, im Ernstfall schnell Hilfe herbeiholen zu können, überwiegt gegenüber dem Risiko (mehr unter Abschnitt „Was tun?).

3. In der Nähe leistungsstarker Sender können besondere Schutzmaßnahmen erforderlich sein.

   a) Störungen an Rundfunk-, Fernseh- und Tonbandgeräten sind dort nicht selten und können Abschirmungen notwendig machen. Sie können auch die Messung elektrischer Signale, z.B. in Fernseh-Reparaturwerkstätten erschweren.

   b) Bei Bauarbeiten in der Nähe von Rundfunksendern können in ausgedehnten Metallgebilden zwischen einzelnen Teilen oder zwischen einem Teil und der Erde sogar gefährlich hohe Spannungen entstehen, z.B. bei der Errichtung eines Baugerüstes. Besonders zu beachten ist dies bei Baukränen: Der Kran mit dem Tragseil und der daran hängenden leitfähigen Last stellen nicht nur eine große offene Leiterschleife dar. Diese kann auch ihre Orientierung und Größe ändern und beim Drehen, Heben und Senken wie eine Rahmenantenne mit dem Wellenfeld in Resonanz geraten. Dann kann sich die Spannung um mehr als das 10fache erhöhen. Bei Berührung kann der Stromkreis durch den Bauarbeiter geschlossen werden. Dabei können diese Spannungen einen Mikroschock auslösen und Strömen erzeugen, die an ihrer (kleinen) Eintrittstelle, wie z.B. Nieten oder Löchern in Arbeitshandschuhen, sogar Verbrennungen verursachen.

4. Wirbelströme können dünne Drähte zum Glühen bringen oder bei Trennen oder Annäherung leitfähiger Teile (Schalt-) Funken erzeugen. Dadurch können brennbare Gase, z.B. Benzindämpfe an Tankstellen oder Lackdämpfe in KFZ-Werkstätten, entzündet und zur Explosion gebracht werden. (Die Funkenleistung, die noch zu keiner Entzündung führt, beträgt für Gase ca. 250 mW.) Für derart explosionsgefährdete Betriebe muß ein Sicherheitsabstand zu Sen-

deanlagen eingehalten werden, der von der Leistung und der Frequenz des Senders abhängt.

5. Sprengstoffe werden meist über einen Zünder zur Explosion gebracht. Durch intensive Hochfrequenzfelder können so hohe Spannungen erzeugt werden, daß der Zünder auslöst und Sprengstoffe detonieren. Sprengstoffdepots, z.B. von Steinbrüchen oder militärische Munitionslager müssen daher auch von mobilen militärischen Sendeanlagen einen Sicherheitsabstand einhalten. Er beträgt z.B. bei Sendern mit einer Sendeleistung von 1.000.000 W etwa 250 m. Diese Schwachstelle kann auch militärisch ausgenützt werden: Bei der Explosion von Kernwaffen werden auch hochintensive Mikrowellen frei, die in einem weiten Umkreis unter anderem auch gegnerische (konventionelle) Munition und Sprengstoffe zur Detonation bringen können.

5.3 Wieviel ist zuviel? Grenzwerte für hochfrequente elektromagnetische Wellen

Das Zwei-Schritt-Konzept von Basis- und Referenzgrenzwerten.
Wärmewirkungen bestimmen den Frequenzverlauf.
Nicht mehr als 8 % unserer Eigenwärmeerzeugung und sicher unter
1° Temperaturerhöhung.

„Das haben wir von unserem menschenverachtenden Kapitalismus! Nur um noch mehr Gewinn machen zu können, hat bei uns die Industrie die Grenzwerte hundertfach höher angesetzt, als in der (damaligen) Sowjetunion," schimpft Klaus.

Wie so viele unterliegt auch Klaus der Faszination halber Wahrheiten – und irrt. Den Unterschied in den Grenzwerten gab es tatsächlich. Er war jedoch nicht in den Weltanschauungen, sondern in der verschiedenen Bewertung der Forschungsergebnisse begründet. In der Sowjetunion und anderen kommunistischen Ländern stützte sich die Grenzwertfestlegung auf Berichte, die den westlichen Kriterien nach Wiederholbarkeit und Bestätigung durch unabhängige andere Gruppen nicht entsprachen. Demnach waren Verhaltensänderungen an Tieren festgestellt wurden, wenn sie eine Stunde lang einer 3 GHz-Mikrowellenintensität von 1 mW/cm² ausgesetzt worden waren. Obwohl bei so niedrigen Intensitäten ein nichtthermischer Effekt anzunehmen wäre, wurde den Überlegungen das Wärmekonzept zugrundegelegt und angenommen, die Energiedichte von 1 mWh/cm², also das Produkt aus Intensität und Zeit, sei für den Effekt verantwortlich. Unter Annahme eines 10 stündigen Arbeitstages ergab sich dann die Intensität 100 µW/cm² und mit einem Sicherheitsfaktor 10 der Grenzwert für beruflich Exponierte von 10 µW/cm². Mit einem weiteren Sicherheitsfaktor 10 wurde schließlich der Grenzwert für die Allgemeinbevölkerung von 1 µW/cm² abgeleitet. Aufgrund weiterer Versuche wurde der Grenzwert später angehoben. In den USA betrug damals der Grenzwert das 10.000fache, nämlich 10 mW/cm².

Die Weltgesundheitsorganisation kommt nach Bewertung der publizierten Ergebnisse zum Schluß, daß die Hinweise auf nichtthermische Wirkungen derzeit nicht ausreichen: Es ist nicht nur deren Auftreten beim Menschen fraglich, sondern auch deren gesundheitliche Bedeutung nicht ausreichend geklärt, um als Grundlage für Grenzwertüberlegungen dienen zu können. Da selbst das theoretische Bedrohungspotential als gering eingestuft wird, hält es die WHO für gerechtfertigt, weitere Forschungsergebnisse abzuwarten.

Die Grundüberlegung unserer Grenzwerte beruht daher auf der Frage, wieviel ungewollter Wärme zumutbar ist. Eine wesentliche Orientierungshilfe ist dabei der Umstand, daß wir, wie auch alle Säugetiere, in unserem Körper durch unseren Stoffwechsel sogar in Ruhe ständig Wärme erzeugen (müssen), um unsere Körper(kern)temperatur konstant zu halten. Damit gleichen wir den Wärmeverlust an die Umgebung aus. Dieser Grundumsatz an Wärme hängt von der Wärmeisolation des Körpers und dem Verhältnis Körperoberfläche: Volumen ab. Er ist daher z.B. bei Mäusen 9mal, bei Elefanten hingegen nur 0,4mal so hoch wie bei uns (Abb. 28). Das ungünstigere Oberflächen: Volumen-Verhältnis ist auch der Grund, weshalb z.B. bei Babies der Wärmeverlust wesentlich größer ist als bei Erwachsenen. Das ist auch der Grund, weshalb der Grundumsatz bei Babies um ca. 40 % höher ist. Deshalb sollten sie auch noch warm angezogen sein, auch wenn uns selbst nicht kalt ist.

Bei uns ist die Wärmeleistung, die wir sogar im Schlaf erzeugen, etwa gleich wie bei einer 100 W-Glühbirne. Sie ist bei Männern (116 W) etwas höher als bei den durch ihre durchaus attraktiven Fettschichten besser wärmeisolierten Frauen (104 W). Dieser Umstand ist z.B. für die Klimatisierung von Versammlungsräumen nicht unwichtig: 500 Zuseher bei einer Theateraufführung stellen eine Heizleistung von ca. 50.000 W dar.

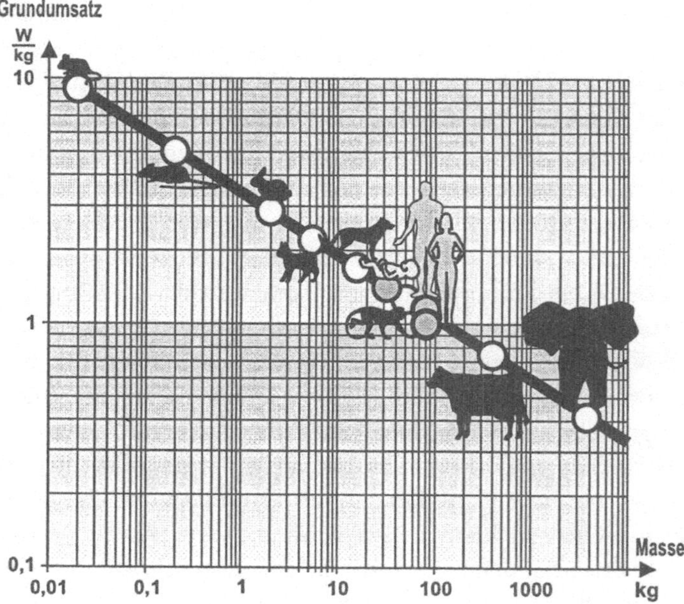

Abb. 28. Unser Wärmeverlust an die Umgebung muß durch ständige Wärmeerzeugung ausgeglichen werden. Der Grundumsatz hängt von der Wärmeisolation der Haut und dem Verhältnis Körperoberfläche : Volumen ab. Er ist für uns und verschiedene Säugetiere in doppelt-logarithmischem Maßstab dargestellt

Unser Grundumsatz entspricht etwa 1,2 Watt pro Kilogramm Körpergewicht. Bei körperlicher Betätigung kann die Wärmeproduktion bis über das 7fache ansteigen, dennoch wird unsere Temperaturregulation damit fertig. Wir führen die überschüssige Wärme verstärkt ab, indem z.B. mehr warmes Blut an die Körperoberfläche und die Arme und Beine gepumpt wird und durch die Verdunstungskälte, die beim Schwitzen entsteht. Auf diese Weise können wir eine Wärmeleistung von ca. 1.000 bis 2.000 W an die Umgebung abgeben. Unter ungünstigen Bedingungen, z.B. bei hoher Außentemperatur, Luftfeuchtigkeit oder bei wärmeisolierender (Arbeits-) Bekleidung kann die Wärmeabgabe jedoch auch erheblich behindert sein.

Die Weltgesundheitsorganisation und mit ihr die meisten Länder der EU haben die Grenzwerte so festgelegt, daß der Körper durch die zusätzliche Erwärmung nicht beansprucht wird. Die Ausgangsüberlegung war dabei der Umstand, daß unser Körper erst auf Temperaturerhöhungen ab 1 °C reagiert. Dazu wurde wieder in zwei Schritten vorgegangen:

182

Zunächst wurden *Basisgrenzwerte* für jene Größen festgelegt, auf denen die biologischen Auswirkungen beruhen. Dabei wurden folgende Fälle unterschieden:

1. Im unteren Hochfrequenzbereich ist das Absorptionsvermögen noch nicht so dominant und die Wirkung der elektrischen Ströme der elektrischen und magnetischen Felder noch nicht zu vernachlässigen. Hier wurde daher die intrakorporale Stromdichte begrenzt.
2. Wenn unser gesamter Körper den hochfrequenten Wellen z.B. eines Rundfunksenders ausgesetzt ist, erwärmt er sich dann um 1 °C, wenn wir ca. 30 min lang ca. 4 W/kg absorbieren. Von diesem Wert ausgehend, wurde der Basisgrenzwert für die über den gesamten Körper gemittelte spezifische Absorptionsrate mit einem Sicherheitsfaktor 10 für beruflich Exponierte mit **0,4 W/kg** und mit einem weiteren Sicherheitsfaktor 5 für die Allgemeinbevölkerung mit **0,08 W/kg** festgelegt, gemittelt über jeweils 6 min.
3. Wenn nur Teile unseres Körpers den Wellen ausgesetzt sind, wie dies z.B. beim Telefonieren mit dem Handy der Fall ist, bietet uns der Ganzkörper-Mittelwert keinen ausreichenden Schutz. Zusätzlich wurde daher dafür ein weiterer Basisgrenzwert festgelegt, indem die maximale Erwärmung in jedem Teilvolumen begrenzt wurde. Damit ergab sich ein Wert von **10 W/kg** für beruflich Exponierte und **2 W/kg** für die Allgemeinbevölkerung. Die Mittelung erfolgt über die Dauer von 6 min und über 10 g Körpergewebe, also einem Volumen von ca. 2,67 cm Durchmesser, das dem Auge enstpricht.
4. Für noch kürzere Zeiten, z.B. bei gepulsten Wellen wie Radarimpulsen, wurde zusätzlich die Pulsenergie begrenzt, um Höreffekte auszuschließen. Für 10 g-Teilbereiche des Kopfes darf die lokal absorbierte Energie für beruflich Exponierte **0,01 Ws/kg** und für die Allgemeinbevölkerung **0,002 Ws/kg** nicht überschreiten. Eine Zusammenstellung der Basisgrenzwerte verschiedener Länder und Organisationen für die Mobilfunkfrequenz 900 MHz enthält Tabelle 12.
5. Bei sehr hohen Frequenzen, z.B. über 10 GHz, ist die Eindringtiefe der Wellen sehr klein. Die Erwärmung konzentriert sich dann auf eine immer dünnere Schicht unseres Körperrandes. Da hier die (eindringende) Intensität schnell fast zur Gänze in Wärme umgewandelt wird, wurde kein Basisgrenzwert mehr festgelegt, sondern direkt die Intensität begrenzt.

Die Berechnung jener Expositionen, bei denen an den angegebenen Körperstellen die Basisgrenzwerte erreicht werden, ist nur näherungsweise möglich. Je nach der Komplexität des verwendeten Modells ergeben sich dabei unterschiedliche abgeleitete Grenzwerte. Die abgeleiteten meßbaren Referenzgrenzwerte unterscheiden sich zwischen den Ländern und Institutionen in dreierlei Hinsicht:

— Einerseits durch die Größe des Basisgrenzwertes selbst, also den erzielten gesellschaftlichen Kompromiß;
— andrerseits durch die Körperstelle, für die der Wert gilt. Derselbe Zahlenwert des Basisgrenzwertes läßt verschieden hohe Referenzgrenzwerte zu.
— schließlich die Größe des Volumens, über das gemittelt wird: Der selbe Zahlenwert bedeutet eine strengere Regelung, wenn er auf ein kleineres Volumen bezogen ist.

Dies erklärt die Unterschiede in den Referenzgrenzwerten in Tabelle 13. Es läßt sich jedoch der Trend erkennen, daß immer mehr Länder die Empfehlung der Weltgesundheitsorganisation übernehmen.

Der Frequenzverlauf der von der WHO empfohlenen Referenzgrenzwerte für die Intensitäten wurde aus dem Kehrwert der Hüllkurve der Körpererwärmung abgeleitet (Abb. 27). Im Resonanzbereich, wo wir am meisten Energie aufnehmen, muß der Grenzwert am niedrigsten sein und kann außerhalb beiderseits wieder angehoben werden. Die Intensitäts-Grenzwerte sind erst ab 10 MHz festgelegt. Bei niedrigeren Frequenzen sind die Grenzwerte für die elektrische und magnetische Feldstärke getrennt so festgelegt, daß die erzeugten Stromdichten im Körper kleiner als der Basisgrenzwert sind. Zur gemeinsamen Darstellung wurden diese Werte in Abb. 29 in äquivalente Intensitäten umgerechnet. Daß sich dabei der Grenzwertverlauf aufspaltet, hat einen Grund: Für elektrische Feldstärken wurden niedrigere Werte gewählt, um Funkenentladungen und Mikroshocks zu vermieden.

Tabelle 12. Basisgrenzwerte für die Mobilfunkfrequenz 900 MHz

| Land bzw. Organisation | Ganzkörper-Erwärmung (SAR) | | Lokale Erwärmung (SAR/Gramm Gewebe) | | Absorbierte Pulsenergie | | Publikation |
	Allgemein-bevölkerung W/kg	(einschlägig) beruflich Exponierte W/kg	Allgemein-bevölkerung W/kg	(einschlägig) beruflich Exponierte W/kg	Allgemein-bevölkerung W/kg	(einschlägig) beruflich Exponierte W/kg	
Österreich	0,08	0,4	4/1g	4/1g	nicht festgelegt	nicht festgelegt	ÖN(V) S1119
Deutschland	nicht festgelegt	nicht festgelegt	nicht festgelegt	nicht festgelegt	nicht festgelegt	nicht festgelegt	BImschVo
	0,08	0,4	2')/10g 4'')/10g	10')/10g 20'')/10g	nicht festgelegt	nicht festgelegt	DIN VDE(V)848-2
Europäische Gemeinschaft	0,08	0,4	2')/10g 4'')/10g	1')/100g 2'')/100g	0,002/10g	0,01	Ratsempfehlung 99/519/EC Ratsempfehlung (V) 1992
Schweiz	0.08	0,4	2')/10g 4'')/10g	10')/10g 20'')/10g	0,002/10g	0,01	BUWAL 1998
ICNIRP (WHO)	0.08	0,4	2')/10g 4'')/10g	10')/10g 20'')/10g	0,002/10g	0,01	Health Phys.1998

(V) Vornorm bzw. Entwurf, VDE Verband deutscher Elektrotechniker, BUWAL Schweizerisches Bundesamt für Umwelt, Wald und Landschaft, WHO Weltgesundheitsorganisation; ICNIRP Internationale Kommission zum Schutz vor nichtionisierender Strahlung
') Für Kopf und Rumpf, gemittelt über angegebene Gramm Gewebe, '') für Arme und Beine.

Tabelle 13. Von den Basisgrenzwerten abgeleitete Referenzgrenzwerte für die Intensität der Wellen bei der Mobilfunkfrequenz 900 MHz

Land bzw. Organisation	Zeitlicher Mittelwert		Pulsmittelwert		Publikation
	Allgemein-bevölkerung $\mu W/cm^2$	(einschlägig) beruflich Exponierte $\mu W/cm^2$	Allgemein-bevölkerung $\mu W/cm^2$	(einschlägig) beruflich Exponierte $\mu W/cm^2$	
Österreich	600	3.000	600.000	3.000.000	ÖN(V) S1119
Deutschland	451	nicht festgelegt	461.824	nicht festgelegt	BImschVo
	450	2.250	450.000	2.250.000	DIN VDE(V)848-2
Europäische Gemeinschaft	450	2.250[*]	450.000	nicht festgelegt	Ratsempfehlung 99/519/EC Ratsempfehlung (V) 1992
Schweiz	450	2.250	450.000	2.250.000	BUWAL 1998
ICNIRP (WHO)	450	2.250	450.000	2.250.000	Health Phys.1998

(*V*) Vornorm bzw. Entwurf, *VDE* Verband deutscher Elektrotechniker, *BUWAL* Schweizerisches Bundesamt für Umwelt, Wald und Landschaft, *WHO* Weltgesundheitsorganisation; *ICNIRP* Internationale Kommission zum Schutz vor nichtionisierender Strahlung
[*] Auslöseschwelle für Maßnahmen, die maximal zulässigen Expositonen sind 5fach höher.

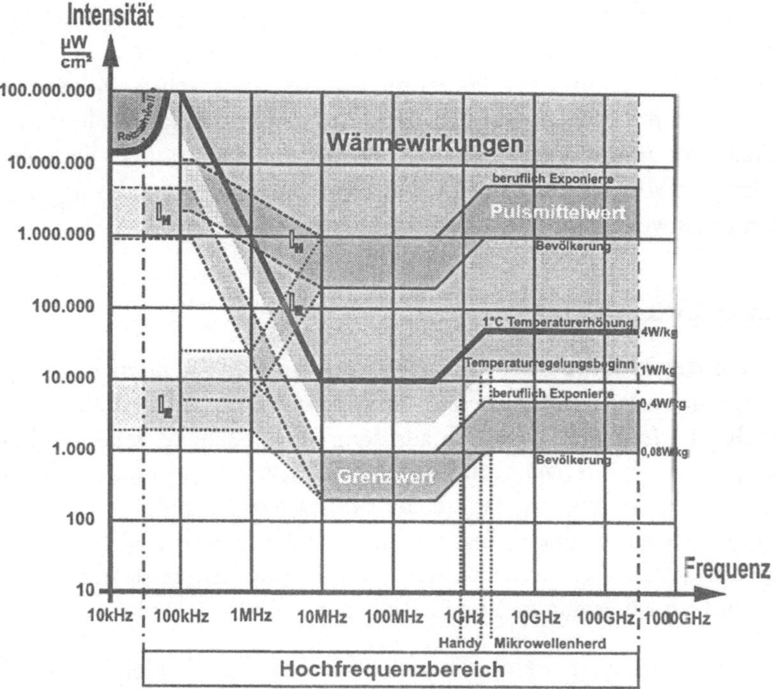

Abb. 29. Frequenzverlauf der von der Weltgesundheitsorganisation (ICNIRP) empfohlenen Referenzgrenzwerte für die Intensität hochfrequenter elektromagnetischer Wellen für die Allgemeinbevölkerung und beruflich Exponierte. Unterhalb des grauen Bereiches verursacht die Erwärmung keinerlei Reaktionen. Am unteren Rand ist die Kurve eingezeichnet, bei der sich die Temperatur um 1 °C erhöht. Unterhalb von 10 MHz sind nur mehr (getrennte) Grenzwerte für die elektrischen und magnetischen Feldstärken festgelegt. Sie wurden für diese Zeichnung in äquivalente Intensitäten (I_E und I_H) umgerechnet. Zusätzlich sind die Grenzwerte für die Pulsmittelwerte eingezeichnet

5.4 Was tun?

Abschirmen bedeutet nicht Beseitigung, sondern nur Schwächung.
Der gewünschte Schwächungsfaktor bestimmt Aufwand und Kosten.
Sie haben teuer geschirmt! – Haben Sie geschirmt?
Hinweise für den Umgang mit Hochfrequenzquellen: Mikrowellenherd und Handys.
Sie tragen einen Herzschrittmacher?

Hochfrequente elektromagnetische Wellen begegnen uns im Alltag in verschiedensten Situationen. Auch wenn uns die Grenzwerte vor Gefährdungen schützen, ist ein vorbeugend richtiges Verhalten durchaus sinnvoll. Wie auch in anderen Frequenzbereichen sollte jedoch der Aufwand in einem vernünftigen Verhältnis zum Ergebnis stehen. Wegen der Vielfalt werden die Hinweise gegliedert. Sie betreffen zunächst allgemein die Frage, wann und wie Sie sich vor Wellen schützen können, beziehen sich dann auf den Umgang mit Mikrowellenherden und Handys und enden mit Hinweisen für Herzschrittmacherpatienten.

Wann und wie schützen?

„Seitdem der Mobilfunksender auf dem gegenüberliegenden Haus errichtet worden ist, halte ich es in meiner Wohnung nicht mehr aus," klagt Birgit. „Jedesmal, wenn ich aus dem Fenster schaue, sehe ich dieses Ungetüm vor mir. Man muß doch etwas dagegen tun können! Warum lassen die Grenzwerte das zu? Sie sind viel zu hoch!"

Birgit hat ein Problem. Das wichtigste wäre zunächst, sich bewußt zu machen, daß die Intensität der Mobilfunkwellen tatsächlich sehr klein sind und dies aus mehreren Gründen:

1. Bei Basisstationen ist die Sendeleistung wesentlich kleiner als bei einem Mikrowellenherd und überdies so konzentriert, daß sie über ihr Haus hinweggesendet wird;
2. der Abstand zur Antenne, auch wenn er ihr gering erscheint, ist groß genug, um die ausgesendeten Wellen stark zu schwächen;
3. das Mauerwerk schützt zusätzlich vor den Wellen.

Birgit täuscht sich, wenn sie glaubt, niedrigere Grenzwerte würden den Mobilfunksender verhindern. Wie Messungen ergeben haben, werden selbst in relativ ungünstigsten Fällen die bestehenden Grenzwerte weit unterschritten: Wenn der Grenzwert die Höhe der Kirchturmspitze hätte, war die relativ höchste gemessene Intensität kleiner als ein Pflasterstein. Objektiv gesehen, ist daher Birgits Angst unbegründet. Auch wenn sie sich davon nicht überzeugen läßt, ist Birgit eine Schirmung nicht anzuraten, auch wenn es dafür eine Reihe von mehr oder weniger sinnvollen Produkten am Markt gibt. Da sie keine Vorstellung davon hat, wie stark sie die Wellen geschwächt haben will, kann sie auch nicht wirklich beurteilen, welche Maßnahmen sinnvoll sind. Bevor sie sich daher in das Abenteuer einer teuren Schirmung stürzt, wäre ihr zu raten, billigere Lösungen zu wählen, nämlich:

a) ihren Aufenthaltsbereich nach Möglichkeit in den der Antenne abgewandten Räumen zu wählen: Die Intensität wird nicht nur durch den vergrößerten Abstand, sondern auch durch die zusätzlichen Trennwände besser verringert, als dies so manche Schirmungsmaßnahmen könnten.

b) Sie könnte sich selbst abschirmen, z.B. mit Kleidung aus leitfähigen Stoffen, die im Spezialhandel erhältlich ist.

Es gibt die Möglichkeit, hochfrequente Wellen abzuschirmen. Dies kann z.B. in Arztpraxen in der Nähe von Rundfunksendern notwendig sein, um ungestörte EEG-Ableitungen machen zu können. Im allgemeinen richten sich die Schirmungsmaßnahmen nach dem gewünschten Ausmaß der Schwächung.

Wie gut eine Schirmung ist, hängt nicht nur vom Aufwand ab, sondern auch davon, wie sorgfältig sie ausgeführt wurde. Ein wirkungsvoller Schirm muß einen Raum möglichst vollständig mit elektrisch leitfähigem Material umgeben. Professionelle Schirme, z.B. für Meßlabors, werden daher tatsächlich lückenlos ausgeführt: Leitfähige engmaschige Metallgitter sind in Wänden, Boden und Decke verlegt und miteinander verbunden, Metalltüren schließen über Metallfederkontakte, und vor den Fenstern befinden sich ebenfalls rundum mit der Wandschirmung verbundene Metallgitter. Dieser Aufwand ist im privaten Bereich kaum finanzierbar.

Auch bei privaten Schirmungsmaßnahmen muß die Regel beachtet werden:

Schirmung bedeutet nicht Beseitigung, sondern (nur) Schwächung.
Jeder Spalt und jede Lücke verringern den Erfolg beträchtlich.

Wer hochfrequente elektromagnetische Wellen abschirmen will oder muß, sollte daher folgendes beachten:

Vor Beginn:

1. Bereits vor Beginn der Maßnahmen (und Ausgaben) sollte entschieden werden, wie stark die Schwächung der Wellen sein soll. Danach richtet sich der Aufwand und die Kosten und erst dadurch kann nach

Fertigstellung überprüft werden, ob die Arbeiten ordnungsgemäß durchgeführt worden sind.

2. Die Leitfähigkeit der Materialien allein, auch wenn sie durch Zertifikate belegt sein mag, ist noch kein Garant für eine wirkungsvolle Abschirmung!

3. Das Ergebnis hängt entscheidend von der Sorgfältigkeit der Arbeiten ab.

4. Jeder Spalt wirkt selbst wieder wie eine Antenne, die Wellen in den Raum hinein aussendet. Achten Sie bei der beabsichtigten Lösung darauf, daß dies nach Möglichkeit verhindert wird.

5. Wenn Sie viel Geld ausgeben wollen (oder müssen), denken Sie rechtzeitig an die Kontrolle. Vereinbaren Sie eine Kontrollmessung vor und nach den Arbeiten, um die Wirksamkeit der Maßnahmen nachweisen zu können.

Bei der Durchführung:

6. Grundsätzlich müssen alle geschirmten Flächen leitfähig und spaltfrei miteinander verbunden werden. Punktweise Verbindungen in regelmäßigen Abständen erfüllen diese Bedingungen nicht.

7. Bei Dachausbauten kann die ohnehin notwendige Aluminiumfolien-Dampfsperre auch als Schirmung verwendet werden, wenn auf guten Kontakt geachtet wird.

8. Bei Rohbauten könnten (vergleichsweise billige) Metallgitter unter Putz vorgesehen werden. Die Maschenweite sollte wesentlich kleiner als die Wellenlänge der zu schirmenden Wellen sein. (Diese beträgt z.B. bei 900 MHz-Mobilfunk 33 cm.)

9. Bestehende Räume können mit leitfähigen (Metall-) Tapeten (allseitig) tapeziert werden. Dies hat jedoch den Nachteil, daß die Wände nicht mehr atmen und die Luftfeuchtigkeit nicht mehr regulieren können.

10. Leitfähige Wandanstriche haben bessere bauphysikalische Eigenschaften als Metalltapeten, aber auch eine schlechtere Schirmwirkung.

11. Vorhänge aus leitfähigem Gewebe sind wegen der verbleibenden Spalten oft das Geld nicht wert, das sie kosten. Zertifikate beziehen sich meist nur auf die Eigenschaften des Materials an sich und nicht auf die Wirksamkeit des Vorhanges!

12. Aluminium-Jalousien (oder Fensterbalken) in Metallrahmen mit seitlichen Metallfederkontakten können Fenster und Türen (nachts) bessere schirmen.

Mikrowellenherd

Beim herkömmlichen Kochen gibt die heiße Pfanne ihre Wärme an die Speisen ab. Durch den großen Temperaturunterschied wird die Oberfläche am stärksten erhitzt, es verändern sich z.B. Geschmack und Aroma des Fleisches. Im Mikrowellenherd geschieht das nicht: Die Energie dringt direkt in die Speisen ein. Befürchtungen über chemische Veränderungen durch die Mikrowellen sind unbegründet. Es wird im Gegenteil krebserregendes Benzpyren vermieden, das sich sonst beim Anbrennen bilden kann, dafür fehlt allerdings die wohlschmeckende Kruste.

1. Beachten Sie, daß sich vor allem das (flüssige) Wasser erhitzt!
2. Gefrorene Wassermoleküle sind nicht beweglich genug, um die Energie aufnehmen zu können. Es erwärmt sich daher zunächst nur der kondensierte Wasserdampf an der Oberfläche. Wenn Sie daher Gefrorenes auftauen, tun Sie das mit kleiner Leistungseinstellung. Damit geben Sie der Oberflächenwärme Zeit, um das Eis aufzutauen. Das entstandene Wasser erwärmt sich dann schnell.
3. Fett wird geringer erwärmt als Fleisch. Durchzogenes Fleisch sollte daher mit geringerer Leistungsstufe erhitzt werden, um der Wärme Zeit zu geben, durch Wärmeleitung auch zum Fett zu gelangen.
4. Die Eindringtiefe, bis zu der die Wellen bereits 2/3 ihre Energie abgegeben haben, ist gering. (Sie beträgt bei Fleisch nur ca. 6 mm). Schneiden Sie daher Ihren Braten in Scheiben oder garen sie ihn länger, also mit geringerer Leistungseinstellung, damit die Wärme Zeit hat, in das Innere vorzudringen.
5. Die Erwärmung kann so schnell erfolgen, daß der Wasserdampf zum Problem wird:
   - Eier (mit Schale) können explodieren und den Garraum verschmutzen,
   - Eidotter (mit intakter Hülle) können explodieren,
   - Auf dem Bratensaft schwimmende Fettaugen können explosionsartig verspritzen. Sie behindern nämlich die Verdunstung so lange, bis sich lokal eine Überhitzung bildet, die das Fett explosionsartig verspritzt. Decken Sie daher Ihren Garbehälter ab. Wenn Sie eine Portion auf einem Teller erwärmen, stülpen Sie z.B. einen zweiten darüber.
6. Babyfläschchen können Sie im Mikrowellenherd erwärmen. Schütteln Sie sie jedoch anschließend gut durch, um die Temperatur auszugleichen.

7. Metallgeschirr ist für Mikrowellen nicht geeignet. Es schirmt das Kochgut vor den Mikrowellen ab und begünstigt Funkenüberschläge im Garraum.
8. Porzellan und Kunststoff erwärmen sich durch Mikrowellen (fast) nicht. Sie können jedoch trotzdem heiß sein, weil die Speisen ihre Wärme an sie abgeben.
9. Verwenden Sie kein Porzellan mit Goldverzierung: Sie kann heruntergehen und es kann im Garraum zu Funkenüberschlägen kommen.
10. Verwenden Sie kein Weichplastik und erhitzen Sie Speisen nicht in der Verpackungsfolie: Durch die Wärme der Speisen können aus dem Kunststoff krebserregende Weichmacher freigesetzt werden.
11. Wenn Sie fertige Speisen aufwärmen: Beachten Sie, daß sie an ihrer Oberfläche verkeimt sein können. Beim konventionellen Erwärmen ist das kein Problem: Da gerade die Oberflächen stark erhitzt werden, werden die Keime abgetötet. Im Mikrowellenherd hingegen geschieht dies erst, wenn sie die Speisen nicht nur auf Eßtemperatur bringen, sondern stärker erhitzen.
12. Wenn Sie Schäden an der Türdichtung oder den Scharnieren feststellen oder wenn die Türe nicht mehr ordentlich schließt: Bringen Sie das Gerät zur Reparatur: In dem Fall könnten zu starke Mikrowellen austreten.

Handys

Handys sind Strahlungsquellen, bei denen der Grenzwert weit ausgeschöpft wird. Es ist daher vernünftig, bei der Benützung auf einige Hinweise zu achten:

1. Die am Markt befindlichen Modelle unterscheiden sich hinsichtlich der Exposition des Kopfes bis zum 10fachen. Fragen Sie nach den Daten und bevorzugen Sie ein schonenderes Modell.
2. Bevorzugen Sie ein Mehrbereichs-Handy, das sich die günstigste Verbindung automatisch sucht und daher mit geringeren Sendeleistungen auskommt.
3. Die Sendeleistung des Handys wird bei schlechten Empfangsbedingungen automatisch hochgeregelt. Telefonieren Sie daher aus dem Auto nur mit Freisprecheinrichtung und Außenantenne.
4. Die stärksten Wellen gehen von der Antenne aus. Drücken Sie sie nicht an Ihren Kopf, sondern halten Sie das Handy so, daß die Antenne etwas wegsteht.

5. Die Erwärmung beschränkt sich auf die unmittelbare Umgebung des Handys. Wechseln Sie daher bei einem längeren Gespräch abwechselnd auf das andere Ohr.

6. Handys können Elektrogeräte stören.

   a) Legen Sie sie möglichst nicht nahe zu Computern oder mikroprozessorgesteuerten Geräten hin.

   b) Wenn Sie sich als Patient, Besucher, Servicetechniker oder Dienstnehmer im Krankenhaus aufhalten:

   – Bedenken Sie, daß (Trenn-) Wände die Wellen kaum schwächen könnten. Auch wenn Sie im Zimmer selbst keine kritischen Geräte sehen, wie z.B. eine Infusionspumpe: Sie könnten im Nachbarraum verwendet werden.

   – Schalten Sie Ihr Handy aus. Medizingeräte werden oft durch den Bereitschaftsbetrieb des Handys mehr gestört als beim aktiven Sprechen.

   – Legen Sie ihr Handy (im eingeschalteten Zustand) nie auf ein Elektrogerät ab.

7. Beherzigen Sie im Flugzeug das Handy-Verbot und schalten Sie es aus! Nicht aktiv sprechen allein ist nicht ausreichend.

Bei Veranstaltungen, nach Möglichkeit auch in Restaurants, das Handy auszuschalten ist zwar kein Gebot der eigenen Sicherheit, aber der Höflichkeit.

Herzschrittmacher

Immer, wenn Stefan seine Bohrmaschine verwendete, bekam er Herzklopfen. Wie er später erfuhr, war die Ursache dafür das Störfeld, das seinen Herzschrittmacher beeinflußte.

Ob bei der morgendlichen Elektrorasur, der Benützung der Elektrozahnbürste oder beim Durchschreiten der Diebstahlsicherung von Kaufhäusern: Störbeeinflussungen im Alltag sind allgegenwärtig und treten tatsächlich häufig, jedoch meist unbemerkt, auf. Unter einer Störbeeinflussung eines Herzschrittmachers versteht man nicht eine Gefährdung, sondern bereits jede ungewollte Abweichung von der vorgesehenen Genauigkeit.

Die bestehenden Grenzwerte sind nicht so niedrig, daß sie diese Beeinflussung ausschließen würden. Ein Herzschrittmacherpatient sollte daher folgendes beachten:

1. Führen Sie immer Ihren Schrittmacherausweis mit sich.
2. Informieren Sie sich über die Art ihres Gerätes: Es gibt im wesentlichen drei davon:
    a) *Demand-Schrittmacher:* Sie kontrollieren über die Stimulationselektrode ständig das EKG und stimulieren nur dann, wenn der eigene Herzschlag länger als üblich ausbleibt. Sie werden z.B. verwendet, wenn das Herz immer wieder aussetzt, aber zeitweise noch in der Lage ist, selbständig zu schlagen.
    b) *Getriggerte Schrittmacher:* Sie erfassen über die Stimulations- oder eine Zusatzelektrode ständig das EKG und benützen es als Zeitgeber, um den Stimulationsimpuls im richtigen Augenblick abzugeben. Sie werden z.B. verwendet, wenn die Nervenverbindung vom Vorhof zur Herzkammer unterbrochen ist und der Herzschlag nicht mehr übergeleitet werden kann.
    c) *Festfrequente Schrittmacher:* Sie stimulieren ohne Rücksicht auf ein Herzsignal mit einem fest vorgegebenen Rhythmus. Diese Herzschrittmacher werden heute nur mehr in Ausnahmefällen eingesetzt. Die beiden anderen Arten schalten jedoch auf einen festfrequenten Sicherheitsbetrieb um, wenn sie erkennen, daß sie ein (Stör-) Signal messen, weil es z.B. stärker ist, als es vom Herzen zu erwarten wäre.
3. Bedenken Sie, wie Ihr Herzschrittmacher im Beeinflussungsfall reagiert. Es gibt zwei Möglichkeiten, woran Sie das erkennen: Am Herzklopfen oder am Schwindelgefühl.
    a) Wenn das Störsignal so stark ist, daß es vom Herzschrittmacher erkannt wird, schaltet er auf den festfrequenten Sicherheitsbetrieb um. Das bedeutet, daß er die eigene Herztätigkeit nicht mehr beachtet und mit einem starren schnelleren Rhythmus stimuliert. Sie erkennen das daran, daß sie *Herzklopfen* bekommen.
    b) Wenn das Störsignal gerade so ist, daß es mit dem eigenen EKG verwechselt wird, wird der Herzschrittmacher in die Irre geführt. Nun müssen Sie wissen, welche Art von Schrittmacher Sie besitzen:
    –   Demand-Schrittmachern wird vorgetäuscht, daß keine Stimulation nötig ist. Dies hat so lange keine Auswirkungen, so lange Ihr Herz ohnehin selbständig schlägt. Wenn jedoch gleichzeitig Ihr Herzschlag aussetzt, bricht der Kreislauf zusammen und es wird Ihnen *schwindlig.* Dauert dies längere Zeit, so kann das lebensbedrohend sein.

– Getriggerten Schrittmachern wird vorgetäuscht, daß sie ständig stimulieren sollen. Der Herzschrittmacher beginnt daher zu stimulieren, so schnell er kann, bis zu einer Sicherheitsbegrenzung im Gerät. Sie bekommen daher immer heftigeres *Herzklopfen*. Man bezeichnet dies als Schrittmacherrasen.

4. Wenn Sie ein unerklärliches Herzklopfen (oder Schwindelgefühl) verspüren, versuchen Sie zu klären, ob dies mit einer äußeren Störquelle zusammenhängen könnte. Störquellen können sein: Wiederholte elektrostatische Entladungsfunken, elektrische Felder, z.B. unterhalb von Hochspannungsleitungen, elektrische Ableitströme, z.B. von einer Waschmaschine, magnetische Gleichfelder z.B. von Hufeisenmagneten, magnetische Wechselfelder, z.B. von Bohrmaschinen oder hochfrequente elektromagnetische Wechselfelder, z.B. von Kaufhaus-Diebstahlsicherungsanlagen oder Rundfunksendern. Wenn ja, gehen Sie davon weg. Nach einer Störbeeinflussung kehren die Herzschrittmacher selbständig in ihren normalen Betriebszustand zurück.

5. Wenn Sie Patient sind, weisen Sie den Arzt auf Ihren Herzschrittmacher hin, z.B. vor der Wärmebehandlung, Reizstromtherapie, Magnetresonanzuntersuchung oder vor einer Operation. Beachten Sie dies auch beim Zahnarzt: Er könnte die Blutstillung mit einem Hochfrequenzgerät vornehmen, das den Herzschrittmacher stören könnte. Röntgenaufnahmen stören den Herzschrittmacher nicht.

6. Wenn Sie ein Elektrogerät kaufen, beachten Sie, daß die Mehrzahl der Geräte für den Herzschrittmacher kein Problem darstellt. Nehmen Sie ein Gerät daher probeweise in Betrieb und achten Sie auf Anzeichen einer Störbeeinflussung, bevor Sie sich endgültig zum Kauf entschließen.

7. Wegen der Störschutzmaßnahmen können hochfequente elektromagnetische Wellen den Schrittmacher kaum beeinflussen, es sei denn, sie enthalten auch niederfrequente Anteile, wie z.B. die Pulsfrequenz von GSM-Handys. Tragen Sie daher Ihr Handy möglichst nicht in der Brusttasche. Bevorzugen Sie eine Gürteltasche, und tragen Sie sie auf der dem Herzschrittmachergehäuse gegenüberliegenden Seite.

8. Wenn Sie für einen Betrieb verantwortlich sind:
   – Vergewissern Sie sich, ob sich in Ihrem Betrieb relevante Störquellen befinden. Der (längere) Aufenthalt in ihrer Nähe sollte daher angestellten Herzschrittmacherpatienten nicht zugemutet

werden. Störquellen können sein: Elektrogeräte mit Ableitströmen über ca. 30 µA, elektrische 50 Hz-Felder über ca. 2.000 V/m, magnetische Gleichfelder über ca. 500 µT und magnetische 50 Hz-Wechselfelder über ca. 20 µT. Bei einem 120 t-Induktionsofen wurden z.B. die meisten Herzschrittmacher bis zu einem Umkreis von 25 m gestört.

– Fragen Sie routinemäßig, ob sich unter Besuchern Herzschrittmacherpatienten befinden und weisen Sie sie auf die Gefahrenquellen hin.

– Kennzeichnen Sie kritische Bereiche durch das Herzschrittmacher-Warnsymbol.

Wenn es zu einem Zwischenfall bei einem Herzschrittmacherpatienten kommt:

1. Leisten Sie Erste Hilfe durch die übliche Herz-Lungen-Massage und Mund-zu-Mund-Beatmung.

2. Schrittmacherrasen kann nicht durch Defibrillation beendet werden! Es hilft nur das Auflegen eines Dauermagneten, an der (außen tastbaren) Stelle, wo sich das Herzschrittmachergehäuse befindet. Damit kann das interne Relais umgeschaltet werden.

3. Bei Herzkammerflimmern erfolgt die Defibrillation nach den gleichen Grundsätzen wie bei einem anderen Patienten. Es muß jedoch bei der Plazierung der Elektroden darauf geachtet werden, daß sie möglichst quer zur Linie Schrittmachergehäuse-Herz angelegt werden, um den Schrittmacher möglichst nicht zu zerstören. Ein externer Schrittmacher sollte jedoch bereitgehalten werden.

6. Das Licht: Optische Strahlung

Wärmespendendes Infrarot, janusköpfiges Ultraviolett und farbenbringendes Licht.
Infrarotsauna, Sommerzeit und Solarien.
Bereits der Alltag erfordert vorbeugend vernünftiges Verhalten.

„Es werde Licht!" sprach Gott bereits am ersten Tag der Schöpfung und nicht: „Es werde das elektromagnetische Spektrum!" Damit ist bereits die Bedeutung dieses schmalen Bereichs elektromagnetischer Wellen hervorgehoben. Es ist die Grundlage unseres Lebens geworden und für unser Wohl und Wehe entscheidend: Infrarotstrahlung vermittelt uns die lebensnotwendige Wärme und die ambivalente Ultraviolettstrahlung zwingt uns zum Maßhalten: In vernünftiger Menge verhilft sie uns zum Vitamin D, im Übermaß ist sie jedoch gefährlich. Die Krönung aber ist ein verschwindend schmaler Streifen im Spektrum, dessen Frequenzen sich vom Anfang bis zum Ende nur knapp verdoppeln: Das (für uns) sichtbare Licht. Es vermittelt uns die farbige Schönheit der Natur, steuert unsere Lebensrhythmen und beeinflußt sogar unsere Stimmung.

Es kommt nicht von ungefähr, daß am Anfang unserer Zivilisation die Nutzbarmachung des Feuers stand. Es wurde für Jahrtausende die wichtigste nach Belieben verfügbare Quelle von Wärme und die erste geschaffene Quelle von Infrarotstrahlung. Heute haben wir selbst die Natur des Lichtes beeinflußt und Laser geschaffen, die Lichtintensitäten in vorher ungeahnter Stärke verfügbar machen und das Sonnenlicht weit in den Schatten stellen.

Wir haben jedoch nicht nur künstliche Quellen geschaffen. Wir sind auch dabei, die natürliche Bestrahlung entscheidend zu verändern, indem wir die Ozonschicht zerstören, die uns bisher vor gefährlicher Ultraviolettstrahlung geschützt hat. Haben wird die Geister, die wir riefen, noch unter Kontrolle oder sind wir bereits in der Rolle des Zauberlehrlings, der hilflos der Eigendynamik der von ihm gestarteten Entwicklungen unterworfen ist? Ist uns überhaupt bewußt, daß wir für unser heutiges Schönheitsideal des braun gebrannten Körpers noch spät eine (zu) hohe Rechnung präsentiert bekommen könnten? Ist es unbedenklich, wenn wir unseren Tag nach Belieben durch künstliches Licht verlängern und so unseren biochemischen Rhythmus verändern und welche biologischen Wirkungen hat die Infrarotstrahlung?

Dieses Kapitel beschreibt die natürlichen und zivilisatorischen Strahlungsquellen und ihre biologischen Wirkungen.

Was ist die optische Strahlung?

Eine einfache Frage, doch schwierig zu beantworten. Es hat auch mehr als 250 Jahre gedauert. Im Jahr 1672 stellten sich die Physiker Huygens und Newton vor, das Licht würde sich durch die Bewegung von Teilchen im „Äther" ausbreiten, im Jahr 1873 beschrieb Maxwell mit seiner berühmt gewordenen Formel die elektromagnetischen Vorgänge, aber erst Einstein gelang die endgültige Klärung (für die er später mit dem Nobelpreis im Jahr 1912 ausgezeichnet worden ist). Wir wissen heute, daß optische Strahlung eine elektromagnetische Natur besitzt. Sie hat jedoch (wie auch alle anderen elektromagnetischen Schwingungen) wie der griechische Gott Janus zwei ganz unterschiedliche Gesichter. Je nachdem, wie ein Versuch angelegt ist, kann sie sich als Welle oder Teichen zeigen.

a) Man kann Licht mit Licht auslöschen oder im Brennglas bündeln: Dann verhält es sich wie eine *Welle*. Je größer die Frequenz, desto kleiner ist die Wellenlänge. (Frequenz mal Wellenlänge ergibt die Lichtgeschwindigkeit.)
b) Man kann mit Licht aber auch Fotos machen, weil es Elektronen aus einem Metall befreien kann. Das gelingt jedoch nicht, wenn man z.B. Infrarotlicht bloß sehr stark macht, z.B. mit einem Brennglas. Licht kann Elektronen erst befreien, wenn es eine genügend hohe Frequenz hat. Es verhält es sich nämlich auch wie ein Strom von *Teilchen (Quanten)*, von denen jedes für sich eine bestimmte (Quanten-) Energie besitzt. Mehr von derselben Sorte ändert nur ihre Dichte (Intensität), jedoch nicht ihre Durchschlagskraft (Energie). Abgesehen von einer Konstanten, dem Plank'schen Wirkungsquantum, wird die *Quantenenergie* ausschließlich von der Frequenz bestimmt.

Die optische Strahlung hat bereits so kleine Wellenlängen (kleiner als 1 mm) daß ihre Ausbreitung durch die Gesetze der Optik beschrieben werden kann. Das bedeutet, daß sie geraden Linien folgt und durch

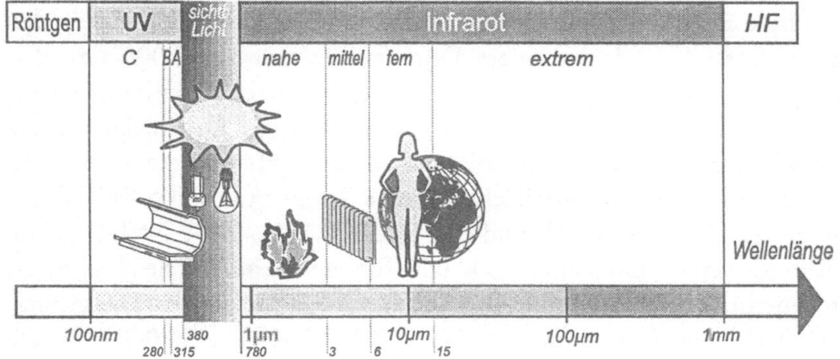

Abb. 30. Die optische Strahlung umfaßt nur einen relativ kleinen Frequenzbereich. Sie setzt sich aus dem Infrarotlicht, dem sichtbaren Licht und dem Ultraviolettlicht zusammen. Der Bereich ist logarithmisch dargestellt: Jedes Kästchen entspricht der Erhöhung um das 10fache

Gegenstände im Alltag reflektiert und gebündelt werden kann. Um zu große Zahlen zu vermeiden, ist es üblich, die Strahlung nicht mehr durch ihre Frequenz, sondern durch ihre Wellenlänge zu charakterisieren, meist durch Tausendstel Millimeter (Mikrometer, µm) oder Millionstel Millimeter (Nanometer, nm).

Die optische Strahlung schließt an den Hochfrequenzbereich an, der sich noch über 10.000.000fache Frequenzen erstreckt hat. Ihr Frequenzbereich ist jedoch wesentlich kleiner: Er reicht nur über 10.000fache Frequenzen. Drei Viertel davon werden vom Infrarotlicht in Anspruch genommen, sichtbares Licht ist nur auf ein schmales Fester von zweifachen Frequenzen beschränkt und der Rest wird vom Ultraviolettlicht beansprucht (Abb. 30).

6.1 Sonne und Wärme: Natürliche optische Strahlung

Sonne

Das Herz zuckte noch in der Hand des Priesters. Blut rann in roten Bahnen seinem Arm hinunter, als er es dem Sonnengott Quetzacoatl zum Opfer brachte. Nicht nur bei den Azteken, und Ägyptern, auch in vielen anderen Naturreligionen wurde die Sonne zur Gottheit erhoben. Noch heute führen sie Länder wie Japan in ihrer Fahne.

In kosmischen Maßstäben ist unsere Sonne ein Mittelklassestern der Leuchtkraftklasse 5 mit einem Durchmesser von 1.393.000 km, der 3,6fachen Entfernung Erde-Mond. In ihrem Inneren herrschen Temperaturen von 14 Millionen Grad und ein gewaltiger Druck. Durch die Verschmelzung von Wasserstoffatomkernen zu Helium entsteht dabei die Energie, die ihre Oberfläche auf eine Temperatur von 5.512 °C erhitzt. Aus 1 g Wasserstoff wird eine Energie von 170.000 kWh frei. Pro Sekunde verliert die Sonne 4.300.000 Tonnen Masse, die sie als elektromagnetische Strahlung und als Teilchenstrahlung aussendet. Die gesamte Strahlungsleistung beträgt 372.000.000.000.000.000.000.000.000 Watt ($3{,}72 \cdot 10^{26}$ W). Den Außenrand unserer Atmosphäre erreichen davon insgesamt ca. zwei Milliardstel, das entspricht im Jahresmittel 1.367 W/m² (Solarkonstante). Die Strahlung schwankt nicht nur mit der Jahreszeit, sondern auch im 11jährigen Rhythmus der Sonnenaktivität. Auf dem Weg durch die Atmosphäre wird die Sonnenstrahlung durch Reflexion an Wolken und Absorption durch die Luftmoleküle

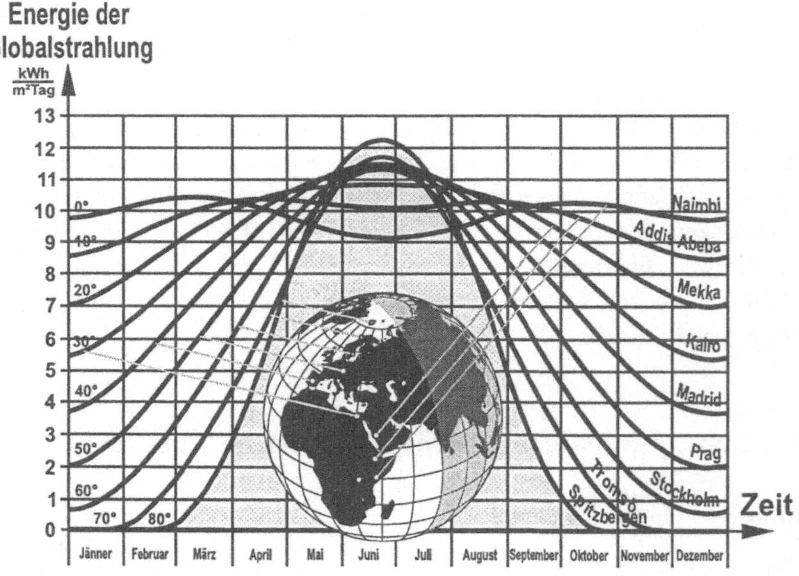

Abb. 31. Jahresverlauf der Globalstrahlung für verschiedene geographische Breiten. Man erkennt, daß das Jahr im Norden (Spitzbergen, Tromsö) in monatelange Phasen kontinuierlicher Dunkelheit und Helligkeit (Mitternachtssonne) aufgeteilt ist. Je näher zum Äquator, desto gleichmäßiger wird die Sonneneinstrahlung über das Jahr

stark geschwächt, sodaß uns (auf direktem Weg) nur mehr ca. 790 W/cm² der Energie erreichen.

Für unsere Gefährdung, aber auch für die Nutzung von Sonnenenergie ist außer der direkten auch noch die diffus einfallende Strahlung von Bedeutung. Mit ihr ergibt sich die gesamte auf der Erdoberfläche auftreffende Strahlung in Mitteleuropa zu ca. 1000 W/cm². Diese *„Globalstrahlung"* ist abhängig von der geographischen Breite, der Höhenlage, der Tages- und Jahreszeit und der Witterung (Abb. 31). Der Tagesverlauf zeigt, daß der überwiegende Teil der Strahlung um die Mittagszeit einfällt: In der Zeit zwischen 11 und 13 Uhr mitteleuropäischer Zeit sind das ein Drittel, zwischen 10 und 14 Uhr sogar zwei Drittel. Berücksichtigt man den Wirkungsgrad von Solarzellen (z.B. 12 % von Silizium, 20 % für Galliumarsenid) und für Sonnenkollektoren (unter 10 %), läßt sich pro Quadratmeter eine elektrische Leistung von ca. 60 bis 200 W gewinnen.

6.2. Wärme: Infrarotstrahlung

6.2.1 Warme Körper: Natürliche Infrarotstrahlung

Alles sendet Wärmestrahlung aus.
Sehen schützt, doch nicht immer.
Das Strahlungsmaximum verschiebt sich mit zunehmender Temperatur.
Infrarotsauna? Eher nicht.

Es ist stockfinster. Die Neumondnacht war wie geschaffen für eine Flucht. Vorsichtig schlich Ganoven-Jo durch den Wald. Er konnte kaum die eigene Hand vor seinen Augen sehen. Die Stimmen seiner Verfolger waren schon längst verklungen, nur sein keuchender Atem dröhnte noch in seinen Ohren. „Halt, stehenbleiben!" ertönte plötzlich ein Kommando und der Strahl einer Taschenlampe traf zielsicher sein Gesicht. „Pech!" war alles, was er sagen konnte. „Physik!" war die Antwort. Die Gendarmerie war nämlich mit Infrarotgeräten ausgestattet, die es ihr nicht nur erlaubten, das Gelände, sondern auch die Wärme seines Körpers zu sehen.

Nicht nur die Sonne sendet nämlich elektromagnetische Strahlung aus: Jeder Körper tut dies je nach seiner Temperatur. Wir wissen erst seit dem Jahr 1800, daß das, was wir als Wärme empfinden, elektromagnetische Wellen mit einer Frequenz kleiner als jene des sichtbaren Lichtes sind. Der Infrarotbereich schließt an den Mikrowellenbereich an und reicht von 1.000 µm bis zum sichtbaren roten Licht bei 780 nm. Nach den vorherrschenden biologischen Wirkungen wird er in vier Abschnitte unterteilt, nämlich in *extremes* (1.000 bis 15 µm), *fernes* (15 bis 6 µm), *mittleres* (6 bis 3 µm) und *nahes* Infrarot (3 µm bis 780 nm).

Wir alle haben schon erfahren, daß auch der Bereich der abgestrahlten Wellenlängen von der Temperatur abhängt, nämlich wenn wir uns an einem scheinbar unauffälligen Stück Koks die Finger verbrannt haben: Sehen können wir die Wärme nämlich erst bei gefährlich hohen Temperaturen: Erst dann, über 525 °C, bei beginnender Rotglut, erstreckt sich die Wärmestrahlung bis in den Bereich des sichtbaren Lichtes. Der Physiker Wiener hat festgestellt, daß sich der stärkste Lichtanteil mit zunehmender Temperatur zu immer kleineren Wellenlängen verschiebt. (Das Verhältnis von Maximum-Wellenlänge und absoluter Temperatur (gemessen in Grad Kelvin) ist konstant und beträgt 2.898 µm/°K). Dies ist auch der Grund, weshalb wir hier auf der Erde feststellen können, wie heiß die Oberfläche der Sonne und der Sterne ist (Abb. 32). So liegt

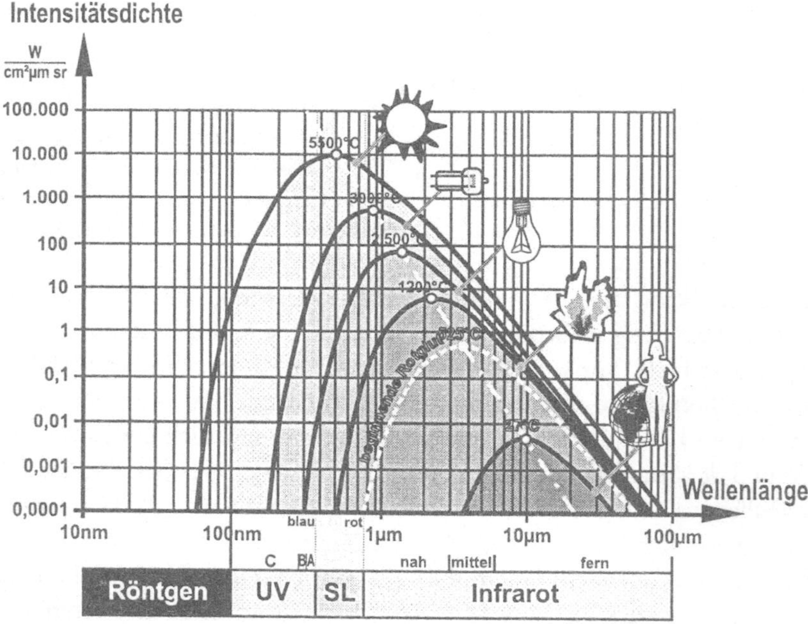

Abb. 32. Intensitätsverteilung der Wärmestrahlung in Abhängigkeit der Wellenlänge. Sie hängt von der Oberflächentemperatur ab. Mit abnehmender Temperatur verschiebt sich das Maximum zu immer größeren Wellenlängen. Mit dem doppelt-logarithmischen Maßstab ist ein großer Dynamikbereich dargestellt: Vertikal entspricht er dem Größenunterschied von der Dicke eines Blattes Papier zur Höhe des höchsten Berges der Erde

das Maximum des Sonnenlichtes bei der Wellenlänge von 501 nm des grünen Lichtes. Mit der Wiener'schen Formel läßt sich somit die Oberflächentemperatur der Sonne zu 5.512 °C berechnen. Die Sonne sendet elektromagnetische Wellen bis in den Ultraviolett- und Röntgenbereich aus, Das Sonnenlicht, das auf unsere Erdoberfläche fällt, entspricht wegen der Absorption in ihrer eigenen und unserer Atmosphäre nur mehr näherungsweise jenem eines schwarzen Körpers. Die Lufthülle unserer Erde schützt uns vor allem vor dem für uns schädlichen UV-Anteil bis 190 nm.

Auch wir selbst senden Wärmestrahlung aus. Wegen der niedrigeren Oberflächentemperatur von ca. 30 °C liegt das Maximum bei größeren Wellenlängen, nämlich bei 56 μm im nahen Infrarot. Lokale Änderungen der Hauttemperatur, z.B. wegen Durchblutungsstörungen in den Beinen oder einem Brusttumor, können daher mit Hilfe einer Infrarotkamera abgebildet und zur medizinischen Diagnostik verwendet werden.

6.2.2 Technische Wärmequellen

Industrielle Wärmequellen können gefährlich hohe Infrarotintensitäten erzeugen.

Die erste künstliche Infrarot-Strahlungsquelle war das Feuer. In der Zwischenzeit sind Wärmequellen ein wesentlicher Bestandteil unseres Lebens geworden. Ob wir damit täglich unser Essen kochen oder einen Kuchen backen, im Winter für eine behagliche Raumtemperatur sorgen, Heizmatten in unser Bett legen, die Sauna erhitzen oder auch nur die Kerze anzünden: Mit wenigen Ausnahmen verwenden wir dabei erhitzte Gegenstände, die wie ein „schwarzer Körper" Infrarotstrahlung in einem breiten Frequenzspektrum abgeben, dessen Maximum von der Temperatur abhängt (Abb. 32). (Die Ausnahmen Gasentladungslampen und Laser werden unter dem Abschnitt des sichtbaren Lichtes behandelt.) Das Frequenzspektrum der Temperaturstrahlung kann jedoch über den Bereich der Infrarotstrahlung hinausgehen: Ab einer Temperatur von 525 °C wird sichtbares Licht und ab ca. 2.200 °C auch UV-Strahlung ausgesendet. Das Maximum der Wärmestrahlung liegt bis zu Temperaturen von 3.442 °C im Infrarotbereich.

Intensive Infrarotstrahlung wird vor allem im Gewerbe und in der Industrie erzeugt, in denen ausgedehnte Wärmequellen und hohe Temperaturen vorkommen. Diese werden verwendet z.B. zum Schmelzen oder Erweichen von Metall, Glas oder Kunststoffen, Härten von Metall,

Verformen von Metall oder Kunststoffen, Trocknen oder Einbrennen von Email oder Farbe, Backen und Sterilisieren. Typische Berufe mit hoher Infrarot-Belastung sind z.B. Glasbläser, Hochofenarbeiter, Gießereiarbeiter, Walzwerkarbeiter, Schmiede, Schweißer, Bäcker, aber auch Feuerwehrmänner. Die Infrarotstrahlung kann dabei so intensiv sein, daß Schutzbrillen und Schutzkleidung getragen werden müssen.

– In einer Quarzglas-Zylinderstaucherei wurden am Arbeitsplatz Strahlungsintensitäten von 110.000 bis 160.000 μW/cm² gemessen
– An Glasschmelzöfen liegt die Bestrahlungsstärke im üblichen Arbeitsabstand kurzzeitig bei 50.000 bis 70.000 μW/cm². Als Mittelwert einer Schicht wurden für Schmelzofenarbeiter noch 17.000 μW/cm² ermittelt.

Hinzu kommen noch Infrarot-Bestahlungslampen zur Wärmebehandlung im industriellen landwirtschaftlichen, medizinischen und privaten Bereich. Diese Strahler werden in drei Klassen eingeteilt:

– Langwellige Strahler (Dunkelstrahler) mit Temperaturen kleiner als 430 °C, die noch kein sichtbares Licht aussenden. Ihre Wellenlänge des Infrarotmaximums ist kleiner als 4 μm. Sie werden für Leistungen bis zu einigen kW gebaut.
– Sichtbar strahlende mittelwellige Strahler mit Temperaturen bis 1.290 °C und Intensitätsmaxima zwischen 4 und 2 μm. Sie bestehen vorwiegend aus einem in einem Quarzrohr aufgeheizten elektrischen Widerstand. Ihre Leistungen erreichen einige kW.
– Kurzwellige Strahler mit Temperaturen über 1.230 °C und Intensitätsmaxima bei Wellenlängen kleiner als 2 μm. Sie bestehen meist aus Feldern von Lampen oder Quarzrohren. Ihre Leistungen können das Zehnfache der anderen Strahler betragen. Die Bestrahlungsstärke kann ca. 100.000.000 μW/cm² erreichen.

6.2.3 Vom Schwitzen bis zum Feuerstar: Biologische Wirkungen der Wärmestrahlung

Infrarotlicht ist nicht nur segensreich.
Lebensbedrohende Akutwirkungen kündigen sich an.
Schwerwiegende Langzeitwirkungen sind nicht auszuschließen.

„Soll ich, oder soll ich nicht?" fragte Inge. „Das kommt darauf an, was Du meinst", entgegnete Helga. „Na, Du weißt schon, diese Infrarot-

Sauna. Herbert will unbedingt eine finnische Sauna mit Ofen und Aufguß und so, aber Infrarot-Strahler sollen doch viel bequemer sein!" „Und über die Wirkung der Strahlung hast Du Dir keine Gedanken gemacht?" meinte Helga. „Sollte ich denn?" ist nun Inge verunsichert.

Infrarotstrahlung gibt ihre Energie sehr schnell ab. Die biologischen Wirkungen konzentrieren sich daher auf unsere Augen und die Haut. Nach ihrem Auftreten werden vier Frequenzbereiche unterschieden:

extremes Infrarot	1000 µm bis 15 µm	geringe Eindringtiefe, Erwärmung der Hornhaut und Haut
fernes Infrarot	15 µm bis 6 µm	Vordringen bis zur Augenlinse Linsentrübung und Hauterwärmung
mittleres Infrarot	6 µm bis 3 µm	Vordringen bis in das Unterhautgewebe Linsentrübung und Gewebserwärmung
nahes Infrarot	3 µm bis 380 nm	Vordringen bis zur Netzhaut Erwärmung der Netzhaut und der Haut

Auge

Unser Auge ist durch optische Strahlungen aus zwei Gründen besonders gefährdet: Einerseits haben Schäden der Netzhaut wesentlich gravierendere Auswirkungen als jene der Haut. Andrerseits fokussiert unsere Augenlinse die Strahlung und verstärkt so ihre Intensität um ein Vielfaches. Da starke Infrarotquellen meist auch intensives sichtbares Licht aussenden, sind unsere Augen zwar meist durch den Lidschluß- und Pupillenreflex geschützt. Das gilt jedoch nicht bei ausschließlichen Infrarotstrahlern wie z.B. Infrarotlasern.

– Das *Augenlid* schützt unser Auge vor Überhitzung: Einerseits durch Wasserkühlung, indem es den Flüssigkeitsfilm an unserer Hornhaut ständig erneuert und andrerseits durch seine eigenen Absorptionseigenschaften. Das bloße Schließen der Augen kann jedoch im mittleren Infrarot zu wenig sein. Die dünne Haut der Augenlider läßt hier nämlich viel Strahlung durch (Abb. 34). Intensive Wärmestrahlung kann daher unsere Augen schädigen. Akut wird das bei Bestrahlungen

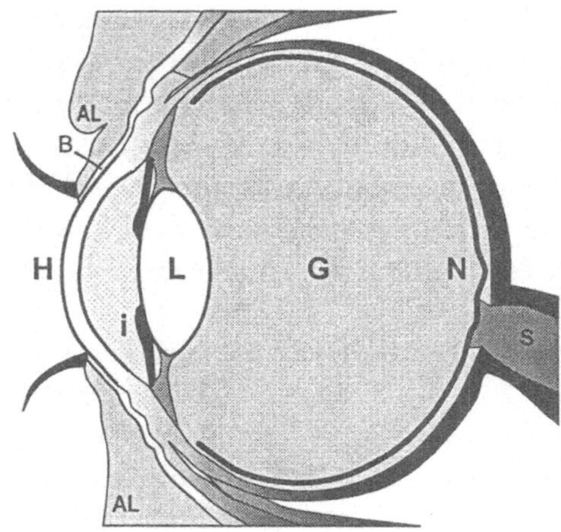

Abb. 33. Der Aufbau unseres Auges: *AL* Augenlid, *B* Bindehaut, *G* Glaskörper, *H* Hornhaut, *i* Irisblende, *L* Augenlinse, *N* Netzhaut, *S* Sehnerv

mit 4.000.000 bis 8.000.000 μWs/cm². Bei Langzeitexpositionen sind jedoch schon bei niedrigeren Bestrahlungen Schäden möglich. Verringert man die Wellenlänge immer mehr, so nimmt die Eindringtiefe zunächst immer mehr ab und die Wärme konzentriert sich zunehmend auf oberflächennähere Bereiche, den Glaskörper, die Augenlinse, das vorgelagerte Kammerwasser und schließlich die Hornhaut (Abb. 33). Im nahen Infrarotbereich erhöht sich jedoch die Eindringtiefe und die Wärmestrahlung kann wieder bis zur Netzhaut vordringen (Abb. 34).

— Die *Hornhaut* ist durch Schmerzempfindungen vor Schäden geschützt. Wenn diese tatsächlich auftreten würden, könnten sie durch Regenerationsvorgänge beseitigt werden.

— Die *Bindehaut* kann sich ebenfalls regenerieren. Die Schwelle für Entzündungen liegt bei 650.000.000 μW/cm².

— Die *Pupille* absorbiert Infrarotstrahlung wegen ihrer Pigmentierung gut, da sie jedoch dünn ist, bleibt ihre Erwärmung in Grenzen.

— Die *Augenlinse* ist vor allem gefährdet, weil ihr Regenerationsvermögen für Schäden sehr gering ist. Es gibt daher verschiedene Ursachen, die im Lauf der Zeit unsere Augenlinse trüben können, z.B. lokale Stoffwechselstörungen, Augenentzündungen, mechanische Schläge und die Einwirkung elektromagnetischer Strahlung.

Erwärmungen können ihr deshalb leicht schaden, weil sie nicht durchblutet ist und daher Wärme nur schlecht ableiten kann. Untersuchungen haben gezeigt, daß chronische Einwirkung intensiver Wärmestrahlung das Risiko einer Linsentrübung bis zur Erblindung (grauer Star) erhöhen kann. Diese beginnt am hinteren Pol und breitet sich von dort allmählich nach den Seiten hin aus. Sie bleibt am Beginn meist unbemerkt und kann erst nach langen Verzögerungszeiten von 10 bis 15 Jahren das Sehen beeinträchtigen. Eine Schwelle für Linsentrübungen wurde zwar für akute Expositionen z.B. mit Laserlicht ermittelt. Für Langzeiteinwirkungen kennen wir noch keine Werte.

Eintrübungen der Augenlinse sind heute als Berufserkrankungen bei Arbeitern in Feuerbetrieben anerkannt. Sie traten früher auch in Eisenhütten auf, sind jedoch heute fast nur mehr unter Glasbläsern zu finden. Diese lehnen es noch oft ab, Schutzbrillen zu verwenden, obwohl sie ca. 200 bis 800 Mal während einer Schicht das geschmolzene Glas mit einer Temperatur von 1100 bis 1250 °C aus dem Ofen entnehmen. Die Häufigkeit von Linsentrübungen scheint in den klassischen Feuerbetrieben abzunehmen. Es ist jedoch zu befürchten, daß sie unter den Arbeitern bei anderen Wärmeanwendungen wie z.B. beim Schweißen, Emaillieren, Trocknen usw. zunehmen könnten. Wegen der langen Latenzzeiten liegen noch keine konkreten Zahlen vor. In Deutschland werden pro Jahr 1 bis 3 Fälle als Berufskrankheit anerkannt.

– Die *Netzhaut* ist vor Infrarotstrahlung nur im nahen Infrarot durch das Absorptionsvermögen vorgelagerter Augenteile geschützt (Abb. 34). Im übrigen Infrarotbereich kann Infrarot ebenso wie sichtbares Licht zur Netzhaut vordringen und (Über-) Erwärmungen verursachen.

Haut

Unsere Haut ist unser größtes Organ. Sie ist ca. 1 bis 2 mm dick, macht ca. 0,4 % unseres Körpergewichtes aus und hat (bei Erwachsenen) eine Oberfläche von ca. 1,6 bis 2 m². Sie ist aus mehreren Schichten aufgebaut (Abb. 35):
– Die *Oberhaut* (Epidermis), einem mehrschichtigen trockenen verhornten Plattenepithel, ihre Dicke variiert von 0,07 mm bis 0,12 mm, an den Handflächen und Sohlen ist sie noch dicker;

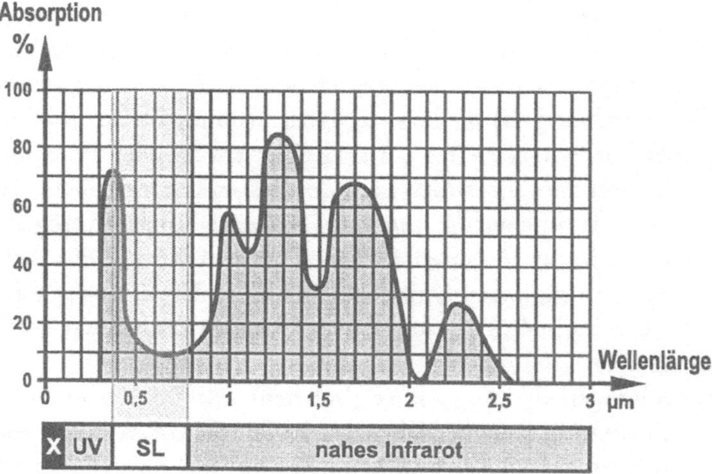

Abb. 34. Absorptionsvermögen der der Netzhaut vorgelagerten Augenteile (ohne Horn-haut) in linearer Darstellung. Man erkennt, daß die Netzhaut nur im nahen Infrarot (und im UV-Bereich) geschützt wird

— Die *Lederhaut* (Dermis), ist mit der Oberhaut verzahnt. Sie ist für die Elastizität und Reißfestigkeit verantwortlich und enthält die Nerven und Haarwurzeln. Sie ist ca. 1 bis 1,9 mm dick, am Augenlid dünner und an den Händen und Sohlen viel dicker.
— Die *Unterhaut* (Subcutis) enthält die Blutgefäße und häufig Fett. Sie ermöglicht die Verschieblichkeit unserer Haut mit dem anschlie-ßenden Gewebe.

Wie tief die Infrarotstrahlung wirksam werden kann, hängt von ih-rer spektralen Verteilung ab. Am gefährlichsten sind die Anteile, die von unseren oberen Hautschichten nicht gut absorbiert werden. Sie können weiter in das Gewebe vordringen und lösen erst verspätet ein Schmerz-gefühl und einen Schutzreflex aus.

Das Absorptionsvermögen unserer Haut ist im fernen und mittle-ren Infrarot hoch: Hier nehmen wir die Erwärmung rasch wahr, tiefer-gelegenes Gewebe ist geschützt (Abb. 36). Im Bereich des nahen Infra-rot um 1,7 µm und 2,2 µm ist das Absorptionsvermögen jedoch gering, die Strahlung kann tiefer in das Gewebe eindringen (auch sichtbares Licht kann besonders gut unter die Haut eindringen; das ist der Grund, weshalb wir Übererwärmungen durch das Sonnenlicht erst relativ spät wahrnehmen).

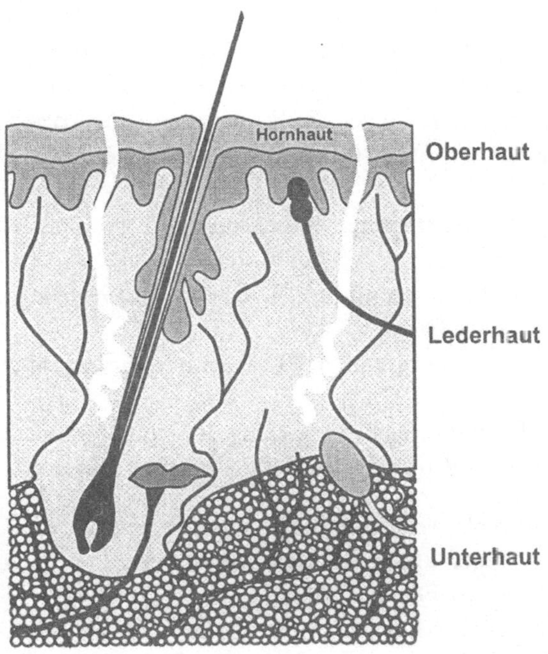

Abb. 35. Der Aufbau unserer Haut aus Oberhaut, Lederhaut und Unterhaut mit Schweißdrüsen, einem Haar und Blutgefäßen

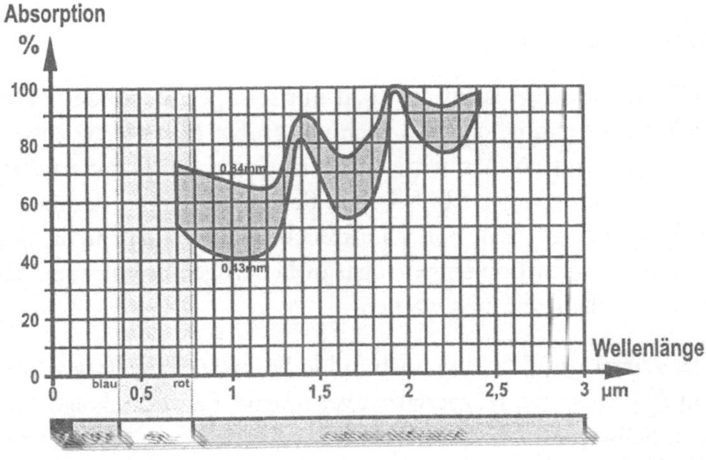

Abb. 36. Absorptionsvermögen der Haut bei unterschiedlichen Dicken. Die geringe Absorption des sichtbaren Lichtes und der Wellenlängen um 1,1 und 1,7 µm erhöht die Gerfährdung: Die Strahlung kann bis in das Unterhautgewebe vordringen (nach Ruth 1975)

– *Schmerzhaft* wird die Erwärmung, wenn die Hauttemperatur ca. 44,5 °C erreicht. Dies ist z.B. der Fall, wenn eine (über das Spektrum summierte) Strahlungsintensität von 150.000 µW/cm² über 10min einwirkt. Je kürzer die Einwirkungsdauer, desto größer muß die Intensität sein: Bei 10s liegt die Schmerzgrenze bei 600.000 µW/cm².
– Bei längerer oder stärkerer Bestrahlung kommt es zusätzlich zu einer *Rötung* (Erythem).
– Ab Temperaturen von 46 bis 47 °C wird das Gewebe *geschädigt* und es bilden sich *Blasen*.
– Wenn die Haut länger über 70 °C erhitzt wird, wird sie schwer geschädigt.
– Extreme Bestrahlung kann Geschwüre und Verkohlung der Haut verursachen und oberflächennahe Organe schädigen.

Da wir normalerweise durch den Schmerz gewarnt sind, treten diese Wirkungen weniger durch Infrarotbestrahlung als vielmehr durch den Kontakt mit heißen Flächen auf.

Es gibt auch eine Langzeitwirkung: Über längere Zeit kann intensive Infrarotbestrahlung unsere Haut auf Dauer verändern: Sie altert schneller, bekommt eine stärkere Pigmentierung und ein ledernes Aussehen. Darüber hinaus erhöht sie das Hautkrebsrisiko.

Temperaturregulation

Unser Temperaturregulation ist nicht nur sehr genau, sondern auch leistungsfähig: Sie ermöglicht uns, auch mit großer Hitze fertig zu werden: Bei trockener Luft können wir es selbst noch bei 60 °C dauernd aushalten und kurzzeitig sogar 120 °C ohne Schaden ertragen. Unter ungünstigen Bedingungen, z.B. hoher Luftfeuchtigkeit, ist das nicht möglich. Dann können wir schon früher sogar in Lebensgefahr kommen. Es gibt jedoch Anzeichen, die uns warnen.

– Der *Hitzekrampf* ist eine noch milde Form der Hitzefolgen. Er wird durch Verlust von Körpersalzen verursacht. Er ist die Folge von starkem Schwitzen, z.B. bei körperlicher Anstrengung in starker Hitze. Die Verkrampfung kommt nicht plötzlich. Sie kündigt sich vorher an, durch allgemeine Mattigkeit, Kopfschmerzen und Brechreiz. Gefährdet sind z.B. Teilnehmer an Dauersportarten, z.B. Marathonläufer, Hochofenarbeiter und Feuerwehrmänner. Durch das rechtzeitige Trinken salzhaltiger Getränke lassen sich Hitzekrämpfe vermeiden. Unbedingt vermeiden sollte man jedoch Alkohol: Er erweitert die Blutgefäße und erhöht das Risiko eines Hitzekollaps.

– Der *Sonnenstich* ist die Folge der zu starken Erwärmung des wärmeempfindlichen Gehirnes, meist durch zu starke Sonnenstrahlung Sie tritt auf, noch bevor unsere Körper(kern)temperatur ansteigt. Dabei können sogar tödliche Schädigungen unserer Hirnzellen eintreten. Es ist besonders gefährlich und charakteristisch, daß der Sonnenstich plötzlich und ohne Vorwarnung auftritt. Wir können uns vor ihm nur durch vorbeugend richtiges Verhalten schützen, z.B. durch das Tragen von Kopfbedeckungen.

– Der *Hitzekollaps* ist die Folge der Überforderung unserer Regelungsvorgänge. Wenn unsere Körper(kern)temperatur über 40 °C angestiegen ist, versucht unser Körper ohne Rücksicht auf den Blutdruck die Wärme abzuführen, indem er die Blutgefäße erweitert und die Extremitäten stärker durchblutet. Die Folge der Erweiterung des Gefäßvolumens wird meist dadurch verschärft, daß das Blutvolumen wegen der ausgeschwitzten Flüssigkeit bereits verringert ist. Dadurch fällt der Blutdruck ab, das Gehirn wird zu wenig durchblutet und wir werden bewußtlos. Die Anzeichen eines Hitzekollaps sind starker Durst, Kopfschmerzen, Schwindelgefühl und Augenflimmern.

– Der lebensgefährliche *Hitzschlag* ist die Folge, wenn unsere Körper-(kern)temperatur auf über 41 °C ansteigt und durch die Mangeldurchblutung und Übertemperatur das Gehirn und unsere Organe geschädigt werden. Die Gefahr des Hitzschlages besteht bei starker körperlicher Anstrengung bei hohen Temperaturen und erschwerter Wärmeabgabe, z.B. hoher Luftfeuchtigkeit und Windstille.

6.2.4 Wieviel ist zuviel?

Grenzwert für den Alltag nicht sinnvoll.
Noch kein allgemeingültiger Grenzwert für berufliche Expositionen.

Im Alltag sind wir vor zu starker Infrarotstrahlung durch unsere Wärmeempfindung und vor allem durch das Schmerzgefühl geschützt. Zu hohe Expositionen können jedoch bei industriellen Wärmeprozessen auftreten.

Es gibt eine Risikogruppe, die sich vor Infrarotbestrahlung besonders schützen muß, nämlich jene Personen, die unter einer zu geringen Bildung von Augenflüssigkeit leiden. Bei ihnen ist die Flüssigkeitskühlung der Hornhaut behindert. Diese beruht darauf, daß der Flüssigkeitsfilm auf der Hornhaut bei jedem Lidschlag erneuert wird.

Derzeit gibt es keine allgemein anerkannten Grenzwertvorschläge für breitbandige Infrarot-Strahlungsquellen. Es besteht jedoch Einigkeit darin, daß grundsätzlich in drei Schritten vorgegangen werden sollte:

1. Es ist die Gefährlichkeit der Strahlungsquelle zu bestimmen. Dabei ist zu berücksichtigen, daß verschiedene Spektralanteile unterschiedliche Auswirkungen besitzen. Dazu könnte z.B. die spektrale Zusammensetzung der ausgesandten Strahlung mit einer Bewertungsfunktion bewertet werden.

2. Die maximale Bestrahlungsintensität, denen Personen ohne Schutzmaßnahmen ausgesetzt sein dürfen, sollte festgelegt werden. Nach einer vorläufigen Empfehlung der Weltgesundheitsorganisation könnte dies der Grenzwert 10.000 µW/cm² sein, der auch in Hinblick auf die noch zu wenig untersuchten Langzeitwirkungen ausreichend niedrig wäre.

3. Grundsätzlich sollten konstruktive und organisatorische Maßnahmen getroffen werden, um intensive Expositionen so gering wie möglich zu halten. Erst als zusätzliche Maßnahme sollten darüber hinaus persönliche Schutzausrüstungen wie Schutzkleidung und Schutzbrillen dienen.

6.2.5 Was tun?

„Sollen wir uns nun eine Infrarot-Sauna anschaffen, oder nicht?" fragt Inge. Helga kann ihr auch nicht wirklich raten, doch in Hinblick auf die biologischen Wirkungen sollte sie folgendes abwägen:

1. Grundsätzlich kommt es auf die spektrale Zusammensetzung der Strahlung an. Zu starke Anteile im nahen Infrarot sind ungünstig. Wenn die Strahler heißer als 2.200 °C sind, wird als ungewollte Nebenwirkung auch schädliches Ultraviolettlicht ausgesendet.

2. Bei einer konventionellen Sauna können die warme Luft oder der heiße Wasserdampf den Körper gut und von allen Seiten erwärmen. Die Infrarotstrahlung tut dies naturgemäß nur dort, wo sie direkt auftreffen kann.

3. Die regelmäßige Benützung der Sauna läßt die Haut schneller altern.

Im Zusammenhang mit der Wärmestrahlung sollten Sie vor allem im Urlaub noch folgendes bedenken:

1. Der Wärmeverlust von Babys ist wesentlich größer als von Erwachsenen. Wenn uns bereits angenehm warm ist, kann es für sie noch zu kühl sein.
2. Kinder verlieren im Wasser besonders viel Wärme. Sie sollten daher nicht zu lange ununterbrochen baden.
3. Schützen Sie ihren Kopf rechtzeitig durch eine Bedeckung: Ein Sonnenstich kommt plötzlich und ohne Vorwarnung!
4. In der Hitze verlieren Sie durch das Schwitzen mehr Flüssigkeit. Besonders wenn Sie einen niedrigen Blutdruck haben, trinken Sie bewußt mehr.
5. Wenn Alkohol nicht vermieden wird, bleiben Sie im Schatten. Konzentrierte Alkoholika sind (tagsüber) nicht zu empfehlen.
6. Wenn Sie sich in der Hitze körperlich stark anstrengen, trinken sie ausreichend isotonische Getränke!
7. Nehmen sie Anzeichen eines Kreislaufproblems ernst. Es sind dies starker Durst, allgemeine Mattigkeit, Kopfschmerzen, Brechreiz, Schwindelgefühl und Augenflimmern. Beenden Sie Ihre körperliche Anstrengung, gehen Sie an einen kühleren Ort und trinken Sie etwas.
8. Die erste Hilfe beim Kreislaufkollaps: An einem kühlen Platz hinlegen, Beine hochlagern, Kleidung öffnen, trinken, mit feuchten Tüchern kühlen.
9. Die erste Hilfe bei Sonnenstich: An einen kühlen Platz bringen, Kopf z.B. durch feuchte Tücher kühlen, Beine jedoch nicht hochlagern!

6.3 Zeitgeber und Informationsträger: Sichtbares Licht

Licht: Lebensregulator, Bote und möglicher Belästigungsfaktor.
Laser geben Licht eine neue Qualität.
Die Intensität des Sonnenlichtes verblaßt gegenüber Laserintensitäten.
Farbe entsteht in unserem Kopf.
Die Wahrnehmung schützt.

Ein Schrei, gefolgt von einem schallenden Klatschen durchbrach die beschauliche Stille. „Verflixt, schon wieder so ein Biest!" schimpft Heinz. „Stockdunkel, und trotzdem finden mich die Biester!"

Nun, so stockdunkel ist es für eine Stechmücke nicht, wenn wir nichts mehr sehen. Was nämlich sichtbares Licht ist, ist von Lebewesen zu Lebewesen ganz verschieden. Als tagaktive Wesen haben sich unsere Augen jenem Spektralbereich des Sonnenlichtes angepaßt, in dem es am intensivsten ist. Es ist daher kein Zufall, daß unsere Augen gerade für das grüne Licht um 500 nm am empfindlichsten sind, bei dem auch das Sonnenlicht sein Maximum hat. Der für uns sichtbare Wellenlängenbereich ist sehr schmal und erstreckt sich nur über eine Verdoppelung der Wellenlängen, vom roten Licht mit 780 nm bis zum blauen mit 380 nm. Nachtaktive Tiere wie z.B. die Stechmücke, die Maus oder die Schlange, sehen bis in den Infrarotbereich. Insekten wiederum können auch UV-Licht wahrnehmen.

Er konnte damals noch nicht ahnen, wie sehr seine Erfindung unseren Alltag verändern würde, als Edison 1879 die Glühbirne serienreif machte. Seither hat sich unser Tag und unser Lebensrhythmus verändert: Wir gehen nicht mehr mit der Sonne schlafen (und stehen auch nicht mehr mit ihr auf). Licht vermittelt uns aber nicht nur die wichtigsten Informationen über unsere Umwelt. Es beeinflußt unseren Biorhythmus und unsere Stimmung. Es kann auch zum Ärgernis werden, wenn z.B. die blinkende Leuchtreklame unsere Wohnung rhythmisch beleuchtet oder uns ein greller Lichtschein das Einschlafen erschwert. Licht ist jedoch noch mehr: Es ist dabei, die Kommunikation zu revolutionieren und bereits jetzt zu einem der wichtigsten Informationsträger geworden. Möglich wurde dies nicht nur durch die Entwicklung der Lichtleitertechnik, sondern dadurch, daß wir dem Licht eine neue Qualität verliehen haben, indem wir Laserstrahlung erzeugen. Lichtleitfasern haben eine Übertragungskapazität, die mit keiner anderen Alternative auch nur annähernd erreichbar ist. Heute sind Nachrichtenübertragungen über offene Lichtstrecken durchaus keine Utopie mehr.

6.3.1 Technische Lichtquellen

Leuchten

Glühlampen sind die häufigsten Lichtquellen. Sie sind Wärmestrahler, bei denen eine Glühwendel aus Wolfram bis zu 2.200 °C erhitzt wird. Ihr Wirkungsgrad ist jedoch sehr schlecht: Nur 4 % der Strahlung entfällt auf sichtbares Licht. Das Intensitätsdichtemaximum liegt bei ca. 1 µm im Infrarot.

Leuchtstoffröhren sind mit Quecksilberdampf gefüllt und besitzen an der Innenseite einen Belag mit Phosphoranteilen, der durch die Elektronen von elektrischen Gasentladungen zum Leuchten gebracht wird. Ihr Lichtspektrum läßt sich durch die Zusammensetzung der Leuchtschicht beeinflussen (Abb. 37).

Bildschirme

Immer mehr Personen beschäftigen sich an ihrem Arbeitsplatz und/ oder in ihrer Freizeit mit Bildschirmen, sei es als Computerterminal,

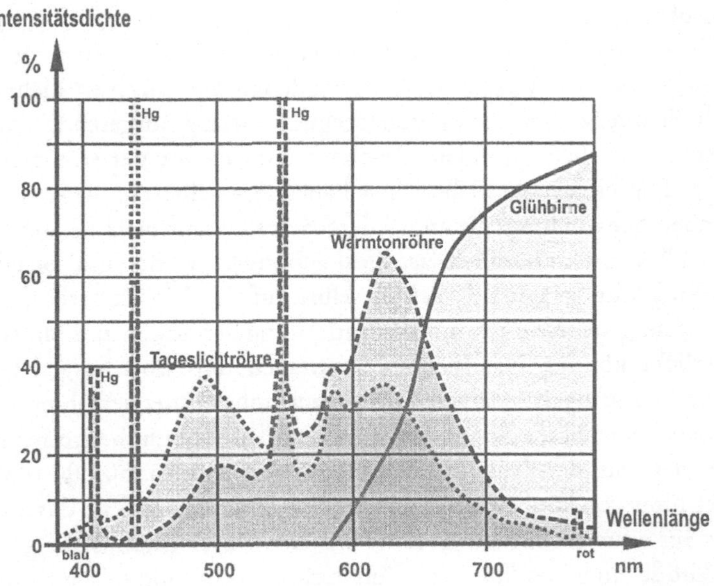

Abb. 37. Spektrale Verteilung verschiedener Lichtquellen: Licht von Glühbirne und Warmtonröhresenden enthält viel rotes, das „kalte" Licht von Tageslichtröhren mehr blaues Licht

Informationsanzeige z.B. in öffentlichen Verkehrsmitteln, Werbefläche oder als Fernseh- und Videospiel. Bei Bildschirmen ensteht das Licht beim Auftreffen von Elektronen auf eine Phosphor-Leuchtschicht. Für Farbbilder sind am Bildschirm für jeden Bildpunkt drei eng benachbarte Teilpunkte aus drei verschiedenen Phosphorarten vorgesehen, die rot, grün oder blau leuchten. Die entstehende Lichtmischung nehmen wir als Farbeindruck wahr. Da das Bild 50mal pro Sekunde geschrieben wird, schwankt die Leuchtdichte je nach der Schnelligkeit des Abklingens des Phosphor-Leuchtens (Phosphoreszenz). Bei gleicher mittlerer Helligkeit wird die starke Leuchtdichteschwankung schneller Phohsphore als unangenehmer empfunden.

Laser

Laser (Light Amplification by Stimulated Emission of Radiation = Lichtverstärkung durch stimulierte Aussendung von Strahlung) werden immer häufiger verwendet: In Kaufhauskassen zum Abtasten der Strichcodes, in Stereoanlagen und Computern zur Abtastung von Compact Discs, in Vorträgen als Lichtzeiger, in Discos und Kinos als Showelement, in der Medizin zur Therapie und in der Nachrichtentechnik zur Informationsübertagung.

Mit Laserlicht steht Licht mit einer neuen Qualität zur Verfügung: Im Gegensatz zu Wärmestrahlern, bei denen die einzelnen Lichtwellen nach Frequenz und Schwingungsbeginn zufällig ausgesendet werden, entsteht Laserlicht in einem Resonanzraum nach einer strengen Ordnung. Die einzelnen Lichtwellen haben die selbe Frequenz und den gleichen Schwingungszustand. Diese Besonderheit macht Laserlicht so wertvoll: Es kann nämlich fast ideal gebündelt werden und behält diese Bündelung so gut bei, daß es selbst auf der Mondoberfläche noch stark genug zu sehen ist, um die Entfernung vermessen zu können. Mit Laserlicht können Nachrichten übertragen und trotz vergleichsweise kleiner Leistungen Strahlen mit extrem hohen Energiedichten erzeugt werden. Obwohl die Sonne mit Ihrer Lichtleistung unübertroffen bleibt, erzeugt sie auf der Erde nur Lichtintensitäten von ca. 50.000 μW/cm^2. Laser hingegen können den Lichtstrahl so bündeln, daß sie das Sonnenlicht bis zum 10^{15}fachen übertreffen. Der Unterschied ist so groß wie die Größe eines Sandkorns im Vergleich zum Abstand unserer Erde von der Sonne – und ein Ende der Intensitätssteigerung ist noch nicht abzusehen.

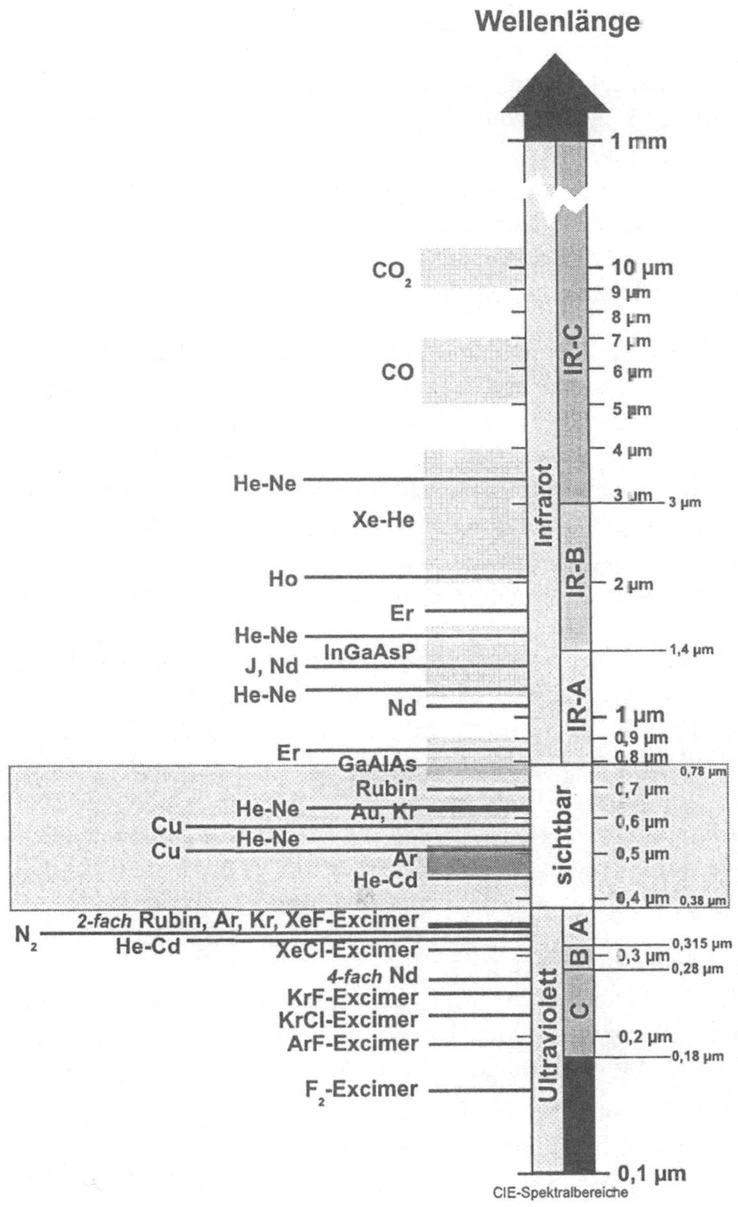

Abb. 38. Wellenlängen, die von Lasern erzeugt werden können. Balken zeigen das breitere Spektrum von Festkörperlasern

Die Frequenz und Bandbreite der Laserstrahlung hängt von der Art des Lasermediums im Resonanzraum ab. Man unterscheidet Festkörper-, Halbleiter-, Excimer-, Farbstoff- und Gaslaser. Die erzeugbaren Wellenlängen reichen vom Ultraviolettbereich über das sichtbare Licht bis ins ferne Infrarot (Abb. 38).

Wegen der extremen Bündelung können nicht nur sehr wirksame, sondern gleichzeitig auch äußerst gefährliche Strahlungsintensitäten erzeugt werden. Die Lasergeräte werden daher nach ihrem Gefährdungsgrad in vier Klassen eingeteilt:

- Laser *Klasse 1*: Sie sind *absolut ungefährlich*, selbst beim direkten Blick in den Laserstrahl, auch mit optischen Hilfsmitteln (z.B. Mikroskop).
- Laser *Klassse 2*: Sie sind *bedingt ungefährlich*, selbst beim direkten Blick in den Laserstrahl, auch mit optischen Hilfsmitteln. Im Bereich des sichtbaren Lichtes sind jedoch höhere Intensitäten zugelassen, weil wir hier durch den Lidschluß-, den Pupillenreflex und die Abwendreaktion geschützt sind.
- Laser *Klasse 3*: Sie sind *bedingt gefährlich*. Sie werden weiter unterteilt.
  a) Laser *Klasse 3A* sind nur dann gefährlich, wenn man mit einem optischen Hilfsmittel direkt in den Strahl blickt.
  b) Laser *Klasse 3B* sind beim direkten Blick in den Strahl auch mit bloßem Auge gefährlich, diffus reflektiertes Laserlicht ist (noch) ungefährlich.
- Laser *Klasse 4*: Die Laserstrahlung ist *immer gefährlich*, auch wenn sie diffus reflektiert wird. Darüber hinaus kann sie nicht nur das Auge, sondern auch die Haut schädigen.

Laser werden daher verwendet:
- In der Materialbearbeitung, z.B. zum Härten, Schweißen, Bohren oder Abtragen von Metallen, Keramik, Glas, Kunststoffen und Holz.
- In der Mikroelektronik, z.B. zum Anschweißen haarfeiner Anschlußdrähte, Abgleichen von Bauelementen und zur Belichtung von integrierten Schaltungen.
- Zur Vermessung, z.B. bei Präzisionsmaschinen, im Flugzeug- und Großmaschinenbau, zur Landvermessung und Vermessung im Hoch-, Tief- und Tunnelbau.
- In vielen Disziplinen der Medizin, z.B. zur Schneiden von Geweben und Stillen von Blutungen, zum Abtragen von Material, z.B. der Hornhaut, des Gelenkknorpels oder von Zahnschichten, zur Öff-

nung von Gefäßverschlüssen, Entfernung von Tumoren und Steinen, zur Behandlung von Hauterkrankungen und lokalen Aktivierung von Medikamenten.

- Beim Militär, z.B. zur Ortung, zur Lenkung von Angriffs- und Abwehrwaffen und in Form von Hochleistungslasern als eigenständige Waffe.

- In der Nachrichtentechnik zur Informationsübertragung. Die hohe Frequenz erlaubt eine große Übertragungskapazität mit großen Bandbreiten und Packungsdichten. Die Übertragung geschieht in Lichtleitfasern und vermehrt auch über offene Übertragungsstrecken.

- In der Sicherheitstechnik als Zutrittsalarmsystem bei Unterbrechnung von Begrenzungsstrahlen aus unsichtbarem Laserlicht.

6.3.2 Innere Uhr und Farbe: Biologische Auswirkungen

Licht steuert unsere Lebensvorgänge.
Erhöht Nachtschwärmen das Krebsrisiko?
Hochintensives Laserlicht gefährdet unsere Netzhaut.

Licht ist uns so vertraut und selbstverständlich, daß es scheinbar überflüssig ist, über die biologischen Auswirkungen zu reden. Doch immerhin zweigt ein Teil unseres Sehnervens zu jenem Teil unseres Gehirns ab, der viele unserer Lebensvorgänge, einschließlich der Hormonproduktion, steuert.

In Hinblick auf schädigende Wirkungen liegt das sichtbare Licht im Übergangsbereich: Zu hohe Lichtintensitäten können noch thermische und mechanische Schäden wie im Infrarotbereich und schon photochemische Wirkungen wie im Ultraviolettbereich verursachen. Zu intensives Licht kann unsere Augen und unsere Haut schädigen.

Augen

„Schatz, ich schenke Dir den Autoschlüssel!" verkündet Martin, als er um Mitternacht nach Hause kam. „Zum Hochzeitstag?" jubelt Monika. „Nein, zum Andenken! Auf der Heimfahrt bin ich leider von einem entgegenkommenden Auto geblendet worden und mit dem Auto von der Fahrbahn abgekommen. Totalschaden!"

Unsere Augen sind außergewöhnliche Sinnesorgane: Die Empfindlichkeit unserer Sehzellen ist enorm. Sie ist nämlich bereits bis zum theoretischen Maximum gesteigert. Bereits die kleinstmögliche Energiemenge, nämlich ein einziges Strahlenquant, reicht aus, um eine Sehzelle zu erregen. Andrerseits können wir auch noch das 10^{12}fache der Intensität ohne Schäden wahrnehmen. Dieser gewaltige Dynamikbereich ist so groß wie der Unterschied zwischen der Größe eines Kindes und der Entfernung unserer Erde bis zur Sonne. Die Wahrnehmung beruht auf einer biochemischen Reaktion, nämlich dem Bleichen des Sehfarbstoffes unserer Sehzellen durch die Lichtquanten, und das braucht Zeit: Wenn daher zu starkes Licht einfällt und der gesamte verfügbare Farbstoff „verbraucht" ist, dauert es einige Sekunden, bis ein Teil wieder so weit regeneriert ist, daß er wieder auf Licht reagieren kann. Während dieser Zeit sind wir blind.

Die Trägheit unserer Augen wird alltäglich ausgenützt: Sie ermöglicht es uns, die Filme im Kino oder Fernsehen in einem kontinuierlichen Ablauf zu sehen, obwohl nur wenige Bilder pro Sekunde gezeigt werden. Daß es im Kino dunkel ist, hat nicht den Grund, unsere zwischenmenschliche Beziehungen zu fördern, sondern eine viel nüchterne Ursache. Es reichen dann nämlich bereits wenige, nämlich 25 Bilder pro Sekunde aus, um einen Film ohne Flimmern sehen zu können.

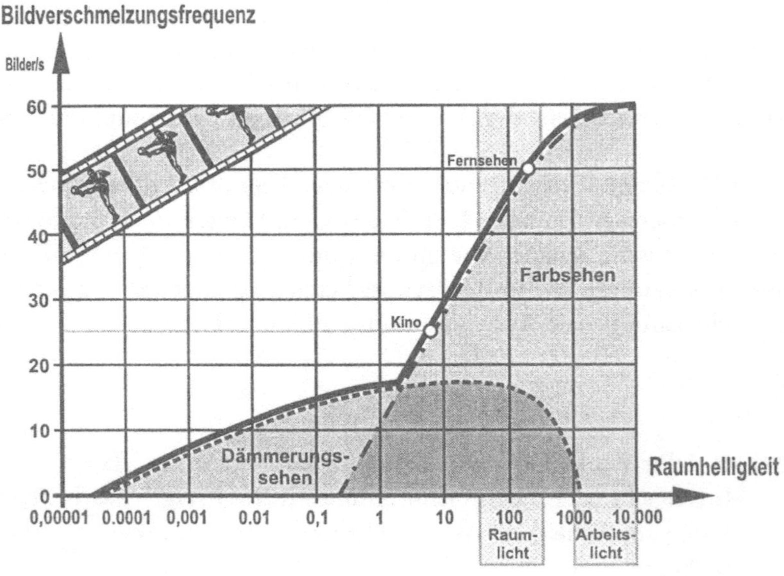

Abb. 39. Bildverschmelzungsfrequenz in Abhängigkeit von der Umgebungshelligkeit: Filme mit 25 Bildern/s können nur in abgedunkelten Räumen flimmerfrei gesehen werden, bei Fernsehgeräten sollte die Raumbeleuchtung nicht zu hell sein, 100 Hz-Geräte sind auch im hellen Tageslicht flimmerfrei

Da die vorgelagerten Bereiche unseres Auges wie Hornhaut, Linse und Glaskörper sichtbares Licht kaum absorbieren (Abb. 34), ist vor allem unsere Netzhaut durch zu intensives Licht gefährdet. Der Grund liegt nicht nur in der Empfindlichkeit unserer Sehzellen, sondern auch darin, daß unsere Augenlinse das durch die Pupille einfallende Licht auf einen Fleck von nur 10 bis 20 Tausendstel Millimeter konzentriert. Dadurch erhöht sich die Intensität des Lichtes nochmals um das 10.000- bis 100.000fache und das gerade auf dem wichtigsten Netzhautbereich, in dem unsere Tageslicht-Sehzellen konzentriert sind. Wenn dieser Bereich thermisch geschädigt wird, sind wir hochgradig blind. Wir sind bereits im Alltag gefährdet: Wenn wir zu Mittag direkt in die Sonne sehen, reichen bereits einige Sekunden, um unsere Netzhaut schwer zu schädigen.

Haut

Unsere Haut absorbiert (Sonnen-) Licht nicht so gut wie Infrarotlicht. Sie besitzt jedoch einen (beschränkten) Eigenschutz. Er liegt einerseits darin, daß wir je nach unserer Bräunung das sichtbare Licht zu 45 bis 65 % reflektieren können (Abb. 40). Helle Haut reflekiert daher um ca. die Hälfte mehr als gebräunte Haut. Andrerseits schützt auch die Bräunung selbst, weil sie die Absorption in die oberen Hautschichten verlagert. Dadurch ist tiefergelegenes Gewebe besser geschützt.

Häufige Bestrahlungen verursachen ein schnelleres Altern und eine stärkere Pigmentierung der Haut.

Laserwirkungen

Laser können je nach Wellenlänge, Intensität und Zeitverlauf thermische, mechanische und photochemische Wirkungen verursachen. Diese werden in der Medizin gezielt ausgenützt. Die Art des benötigten Lasers hängt dabei von der gewünschten Wechselwirkung und der erforderlichen Eindringtiefe ab. Sie werden heute bereits in vielen medizinischen Disziplinen angewendet z.B. für

– berührungsloses Schneiden von Gewebe durch so rasches Erhitzen, daß die Zellflüssigkeit explosionsartig verdampft und dabei die Zellen aufreißen. Je nach Schnittgeschwindigkeit können durchtrennte Blutgefäße auch gleichzeitig verschlossen werden;

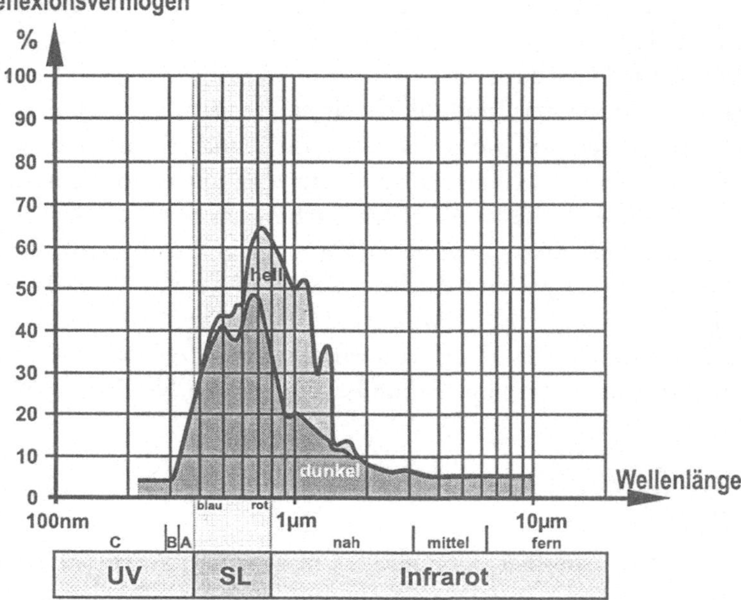

Abb. 40. Reflexionsvermögen unserer Haut in Abhängigkeit der Wellenlänge: helle Haut reflektiert fast um die Hälfte besser als gebräunte (nach Jacques 1955)

- Koagulieren von Eiweiß z.B. zum Verschweißen der abgelösten Netzhaut mit dem Gewebe. Dadurch kann die weitere Ablösung gestoppt werden;
- kaltes Abtragen von Gewebe, indem mit kurzen energiereichen UV-Laserimpulsen chemische Bindungen aufgebrochen werden (z.B. Gehirntumorentfernung, Hornhautkorrektur, Entfernung von Arterienverschlüssen);
- Zerkleinerung von Gallen-, Harnleiter- oder Blasensteinen durch energiereiche mechanische Schockwellen nach Zusammenbruch von Kavitationsblasen, die durch hochintensive kurze Laserimpulse erzeugt wurden.
- Ausbleichen von Farbstoffen zur Entfernung von Hautpigmentflecken und Tätowierungen;
- lokale photochemische Aktivierung von Medikamenten zur Vermeidung von Nebenwirkungen und punktgenauen Tumor-Chemotherapie;
- Stimulierung der Wundheilung durch Bestrahlung mit schwacher Laserstrahlung;

– kontinuierliche Pulsmessung durch die veränderte Durchlässigkeit
  oder Rückstreuung von Laserlicht am Finger oder Ohrläppchen.

Biorhythmus

„Ich bekomme meine Augen kaum auf!" stöhnt Christian müde. „Was
soll das, es ist immerhin schon 7 Uhr morgens. Raus aus dem Bett, du
Faulpelz!" ermahnt ihn Christine. „Du hast leicht reden, für mich ist es
noch immer erst 6 Uhr. Die Umstellung auf die Sommerzeit macht mir
immer wieder zu schaffen!"

Christian ist ein Beispiel dafür, daß unsere Lebensvorgänge nach einem inneren biologischen Rhythmus ablaufen. Er betrifft nicht nur
unsere innere Uhr, die den Wach/Schlaf-Rhythmus bestimmt. Auch
viele andere Körperfunktionen besitzen einen Tagesgang (einen circa-
dianen Rhythmus), z.B. unsere Körpertemperatur, unser Leistungsver-
mögen oder die Hormonproduktion. Wir wissen, daß die Umstellung
dieses Rhythmus z.B. bei der Umstellung auf die Sommerzeit, nach
Transatlantikflügen oder beim Wechsel der Arbeitsschicht, ein paar Tage
bis zu zwei Wochen dauern kann. Ohne die Synchronisation durch das
Licht würde unser Wach/Schlaf-Rhythmus eineinhalb Stunden länger
als einen Tag dauern.

Durch Licht wird unter anderem auch die Produktion des Hormons
Melatonin unterdrückt. Melatonin spielt eine wichtige Rolle für unser
Immunsystem und in der Bekämpfung von Krebserkrankungen. Es ist
daher unvermeidlich, daß wir die Vorgänge in unserem Körperinneren
beeinflussen, wenn wir unsere Schlafphasen verkürzen. So wie im Fall
der Magnetfeldeinwirkungen (Kapitel 4) ist daher auch hier die Frage
nach einem Zusammenhang zwischen verkürzten Schlafphasen und einem erhöhten Krebsrisiko zu stellen. Dies gilt auch für Aufenthalte in
nördlichere Gegenden, z.B. der Mitternachtssonne, in denen der Licht-
wechsel keinem so ausgeprägten 24-Stunden-Rhythmus unterliegt
(Abb. 31) und die Melatoninproduktion während der Dunkelphasen
über längere Zeit geändert ist.

Farbe

„Gräßlich! Wie kannst Du nur diese smaragdgrüne Krawatte zu Dei-
nem neuen Anzug tragen. Siehst Du denn nicht, wie sich das schlägt?"
entrüstet sich Doris. „Finde ich gar nicht, im Gegenteil, ich glaube, sie

paßt sogar sehr gut!" widerspricht ihr Günter. Er tauscht aber dennoch die Krawatte gegen jene, die ihm Doris hinhält.

Licht vermittelt uns mehr als nur Information. Es beeinflußt unsere Stimmung und unser Wohlbefinden und das mit einer Eigenschaft, die es im physikalischen Sinn überhaupt nicht gibt: Mit Farbe. Günter hat daher recht, wenn er nicht mit Doris streitet. So wunderschön sie ist: Farbe ist dennoch bloß ein subjektiver Eindruck, der erst in unserem Gehirn entsteht. Er wird uns von drei verschiedene Arten von Sehzellen vermittelt. Sie sind jeweils bei verschiedenen Wellenlängen am empfindlichsten, die wir als rot, grün oder blau empfinden. Bei ca. 10 % der Männer ist die Grün-Empfindlichkeit etwas zum Roten hin verschoben. Sie sehen daher Farbe anders. (Noch ausgeprägter sind die Empfindungsunterschiede beim Ausfall einer gesamten Art von Sehzellen, z.B. bei Rot/Grün- oder, seltener, bei Blau/Gelb-Blinden.)

Jeder Innenarchitekt weiß um die psychologische Wirkung von Farben. So vermittelt uns Blau den Eindruck der Kühle und Grün das Gefühl der Ruhe. Rot hingegen aktiviert uns und steigert die Aggressivität. Es wäre daher als Farbe für Konferenzräume und Besprechungszimmer denkbar ungeeignet. Es ist daher nicht verwunderlich, daß Licht auch therapeutisch zur Behandlung depressiver Verstimmungen eingesetzt wird.

6.3.3 Wieviel ist zuviel?

Der direkte Blick in die Mittagssonne ist gefährlich.
Für Laserstrahlungen gibt es Grenzwerte.
Noch keine Grenzwerte für die Zumutbarkeit von Belästigungen durch Lichtquellen.

Im Gegensatz zu den anderen Frequenzbereichen des elektromagnetischen Spektrums können wir Wellenlängen zwischen 780 nm und 380 nm wahrnehmen, noch lange bevor sie gefährlich werden können. Wir sind überdies durch Reflexe wie den Pupillen-, Lidschluß- und Abwendreflex vor Überexpositionen geschützt. Ein allgemeine Festlegung von Grenzwerten ist daher nicht erforderlich. In vielen Fällen werden durch Licht verursachte Belästigungen z.B. durch nächtliche Beleuchtungen, weniger wegen unvermeidbarer Sachzwänge, sondern wegen mangelnder Einsicht der Errichter störender Lichtquellen verursacht. In einem konstruktiven Klima lassen sie sich häufig mit relativ einfachen Mitteln beseitigen. Für Grenzwerte über die Zumutbarkeit von Belästigungen durch Licht fehlt derzeit (noch) das öffentliche Problembewußtsein.

Einen Sonderfall stellen jedoch Lasergeräte dar. Die Einteilung in Gefahrenklassen beruht auf Grenzwerten für biologische Wirkungen auf die Haut und das Auge. Sie berücksichtigen die Frequenz, die Intensität, den Zeitverlauf der Strahlung und die Dauer der Exposition. Abbildung 41 zeigt ihren Verlauf für eine Bestrahlungsdauer von 100 s. Für sichtbares Licht sind deutlich niedrigere Werte festgelegt. Für die Anwendung von Lasergeräte gelten Sicherheitsbestimmungen. Allgemein zugängliche Laserstrahlung, wie sie z.B. in Scannerkassen verwendet wird, müssen ungefährlich sein (Laser Klasse 1 oder 2). Dennoch ist Vorsicht geboten: So gibt es z.B. Laserzeiger auf dem Markt, die die erlaubten Grenzwerte weit überschreiten.

Bei der Anwendung gefährlicher Laser ab Klasse 3A sind Laserschutzbrillen zu tragen. Laser ab der Klasse 3B dürfen nur mehr in geschlossenen und besonders gekennzeichneten Räumen angewendet werden. Bei der Anwendung von Lasern der Klasse 4 ist auch (schwer entflammbare) Schutzkleidung zu tragen. Bei Laseranwendungen ab Klasse 3 ist ein besonders geschulter Laserschutzbeauftragter zu bestellen, der für die Einhaltung der Sicherheitsmaßnahmen verantwortlich ist.

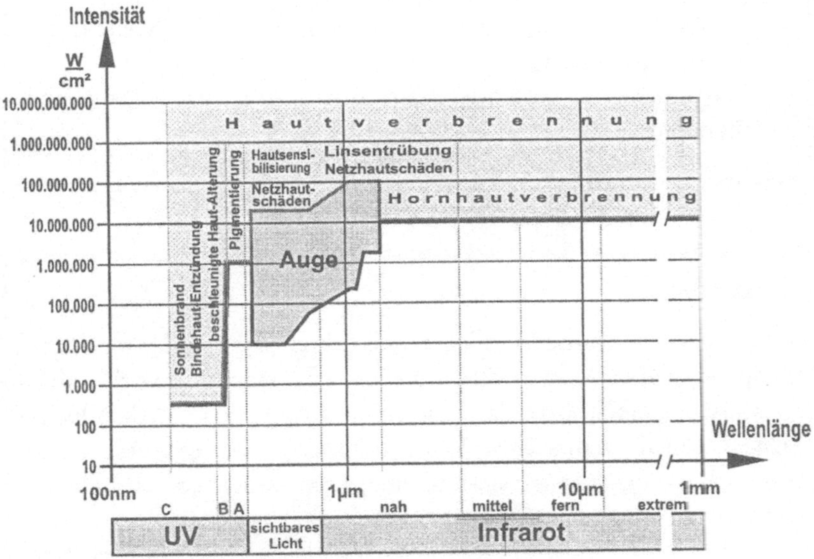

Abb. 41. Grenzwerte für die maximal zulässige Bestrahlung für (monochromatische) Laserstrahlung in doppelt-logarithmischer Darstellung. Der vertikal dargestellte Bereich ist so groß wie der Unterschied zwischen einer Haaresbreite und dem Mount Everest (EN 60825-1)

6.3.4 Was tun?

Leben im Rhythmus.
Licht schafft Behaglichkeit.
Beim Fernseher und Computer sollte man einiges beachten.

Licht dient zu mehr als bloß der Erkennung der Umwelt.

1. Unser Biorhythmus kann leicht entgleisen. Unterschätzen Sie nicht die Zeitgeberfunktion von Licht. Ein regelmäßiger Lebensrhythmus fördert Ihre Gesundheit.

Der bewußte Umgang mit Licht ermöglicht es ihnen, ihre Wohnung zusätzlich zu gestalten.

2. Verteilte Lichtquellen schaffen eine gemütliche Atmosphäre und können einen Raum in verschiedene Bereiche gliedern.
3. Indirekte Beleuchtung wird als angenehmer empfunden als direkte Bestrahlung.
4. Leuchten unterscheiden sich durch ihr Lichtspektrum. Bevorzugen Sie für Schreib- und Zeichenarbeiten Tageslichtlampen (Abb. 37). Für den Wohnbereich wird das Licht von Glühlampen und Warmtonröhren als gemütlicher empfunden.
5. Sorgen Sie für eine ausreichende und blendfreie Beleuchtung ihres Schreibtisches.
6. Verhindern Sie störende Reflexionen, z.B. durch Lamellenblenden.

Bildschirme

Die Angst vor elektrischen oder magnetischen Feldern oder vor hochfrequenten elektromagnetischen Wellen von Bildschirmen ist unbegründet. Dennoch kann der Umgang mit Bildschirmen gesundheitliche Probleme verursachen, wie Muskelverspannungen, Augenentzündungen oder Kopfschmerzen. Sie lassen sich jedoch verhindern:

1. Stellen Sie den Bildschirm (Fernseher oder Computermonitor) richtig auf:
   - Die Umgebungsbeleuchtung sollte nicht zu hell sein. Sie könnten sonst durch das Flimmern des Bildes Kopfschmer-

zen oder Augenbrennen bekommen. Tageslicht ist ca. 2 bis 3mal, Sonnenlicht ca. 30mal zu hell. Verwenden Sie Vorhänge oder Jalousien zur Dämpfung des Lichtes.
   - Das Licht vom Fenster oder von Lampen sollte sich nicht spiegeln.
2. Vermeiden Sie zu große Helligkeitsunterschiede im Blickfeld: Der ständige Wechsel der Augeneinstellung ermüdet. Sorgen Sie am Abend für eine gedämpfte Raumbeleuchtung oder für eine Lampe, die den Bereich um den Bildschirm erhellt.
3. Sitzen Sie nicht zu nahe am Gerät. Sie könnten durch das Flimmern des Bildes beeinträchtigt werden, auch wenn es ihnen nicht bewußt wird.
4. Vermeiden Sie zu lange Perioden gleichbleibender Körperhaltung, das belastet ihre Gelenke und das Rückgrat zu einseitig. Besonders Computerarbeit kann zu körperlichen Beschwerden führen.
5. Achten Sie auf einen ergonomisch richtig gestalteten Arbeitsplatz: Es gibt Informationsbroschüren von Arbeitnehmerverbänden und Gewerkschaften.
6. Haben Sie Ihren Sessel auf die richtige Höhe eingestellt? Sitzen Sie bequem und gerade zum Bildschirm? Können Sie Ihre Hände und Arme bequem abstützen?
7. Bedenken Sie, daß die Einstellung ihres Bildschirmes z.B. beim Staubwischen verstellt worden sein könnte. Kontrollieren Sie sie daher von Zeit zu Zeit: Ist die Helligkeit angenehm? Ist die Schrift scharf zu sehen? Paßt der Kontrast?
8. Wenn Sie häufiger Belege oder Texte eingeben:
   - Legen Sie die Belege so hin, daß sie sie möglichst ohne zu große Änderung Ihrer Kopfhaltung oder Augeneinstellung lesen können. Befestigen Sie sie nach Möglichkeit mit Beleghaltern in ihrer Augenhöhe seitlich des Bildschirmes.
   - Achten Sie darauf, daß sich die Beleghelligkeit nicht zu sehr von der Bildschirmhelligkeit unterscheidet: Stellen Sie ev. die Bildschirmhelligkeit nach oder regen Sie an, daß die Belege auf geeigneterem Papier angefertigt werden.
   - Erleichtern Sie ihre Arbeit, indem Sie darauf achten, daß die Struktur der Belege und das Bildschirm-Eingabeformat möglichst übereinstimmen.

> 9. Vermeiden Sie ständige Blickwechsel auf verschieden helle Flächen: Sorgen Sie für eine möglichst gleichmäßige Umgebungsbeleuchtung.
> 10. Sitzen Sie nicht zu knapp am Bildschirm: Die ständige Beanspruchung ihrer Augenmuskel ermüdet.
> 11. Lassen Sie Ihr Sehvermögen überprüfen und tragen Sie, wenn nötig, eine Arbeitsbrille.
> 12. Verwenden Sie keine Bifokalgläser, aber auch keine Brillen, die nicht Ihnen verschrieben worden sind, z.B. Brillen vom Partner oder von Verwandten.
> 13. Machen Sie in regelmäßigen Abständen eine kurze Pause, in der Sie ihre Muskel auflockern, sich bewegen oder etwas Gymnastik machen.

6.4 Sonnenbrand und Materialermüdung: Ultraviolettes Licht

Nur mit Vorsicht zu genießen: Ultraviolettes Licht.
Sonnenbrand hat auch Spätfolgen.
Starke Raucher und Sonnenanbeter haben eines gemeinsam: Ein erhöhtes
Krebsrisiko.

„Madame, ihr Alabasterleib hat mich betört, das Elfenbein ihrer Haut mir die Sinne geraubt!" stöhnten liebestrunkene Männer noch vor 100 Jahren. Damals wurde Bräune noch als Makel der Schönheit angesehen. Heute hat sich das Blatt gewendet und das Gegenteil ist „in", doch damals wie heute war man bereit, dem Schönheitsideal selbst die Gesundheit zu opfern und einen hohen Preis zu bezahlen: Für Blässe mit Immunschwäche wegen zu wenig und für Bräune mit dem erhöhten Hautkrebsrisiko wegen zu häufiger Bestrahlung durch UV-Licht.

Nicht nur Bräunungsstudios tragen zur zunehmenden Exposition gegenüber UV-Strahlung bei. Dies tut heute auch das geänderte Freizeit- und Urlaubsverhalten, das auch die tropischen und subtropischen Urlaubsziele einschließt und nicht zuletzt die Zunahme des natürlichen UV-Anteils im Sonnenlicht durch die selbst verursachte Schädigung der schützenden Ozonschicht der Atmosphäre.

UV-Strahlung ist zwar noch nicht energiereich genug, um Elektronen aus dem Atomverband zu befreien. Sie ist jedoch wesentlich gefährlicher als die bisher behandelten Felder, Wellen und Strahlungen: Sie verursacht nicht nur akute Wirkungen. Ihre Energie reicht auch bereits aus, um (Haut-) Krebs zu verursachen.

6.4.1 Technische UV-Strahlungsquellen

„Ich bin begeistert! Seit wir den offenen Kamin haben, ist es viel gemütlicher. Und überhaupt: Ich kann sogar das Angenehme mit dem Nützlichen verbinden: Während ich mich gemütlich wärme, kann ich mich am Feuer überdies noch bräunen!" schwärmt Inge. „Ich könnte Dich beneiden!" antwortet Marianne. „Ich kann mich im Winter nur hinter dem Fenster bräunen, und da auch nur, wenn die Sonne stark genug ist."

Leider müssen wir die Damen enttäuschen: Inge muß sich mit dem Angenehmen allein zufrieden geben. Die Temperaturen im Feuer sind nämlich zu niedrig, um UV-Strahlung erzeugen zu können. Auch Marianne wird keinen Erfolg haben: Fensterglas läßt nämlich die UV-Strahlung nicht durch.

UV-Strahlung wird heute für verschiedenste Zwecke verwendet:
— zur Bräunung für kosmetische Zwecke zu Hause oder in Sonnenstudios mit Intensitäten, die den natürliche UV-Anteil weit überschreiten können;
— zur Konservierung (Keimabtötung) in der Lebensmittelindustrie;
— zur Keimabtötung in Trinkwasseraufbereitungs- und Klimaanlagen;
— zur Polymerisation von Lackern und Modelliermassen;
— zur Herstellung chemischer Verbindungen mit Chlor, Schwefel oder Stickstoff (Photosynthese) in der chemischen Industrie;
— zur Herstellung von Vitamin D in der Pharmaindustrie;
— zur Herstellung von Fotokopien;
— zur Herstellung von Druckvorlagen oder Elektronik-Platinen (Foto-Lithografie)
— zur Behandlung von Hauterkrankungen, wie Schuppenflechte, Akne, Geschwüren und Allergien, aber auch von chronischen Lungenentzündungen und Rheuma, Rachitis sowie bei Vitamin-D-Mangel;
— zur Aushärtung von Zahnfüllungen bei der Zahnbehandlung;
— für vielfältige Laseranwendungen.

UV-Strahlungsquellen können sein:
- Jedes Material, das über 2.200 °C erhitzt wird, z.B. der Glühdraht von Halogenleuchten; Bei Halogenleuchten ist die UV-Emission unerwünscht. Untersuchungen haben gezeigt, daß der Toleranzwert bei einer Reihe von Schreibtischlampen deutlich überschritten wird.
- Gasentladungslampen, z.B. Quecksilberdampf- und Xenonlampen (Abb. 42);
- UV-Bestrahlungslampen für technische, hygienische, medizinische und kosmeteische Zwecke. Heimsolarien haben z.B. Bestrahlungsstärken von ca. 20.000 bis 50.000 $\mu W/cm^2$;
- Schweißlichtbögen: Die UV-Intensität hängt von Elektrodenmaterial, Schweißstrom, Schutzgas und Werkstoff ab (Abb. 42). Auch Schweißbrenner können hohe Temperaturen, sogar bis ca. 5.700 °C erzeugen. Die UV-Intensität kann bis über 600.000.000 $\mu W/cm^2$ betragen;
- Blitzlichter;
- spezielle Laser (Excimer-, Stickstoff-, Argon-, Krypton-, Helium-Cadmium-Laser).

Die wichtigste natürliche UV-Strahlungsquelle ist unsere Sonne (Abb. 42). Der UV-Strahlungsanteil des Sonnenlichtes schwankt stark mit der Jahreszeit. Er ist im Herbst wegen der geringeren Luftdichte größer als im Frühjahr. Einschließlich der diffusen Anteile beträgt er ca. 5.000 $\mu W/cm^2$. Die stärkere Reflexion von Schnee erhöht den Anteil beträchtlich. Das Sonnenspektrum am Rand unserer Atmosphäre reicht bis in den Bereich weicher Röntgenstrahlung hinein. Die Ozonschicht unserer Atmosphäre schützt uns jedoch und verhindert, daß uns die gefährlichen Strahlungsanteile unterhalb von ca. 290 nm erreichen. Durch Luftverunreinigungen, vor allem durch Fluorchlorkohlenwasserstoffe (FCKW) und Stickoxide wird die Ozonschicht immer dünner. Je nach dem angewendeten Berechnungsmodell wird eine Abnahme bis 10 % und damit eine Zunahme der UV-B-Strahlung befürchtet. Dadurch könnten gewisse Hautkrebserkrankungen um 3 bis 5 % pro Prozent Ozonabnahme zunehmen. Darüber hinaus werden auch noch negative Auswirkungen auf Pflanzen und Tiere befürchtet, die die Landwirtschaft und Fischerei treffen könnten.

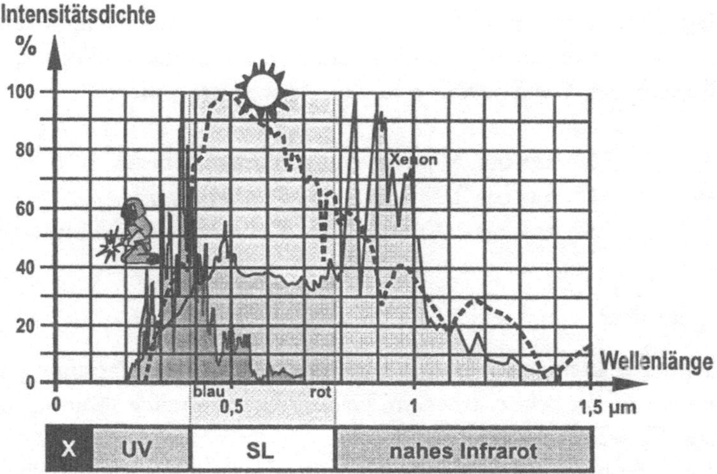

Abb. 42. Strahlungsspektren von der Emission bei Lichtbogenschweißen unter CO_2-Schutzgas, einer Xenon-Hochdrucklampe und dem auf der Erde gemessenen Sonnenlicht (nach WHO 1989)

6.4.2 Von Bräunung bis Hautkrebs: Biologische Wirkungen der UV-Strahlung

Die biologischen Auswirkungen sind stark wellenlängenabhängig.
Es gibt Grenzwertempfehlungen der Weltgesundheitsorganisation.
Gesunde Bräune und Hautkrebs liegen nahe aneinander.
Schicke Sonnenbrillen müssen nicht schützen.
Kennen Sie die Eigenschutzzeit Ihrer Haut?
Der beste Schutz ist vernünftiges Verhalten.

„Neues Grillgut!" meint Josef überlegen zu Franz. In der Zwischenzeit hatten sie selbst schon die Stadien durchlaufen. Auch die blassen Neulinge werden sich nach dem ersten Urlaubstag mit heißer Haut im Bett wälzen, krebsrot erwachen und bald feststellen, wie sich die teuer bezahlte Bräune in Fetzen abschält, bis sie schließlich doch noch gebräunt und überlegen selbst auf die blassen Neuankömmlinge herabsehen und überlegen sagen können: „Neues Grillgut!" Doch auch die blassen Neulinge werden sich nach dem ersten Urlaubstag mit heißer Haut im Bett wälzen ... u.s.w.

Die Ultraviolettstrahlung zählt noch zu den nicht-ionisierenden Strahlungen. Sie kann nämlich ein Atom noch nicht verändern. Sie schließt bei 380 nm an das sichtbare Licht an und reicht bis zur Grenze zur ionisierenden Röntgenstrahlung bei 100 nm. Wegen der geringen

Eindringtiefe wirkt sie vor allem auf die Hornhaut des Auges und die Haut. Nach ihrer jeweils dominierenden biologischen Wirkung wird der Bereich der UV-Strahlung in drei Abschnitte unterteilt:

UV-A	380 nm bis 315 nm	Hautbräunung
UV-B	315 nm bis 280 nm	Sonnenbrand
UV-C	280 nm bis 100 nm	Keimabtötung, Hautkrebs

Wie geht das?

Ein Molekül kann auf verschiedene Weise UV-Strahlungsenergie aufnehmen. Auf die schon aus dem Hochfrequenzbereich (Kapitel 5) bekannte Weise, nämlich

1. durch Bewegung von Teilchen, auf die die Kraft der elektrischen und magnetischen Feldkomponente wirkt. Durch Zusammenstöße mit anderen Teilchen wird die Bewegung in Wärme, also ungeordnete Teilchenbewegung umgewandelt.

UV-Strahlung ist jedoch bereits so energiereich, daß Wirkungen dominieren, die durch den Teilchencharakter des Lichtes erklärt werden können. Es sind dies

2. Anregung eines Atoms oder Moleküls, indem ein Elektron auf eine höhere Umlaufbahn gebracht wird. Dadurch entsteht ein chemisch reaktionsfreudigerer Zustand, wodurch
   – der Ablauf chemischer Reaktionen geändert oder
   – fotochemische Reaktionen ausgelöst werden können.
   Eine (positive) fotochemische Wirkung ist z.B. die Bildung von Vitamin D_3 durch Umwandlung aus dem Vorstufenmolekül (Provitamin) 7-Dehydrocholesterol.

3. Änderung der Molekülstruktur, z.B. durch Aufbrechen von chemischen Bindungen. Die Quantenenergie der UV-Strahlung reicht bereits aus, um selbst die stärkste chemische Bindung aufzubrechen (Tabelle 14). Dieser Mechanismus ist schwerwiegend. Er kann auch unsere Gene, die DNS (Desoxiribonukleinsäure) betreffen. Diese sind wie eine spiralig gebogene Leiter aufgebaut. UV-Quanten können Sprossen dieser Leiter aufbrechen. Diese Schäden können zwar teilweise durch körpereigene Reparaturmechanismen wieder beseitigt werden. Es bleibt jedoch das Risiko bleibender Genveränderungen. Diese können bewirken, daß eine Zellen abstirbt oder, noch schlimmer, sich in eine Krebszelle verwandelt.

Tabelle 14. Erforderliche Wellenlängen zum Aufbrechen verschiedener chemischer Bindungsarten

Chemische Bindung	Strahlungsquant- Wellenlänge nm	Strahlungsart
Van-der-Waals	3.102–1.551	nahes Infrarot
Hydrogen	954–414	nahes Infrarot, sichtbares Licht
Ionisch	620	rotes Licht
Kovalent	564–258	grünes – blaues Licht, UVA, UVB, UVC

4. Befreiung eines Elektrons aus der Atomhülle (Ionisation). Dies ist scheinbar ein Widerspruch: Die UV-Strahlung ist ja so definiert, daß sie noch als nicht-ionisierend angesehen werden kann. Tatsächlich ist die Ionisationsgrenze von der Art und dem Aufbau von Atomen abhängig und liegt zwischen 50 und 319 nm. Die UV-Grenze von 100 nm wurde so festgelegt, daß die Ionisation für die biologisch wichtigsten Atome Kohlenstoff, Sauerstoff und Stickstoff ausgeschlossen ist. Einige andere Atome und vor allem Moleküle können daher auch schon von UV-Strahlung ionisiert werden.

Die Stärke einer UV-Wirkung hängt nicht von der momentanen Intensität, sondern von der Bestrahlung, also den mit der Zeit summierten Bestrahlungsstärken, ab und davon, ob die Einwirkung kontinuierlich oder mit Unterbrechungen erfolgte. Eine einmalig hohe Bestrahlung unterscheidet sich erheblich von einer chronischen. Ob eine Wirkung zustande kommt, hängt von drei Faktoren ab, nämlich

1. von unsere Empfindlichkeit gegenüber der jeweiligen Wellenlänge. Sie wird durch spektrale Wirkungskurven angegeben;
2. ob die erforderliche Mindestbestrahlung erreicht wird und
3. wieviel UV-Strahlung über Jahre hinweg auf uns eingewirkt hat.

Auge

„Wir waren schon fast am Gipfel! Leider mußten wir umkehren. Hans konnte plötzlich nichts mehr sehen. Du weißt schon, die Schneeblindheit hat zugeschlagen!" berichtete Thomas, als ob dies ein unvorhersehbarer Schicksalsschlag und nicht bloß Leichtsinn gewesen wäre.

Im Gegensatz zur Haut, die sich gegenüber der UV-Strahlung durch Bräunung schützen kann, ist unser Auge der UV-Strahlung schutzlos preisgegeben. Wegen der geringen Eindringtiefe sind vor allem Bindehaut und Hornhaut betroffen.

1. Wenn die Bestrahlung einen (wellenlängenabhängigen) Schwellwert übersteigt, verursacht ihre fotochemische Wirkung etwa nach 2 bis 24 Stunden eine Entzündung der Hornhaut.
2. Betroffen ist dabei häufig auch die Bindehaut.
3. Eine Begleiterscheinung ist neben Kopfschmerzen meist auch ein Sonnenbrand der Gesichtshaut und der Augenlider. Innerhalb von 1 bis 5 Tagen bildet sich die Entzündung zurück. Sie hinterläßt in der Regel keine bleibenden Veränderungen. Die spektrale Wirkungskurve hat ein Maximum bei 297 nm im UV-B-Bereich.
4. Hohe Energiedichten über 200.000.000 Ws/m^2 können vorübergehend die Hornhaut trüben, erst bei sehr hohen, 25fachen Werten bildet sich die Trübung nicht mehr zurück (Abb. 43).
5. Obwohl es keine epidemiologischen Beweise gibt, wird vermutet, daß UV-Strahlung auch das Risiko für Bindehautkrebs erhöht. Ein Indiz dafür ist, daß er in den Tropen und Subtropen wesentlich häufiger ist als in Mitteleuropa. Er ist meist gut operierbar.
6. Mit der Verfügbarkeit hochintensiver UV-Strahlungsquellen ist auch die Gefahr der Schädigung tiefergelegener Augenbereiche einschließlich der Netzhaut Wirklichkeit geworden. Für die Trübung der Augenlinse sind Wellenlängen zwischen 295 und 320 nm im UV-B-Bereich (Abb. 43) am wirksamsten. Da es dabei nicht nur um eine einmalige hohe Bestrahlung, sondern auf die zeitliche Summe anzukommen scheint, wird vermutet, daß zumindest ein Teil der weltweit auftretenden Linsentrübungen auf den UV-Anteil des Sonnenlichtes zurückzuführen ist.

Haut

Die auf unsere Haut auftreffende UV-Strahlung wird in Abhängigkeit der Wellenlänge und Hautfarbe zu ca. 5 bis 25 % reflektiert. Die Bräunung beeinflußt die Reflexion im UV-Bereich nicht. Der Rest dringt in die Haut ein und kann verschiedene Wirkungen verursachen:
1. Durch einen fotochemischen Vorgang bildet sich in der Haut Vitamin D: Aus der Vitaminvorstufe 7-Dehydrocholestrol entsteht D_3. Dieses fördert die Kalziumaufnahme und beeinflußt den Knochenstoff-

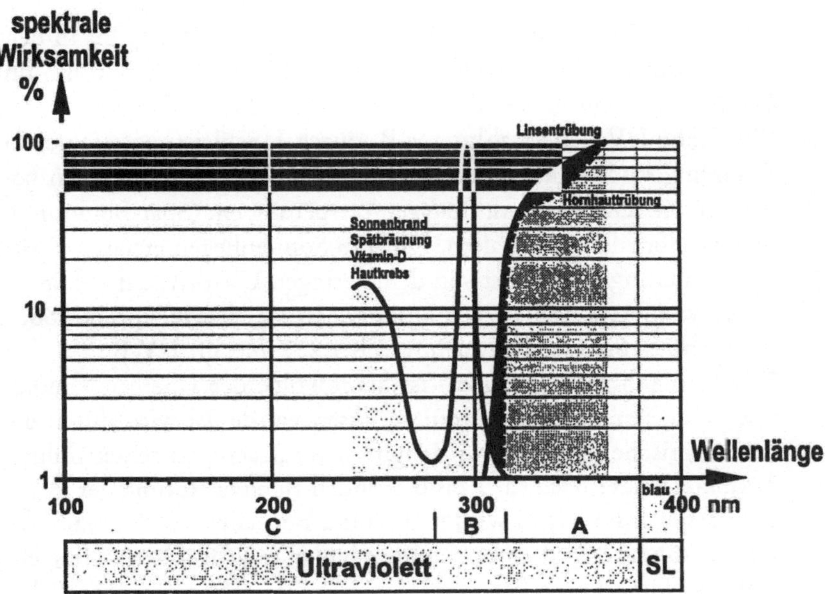

Abb. 43. Spektrale Wirkungskurven für Sonnenbrand (sowie Spätbräunung, Vitamin-D-Bildung und Hautkrebs), die Trübung der Hornhaut und der Augenlinse durch UV-Strahlung in logarithmischer Darstellung

wechsel. Die spektrale Wirkungskurve entspricht jener des Sonnenbrandes und hat das Maximum bei 297 nm. Zu geringe UV-Bestrahlung, z.B. in nördlichen Breiten oder bei längerem ununterbrochenem Aufenthalt in Räumen, kann zwei Auswirkungen besitzen:

a) Sie führt zu Vitamin D-Mangel. Dieser verursacht eine Schwächung des Immunsystems sowie Kalzium- und Phosphatstoffwechselstörungen und in weiterer Folge Karies, Rachitis (verzögerte Reifung und Verkrümmung des Skeletts) und Osteoporose (Knochenschwund). Für die Deckung des Vitamin D-Bedarfs reicht bereits eine jährliche Bestrahlung auf die unbedeckten Körperteile Kopf, Nacken und Hände von 60 Sonnenbrand-Dosen (MED), das sind ca. 20 bis 50 % der Jahresbestrahlung.

b) Sie verringert den Eigenschutz der Haut und kann bei Wiedereinsetzen der Bestrahlung zu Überempfindlichkeit bis zu krankhaften Hautreaktionen (Fotodermatosen) führen.

2. Eine nicht zu hohe Bestrahlung verursacht bereits nach 5 bis 10 Minuten eine Sofort-Bräunung, indem die bereits vorhandenen Pigmente dunkler werden. Diese ist jedoch nicht sehr beständig.

Die beste Wirkung liegt bei Wellenlängen über 360 nm bis in den Bereich des sichtbaren Lichtes mit dem Maximum bei 340 nm im UV-A. Der Schwellwert beträgt etwa 10.000.000 μW/cm².

3. Eine hohe UV-A-Bestrahlung, z.B. durch Hochleistungsstrahler in Bräunungsstudios, kann auch eine Neubildung von Pigmenten bewirken. Sie setzt etwa mit 3tägiger Verspätung ein (Spät-Bräunung), bleibt jedoch länger erhalten. Die von Sonnenliegen erzeugte Spätpigmentierung wird meist von dem geringen UV-B-Anteil des Spektrums verursacht. Die Wirkungskurve ist gleich wie jene des Sonnenbrandes. Sie hat ihr Maximum bei 297 nm im UV-B.

4. Der Sonnenbrand (Erythem) ist keine Folge der Übererwärmung, wie es die Bezeichnung vermuten lassen würde. Er wird durch die fotochemische Bildung von Zellgiften verursacht. In seiner milden Form kommt es nach ca. 1 bis 6 Stunden zu einer Rötung der Haut, die nach 1 bis 3 Tagen wieder abklingt. Bei schweren Sonnenbränden entzündet sich die Haut, und es bilden sich Bläschen. Die spektrale Wirkungskurve hat zwei Maxima: Das größere im UV-B bei 297 nm und ein weiteres bei 245 nm im UV-C-Bereich (Abb. 43). Um Sonnenbrände zu vermeiden, dürfen Bräunungsgeräte keine zu großen UV-B-Anteile abstrahlen. Der Bestrahlungsschwellwert für Sonnenbrand (MED, Minimale Erythem-Dosis) beträgt bei der empfindlichsten Wellenlänge für einen ungebräunten Weißen ca. 25.000 μWs/cm². Im UV-A-Bereich steigt er stark, nämlich auf das 1.000fache, an. Die natürliche UV-Strahlenbelastung liegt in Mitteleuropa jährlich zwischen 100 und 300 MED. Die größte Gefahr für einen Sonnenbrand besteht um die Mittagszeit: Zwischen 11 und 13 Uhr (MEZ) entsteht ein Drittel, zwischen 10 und 14 Uhr zwei Drittel der Tagesbelastung.
Je nach dem Spektrum der UV-Strahlung und Hauttyp kann die Mindestbestrahlungsdauer für einen Sonnenbrand ganz unterschiedlich sein. Während sie (für einen ungebräunten Europäer) am Mittelmeer ca. 18 min. beträgt, kann sie unter Sonnenliegen 42 min und bei Bestrahlungslampen im Solarium (mit Schutzfilter) 33 bis 250 min betragen. Für keltische Hauttypen ist sie um die Hälfte geringer, für Bewohner von Mittelmeerländern ca. doppelt so groß. Indianer und Schwarze haben einen unbegrenzten Eigenschutz (Tabelle 15). Kinder sind bis zu 10 Mal empfindlicher als Erwachsene.

5. Mit einer Verzögerung von 2 bis 3 Tagen kommt es nach dem Sonnenbrand zu einer Bräunung (indirekte Pigmentierung). Sie wird

Tabelle 15. Die Eigenschutzzeit, nach der Erwachsene einen Sonnenbrand bekommen würden. Sie hängt vom Hauttyp ab. Für Weiße liegt sie zwischen 5 und 40 min. Für Kinder ist die Eigenschutzzeit bis zu 10fach kürzer!

	Hauttyp	Beschreibung	Sonnenbrand	Bräunung	Eigen-Schutzzeit min
I	keltisch	auffallend helle Haut, starke Sommersprossen, rötliche Haare, meist blaue Augen, sehr helle Brustwarzen	schwer und schmerzhaft, Haut schält sich	keine Bräunung, Rötung nach 1-2 Tagen abgeklungen	5–10
II	hellhäutiger Europäer	etwas dunklere Haare, selten Sommersprossen, blonde bis braune Haare, helle Brustwarzen	schwer und schmerzhaft, Haut schält sich	kaum Bräunung	10–20
III	dunkelhäutiger Europäer	hell bis hellbraune Haut, keine Sommersprossen, dunkelblonde bis braune Haare, graue bis braune Augen, dunkle Brustwarzen	selten und mäßig schmerzhaft	durchschnittlich	20–30
IV	mittelmeerisch	hell- bis olivbraune Haut, keine Sommersprossen, dunkelbraune Haare, dunkle Augen und Brustwarzen	kaum	schnell und tief	40
V	mittelöstlich, Indianer	tiefbraune Haut, keine Sommersprossen, Haare, Augen und Brustwarzen dunkel	sehr selten	sehr schnell und tief	unbegrenzt
VI	Neger, Nubier	sehr dunkle Haut, Haare, Augen und Brustwarzen schwarz	bei regelmäßiger Bestrahlung nie	immer vorhanden	unbegrenzt

zunächst durch die Verteilung der vorhandenen Pigmente in die Nachbarzellen eingeleitet, neue Pigmente bilden sich anschließend.

6. Die Bestrahlung beeinflußt auch die Zellteilung: Zunächst kommt es ca. einen Tag lang zu einer Unterbrechung, danach zu einer erhöhten Zellteilungsrate, die ihr Maximum nach ca. 3 Tagen erreicht. Dadurch vergrößert sich unsere Oberhaut, bis sie sich ablöst: Unsere Haut beginnt sich zu schälen.

7. Thermische Hautschäden durch UV-Bestrahlung sind im allgemeinen vermeidbar: Noch bevor sie auftreten werden wir durch Schmerzen gewarnt.

Neben den akuten Wirkungen gibt es auch Spätfolgen. Sie hängen von der angehäuften Bestrahlung ab.

8. Die Haut altert schneller, Falten vertiefen sich, sie wird trocken, unelastischer und ledern. Sie bildet eine dickere Hornschicht (Lichtschwiele). Erst diese schützt gegen UV-Bestrahlung (und nicht die Bräunung).

9. Die Verzögerungszeit ist zwar noch nicht bekannt, doch erhöht die UV-Bestrahlung das Hautkrebsrisiko, besonders für Basalzellkarzinome, Plattenepithelkarzinome und das bösartige Melanom, das seine Metastasen im gesamten Körper verteilen kann und in ca. 40 % der Fälle tödlich endet. Die spektrale Wirkungskurve ist zwar nicht genau bekannt, dürfte jedoch ähnlich wie jene für Sonnenbrand sein. Sonnenbrände erhöhen daher auch das Krebsrisiko. Eine zusätzliche jährliche UV-Bestrahlung um ca. die Hälfte könnte nach 30 Jahren um 5 % mehr Hautkrebsfälle verursachen. Bei regelmäßigen wöchentlichen Bestrahlungen dürfte das Risiko, Hautkrebs zu bekommen, ebenso hoch sein, wie das Risiko eines starken Rauchers, an Lungenkrebs zu erkranken. Es konnte gezeigt werden, daß Hautkrebs umso häufiger ist,

   a) je geringer der Eigenschutz der Haut ist: Bei Weißen ist er vor allem an den UV-exponierten Stellen (Nacken, Arme, Beine) zu finden. Er ist umso häufiger, je empfindlicher ihre Haut ist und wesentlich häufiger als bei Schwarzen;

   b) je häufiger die intensive UV-Bestrahlung ist: Er ist bei Freiluft-Berufen und im Süden häufiger;

   c) je geringer das Reparaturvermögen für Genschäden ist. Besonders gefährdet sind Personen, die aufgrund einer Erbkrankheit an unbedeckten Hautstellen unter Entzündungen und Hautveränderungen leiden (Xerodermapigmentosum).

Es gibt chemische Stoffe, die die Wirkung von UV-Bestrahlungen beeinflussen. Das Risiko wird

a) *verkleinert* vor allem durch Carotin, das wegen seiner Molekülstruktur UV-Energie leichter aufnehmen kann.

b) *erhöht* durch Stoffe, die unsere Lichtempfindlichkeit erhöhen oder sogar Allergien auslösen können, indem sie giftige Reaktionsprodukte bilden, die die fotochemische Reaktionsfreudigkeit biologischer Moleküle erhöhen und Sonnenallergien auslösen oder unsere Reparaturmechanismen behindern (z.B. Koffein). Wir können diese Stoffe

— im Körper selbst gebildet haben, z.B. bei Stoffwechselstörungen;

— mitgegessen und -getrunken haben, z.B. Koffein oder manche Lebensmittelfarben;

— als Medikamente eingenommen haben, z.B. Antibiotika, Sulfonamide und Thiazid-Diuretika;

— auf unseren Körper aufgetragen haben, z.B. Kosmetika wie manche Cremes, Lippenstifte, Parfums oder Rasierwässer, vor allem, wenn sie Psoralens, Chlorphenol oder Hexachlorbenzene enthalten;

— durch Berührung übernommen haben, z.B. rosa angefaulte Sellerie, persische Zitronen oder manche Doldengewächse.

Immunsystem

In Tierversuchen wurde festgestellt, daß UV-B-Bestrahlung das Immunsystem beeinträchtigen kann. Sie verringerte in Mäusen die Abstoßung implantierter Tumore und die Verteilung von Lymphozyten. Die maximale Wirksamkeit wurde bei Wellenlängen zwischen 260 und 270 nm im UV-B festgestellt.

6.4.3 Wieviel ist zuviel?

Wir wissen, daß die natürliche Bestrahlung durch UV-Licht bereits ausreichen kann, um ernste akute und Langzeitwirkungen zu verursachen. Eine Begrenzung auf ein unschädliches Maß kann daher im privaten Bereich nur auf freiwilliger Basis beruhen (siehe Abschnitt „Was tun?").

Schwerwiegender ist die Situation für Personen, die in ihrem Beruf stärkeren UV-Bestrahlungen ausgesetzt sind, weil sie

– ihn vorwiegend im Freien ausüben müssen, wie Bauern, Gärtner, Fischer, Straßenarbeiter, Sportlehrer;
– sich in der Nähe UV-abstrahlenden Quellen aufhalten müssen, z.B. Schweißer, Glasbläser, Hochofenarbeiter oder Arbeiter in der Nähe von industriellen UV-Bestrahlungsanlagen;
– mit UV-Strahlungsquellen umgehen müssen, z.B. Material- und Qualitätsprüfer oder Elektronikplatinenhersteller.

Von der Weltgesundheitsorganisation wurden für die Allgemeinbevölkerung 8-Stunden-Grenzwerte in Abhängigkeit der Wellenlänge empfohlen. Sie sollen gesundheitsgefährdende Wirkungen wie Sonnenbrand, Augenentzündung oder die Lichtalterung der Haut ausschließen (Abb. 44).

Demnach sollte die effektive Bestrahlung ermittelt werden, indem die einfallende Strahlung mit der vereinfachten spektralen Wirkungskurve für Sonnenbrand bewertet wird. Dadurch wird berücksichtigt, daß die Zusammensetzung des Sonnenlichtes von der geographischen Breite und der Jahreszeit abhängt.

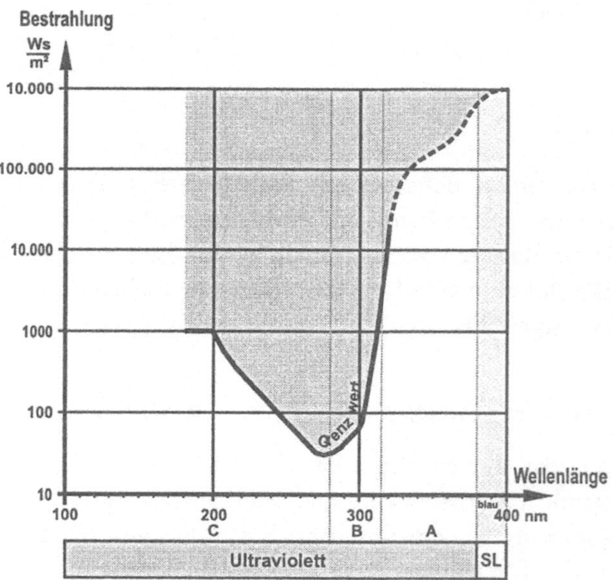

Abb. 44. Von der Weltgesundheitsorganisation empfohlener Grenzwertverlauf für UV-Bestrahlung für einen 8-Stunden-Tag in logarithmischer Darstellung

Summiert über 8 Stunden sollte die effektive Bestrahlung der ungeschützten Haut im gesamten UV-Bereich 3.000 µWs/cm² nicht überschreiten. Die effektive Bestrahlung des ungeschützten Auges sollte innerhalb von 8 Stunden im UV- B- und C-Bereich nicht größer sein als 3.000 µWs/cm² und im UV-A-Bereich 1.000.000 µWs/cm² nicht überschreiten.

Darüber hinaus gibt es Richtlinien von Arbeitnehmerschutzorganisationen, die bei Tätigkeiten mit hoher UV-Belastung, z.B. für Schweißer oder Hochofenarbeiter, Schutzmaßnahmen vorsehen. Sie reichen von der Überprüfung des konstruktiven Expositionsschutzes der Geräte, organisatorischen Maßnahmen wie z.B. Zutrittsbeschränkungen und Warnhinweisen bis zu persönlichen Schutzmaßnahmen, wie Schutzkleidung (aus feuerbeständigem Material oder Leder), Schutzschirme oder Schutzbrillen.

6.4.4 Was tun?

Auch im Schatten wird man braun.
Sonnenschutz ist unverzichtbar.
Mittagssonne meiden.
Keine Chemie und Sonne.

„Ich bin auf meinen Urlaub gut vorbereitet! Schließlich war ich regelmäßig im Solarium. Mich schützt meine Bräune!" prahlt Sonja. „Es mag ja sein, daß Dir die Sonne nichts ausmacht", gibt Renate zu bedenken, „doch an Deine Kinder solltest Du schon denken!"

Sonja ist sicher eine gute Mutter, doch Ratschläge über das Verhalten im Hochsommer kann sie anscheinend doch brauchen.

Die meisten schädlichen Wirkungen treten in Verbindung mit einem Sonnenbrand auf. Sonja sollte bedenken:

> **Die Schadwirkung von Sonnenbränden summiert sich über das gesamte Leben!**

1. Das Vorbräunen ist kein so großer Schutz, wie Sonja glaubt: Es schadet mehr, als es nützt. Die UV-A-Strahlung der Solarien bräunt zwar, aber nur, indem sie die Farbe bereits vorhandene Pigmente vertieft. Der Eigenschutz der Haut wird nicht erhöht: Es werden weder neue Pigmente gebildet, noch entsteht eine Verdickung der Hornschicht

als Schutz vor der UV-Strahlung. Die Vorbräunung fördert jedoch das Altern der Haut und deren Faltenbildung.

2. Lassen Sie Ihre UV-Jahresdosis nicht zu hoch werden! Sie sollten Sonnenbäder pro Jahr nicht öfter als insgesamt ca. 50 Mal nehmen (einschließlich der Bestrahlungen in Solarien).

3. Ein Sonnenbrand ist kein so harmloses Ereignis wie viele glauben. Vermeiden Sie ihn nach Möglichkeit.

   a) Machen Sie sich bewußt, daß die Sonne am südlichen Urlaubsort (und noch mehr in den Tropen) wesentlich intensiver ist, als Sie es von zu Hause gewohnt sind. Ihre „Heimaterfahrung" kann Sie daher täuschen.

   b) Verlassen Sie sich nicht darauf, daß Sie eine zu starke Bestrahlung schon rechtzeitig merken werden. Eine blasse Haut wird nicht so gut erhitzt und eine kühlende Brise kann das warnende Wärmegefühl verhindern.

   c) Meiden Sie die Mittagssonne: In den zwei Stunden (von 11 bis 13 Uhr MEZ) erhalten Sie bereits ein Drittel der gesamten Tagesdosis! Ein Mittagsschlaf für Sie und/oder ihre Kinder ist daher doppelt sinnvoll.

   d) Der Schatten bietet keinen vollständigen Schutz. Er ist zwar der prallen Sonne vorzuziehen, ersetzt jedoch nicht andere Schutzmaßnahmen. Auch dort sind Sie nämlich der UV-(Streu-) Strahlung ausgesetzt.

   e) Schützen Sie Ihre Haut durch Kleidung und/oder Sonnenschutzmittel.

   f) Wiegen Sie sich durch Ihre Bekleidung nicht in falscher Sicherheit, sie bieten keinen absoluten Schutz:
      – Locker gewebte Stoffe lassen noch UV-Strahlung durch: Ein Hemd noch ein Fünftel, dünne Blusen sogar die Hälfte!
      – Synthetikgewebe kann für UV-Strahlung durchlässig sein.
      – Ein Hut schützt zwar den Kopf vor UV-Strahlung und Sonnenstich, die Nase und das unter Gesicht jedoch nicht!

   g) Wiegen Sie sich durch Sonnenschutzmittel nicht in falscher Sicherheit, sie bieten keinen absoluten Schutz:
      – Sonnenschutzmittel verlängern nur ihre Eigenschutzzeit. Berücksichtigen Sie daher Ihren Hauttyp (und den ihrer Kinder).
      – Die Eigenschutzzeit, also die Zeit, nach der Sie einen Sonnenbrand bekommen würden, kann sehr kurz sein! Sie kann auch nur 5 min betragen (Tabelle 15)!

- Bedenken Sie, daß die Eigenschutzzeit für Kinder deutlich kürzer ist als für Sie!
- Der Lichtschutzfaktor gibt nur an, daß sich die Eigenschutzzeit verlängert. Sie vervielfacht sie nicht um das angegebene Maß!
- Für Kinder ist mindestens der Lichtschutzfaktor 15 zu wählen.
- Tragen Sie Sonnenschutzmittel rechtzeitig auf, wenigstens eine halbe Stunde vor dem Sonnen.
- Morgens einreiben reicht nicht für den ganzen Tag! Sonnenschutzmittel gehen von der Haut herunter. Sie werden abgespült, abgewischt oder bleiben an der Kleidung haften. Tragen Sie sie daher mehrmals auf, besonders nach dem Baden.

h) Vergessen Sie nicht auf den Schutz Ihrer Augen! Bedenken Sie auch im Winterurlaub, oder beim Bergwandern,
- daß die UV-Strahlung in großer Höhe intensiver ist;
- daß Schnee den diffusen UV-Anteil wesentlich erhöht;
- daß Wolken und Nebel keinen sehr guten Schutz vor UV-Strahlung darstellen.
- daß bei einer fehlenden Augenlinse die Netzhaut nicht mehr ausreichend vor UV-Strahlung geschützt ist;

i) Wiegen Sie sich durch die Sonnenbrille nicht in falscher Sicherheit, sie bieten keinen absoluten Schutz:
- auch mit der Sonnenbrille dürfen Sie nicht direkt in die Mittagssonne schauen (auch nicht bei Sonnenfinsternissen).
- Sonnenbrillen ohne Seitenschutz sind trügerisch: Das diffuse UV-Licht kann seitlich doch einfallen und gelangt durch die (wegen der Verdunkelung) erweiterte Pupille leichter zur Linse. Der Vorteil des Schutzes vor direktem Licht wird dadurch teilweise wieder aufgehoben.

j) Bauen Sie Ihren Eigenschutz überlegt auf: Bleiben Sie nicht bereits den gesamten ersten Urlaubstag in der Sonne, sondern steigern Sie die Aufenthaltsdauer von Tag zu Tag mit zunehmender Bräunung.

k) Wenn Sie unter dem Sonnenschirm schlafen wollen: Berücksichtigen Sie, wie der Schatten weiterwandern wird und legen Sie sich entsprechend hin (oder decken Sie sich zu)!

l) Chemische Substanzen und UV-Strahlung vertragen sich nicht immer! Sie können Ihre UV-Empfindlichkeit erhöhen oder sogar Sonnenallergien auslösen!
- Gehen Sie nicht geschminkt zum Strand! Kosmetika und Parfums können kritisch sein!

– Fragen Sie Ihren Hausarzt, ob die Medikamente, die Sie regelmäßig nehmen müssen, UV-verträglich sind. Antibiotika, Sulfonamide und Abführmittel können kritisch sein.

Wenn Sie auf regelmäßige UV-Bestrahlung in Sonnenstudios nicht verzichten wollen, sollten Sie bedenken:

1. Überlegen Sie, ob Sie dafür geeignet sind. Lassen Sie es sein, wenn Sie
   – zum Hauttyp I zählen;
   – wenn Sie sonnenallergisch reagieren;
   – wenn Sie (vorübergehend) kritische Medikamente einnahmen müssen. Fragen Sie im Zweifelsfall Ihren Hausarzt!
2. Erkundigen Sie sich über die vorgesehene Anwendungsdauer für ihren Hauttyp. Überschreiten Sie keinesfalls diese Obergrenze- Sie würden einen Sonnenbrand bekommen.
3. Trinken Sie nicht zuviel Kaffee oder reduzieren Sie die Bestrahlungsdauer: Kaffee macht Ihre Haut UV-sensibler.
4. Wenn Sie unbedingt schnell braun werden wollen:
   – Mehrmalige Bestrahlungen in der Woche sind noch immer besser als eine einmalige Überdosierung.
   – Bestrahlen Sie sich nur ein Mal pro Tag und legen Sie zwischen den Bestrahlungen eine Pause ein, in der sich Ihre Haut erholen kann.
5. Halten Sie den angegebenen Mindestbestrahlungsabstand ein. Die Bestrahlungsstärke würde mit dem Quadrat der Annäherung zunehmen. Deshalb wäre die angegebene Bestrahlungsdauer zu lange.
6. Tragen Sie während der Bestrahlung eine Schutzbrille oder schließen Sie unbedingt die Augen.
7. Entfernen Sie rechtzeitig vor der Bestrahlung alle aufgetragenen Kosmetika einschließlich des Lippenstiftes.
8. Gehen Sie sofort zum Arzt, wenn sich nach der Bestrahlung Entzündungen oder Blasen bilden!

Versuchen Sie, ungewollte UV-Bestrahlungen zu erkennen und zu vermeiden. Manche Leuchten, insbesonders Halogen-Schreibtischleuchten, können z.B. ungewollte Ultraviolettstrahlung erzeugen und dadurch das Hautkrebsrisiko erhöhen.
1. Halogenleuchten sollten unbedingt zum UV-Schutz eine Glasabdeckung besitzen.

- Achten Sie beim Kauf darauf.
- Machen Sie sich bewußt, wo sie in Ihrer Wohnung Halogenlampen verwenden, z.B. als Schreibtischleuchte und kontrollieren sie das.
- Erneuern Sie die Glasabdeckung der Lampe, wenn sie kaputt gegangen sein sollte.

2. Bei Leuchstoffröhren tritt UV-Strahlung nur in beschädigtem Zustand aus. Sie erkennen das im Vergleich mit unbeschädigten Lampen: Ihr Licht ist dann stärker violett getönt.
3. Verzichten Sie auf UV-Gelsenlampen. Sie sind wirkungslos und werden nur für Sie, aber nicht für Gelsen zum Risiko: Gelsen sind im UV-Bereich blind!

7. Röntgenstrahlung und Radioaktivität: Ionisierende Strahlung

Die Rambos unter den Strahlungen: Jedes Strahlungsquant schädigt ... wenn es trifft.
Fluch und Segen liegen nah beieinander.
Flugreisen, Gepäckkontrolle, Röntgendiagnostik, Kernkraftwerke.
Strahlende Verhältnisse: Radioaktivität ist überall.
Wir werden nicht nur exponiert, sondern belastet.
Grenzwerte können nicht schützen, nur Schaden in vertretbaren Grenzen halten!

„Little Boy ist ausgeklinkt" lautete der Funkspruch zur US-amerikanischen Basis. Mit zunehmender Geschwindigkeit fiel ein Metallbehälter zur Erde. Wenig später entstand aus der Vereinigung von 1 kg $^{235}_{92}$Uran die Energie von 83.000.000.000.000 Ws. Sie verursachte ein bis dahin ungeahntes Inferno. Es machte die japanische Stadt Hiroshima dem Erdboden gleich und brachte mehr als 200.000 Menschen den Tod. Man schrieb den 6. August 1945.

„Das werden wir gleich haben, Du brauchst keine Angst zu haben, es tut überhaupt nicht weh!" strahlte die freundliche Frau den Buben an und streichelte ihm beruhigend über den Kopf. Bloß ein kurzes Surren, das ist alles. „Da, sieh mal!" zeigte sie ihm wenig später ein schmaler dunkler Spalt im hellen Streifen: „Dein Knochen ist gebrochen, Du wirst jetzt ein paar Wochen nicht mehr Fußball spielen können. Gut, daß wir das Röntgen haben!"

Ob wir es wollen, oder nicht: Wir alle sind ständig der ionisierenden Strahlung ausgesetzt: Wenn wir atmen, essen oder trinken, im Freien und mehr noch zu Hause. Technischen Quellen begegnen wir vor allem als Patient, doch wieviel Strahlung wir ausgesetzt sind, entscheiden wir wesentlich mit: Was wir essen, wo wir wohnen, wie wir unseren Tag gestalten, wo wir Urlaub machen und wie wir dorthin kommen.

Wohl in keinem Bereich liegen Fluch und Segen so nahe aneinander, wie bei der ionisierenden Strahlung. Einerseits hat sie der Medizin zu einer lange Zeit unüberbietbaren Diagnosemöglichkeit verholfen und dadurch unzählige Leben gerettet. Andrerseits stellt sie ein in Kernwaffen schlummerndes Vernichtungspotential dar, dessen Bedrohung sich niemand entziehen kann. Daß das Energiepotential der Radioaktivität in Form von Atomkraftwerken zwar nutzbringend, jedoch nicht so problemlos angewendet werden kann, haben die verschiedenen Störfälle und der Reaktorunfall von Tschernobyl gezeigt.

Wir wissen heute, daß die ionisierende Strahlung mit Gewehrkugeln vergleichbar ist: Ihre Quanten sind so energiereich, daß sie einen Schaden anrichten – wenn sie treffen. Erstmals sprechen wir nicht wertfrei von Exposition, sondern von Strahlenbelastung. Die Notwendigkeit von Strahlenschutzmaßnahmen ist daher unbestritten. Grenzwerte können uns jedoch keine absolute Sicherheit verschaffen: Sie können nur so niedrig angesetzt werden, wie es vernünftiger Weise möglich ist.

Das Kapitel behandelt die natürlichen und technischen Strahlungsquellen und die biologischen Wirkungen der Röntgenstrahlung und der radioaktiven Strahlung. Es zeigt, daß der überwiegende Teil unserer Strahlenbelastung von der Natur kommt und daß die Grenzwerte auf ganz anderen Überlegungen als in den vorangegangenen Kapiteln beruhen.

Was ist das?

Atome sind die kleinsten Teilchen – sind sie es?
Röntgen- und Gammastrahlung sind wie Bürger und Adelige: Der Unterschied liegt in der Geburt.
Radionuklide: Die Launischen unter den Atomen.
Gleiche Dosis und doch verschieden gefährlich: Unterschiede zwischen Strahlenarten.

Bereits um 420 v.Chr. hatte der griechische Philosoph Demokrit die Auffassung seines Vorgängers Empedokles verworfen. Dieser hatte behauptet, alles bestünde aus vier Elementen, nämlich Erde, Wasser, Feuer und Luft. Demokrit hat geschlossen, daß das Werden und Vergehen in der Natur, nur möglich ist, wenn alles aus kleinsten Bausteinen, Atomen (atomos = das Unteilbare), aufgebaut wäre, die sich immer wieder zu etwas Neuem zusammensetzen lassen. Mehr als 2000 Jahre später wissen wir, daß er recht hatte und irrte:

– Für einen Physiker irrte Demokrit: Das Atom ist keineswegs unteilbar. Heute wissen wir noch mehr: Ein Atom ist wie ein Sonnensystem: Es besteht aus einem Kern, der aus positiv geladenen Protonen und ungeladenen Neutronen besteht. Dieser wird in verschiedenen Umlaufbahnen von negativ geladenen Elektronen umkreist. Mit diesem einfachen Modell kann bereits sehr viel anschaulich erklärt werden. Die Wirklichkeit sieht jedoch noch viel komplizierter aus, denn auch Protonen und Neutronen bestehen jeweils aus weiteren Teilchen: Es gibt im Atomkern 18 verschiedenartige Quarks (wir kennen heute: Up, Down, Strange, Charme, Bottom und Top, die jeweils wieder in drei „Farben" Rot, Grün und Blau, vorkommen), die wiederum von Gluonen zusammengehalten werden. Darüber hinaus sorgen verschiedenartige Mesonen für den Zusammenhalt der Protonen und Neutronen im Atomkern.

— Aus der Sicht eines Chemikers hat Demokrit recht: Die Materie läßt sich tatsächlich nur bis zu den Atomen unterteilen, ohne ihre chemischen Eigenschaften zu verlieren. Diese hängen jedoch nur von der Anzahl der Protonen im Atomkern ab (Kernladungszahl). Die Anzahl der Neutronen beeinflußt das chemische Verhalten nicht.

Im Jahr 1869 hat Medelejew die Atome nach aufsteigender Kernladungszahl geordnet und konnte dadurch sogar noch unbekannte Elemente vorhersagen. Heute kennen wir 109 verschiedene Atome (Abb. 45). Atome mit gleicher Kernladungszahl, die sich nur durch die Anzahl ihrer Neutronen unterscheiden, verhalten sich chemisch gleich. Sie stehen daher an derselben Stelle in der Atomreihe und werden Isotope (= an derselben Stelle) genannt.

Um die zunehmenden Abstoßungskräfte der positiven Ladungen im Atomkern in Schach zu halten, werden immer mehr Neutronen notwendig. So benötigt z.B. das Uran für seine 92 Protonen zusätzlich 146 Neutronen. Einige der schwereren Atome (z.B. Uran, Actinium, Thorium und Neptunium) sind instabil und zerfallen spontan, meist in mehreren Schritten, bis schließlich ein stabiles Atom entstanden ist, z.B. Blei oder Wismut. Diese instabilen Atome werden *Radionuklide* genannt.

Zur vollständigen Beschreibung eines Atoms werden zwei Angaben benötigt: Die Kernladungszahl für die Stelle in der Atomreihe (und daher auch die chemischen Eigenschaften) und die Massenzahl, die im wesentlichen die Summe der Protonen und Neutronen angibt. Man schreibt daher z.B. für das Uran $^{238}_{92}$U. Da der Name eines Elementes bereits die Information über die Stelle in der Atomreihe enthält, reicht meist auch die Angabe der Massenzahl, z.B. U-238.

Die *ionisierende Strahlung* ist eine Strahlung, die so energiereich ist, daß sie ein Elektron aus einem Atom befreien kann. Das können verschiedene Strahlungsarten, nämlich

1. Röntgenstrahlung;
2. radioaktive Strahlungen, also Strahlungen, die beim Zerfall eines radioaktiven Atomkernes entstehen, nämlich
   – die elektromagnetische Gammastrahlung und
   – die Teilchenstrahlungen (Alpha-, Beta- und Neutronenstrahlung).

Je energiereicher die Strahlung, desto durchdringungsfähiger ist sie. In der Atomphysik hat sich zur leichteren Anschaulichkeit eingebürgert, die Energie eines Strahlungsquantes in einer sehr kleinen Einheit, nämlich *Elektronenvolt* (eV), anzugeben. Es ist jene Energie, die ein Elektron aufnimmt, wenn es durch eine elektrische Spannung von 1 Volt beschleunigt wird ($1 \text{ eV} = 1{,}6 \cdot 10^{-19} \text{ Ws}$).

Röntgenstrahlung

Im Jahre 1895 entdeckte Röntgen die Schwärzung einer Fotoschicht. Er fand heraus, daß sie durch eine unbekannte Strahlung hervorgerufen worden sein mußte und entwickelte eine Röhre, mit der er diese „X"-Strahlung erzeugen konnte. (Im Englischen wird sie heute noch als „x-ray" bezeichnet.) Wir wissen heute, daß sie in der Hülle eines Atoms entsteht. Wenn nämlich Elektronen, die durch eine elektrische Spannung beschleunigt wurden, vom Kraftfeld eines Atoms abgebremst werden, geben sie ihre Bewegungsenergie als Strahlungsquanten (Bremsstrahlung) ab. In modernen Röntgenröhren werden heute Spannungen von ca. 30.000 V (für Brustuntersuchungen) bis zu 150.000 V (für Lungenuntersuchungen) verwendet.

Radioaktive Strahlung

Ein Jahr nach Röntgen, im Jahr 1896, entdeckte Becquerel, daß von Urangestein durchdringungsfähige Strahlung ausging. Marie Curie fand heraus, daß dies auch bei anderen Stoffen der Fall war und nannte sie radioaktiv. Es ist zwar sachlich nicht korrekt, dennoch wird die beim radioaktiven Zerfall von Atomkernen frei werdende Strahlung heute meist „radioaktiv" genannt, obwohl diese Eigenschaft auf sie nicht zutrifft. (Eine ähnliche Umdeutung ist auch im Sport üblich, wo die Bezeichnung Olympiade, die ursprünglich den Zeitraum zwischen zwei olympischen Spielen meinte, für die Spiele selbst verwendet wird.) Die radioaktive Strahlung hat ähnliche Eigenschaften, wie die Röntgenstrahlung, sie unterscheidet sich jedoch in einem wesentlichen Punkt: Während die Röntgenstrahlung restlos verschwindet, wenn das Gerät ausgeschaltet wird, ist die radioaktive Strahlung an die Materie gebunden: Sie verschwindet erst, wenn das letzte radioaktive Atom zerfallen ist, und das kann auch sehr sehr lange dauern.

a) Die elektromagnetische *Gammastrahlung* ist physikalisch gleich wie die Röntgenstrahlung. Sie unterscheidet sich von ihr wie ein Adeliger von einem Bürger, nämlich nur durch ihren Entstehungsort. Der liegt für sie im Inneren eines Atomkernes. Wie die Röntgenstrahlung ist sie sehr durchdringungsfähig und kann nur durch viel Masse, z.B. durch Blei oder Beton, abgeschirmt werden.

b) Die *Betastrahlung* besteht aus Teilchen mit der Masse eines Elektrons. Sie kann aus zwei verschiedenen Arten von Teilchen bestehen, die positiv (Positronen) oder negativ geladen sein können (Elektronen).

   – Elektronen-Betastrahlung entsteht, wenn bei der Umwandlung eines Radionuklids ein Neutron eine negative Ladung abgibt und als positiv geladenes Proton zurückbleibt. Dadurch entsteht ein anderes chemisches Element, nämlich das nächste in der Atomreihe. Die Massenzahl ändert sich jedoch nicht. Dies geschieht z.B. bei der Umwandlung von $^{60}_{27}$Kobalt in $^{60}_{28}$Nickel oder $^{12}_{6}$Kohlenstoff in $^{12}_{7}$Stickstoff.

   – Positronen-Betastrahlung wird ausgesendet, wenn bei der Umwandlung eines Radionuklids ein Proton seine Ladung abgibt und sich in ein Neutron umwandelt. Dabei entsteht ebenfalls ein anderes chemisches Element, nämlich das vorhergehende in der Atomreihe. Dies geschieht z.B. bei der Umwandlung von $^{15}_{8}$Sauerstoff in $^{15}_{7}$Stickstoff. Es passiert jedoch noch etwas besonderes: Das Positron vereinigt sich sehr schnell wieder mit einem Elektron der Umgebung und es geschieht etwas, was Einstein mit seiner berühmten Formel $E = m.c^2$ beschrieben hat: Die Masse beider Teilchen verschwindet und wird in Energie umgewandelt. Diese wird in Form von zwei energiereichen elektromagnetischen Strahlungsquanten zu je ca. 511.000 eV abgestrahlt.

Die Durchdringungsfähigkeit der Betastrahlung ist wesentlich kleiner als jene der Gammastrahlung. Sie beträgt in Luft einige Zentimeter bis Meter, im Körpergewebe jedoch nur Millimeter bis Zentimeter und kann daher dickere Material nicht durchdringen.

c) Die *Alphastrahlung* besteht aus ca. 7.350fach schwereren Teilchen als jene der Betastrahlung, nämlich aus Helium-Atomkernen mit 2 Protonen und 2 Neutronen. Durch Aussendung eines Alpha-Teilchens verwandelt sich das Atom in ein anderes chemisches Element mit niedriger Massenzahl und fällt zwei Stellen in der Atomreihe zurück. Dies geschieht z.B. bei der Umwandlung von radioaktivem $^{226}_{88}$Radium in das ebenfalls radioaktive Edelgas $^{222}_{86}$Radon. Die Durchdringungsfähigkeit der Alphastrahlung ist sehr gering: Bereits ein Blatt Papier kann sie abschirmen, auch unsere Haut kann sie nicht durchdringen. Im Gewebe ist jedoch die Alphastrahlung 20fach wirksamer als z.B. die Gammastrahlung.

d) *Neutronenstrahlung* wird ausgesendet,
   - wenn sich ein instabiles radioaktives Isotop in ein stabiles umwandelt. Die Kernladung ändert sich dabei nicht. Es entsteht daher kein anderes chemisches Element, sondern nur ein Isotop, dessen Massenzahl jedoch um 1 kleiner ist. Dies geschieht z.B. bei der Umwandlung des instabilen Isotops $^{87}_{36}$Krypton in das stabile $^{86}_{36}$Krypton.
   - wenn ein radioaktiver schwerer Kern in zwei Bruchstücke zerfällt. Dabei können mehrere überschüssige Neutronen abgegeben werden. So spaltet sich z.B. $^{235}_{92}$Uran in die Elemente $^{94}_{37}$Rubidium und $^{140}_{55}$Cäsium auf. Dabei wird ein Neutron abgestrahlt. Uran kann sich jedoch auch in andere Elemente aufspalten, z.B. in $^{143}_{56}$Barium und $^{90}_{36}$Krypton, wobei in diesem Fall zwei Neutronen frei werden.

   Je nach ihrer Energie ist die Neutronenstrahlung im Körper 5- bis 20fach wirksamer als die Gammastrahlung.

Radioaktive Stoffe zerfallen mit großer Regelmäßigkeit. Die Zeit, in der jeweils die Hälfte der gerade vorhandenen Atomkerne zerfällt (Halbwertszeit), bleibt dabei stets gleich. Die Regelmäßigkeit des Zerfalls ist so exakt, daß sie sogar als archäologische Uhr benützt wird: Wenn man weiß, wie groß der Anteil eines radioaktiven Stoffes einer Pflanze einst war, läßt sich bestimmen, wieviele Halbwertszeiten notwendig waren, bis er auf den aktuellen Stand abgesunken ist. Halbwertszeiten sind je-

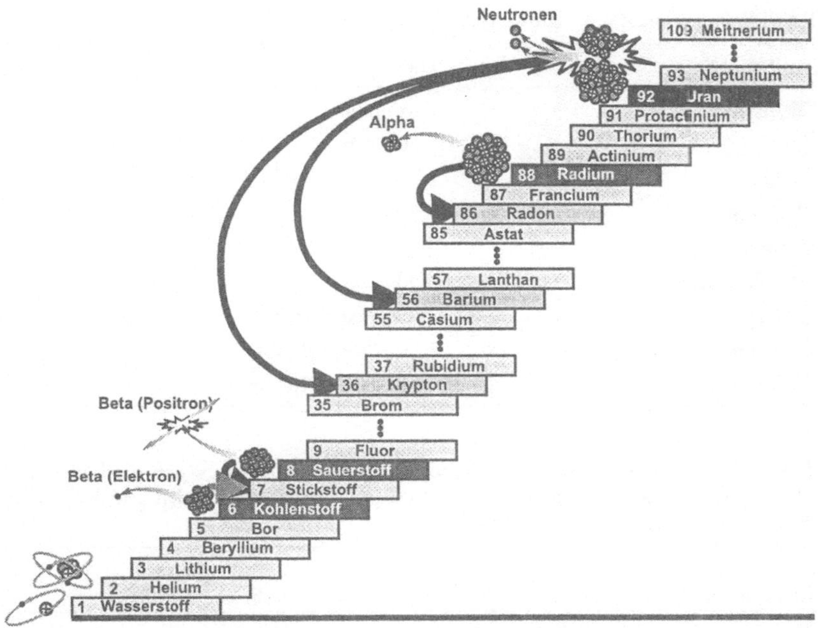

Abb. 45. Die Atomreihe der heute bekannten 109 Elemente nach aufsteigender Kernladungszahl und Beispiele für die Umwandlung von radioaktiven Atomkernen mit Aussendung radioaktiver Strahlung

weils charakteristisch für ein radioaktives Element und reichen von extrem kurzen Zeiten (10^{-21} s) bis zu Zeitdauern, die so lange sind wie das Alter unseres Universums, nämlich 14 Milliarden Jahre (Tabelle 16)

Die Radio-*Aktivität* eines Stoffes wird durch die Anzahl der Zerfälle pro Sekunde angegeben und mit der Einheit Becquerel (Bq) bezeichnet. Diese Einheit ist sehr klein. Ein Gramm $^{14}_{6}$Kohlenstoff enthält enorm viele Atome: Ihre Zahl ist so groß wie die Anzahl aller Sterne, die wir heute mit den modernsten Teleskopen sehen können, nämlich. ca. 4.10^{22} Atome. Bei einer Aktivität von einem Bq würde es das 100.000fache Alter des Universums brauchen, bis das letzte Atom zerfallen ist.

Im Bereich der ionisierenden Strahlung wird für die Beurteilung der Wecheslwirkung ein neues Maß verwendet. Es ist nicht mehr die spezifische Absorptionsrate wie im Hochfrequenzbereich, also die pro Zeiteinheit absorbierte Energie. Weil die Strahlenwirkungen auch nach Beendigung der Bestrahlung erhalten bleiben, ist die gesamte über die Zeit aufsummierte absorbierte Energie zu berücksichtigen. Dies ge-

Tabelle 16. Beispiele von Halbwertszeiten einiger Radionuklide

Radionuklid	Halbwertszeit
$^{16}_{8}$Sauerstoff	2 Minuten
$^{18}_{9}$Fluor	2 Stunden
$^{131}_{53}$Jod	8 Tage
$^{134}_{55}$Cäsium	2,3 Jahre
$^{90}_{38}$Strontium	28,5 Jahre
$^{14}_{6}$Kohlenstoff	5.500 Jahre
$^{235}_{92}$Uran	700.000.000 Jahre
$^{40}_{19}$Kalium	1.300.000.000 Jahre
$^{232}_{90}$Thorium	14.000.000.000 Jahre

Tabelle 17. Biologische Bewertungsfaktoren, die berücksichtigen, daß die biologische Wirkung bei gleicher Energiedosis je nach Strahlungsart verschieden sein kann (Int. Strahlenschutzkommission der WHO)

Strahlungsart	Biologischer Bewertungsfaktor
Röntgen- und Gammastrahlung, Elektronen, Myonen	1
Neutronen mit Energien	
< 10.000 eV	5
10.000– 100.000 eV	10
100.000– 2.000.000.000 eV	20
2.000.000.000– 20.000.000.000 eV	10
> 20.000.000.000 eV	5
Protonen m. Energien > 2.000.000.000 eV) (d. h. keine Rückstreuprotonen)	5
Alphastrahlung, schwere Teilchen	20

schieht durch die sogenannte *Energiedosis*. Sie wird in Wattsekunden pro Kilogramm gemessen und mit der Einheit Gray (Gy) bezeichnet.

Die biologische Wirkung hängt jedoch nicht nur von der Energiedosis ab. Verschiedene Strahlenarten können bei gleicher Energiedosis verschieden gefährlich sein. Um ein Maß für die gleiche biologische Wirksamkeit zu erhalten, wird daher die Energiedosis noch mit einem biologischen Bewertungsfaktor multipliziert, der die Art der Strahlen berücksichtigt. Damit erhält man die *Äquivalentdosis*. Sie wird ebenfalls in Wattsekunden pro Kilogramm angegeben und mit der Einheit Sievert (Sv) bezeichnet. Der Bewertungsfaktor liegt zwischen 1 für Röntgenstrahlung und 20 für Neutronen (Tabelle 17).

254

7.1 Urlaubsflug und Raumluft:
Ionisierende Strahlung im Alltag

Radioaktivität ist überall: In Luft, Wasser, Essen, den Wänden,
im Boden – und in uns.
Strahlung von Weltraum, Erde und Umwelt.
Das Radon-Problem.
Röntgenstrahlung wird nicht nur in der Medizin verwendet.
Kinder sind stärkerer terrestrischer Strahlung ausgesetzt.

7.1.1 Natürliche Strahlenbelastung

Vermutlich ist es bereits eine Milliarde Jahre her, als die ersten Algen
entstanden sind, als Vorstufe für die Entwicklung des Lebens auf unserer Erde, die in unserer heutigen McDonalds-Kultur ihren vorläufigen
Höhepunkt gefunden hat. Seit unserer Entstehung sind wir ständig ionisierender Strahlung ausgesetzt. Sie kommt von überall her: Vom Weltall,
von der Sonne, aus der Erde, aus dem Boden und den Wänden unserer
Wohnung, den Getränken, den Nahrungsmitteln und sogar aus den
radioaktiven Stoffen, die unser Körper bereits enthält.

Kosmische Strahlung

Unsere Erde wird ständig von Teilchen- und Gammastrahlung bestrahlt.
Sie kommen aus dem Weltraum und von unserer Sonne. Die Teilchen
besitzen enorm hohe Energien bis zu 10^{20} eV. Dies ist um das Zehn-
millionenfache höher als bei den energiereichsten Teilchen, die wir heute in den Teilchenbeschleunigungsanlagen der Hochenergiephysik erzeugen können. Von Sternen außerhalb unseres Sonnensystems stammt
die *galaktische Strahlung*. Neben der Gammastrahlung besteht sie vor
allem aus Teilchen, nämlich 85 % Protonen, 12 % Alphateilchen und
ca. 2 % Elektronen und einigen schwereren Teilchen.

Der ionisierende Anteil der *Sonnenstrahlung* besteht neben Gammastrahlung aus Protonen und anderen elektrisch geladenen Teilchen. Diese tragen nicht nur wesentlich weniger zu unserer Strahlungsbelastung
teil. Sie schützen uns sogar indirekt vor der galaktischen Strahlung:
Sie erzeugen nämlich wie jedes bewegte elektrisch geladene Teilchen
ein Magnetfeld, das den weniger energiereichen Teil der galaktischen
Teilchenstrahlung bereits am Rande unseres Sonnensystems ablenkt.

Dies ist der Grund dafür, daß bei maximaler Sonnenaktivität der galaktische Strahlungsanteil am niedrigsten ist.

Vor dem ständigen Bombardement der kosmischen Teilchenstrahlung sind wir doppelt geschützt:
1. Wenn die Teilchen in der Atmosphäre auf Atome treffen, wird ihre Energie abgebaut. Es entsteht eine Reihe von Sekundärteilchen mit immer kleinerer Energie, nämlich Sekundärstrahlung aus Neutronen, Mesonen, Elektronen, Alphateilchen und Positronen (die nach ihrer Entstehung durch Vereinigung mit Elektronen schnell in zwei Gammaquanten zerstrahlen).
2. Die weniger energiereichen geladenen Teilchen werden durch das Erdmagnetfeld abgelenkt. Sie bewegen sich dann mit Radien von einigen 100 bis 1000 m spiralförmig um die Magnetfeldlinien und pendeln in sichelförmigen Röhren zwischen Nord- und Südhalbkugel hin und her. Dies hat zwei Konsequenzen: Einerseits nimmt die Strahlenbelastung mit der geographischen Bereite zu den Polen hin zu (Abb. 46). Andrerseits bilden sich in Höhen zwischen ca. 1000 km und 10.000 km Bereiche besonders hoher Teilchenstrahlungsdichte, die nach dem amerikanischen Physiker benannten Van-Allen Gürtel, der äußere zwischen 10.000 und 20.000 km und der innere zwischen 2.000 und 4.000 km Höhe.

Die Schutzwirkung der Atmosphäre entspricht dem Schwächungsvermögen von ca. 10 m tiefem Wasser. Sie ist der Grund, weshalb die Strahlenbelastung mit der Höhe zunimmt. Die Beitrag der kosmischen Strahlung beträgt in Meereshöhe und mittleren geographischen Breiten im Mittel ca. 300 µSv/a. Mit zunehmender Höhe steigt die Strahlenbelastung zunächst linear um ca. 20 µvS pro 100 m an. In der Alpenregion liegt sie bei ca. 500 bis 600 µSv/a. Danach verdoppelt sie sich ca. alle 1.500 m (Abb. 46). In einer Weltraumstation in 450 km Höhe wird die Strahlenbelastung auf ca 1.000 µSv pro Tag geschätzt.

Terrestrische Strahlung

„Warum ausgerechnet ich?" Verzweiflung hat Günthers Gesicht gezeichnet. Mit hängenden Schultern und trübem Blick starrt er auf den Boden vor sich. Er hat Krebs. Wie viel Zeit verbleibt ihm noch? Wie wird sein Ende aussehen? Ist ausgerechnet er eines der namenlosen Opfer, das

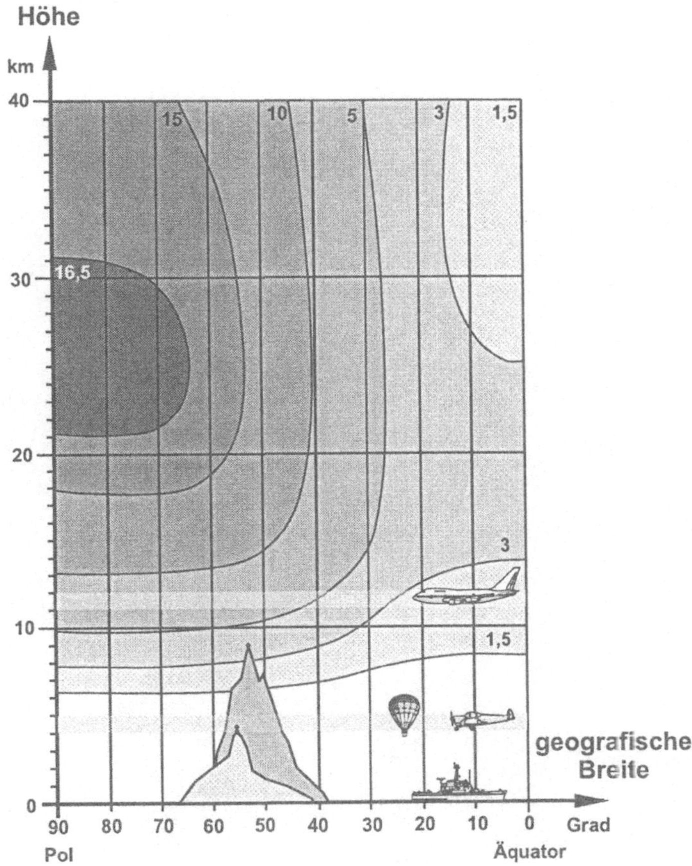

Abb. 46. In den unteren Atmosphärenschichten nimmt die Strahlenbelastung mit der geographischen Breite und der Meereshöhe zu. Verkehrsflugzeuge fliegen in strahlungsreicheren Zonen, besonders in Routen, die über den Pol führen. Die Zahlen geben die Strahlendosis in µSv/h an (nach Schäfer 1974)

die Strahlenbelastung jährlich fordert? Wäre es anders gekommen, wenn er einen anderen Wohnort gewählt hätte, wo die natürliche Strahlenbelastung nicht so groß ist?

Im Erdboden und den Gesteinen sind radioaktive Atome und deren Zerfallsprodukte enthalten. Die wichtigsten sind die Atome der $^{238}_{92}$Uran- und $^{232}_{90}$Thorium-Zerfallsreihe und $^{40}_{19}$Kalium. Sie haben sehr lange Halbwertszeiten, nämlich $^{238}_{92}$Uran 4,4 Milliarden Jahre, $^{232}_{90}$Thorium 14 Milliarden Jahre und $^{40}_{19}$Kalium 1,3 Milliarden Jahre. Sie kommen in unterschiedlichen Konzentrationen vor.

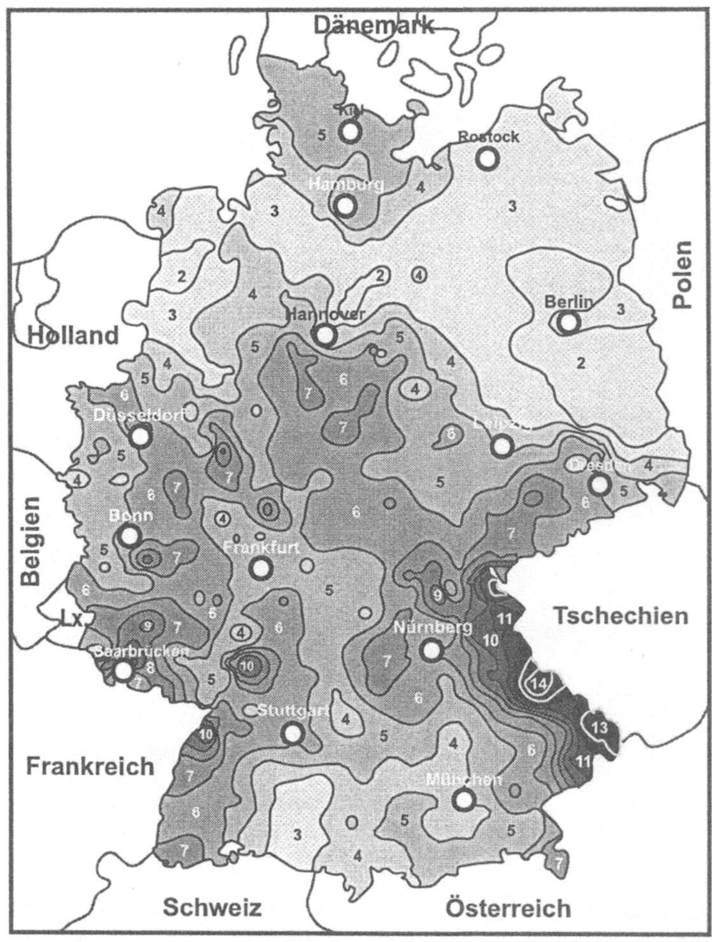

Abb. 47. Die terrestrischen Strahlenbelastung in Deutschland variiert um das ca. 10fache (Bundesamt für Strahlenschutz 1998)

Im Freien ist die terrestrische Strahlenbelastung unterschiedlich: Über Basaltgestein ist sie am niedrigsten, auch bei Kalkgestein, Lehm und Sand noch niedrig und über alten Gesteinsformationen wie Granit am höchsten. Kirchberger Granit des sächsisch-thüringischen Mittelgebirges enthält z.B. eine Radium-Konzentration von 200 Bq/kg. Die terrestrische Strahlenbelastung variiert z.B. in Deutschland um das 10fache z.B. zwischen unter 30 nSv/h in Potsdam und über 150 nS/h im Böhmerwald (Abb. 47). Der Mittelwert der jährlichen Strahlenbelastung

258

durch die terrestrische Strahlung liegt zwischen ca. 1.000 und 5.000 µSv/a, im Mittel bei ca. 3.000 µS/a.

Die Teilchenstrahlung, die vom Boden ausgeht, hat nur eine geringe Reichweite: Die Alpha-Strahlung nur ca. 8,5 cm, die Beta-Strahlung ca. 1m, nur die Gammastrahlung erfaßt den gesamten Körper. Das bedeutet, daß die terrestrische Strahlungsbelastung für Kinder grundsätzlich höher ist als für Erwachsene.

Vom Boden treten auch radioaktive Gase, vor allem Radon, aus. Sie werden jedoch durch die Luft rasch verteilt. Ihre Konzentration hängt daher von der Bodenbeschaffenheit und der Witterung ab. Sie unterliegt tages- und jahreszeitlichen Schwankungen. Der Mittelwert ihrer Aktivität liegt in Mitteleuropa bei ca. 4 Bq/m³. Der auf Radon im Freien entfallende Anteil der Strahlenbelastung beträgt im Mittel ca. 200 µSv/a.

In unserer Wohnung sind wir vor der terrestrischen Strahlung nicht geschützt, im Gegenteil – und dies, obwohl die Baumaterialien Sand, Kies, Kalk Zement und Naturgips vergleichsweise wenige radioaktive Atome enthalten. Der Grund ist das radioaktive Gas Radon, das beim Zerfall von Uran entsteht. Es ist ein Alphastrahler und zerfällt mit einer Halbwertszeit von 3,8 Tagen in andere radioaktive Folgeprodukte. Es kann sogar zu einem ernsten Gesundheitsproblem werden. Radon ist deshalb so gefährlich, weil wir es einatmen. Dadurch kann die hochwirksame Alphastrahlung direkt im Körper wirksam werden und eine relativ hohe Strahlenbelastung unserer Atemwege verursachen. Im Haus tritt Radon vor allem durch Risse, Fugen im Fundament und Abflüsse aus dem Boden aus und gelangt durch Poren und Durchführungen im Mauerwerk, über Treppenaufgänge und Schächte in höhere Geschosse. Darüber hinaus kommt es auch (in geringeren Mengen) aus den Wänden. Das Baumaterial ist daher für die Radonbelastung meist von untergeordneter Bedeutung. Es gibt jedoch Ausnahmen wie z.B. im sächsisch-thüringischen Raum, wo uranhaltiges Abraumgestein aus dem Bergbau seit dem Mittelalter für den Wohnungsbau genutzt wurde. Höhere Strahlenbelastungen verursachen auch Beimengungen industrieller Abfälle zu Zementen und Beton, da es in vielen industriellen Prozessen zur Anreicherung von Radionukliden kommt. Die für die Baustoffindustrie wichtigsten Produkte mit erhöhter Radioaktivität sind:

a) Zement-Zumahlstoffe
- Hochofenschlacke der Eisen- und Stahlindustrie
- Flugasche aus kalorischen Kraftwerken;

b) Bausteine mit Hochofenschlacken-Beimengungen;
c) Gipsverputz oder Gipskartonplatten aus Industriegips aus Phosphat-gipsabfall aus der Düngemittelherstellung;
d) keramische Fliesen mit uranhaltiger Glasur.

Großen Einfluß hat der Umstand, ob das Haus unterkellert ist und wie der Kellerboden ausgeführt ist. Die geringsten Radonwerte wurden in Holzbauten, ca. 7 % höhere Werte in Betonbauten und ca. ein Drittel höhere Werte in Ziegel- und Natursteinbauten gemessen. Die höchste Radonkonzentration wurde in Altbauten mit dicken Ziegelmauern und Holzdecken mit Auflagen von Schlacken gefunden.

Je nach der Dichtheit der Fenster und dem Lüftungsverhalten der Bewohner reichert sich Radon in der Raumluft an. Die Konzentration ist daher im Sommer niedriger als in der Heizperiode mit geschlossenen Fenstern. Häufig ist sie in Räumen ca. 5fach höher als im Freien. Die Aktivitäten können von einigen Bq/m³ bis zum Hundertfachen betragen. In 1 % der untersuchten Häuser in Deutschland lag der Wert über 200 Bq/m³, in 1,5 Promille jedoch mit über 600 Bq/m³ bedenklich hoch, in einem Fall sogar bei 100.000 Bq/m³. Bei Radonaktivitäten über ca. 250 Bq/m³ wird eine Sanierung empfohlen.

Berücksichtigt man, daß wir uns mehr in Räumen als im Freien aufhalten, ergibt sich unsere mittlere jährliche Strahlenbelastung durch Radon in Räumen mit 1.200 µSv/a. Sie ist ca. 6fach höher als der auf Radon im Freien entfallende Anteil.

Die natürlichen Radioisotope erzeugen auch in unserer Wohnung Gamma-Strahlung. Sie wird vor allem durch Isotope der Uran- und Thorium-Zerfallsreihe und durch $^{40}_{19}$Kalium verursacht. Je nach Aufenthaltsdauer und Baumaterial liegt die Strahlenbelastung im Bereich von etwa 70 bis 440 µSv/a. Sie ist damit etwa um ein Viertel höher als im Freien.

Innere Strahlenbelastung

Alle Nahrungsmittel und Flüssigkeiten, die wir zu uns nehmen und selbst die Luft, die wir atmen, enthalten geringe Mengen natürlicher Radionuklide. Die wichtigsten neben Radon sind die radioaktiven Isotope $^{40}_{19}$Kalium, $^{3}_{1}$Wasserstoff und $^{14}_{6}$Kohlenstoff. Während ein Teil der Isotope wie Uran rasch wieder ausgeschieden wird, werden diese vom Körper leichter aufgenommen. Mit jedem Bissen, den wir essen, nehmen wir daher auch Radionuklide und damit Aktivität von ca. 100 Bq/kg zu uns.

Lebensmittel und auch das Wasser haben je nach Gebiet und Jahreszeit unterschiedlich hohe Aktivitäten. Einzelne Pflanzen oder Tiere können bestimmte Radioisotope auch bevorzugt anreichern. So hat z.B. die Paranuß ca. 1000fach höhere Radiumwerte als üblich. Radionuklide können jedoch auch über Umwege in unseren Körper gelangen: In subarktischen Tundren reichern z.B. langsam wachsende Flechten Polonium aus der Luft an, sodaß ihr vermehrter Gehalt an dem Radionuklid und dem Zerfallsendprodukt Blei über die Nahrungskette Rentierfleisch, -milch und -käse auch zum Menschen gelangen kann.

In unserem Körper sind physiologisch geregelte Konzentrationen von Radionukliden vorhanden. Das bedeutet, daß wir Radionuklide auch noch vor ihrem Zerfall wieder ausscheiden. Dieser Vorgang kann durch die *biologische Halbwertszeit* beschrieben werden, also die Zeit, nach der jeweils die Hälfte der aufgenommenen Radionuklide wieder ausgeschieden wird. Sie beträgt z.B. für $^{131}_{53}$Jod 138 Tage, für $^{134}_{55}$Cäsium bei Kindern nur 12, bei Erwachsenen 70 Tage. $^{90}_{38}$Strontium wird hingegen im Knochen eingebaut und bleibt sehr lange in unserem Körper: Seine biologische Halbwertszeit beträgt mehr als ein halbes Menschenalter, nämlich 50 Jahre. Die Radionuklide in unserem Körper sind der Grund, weshalb jeder Erwachsene, im Mittel eine Gesamtaktivität aufweist, die ca. 8.000 bis 9.000 Bq beträgt. Diese belastet jedoch den Körper nicht gleichmäßig. Die weltweit gemittelten Werte zeigen, daß unsere Bronchien durch die Einatmung von Radon mit ca. 20.000 µSv/a relativ am höchsten belastet werden. In Häusern mit sehr hohen Radonbelastungen können sogar 10- bis 100fach höhere Werte erreicht werden. Die Lunge selbst wird mit etwa 200 bis 300 µSv/a belastet. Auf die Zeugungsorgane und das Knochenmark entfallen je ca. 300 µSv/a.

Im Mittel ergibt sich somit eine innere Ganzkörper-Strahlenbelastung von ca. 300 µSv/a.

Die natürliche Strahlenbelastung beträgt daher im Jahr ca. 2.400 µSv/a. Sie setzt sich wie folgt zusammen:

kosmische Strahlung .... 300 µSv/a
terrestrische Strahlung .... 400 µSv/a
Radon in Räumen .... 1.200 µSv/a
Radon im Freien .... 200 µSv/a
Nahrungsmittel .... 300 µSv/a

7.1.2 Zivilisatorische Strahlungsquellen

Flugverkehr und Seilbahnen.
Die medizinische Strahlenbelastung dominiert.
Heizen, Industrieprodukte, Lichtschalter, Röntgenanwendungen, Kernkraft.

Der überwiegende Teil unserer Strahlenbelastung können wir nicht beeinflussen, weil er aus der Natur kommt. Zusätzlich wird jedoch auch ein kleiner aber steigender Anteil unserer Gesamtbelastung durch unsere zivilisatorischen Aktivitäten verursacht, insbesonders durch

- Erzeugung von Röntgenstrahlung, z.B. zur medizinischen Röntgendiagnostik und -therapie, zur Materialprüfung oder Gepäckkontrolle oder zur Konservierung von Lebensmitteln;
- Verabreichung von Radionukliden zur nuklearmedizinischen Diagnostik und Therapie
- Verwendung von Radionukliden, z.B. für Industrieprodukte;
- Freisetzung von Radionukliden in die Atmosphäre oder in Gewässer, z.B. durch Verbrennung, durch Abluft und Kühlwasser von Atomkraftwerken oder durch Atomwaffentests;
- Umverteilung von radionuklidhaltigem Material z.B. in Form von Abraumhalden im Bergbau;
- Erreichbarkeit strahlungsintensiverer Zonen, z.B. durch Flugzeuge oder auf Seilbahnen.

Medizin Röntgentechnik

Die Röntgendiagnostik hat die Medizin revolutioniert. Mit ihr war es erstmals möglich, in den Körper hineinzusehen, ohne ihn zu verletzen. Schon bald wurde jedoch erkannt, daß die Röntgenstrahlung nicht ungefährlich ist. In der Zwischenzeit wurde die Strahlenbelastung für den Patienten (und das Bedienungspersonal) durch technische Verbesserungen stark verringert. Es gibt auch bereits eine Reihe von schonenderen Verfahren, wie z.B. Ultraschalldiagnostik, Magnetresonanztomografie oder Endoskopie. Sie ergänzen die Röntgendiagnostik oder haben sie in manchen Bereichen eingeschränkt oder sogar abgelöst wie z.B. der Ultraschall in der Geburtshilfe, Kardiologie oder der Diagnose von angeborenen Hüftluxationen bei Neugeborenen.

Über die gesamte Bevölkerung gemittelt, trägt die medizinische Anwendung ionisierender Strahlung für Diagnose und Therapie etwa mit 1.500 µSv/a zur Strahlenbelastung bei. Für den betroffenen Patienten

Tabelle 18. Die auf eine gleichwertige Ganzkörperbestrahlung umgerechneten Strahlenbelastungen durch konventionelle Röntgenuntersuchungen. Die Strahlenbelastung kann bis zum 20fachen des (sonst) geltenden Jahresgrenzwert betragen (Deutsches Bundesamt für Strahlenschutz, 1994)

Untersuchung	Effektive Ganzkörperdosis µSv
Zahn	10
Knochendichtemessung	20
Arm, Bein	50
Kopf	100
Brustkorb	100
Weibliche Brust	500
Hüfte	500
Wirbelsäule	1.000
Becken, Bauch	1.000
Venen	2.000
Niere, Harnleiter, Blase	5.000
Galle	7.000
Magen	8.000
Darm	17.000
Arterien	20.000

macht dies naturgemäß mehr aus. Seine Strahlenbelastung hängt von der Art der Untersuchung ab. Einen Überblick über die konventionelle Röntgendiagnostik gibt Tabelle 18. In ihr wurde die Teilkörperbestrahlung in die gleichwertige Ganzkörperdosis umgerechnet. Es zeigt sich, daß die Strahlenbelastung bei manchen Untersuchungen bis zum 20fachen des (sonst) geltenden Jahresgrenzwertes betragen kann.

Röntgenbilder werden nicht nur als Schattenbild auf einen Film projiziert. Mit einem Computertomografen wird nur eine schmale Körperscheibe aus verschiedenen Richtungen bestrahlt und Hilfe eines Computers das Schnittbild dieser Körperschicht berechnet. Als dieses Verfahren im Jahr 1972 eingeführt wurde, bedeutete es eine Revolution. Erstmals konnte damit auch das Gehirn abgebildet werden, ohne daß der starke Schatten des Schädelknochens störte. Da damit jedoch allgemein Gewebsveränderungen viel besser abgebildet werden, wird die (Röntgen-) Computertomografie heute für verschiedenste Fragestellungen eingesetzt. Die bessere Bildqualität muß jedoch erkauft werden: Die Strahlenbelastung ist zwar auf die untersuchte Schicht konzentriert. Da jedoch im Rahmen einer Untersuchung mehrere Schichten abgebildet werden, ist sie bis 100fach größer als bei konventionellen Röntgenuntersuchungen. Die auf eine gleichwertige Ganzkörperbestrahlung um-

Tabelle 19. Die auf eine gleichwertige Ganzkörperbestrahlung umgerechneten Strahlenbelastungen durch Röntgen-Computertomografie-Untersuchungen. Die Strahlenbelastung kann bis zum 27fachen des (sonst) geltenden Jahresgrenzwertes betragen. (Deutsches Bundesamt für Strahlenschutz, 1994)

Untersuchung	Effektive Ganzkörperdosis µSv
Kopf	3.000
Wirbelsäule	10.000
Brustkorb	20.000
Bauch	27.000

gerechneten Strahlenbelastungen verschiedener Untersuchungen sind in Tabelle 19 zusammengestellt. Sie können bis zum 27fachen des (sonst) geltenden Jahresgrenzwertes betragen.

Ein guter Arzt weiß heute, daß er Röntgenaufnahmen nicht nach Belieben anfertigen darf, sondern daß er stets das Risiko für den Patienten gegenüber den Nutzen abwägen muß. Aus diesem Grund ist die Röntgendiagnostik ohne spezielle Indikation im Rahmen von Routineuntersuchungen nicht gerechtfertigt. Zur Brustkrebsfrüherkennung ist die regelmäßige Röntgen-Mammografie bei Frauen unter 35 Jahren nicht geeignet, wenn sie nicht zu einer Gruppe mit erhöhtem Brustkrebsrisiko gehören: Die regelmäßige Strahlenbelastung erzeugt bei jungen Frauen nämlich mehr Brustkrebs als durch sie frühzeitig erkannt wird. Mit zunehmendem Alter wendet sich jedoch das Blatt: Die Brustkrebswahrscheinlichkeit nimmt zu und die Empfindlichkeit des Gewebes für Strahlenschäden ab. Ab ca. 50 Jahren bringt die Vorsorgeuntersuchung mehr Nutzen als Schaden.

Bei der Röntgen-Strahlentherapie wird der Umstand ausgenützt, daß sehr hohe Strahlendosen (Krebs-) Zellen abtöten können. Da auch gesunde Körperzellen gefährdet werden, muß die Bestrahlung genau geplant werden. Mit Computerberechnungen und speziell angefertigten Schutzfiltern wird die Richtung der Röntgenbestrahlung so optimiert, daß sich die hohe Strahlendosis im Bereich des Tumors konzentriert. Typische Herddosen liegen zwischen 30 Millionen bis 70 Millionen, bei Melanomen sogar bei 100 Millionen µSv. Für gesunde Organe dürfen Toleranzdosen nicht überschritten werden. Sie liegen bei ca. 20.000 bis 40.000 Sv, für Zeugungsorgane bei ca. einem Zehntel davon. Wenn das Röntgengerät ausgeschaltet wird, ist auch die Röntgenstrahlung weg. Sie bleibt im Körper nicht zurück.

Nuklearmedizin

Radioisotope machen sich bemerkbar, wenn sie zerfallen. Wenn dem Patienten z.B. radioaktives $^{131}_{53}$Jod verabreicht wird, kann mit Strahlendetektoren bestimmt werden, wie gleichmäßig es sich in der Schilddrüse anreichert. Dadurch kann die Funktion des Organs untersucht und „heiße" oder „kalte" Stellen erkannt werden. Sie zeigen eine Erkrankung an. Je nach der Fragestellung werden jene Isotope verwendet, die sich am Zielort bevorzugt anreichern oder die Stoffwechselveränderungen am besten anzeigen können. Am häufigsten werden langlebige Isotope verwendet wie $^{99}_{43}$Technetium, $^{131}_{53}$Jod, $^{57}_{27}$Kobalt und $^{198}_{79}$Gold. Für Untersuchungen des Gehirns sind die Isotope $^{15}_{8}$Sauerstoff, $^{13}_{7}$Stickstoff, $^{11}_{6}$Kohlenstoff und $^{18}_{9}$Fluor sehr interessant, weil sie unmittelbar am Stoffwechsel beteiligt sind. Dadurch kann auch die Funktionsfähigkeit untersucht werden. Sie haben jedoch einen Nachteil. Sie haben sehr kurze Halbwertszeiten von nur 2, 10, 20 und 110 min und zerfallen zu rasch, um verschickt werden zu können. Sie müssen daher im Krankenhaus selbst in Teilchenbeschleunigern durch Beschuß der stabilen Atome erzeugt werden. Mit Hilfe von Gamma-Kameras können röntgenähnliche Schattenbilder und mit Computertomografen auch Schnittbilder der Nuklidverteilung angefertigt werden.

Die Strahlenbelastung ist für den Patienten höher als bei Röntgenuntersuchungen. Sie dauert auch nach der Untersuchung noch so lange an, bis die Nuklide ausgeschieden worden oder zerfallen sind. Am stärksten betroffen sind daher das Zielorgan und die Ausscheidungswege. Die Ganzkörperbelastung liegt im allgemeinen bei ca. 1.000 bis 20.000 µSv.

Auch zur Tumorbekämpfung werden Radionuklide eingesetzt. Wenn sie sich ohnehin bevorzugt im Zielorgan anreichern, können sie in eine Vene gespritzt werden, z.B. $^{131}_{53}$Jod, $^{198}_{79}$Gold oder $^{32}_{15}$Phosphor. Eine andere Möglichkeit ist die vorübergehende Implantation von radionuklidgefüllten Kapseln im Zielgebiet oder das Spicken des Tumors mit radionuklidgefüllten Nadeln. Dazu werden z.B. verwendet $^{226}_{88}$Radium, $^{137}_{55}$Cäsium, $^{60}_{27}$Kobalt, $^{192}_{77}$Iridium und $^{125}_{53}$Jod. Im Zielgebiet werden dadurch Organdosen von 80 Millionen bis 1.000 Millionen µSv erreicht. Die Ganzkörperdosis beträgt ca. 750.000 µSv.

Technische Röntgenanwendungen

Röntgengeräte werden nicht nur in der Medizin, sondern auch in anderen industriellen und zivilen Bereichen eingesetzt:

– zur Gepäckskontrolle im Flugverkehr oder beim Zutritt in Sicherheitszonen;
– zur zerstörungsfreien Materialprüfung, z.B. zum Erkennen von Fehlstellen in Gußteilen oder zur Untersuchung von Schweißnähten;
– in der Agrarforschung zur Bestrahlung von Pflanzen um durch die genverändernde Wirkung neue Arten zu erzeugen (wird zunehmend durch gezielte Genmanipulation ersetzt);
– zur industriellen Sterilisierung z.B. von Einmal-Medizinprodukten, Babyflaschen, kosmetischen Produkten und Flaschenkorken:
– zur Konservierung von Lebensmitteln, um durch Bestrahlung die Keimung zu verhindern, die Reifung auf langen Transportwegen zu hemmen und Mikroorganismen abzutöten. Um auch dicke Objekte, z.B. Fleisch behandeln zu können, wird auch energiereiche Gammastrahlung von $^{60}_{27}$Kobalt oder $^{137}_{55}$Cäsium verwendet. Die Bestrahlungskapazität kann bis zu 100 t/h betragen. Durch die Ionisation werden bestrahlte Lebensmittel chemisch verändert (Radiolyse). Die Bildung von giftigen oder krebsauslösenden Stoffen kann nicht ausgeschlossen werden. Eine Strahlungskonservierung ist jedoch nicht nachweisbar. Bei zu hohen Dosen kann sich der Geschmack von Lebensmitteln verschlechtern. Radioaktiv werden sie dadurch aber nicht. Ihr Fäulnisvorgang kann jedoch so verändert werden, daß ein Laie verdorbene Ware nicht mehr erkennen kann.
Trotz der Nachteile wird die Methode von der Weltgesundheitsorganisation als akzeptabel bezeichnet, weil sie die Möglichkeit bietet, große Nahrungsmittelmengen haltbar zu machen.

Die erforderlichen Strahlendosen richten sich nach Anwendungszweck, nämlich
a) 10 bis 1.000 Millionen µSv zur Verhütung der Auskeimung z.B. von Kartoffeln, Zwiebeln, Knoblauch, zur Insektenvertilgung in Getreide und zur Reifungsverzögerung von Obst;
b) 1.000 bis 10.000 Millionen µSv zur Verminderung von Mikroben und (nicht sporenbildender) Mikroorganismen und Verbesserung der technologischen Eigenschaften;
c) 10.000 bis 50.000 Millionen µSv zur Sterilisierung.

Fernsehgeräte und Computermonitore

Wenn die beschleunigten Elektronen auf den Bildschirm auftreffen, erzeugen sie nicht nur einen Lichtpunkt, sondern auch (weiche) Röntgenstrahlung. Deren Energiegehalt ist bei Farbfernsehgeräten größer als bei Computermonitoren. Die Strahlungsmenge ändert sich mit dem Bildinhalt. Sie ist umso größer, je heller der Bildschirm ist. Am größten wäre sie daher bei einem „vollgeschriebenen" Bildschirm bei maximaler Helligkeitseinstellung. Für diesen ungünstigsten Fall sind in den Gerätevorschriften Röntgenstrahlungsgrenzwerte in 5 cm Entfernung festgelegt. Wegen der guten Schirmung durch den dicken Bleiglasschirm ist die Strahlung in den meisten Fällen so niedrig, daß sie sich meßtechnisch gar nicht mehr nachweisen läßt. Das bedeutet, daß sie kleiner als 2 % des Grenzwertes ist. Darüber hinaus nimmt ihre Intensität mit dem Quadrat der Entfernung ab. Wenn die Strahlungsintensität in 5 cm Entfernung so groß wie ein Kirchturm wäre, hätte sie in 30 cm Arbeitsentfernung von einem Computermonitor nur mehr die Höhe einer Bierkiste und in 2 m Entfernung vom Fernsehgerät nur mehr die Höhe eines Spielwürfels.

Selbst wenn der Grenzwert zur Gänze ausgeschöpft würde, wäre die Strahlenbelastung von Bildschirmgeräten gering. Bei einem 8stündigen Arbeitstag und durchschnittlich halbhellem Bildschirm würde sie in 30 cm Arbeitsentfernung ca. 15 µSv/a betragen. Bei täglich 4stündigem Fernsehen in 2 m Entfernung ergäben sich 0,35 µSv/a. Dies wäre gleich viel wie die zusätzliche Exposition bei einer 4stündigen Wanderung in den Alpen. Tatsächlich sind die Belastungen um mehr als das 50fache niedriger und daher vernachlässigbar.

Flugreisen

Flugzeuge sind längst zu Massentransportmittel geworden. Damit halten sich immer mehr Menschen über längere Zeit in großen Höhen auf. Dort sind sie der intensiveren kosmischen Strahlung und der terrestrischen Strahlung ausgesetzt. Besonders trifft dies auf die Flugzeugbesatzung zu. Die Strahlenbelastung hängt von der Flughöhe, der Dauer und der Reiseroute ab: Auf Binnenflügen beträgt sie ca. 0,22 µSv/h. Auf Polarrouten ist sie mit ca. 9,3 µSv/h ca. 40fach höher. Bei Sonneneruptionen kann sie während weniger Minuten bis zu einigen Stunden auf das 100fache ansteigen, sodaß bei einem einzigen Flug 10.000 µSv einwirken können. Damit wäre der Grenzwert für die Bevölkerung weit überschritten. Sonneneruptionen lassen sich allerdings nicht vorhersagen. Die Flugfracht von radioaktivem Material beeinflußt die Strahlenbelastung der Besatzung kaum. Im Durchschnitt dürfte dies für die Kabinenbesatzung zusätzlich ca. 2 µSv/a ausmachen. Insgesamt dürfte die mittlere Jahresdosis für die Flugzeugbesatzung ca. 5.000 µSv/a betragen. Sie ist damit deutlich höher als die Belastung anderer Berufsgruppen, erreicht jedoch nur 25 % des Wertes, der für die Definition der beruflichen Strahlenbelastung festgelegt worden ist. Ausgenommen in Zeiten einer Sonneneruption ist ein Urlaubsflug kein Problem: Die Strahlenbelastung beträgt für einen 3-Stunden Flug in den Süden und zurück nur ca. 1,3 µSv. Das ist etwa gleich viel wie die zusätzliche Strahlenbelastung, die wir während einer 9stündigen Wanderung in den Alpen erhalten.

Heizen

Wie alle Materialien enthalten auch Brennstoffe Radionuklide. Steinkohle hat z.B. eine Aktivität von 20 bis 40 Bq/kg. Durch das Heizen werden daher diese Radionuklide, vor allem Plutonium, Radium, Thorium, Uran und radioaktiver Kolenstoff in die Luft abgegeben. In Ballungsgebieten ist dadurch mit einer Strahlenbelastung von ca. 10 µSv/a zu rechnen. Ein Kohlekraftwerk verursacht in seiner Umgebung ähnliche Werte.

Gebrauchsprodukte

„Wie spät ist es?" fragt Inge Ihren Mann. Schlaftrunken öffnet er ein Auge. Es ist noch finstere Nacht. Matt leuchten die Zeiger des Weckers. „Halb drei Uhr, wir können noch weiterschlafen" nuschelt er, bevor er wieder in Schlaf versinkt.

Es wäre zu dieser Zeit von ihm zuviel verlangt, einzusehen, daß ihm die Radioaktivität das völlige Aufwachen erspart hat: Sie war es nämlich, die es ihm erlaubte, im Finstern die Uhr abzulesen. Die Leuchtziffern von Armbanduhren und Weckern sind nämlich mit Farben bestrichen, die durch Radionuklide zum Leuchten angeregt werden. Noch bis in die Mitte der 50er Jahre wurde dazu sogar gammastrahlendes Radium verwendet. Heute ist es durch $^{3}_{1}$ Wasserstoff oder $^{147}_{61}$ Promethium ersetzt. Diese senden niederenergetische Betastrahlen aus, die bereits vom Uhrglas vollständig abgeschirmt werden. Radioaktive Anstriche erhalten auch Lichtschalter, Kompasse und Navigationsinstrumente.

Um leuchtend grüne, gelbe, schwarze, orange oder braune Farbtöne zu erreichen, wurde früher für (teure) Gläser oder Keramiken, z.B. böhmische Annagläser, Uranverbindungen verwendet. Die Dosisleistungen an der Oberfläche dieser Gegenstände können noch heute 0,17 bis 0,46 µSv/h betragen.

Für optische Präzisionsgläser, z.B. Kameraobjektive, wird teilweise Thoriumoxid verwendet. Dieses findet sich auch in Gaslichtstrümpfen von Campiggasleuchten.

In Rauch- und Feuer-Ionisationsmeldern wird zur Ionisation der Luft radioaktives $^{241}_{95}$Americium und $^{226}_{88}$Radium verwendet. Die Strahlenbelastung in ihrer Umgebung liegt unter 10 µSv/a.

In Leuchtstoffröhren und manchen Energiesparlampen dienen geringe Mengen von 85 Krypton als Hilfe zur Zündung der Gasentladung. Auch in Notbeleuchtungen können Radioisotope verwendet werden. Sie werden auch in elektronischen Bauteilen, in Prüfgeräten, zur Verhinderung elektrostatischer Aufladungen in der Industrie und zur Qualitätssicherung von Produkten eingesetzt.

Die gesamte mittlere Strahlenbelastung der Bevölkerung durch Radioaktivität in Gebrauchsgegenstände wird zu rund 20 µSv/a geschätzt.

Bergbau

Seit Jahrhunderten wurde beim Abbau von Silber, Wismut, Kobalt, Nickel und anderen Erzen auch uranhaltiges Gestein aus der schützenden Tiefe an die Oberfläche gefördert und als Abraum abgelagert. Halden erreichen eine Größe von bis zu Hunderten Millionen m³. In vielen Fällen wurden sie begrünt und sogar besiedelt. Dadurch wurde nicht nur radioaktives Material in die Nähe von Wohngebieten gebracht. Die Oberflächenvergrößerung des zerkleinerten Gesteins erleichtert das Ausgasen von Radon und das Auswaschen von Radionukliden in das Grundwasser. Im Uranbergbau wurde Uran aus dem gemahlenen Erz durch Säuren oder Laugen herausgelöst und der verbleibende radioaktive Schlamm in große Absatzbecken gepumpt. Darüber hinaus sammelt sich in den Schächten und Gängen des Berbaues Radon an und gelangt über den Luftaustausch an die Oberfläche.

Eine erhöhte Strahlenbelastung besteht daher nicht nur für die Bergleute, sondern auch für die Bewohner. In Gebieten derartiger Halden, z.B. allein 3000 im deutschen Bezirk Chemnitz, muß auf erhöhte Radonkonzentrationen besonders geachtet werden.

Kernkraftwerke

Im Gegensatz zu Wärmekraftwerken geben Kernkraftwerke fast keine Abgase und Stäube ab. Sie sind jedoch nicht absolut dicht. Auch im

Normalbetrieb gelangen radioaktive Isotope über den Schornstein oder das Kühlwasser in die Umwelt. Die in die Luft abgegebenen Radionuklide sind radioaktive Gase, insbesonders $^{132}_{54}$Xenon und $^{90}_{36}$Krypton, Gammastrahler, die sich an Flüssigkeitströpfchen anlagern, $^{131}_{53}$Jod, $^{11}_{6}$Kohlenstoff und $^{3}_{1}$Wasserstoff. In der Nähe eines 2 Gigawatt-Kernkraftwerkes betrug z.B. die Strahlenbelastung 50 µSv/a. Über die gesamte Bevölkerung gemittelt, tragen Kernkraftwerke mit ca. 10 µSv/a zur Strahlenbelastung bei. Die zulässigen Emissionen sind in der deutschen Strahlenschutzverordnung so begrenzt, daß die durch sie verursachte Ganzkörperbelastung kleiner als 300 µSv/a bzw. die Schilddrüsendosis kleiner als 900 µSv/a sein muß. (In Österreich wird kein Kernkraftwerk betrieben.) Für das Personal ist die Strahlenbelastung je nach Arbeitsbereich verschieden. Sie muß jedoch laufend (mit Personendosimetern) überwacht werden und darf den Grenzwert für beruflich exponierte Personen nicht überschreiten.

In einem Störfall können wesentlich mehr Radionuklide in die Umwelt entweichen. Bisher wurden insgesamt 7 größere Störfälle gemeldet, in denen Aktivitäten zwischen 400.000 Milliarden Bq und dem 25.000fachen in die Umwelt entwichen (Tabelle 20).

Besonders deutlich wurde dies durch den Unfall im Kernreaktor Tschernobyl im Jahr 1986, als die Brennstäbe zu schmelzen begannen und radioaktive Wolken und mit ihnen $^{131}_{53}$Jod, $^{137}_{55}$Cäsium und $^{106}_{44}$Ruthenium bis nach Mitteleuropa gelangten. (Die radiologisch bedeutsamen Isotope $^{90}_{38}$Strontium und $^{239}_{94}$Plutonium sind bereits früher ausgefallen und nicht so weit gelangt.) In den folgenden vier Jahren erhöhte sich die Strahlenbelastung, gemittelt über die deutsche Bevölkerung, um 100 bis 500 µSv. Etwa die Hälfte davon entfiel auf die Gammastrahlung der am

Tabelle 20. Die schwersten bisher gemeldeten Strahlenunfälle (Rassow, 1988)

Reaktor	Land	Jahr	Entwichene Aktivität Milliarden Bq
NRX	Kanada	1947	400.000
Windscale I	Großbritannien	1951	13.500.000
SL 1	USA	1958	2.000
Lucens	Schweiz	1968	3.000
TMI-2	USA	1979	500.000.000
Sellafield	Großbritannien	1983	200.000
Tschernobyl	Ukraine	1986	10.000.000.000
Tokaimura[*]	Japan	1999	?

[*] Brennstäbe-Wiederaufbereitungsanlage.

Boden abgeschiedenen Isotope. Die zusätzliche Strahlenbelastung für die gesamte Lebenszeit wurde für Erwachsene mit 150 bis 8.000 µSv und für Kinder mit 300 bis 11.000 µSv abgeschätzt.

Kernwaffen

In den späten 50er und 60er Jahren wurden durch Kernwaffenversuche große Mengen von Radionukliden in der Atmosphäre freigesetzt. Sie sind bis in 30 km Höhe aufgestiegen. Seither haben sie unsere Strahlenbelastung meßbar erhöht. In den 90er Jahren kamen durch Kernwaffenversuche von Indien, Pakistan und China neue Belastungen hinzu. Sie betrafen vor allem die Nordhalbkugel unserer Erde. Während schwere Nuklide rascher absinken, hält sich feiner Staub viele Jahre lang in den oberen Luftschichten und gelangt nur langsam je nach Witterung als radioaktiver „Fallout" auf die Erdoberfläche. Die höchste Strahlenbelastung trat im Jahr 1964 auf, als man die mittlere Knochenbelastung auf 530 µSv und die mittlere Belastung der Zeugungsorgane auf 50 µSv schätzte (Abb. 48). Auch heute nehmen wir noch (und schon wieder) Cäsium und Strontium aus den Kernwaffentests auf. Die Strahlenbelastung aus dem Kernwaffen-Fallout beträgt etwa 10 µSv/a.

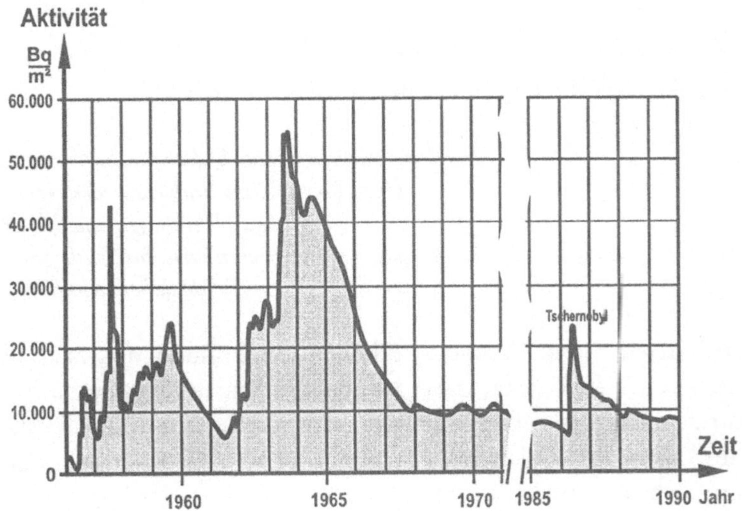

Abb. 48. Zeitlicher Verlauf der äußeren Beta-Strahlung mit den Spitzen nach atmosphärischen Kernwaffentests, vor allem im Jahr 1964 und nach dem Reaktorunfall in Tschernobyl. (In den 70er Jahren bis 1986 blieben die Aktivitätsschwankungen im Bereich von 10.000 Bq/m², nach Gerlach 1986)

Insgesamt ist die zivilisatorische Strahlenbelastung kleiner als die natürliche. Sie beträgt etwa 1.760 µSv. Der weitaus größte Anteil davon wird durch die medizinischen Anwendungen verursacht. Im Vergleich dazu ist die Strahlenbelastung durch die anderen zivilisatorischen Strahlungsquellen gering. Sie beträgt im Jahr ca. 260 µSv/a. Über die Bevölkerung gemittelt, ergibt das insgesamt:

Medizinische Anwendungen	1.500 µSv/a
Reaktorunfall von Tschernobyl	200 µSv/a
Gebrauchsgegenstände	20 µSv/a
Forschung und Industrie	10 µSv/a
Heizung	10 µSv/a
Zivile Kernkraftnutzung	10 µSv/a
Atombomben-Fallout	10 µSv/a

Für einzelne Personen oder Gebiete kann die Exposition vom Mittelwert wesentlich abweichen.

Für beruflich Strahlenexponierte beträgt in Deutschland die mittlere zivilisatorische Strahlenbelastung, gemittelt über ca. 340.000 Personen ca. 300 µSv/a.

7.2 Vom Haarausfall bis zum Krebstod: Biologische Wirkungen ionisierender Strahlung

Für den Einzelnen schädlich, doch für die Art ein Segen.
Unser Körper kann Strahlenschäden reparieren.
Akute Wirkungen und Spätfolgen.
Nur für akute Wirkungen gibt es Schwellenwerte, für Spätfolgen nicht.
Es gibt daher keine Sicherheit.

„Gott würfelt nicht!" Empört verließen die Zuhörer den Saal. „Der Mensch vom Affen abstammen, was für ein haarsträubender Unsinn!" Man schrieb das Jahr 1883. Darwin hatte wieder einmal Unverständnis und Zorn hervorgerufen mit seiner These, die Arten des Lebens hätten sich aus zufälligen Mutationen entwickelt. Unserem Urvater Adam wäre nicht von Gott selbst das Leben eingehaucht worden. Selbst wir Menschen, die Krone der Schöpfung, wären nur das Ergebnis der Evolution. In ihrem Verlauf hätten sich durch Selektion jeweils die tüchtigeren und den Lebensumständen angepaßteren Mutationen behauptet.

Wir wissen heute, daß Darwin recht hatte. Wir wissen noch mehr: Die ionisierende Strahlung war einer der Motoren der Evolution. Seit es Leben auf der Erde gibt, ist es dem Strahlenbombardement ausgesetzt. Dem Einzelnen ist es feindlich gesinnt, doch der Gemeinschaft, der Art, hilft es, zu überleben. Erst Genveränderungen, die für das einzelne Individuum lebensbedrohend sein können, haben den Arten das Überleben gesichert und die Anpassung an veränderte Lebensbedingungen ermöglicht.

Die ionisierende Strahlung (Röntgen-, Gamma-, Alpha-, Beta-, Gamma- und Neutronenstrahlung) ist so energiereich, daß es keine Sicherheit gibt: Selbst die kleinste denkbare Strahlungsmenge ist in der Lage, (Molekül-) Schäden zu verursachen. Sie bleiben auch nach Beendigung der Bestrahlung bestehen. Das ist der Grund, weshalb nicht der Momentanwert der Strahlung die biologische Wirkung bestimmt, sondern die Summe der einwirkenden Strahlungsquenten. Deshalb sind auch Langzeitexpositionen gegenüber schwachen Strahlungen nicht mehr vernachlässigbar.

Wie geht das?

„Au weh, verflixt!" schreit Josef auf und steckt reflexartig seinen Daumen in den Mund. Entweder war der Nagel zu klein, der Hammer zu groß oder auch nur seine Treffsicherheit zu schlecht. Es ist ihm sicher ein schwacher Trost, wenn wir ihm versichern: Eigentlich besteht unsere Materie vor allem aus Leere: Wenn der Atomkern eine Kirsche wäre, kreisen die paar Elektronen in so weiten Bahnen um ihn, daß sie das Volumen eines Hauses beanspruchen würden. In dieser Situation ist es für ein Strahlungsquant zwar sehr unwahrscheinlich, aber nicht unmöglich, ein Elektron zu treffen. Was dann geschieht, erinnert an das Billiard-Spiel: Das Strahlungsquant schlägt ein Elektron aus der Atomhülle und wird dabei selbst abgelenkt. Es setzt seinen Weg mit verringerter Energie (= Frequenz) fort. Zurück bleibt Atom oder Molekül, dessen Ladungsgleichgewicht gestört ist (Ion). Ihm fehlt zwar ein Elektron, es ist aber durch den aufgenommenen Teil der Quantenenergie energiereicher geworden.

Grundsätzlich hat die ionisierende Strahlung keine Folgen, die nicht auch durch andere Einflußfaktoren oder sogar durch die fehlerhaften körpereigenen Vorgänge selbst entstehen könnten. Es entstehen in unseren Zellen z.B. durch chemische Reaktionen auch ohne Bestrahlung Ionen. Sie stehen dabei in einem physiologischen Gleichgewicht. Durch ionisierende Strahlung geschieht jedoch die Ionisation zufällig und ohne Rücksicht auf den Stoffwechesel. Das hat Konsequenzen:

1. das Ion ist ein Atom, das chemisch angeregt worden ist. Es versucht, einen Ersatz für sein fehlen des Elektron zu bekommen und eine chemische Bindung mit einem anderen Atom einzugehen. Dadurch können sich chemische Reaktionsprodukte (Radiolyse) bilden, die auch als Zellgifte wirken können;
2. eine chemische Bindung wurde gelöst. Dies geschieht, wenn ein Elektron herausgeschlagen wurde, das selbst für die (Ionen-) Bindung zweier Atome z.B. in einer Atomkette verantwortlich war. Dadurch können
- chemisch aggressive Molekülbruchstücke (Radikale) entstehen. Wenn sie sich mit anderen Atomen oder Molekülen verbinden, können neue chemische Verbindungen gebildet werden, die für die Zelle sogar giftig sein können.
- Besonders schwerwiegend ist dies, wenn eine Bindung im Gen-Molekül aufgebrochen wird. Selbst wenn sie neu geknüpft wird, besteht noch Gefahr. Sie könnte nämlich mit einem anderen Bindungspartner oder in einer anderen Konfiguration zustande kommen. Dadurch kann an der betroffenen Stelle die Erbinformation verändert werden. Das kann dreierlei bedeuten, nämlich
  a) die Reparaturmechanismen der Zelle beheben den Schaden, bevor er sich bemerkbar machen kann. Dies geschieht dadurch, daß chemische Bindungen wieder hergestellt werden oder abgetötete Zellen ersetzt werden. Es bleibt jedoch ein Restrisiko. Es besteht nämlich grundsätzlich die Möglichkeit, daß die Reparaturmechanismen nicht ideal arbeiten oder einfach überfordert sind, wenn zu viele Schäden gleichzeitig eintreten;
  b) sie betrifft eine unkritischer Stelle und macht sich nicht gravierend bemerkbar;
  c) sie ist gravierend und die Zelle stirbt ab. Das ist grundsätzlich das kleinere Problem: In unserem Körper werden in jeder Minute Tausende von abgestorbenen Zellen erneuert. Wenn jedoch mehr Zellen absterben als Neue gebildet werden können, entsteht ein Gesundheitsrisiko;

d) sie ist gravierend und verändert den genetischen Bauplan der Zelle so, daß sie zu einer Krebszelle mutiert und sich ungehemmt vermehrt.

e) Sie ist gravierend, betrifft jedoch eine Keimzelle. Dies ist zwar für den eigenen Körper unkritisch. Wenn jedoch gerade diese Keimzelle zur Fortpflanzung herangezogen wird, kann sie Mißbildungen oder den Tod des Feten bewirken. Bei Frauen außerhalb des gebärfähigen Alters existiert diese Gefahr nicht mehr.

3. Wenn ein Radioisotop durch Ausstrahlung eines geladenen Teilchens zerfällt, wandelt es sich in ein anderes Element um, das an der Bindungsstelle nun anders reagiert und die Eigenschaften des Moleküls entscheidend ändern kann.

4. Anschließend an diese physikalischen Wechselwirkungsphasen folgt die biologische Phase. Die neu gebildeten chemischen Verbindungen beginnen, biochemisch zu wirken und nach einer mehr oder weniger langen Verzögerung unsere Gesundheit zu beeinträchtigen.

Die Trefferwahrscheinlichkeit ist umso größer, je mehr Strahlenquanten (bzw. Teilchen) einwirken. Das Maß für die biologische Wechselwirkung ist daher leicht anzugeben: Es ist die Dosis, also die Summe der Strahlenquanten, die ihre Energie an den Körper abgegeben haben. Dennoch muß dies im Detail noch modifiziert werden:

1. Daß die biologische Wirkung linear mit der Dosis stärker wird, wurde vor allem aus den Erfahrungen mit hohen Dosisbelastungen abgeleitet, wie sie z.B. die hunderttausenden Einwohner von Hieroshima und Nagasaki getroffen hat. Ob diese Annahme auch auf kleinste Dosen übertragen werden kann, kann aber aus mehreren Gründen nicht bewiesen werden. Es entspricht jedoch dem Vorsichts-Prinzip, anzunehmen, daß es keinen sicheren Schwellwert gibt und auch kleinste Dosen nicht zu vernachlässigen sind.

2. Bei gleichen Dosen sind Kurzzeitbestrahlungen biologisch wirksamer als über längere Zeit verteilte Bestrahlungen, weil sie die Reparaturmechanismen überfordern können. Die Neubildung von Zellen braucht nämlich Zeit. Wie schnell dies geschieht, hängt von der Art der betroffenen Zelle und ihrer Teilungsrate ab. Auch schwer geschädigte, jedoch nicht abgetötete Zellen können z.B. nach einer Zeit von 30 bis 60 min wiederhergestellt werden. Nach der Reparatur bleibt die Zelle jedoch noch längere Zeit gegenüber Bestrahlungen empfindlicher.

3. Unsere Körperzellen sind gegenüber Bestrahlungen besonders während der Phase ihrer Zellteilung empfindlich. Bei vielen unserer Gewebe müssen wir die Zellen laufend erneuern. Um dies zu schaffen, werden zunächst große Mengen von Universalzellen gebildet. Erst wenn diese sich nach mehrmaliger Teilung in eine Haut-, Darm- oder sonstige Zelle spezialisiert haben, erfüllen sie ihre Funktion und sterben ohne weitere Teilung ab. Auf diese Weise erneuern wir täglich ca. 50 Milliarden Blutzellen, 56 Milliarden Darmzellen und ca. 0,7 Milliarden Hautzellen. Die biologische Wirkung einer Dosis ist umso größer, je höher die Teilungsrate einer Zellart ist. Am empfindlichsten sind daher unsere Blutkörperchen. In der Reihenfolge abnehmender Empfindlichkeit folgen Spermien und Eizellen, Haarwurzelzellen, Speichel-, Talg- und Schweißdrüsen, Magen-, Knorpel-, Nebennieren-, Schilddrüsen-, Leber-, Nieren-, Bindegewebs-, Knorpel- und Muskelzellen. Am relativ unempfindlichsten sind unsere Nervenzellen.
   Die Anzahl der Zellteilungen nimmt mit zunehmendem Lebensalter ab. Daher sind Feten im Bauch der Schwangeren, Babys und Kleinkinder besonders gefährdet.

4. Wenn nur ein Teil unseres Körpers bestrahlt wird, z.B. wenn Radon eingeatmet wird oder wenn Röntgenbilder angefertigt werden, hängt die biologische Wirkung bei gleicher Dosis von der biologischen Bedeutung des betroffenen Bereiches ab. Dies wird dadurch berücksichtigt, daß die Teilkörperdosis mit einem Gewichtungsfaktor in eine biologisch gleichwertige Ganzkörperdosis umgerechnet wird (Tabelle 21). Am folgenschwersten sind z.B. Bestrahlungen des Knochenmarks, von Dickdarm, Lunge und Magen. Die Bestrahlung unserer Keimdrüsen wird wegen des erhöhten Mißbildungsrisikos noch höher bewertet. Am wenigsten bedeutend ist es, wenn nur unsere Haut betroffen ist, z.B. durch Alpha-Strahlung.

Tabelle 21. Gewichtungsfaktoren zur Umrechnung einer Teilkörperbestrahlung in die gleichwertige effektive Ganzkörperdosis (Internationale Strahlenschutzkommission der WHO)

Körperteil	Gewichtungsfaktor
Keimdrüsen	0,20
Rotes Knochenmark, Dickdarm, Lunge, Magen	0,12
Blase, Brust, Leber, Speiseröhre, Schilddrüse	0,05
Übrige Körperbereiche (ausgen. Haut, Knochenoberfläche)	0,05
Haut, Knochenoberfläche	0,01

5. Strahlung, die ihre Energie entlang eines kürzeren Weges, also konzentrierter abgibt, ist wirksamer als durchdringungsfähigere Strahlung. So sind z.B. Alphateilchen 20fach wirksamer als Gammastrahlung. Dies ist der Grund, weshalb die Energiedosis mit einem biologischen Bewertungsfaktor multipliziert und in die Äquivalenzdosis umgerechnet wird.

Die biologische Konsequenz der Strahlenwirkung hängt davon ab, wie gut unsere Reparaturmechanismen in der Lage sind, mit den Strahlenschäden fertig zu werden.

7.2.1 Akute Wirkungen

Zum Zeitpunkt der Entdeckung der radioaktiven Strahlung war ihre Gefährlichkeit noch nicht bekannt. Es war ihr Entdecker, der für seine Arglosigkeit büßen mußte. Als Becquerel ständig ein Radiumpräparat in seiner Westentasche mit sich trug, entstanden nach zwei Wochen an seinem Bauch Verbrennungen, die sich zu nur schwer abheilenden Geschwüren entwickelten.

Akute Wirkungen treten bereits unmittelbar nach der Bestrahlung oder nach einer vergleichsweise kurzen Verzögerungszeit bei einem großen Prozentsatz der Betroffenen auf. Der Zusammenhang mit der Strahlendosis ist daher gut feststellbar. Akute Wirkungen entstehen erst, wenn zu viele Zellen geschädigt worden sind. Dies ist der Fall, wenn ein (hoher) Dosisschwellwert überschritten worden ist. Er liegt bei ca. 250.000 bis 500.000 µSv. Mit zunehmender Dosis werden die Wirkungen immer schwerwiegender (Tabelle 22). Bei einer Ganzkörperbestrahlung sind als erstes die empfindlichsten Körperzellen (Tabelle 21) betroffen. Todesgefahr besteht beim ca. 10fachen des Schwellwertes, nämlich ab ca. 3 Millionen µSv.

Auch bei Teilkörperbestrahlungen treten akute Wirkungen auf. Sie können von einer Rötung der Haut, Bräunung, Sonnenbrand bis zu tiefreichenden Hautschäden reichen. Die Augenlinse kann getrübt werden. Die Bestrahlung der Fortpflanzungsorgane kann zur Sterilität führen, die sich erst umso später, bis zu Jahren, zurückbildet, je höher die Dosis war (Tabelle 23).

In der Strahlentherapie wird z.B. durch eine umfangreiche Bestrahlungsplanung versucht, die Bestrahlung so durchzuführen, daß in gesunden Organen bestimmte organspezifische Toleranzdosen nicht überschritten werden. Beim Erreichen der Toleranzdosen muß damit gerechnet

Tabelle 22. Akute Auswirkungen hoher Strahlendosen bei Ganzkörperbestrahlung. Veränderungen sind erst ab einem Dosisschwellwert feststellbar

Äquivalentdosis Millionen µSv	Auswirkung
Bis 0,25	Keine vom Arzt erkennbaren akuten Wirkungen, Spätfolgen sind möglich.
0,25–0,5	Schwellwert. Vorübergehende Verringerung der Leukozyten und Granulozyten im Blut, nach einigen Tagen vorübergehender Haarausfall. (Die Haare wachsen wieder nach.) Spätfolgen möglich.
1–2	Übelkeit, Müdigkeit und Erbrechen, stärkere Veränderungen im Blutbild, das Immunsystem ist geschwächt, die Erholung verzögert sich, verringerte Lebenserwartung möglich.
2–3	Bereits am ersten Tag Übelkeit, Müdigkeit und Erbrechen, Blutbild stark verändert, geschwächtes Immunsystems, daher höheres Infektionsrisiko. Nach einigen Wochen Appetitlosigkeit, Halsschmerzen, Blässe, Durchfall und Abmagerung. Feten sterben. Die Todesrate bei Erwachsenen reicht an 20 %. Für Überlebende Erholung nach ca. 3 Monaten wahrscheinlich.
Ab 3	Bereits nach wenigen Stunden Übelkeit, Müdigkeit, Erbrechen und Durchfall, Blutbild schwer verändert, Immunsystem stark geschwächt. Nach einigen Tagen bis zu einer Woche Haarausfall, Appetitlosigkeit, allgemeines Unwohlsein. Während der zweiten Woche Fieber, innere Blutungen und Austritt von Blut aus Blutgefäßen und Kapillaren, in der dritten Woche Durchfall, Entzündung der Mundhöhle und des Rachens, Abmagerung. Erwachsenen sterben nach 2 bis 6 Wochen.
Ab 4,5	Innerhalb von 30 Tagen stirbt die Hälfte der Erwachsenen.
Ab 7,5	Nahezu 100 % Sterblichkeit.
Ab 50	Fast unmittelbar einsetzende schwerste Krankheit, innerhalb einer Woche sterben fast 100 % der Erwachsenen.
Ab 100	Sofortige Lähmung und schneller Hirntod.

werden, daß in ca. 5 % der Fälle innerhalb von 5 Jahren ernsthafte Organschäden auftreten. Je nach der Strahlenempfindlichkeit der Körperzellen liegen die Toleranzdosen im Bereich von 2 Millionen bis 40 Millionen µSv (Tabelle 24). Durch Aufteilung der Stahlungsdosis auf mehrere Bestrahlungen ist es möglich, das Schaden/Nutzen-Verhältnis der Strahlentherapie zu verbessern. Besonders wirksam sind fein unterteilte Bestrahlungen. Sie erfolgen mehr als ein Mal täglich.

7.2.2 Langzeitwirkungen

Bei niedrigeren Strahlungsdosen ist es nicht mehr möglich, biologische Wirkungen direkt nachzuweisen. Sie treten nämlich mit einer immer

Tabelle 23. Akute Auswirkungen hoher Strahlendosen bei Teilkörperbestrahlung. Veränderungen sind erst ab einem Dosisschwellwert feststellbar

Äquivalentdosis Millionen µSv		Auswirkung
Haut:	ab 2	Hautrötung
	ab 3	Sofort leichter Sonnenbrand, der nach ca. 2 Tagen abklingt, Verbrennungen ersten Grades, nach ca. 2 Wochen nur langsam abklingender Haupt-Sonnenbrand und Bräunung.
	10	Nach ein bis zwei Wochen tiefreichende Hautschäden und Blasenbildung.
	50	Sofortige Schmerzen, noch schwerere Hautschäden.
Augen:	ab 2	Linsentrübung
Ovarien:	ab 3	Sterilität, Rückbildung umso langsamer, je höher die Dosis, bis zu mehreren Jahren oder sogar auf Dauer
Hoden:	ab 6	Sterilität, Rückbildung umso langsamer, je höher die Dosis, bis zu mehreren Jahren oder sogar auf Dauer

Tabelle 24. Organspezifische Toleranzdosen für Teilkörperbestrahlungen, bei denen mit einer 5 %igen Wahrscheinlichkeit innerhalb von 5 Jahren schwere Organschäden auftreten

Körperteil	Toleranzdosis Millionen µSv
Eierstock	2–3
Hoden	5–15
Augenlinse	5
Knochenmark	20
Dünndarmepithel	30–40
Lunge	40

größeren Verzögerung auf und machen sich nur mehr in der Gesundheitsstatistik bemerkbar. Die Höhe der Dosis beeinflußt in diesem Bereich nicht mehr die Stärke der Wirkung, sondern nur mehr die Wahrscheinlichkeit ihres Eintretens.

Die Bombardierung von Hieroshima und Nagasaki hat unsägliches Leid verursacht. Sie hat uns aber auch eine genauere Abschätzung des Strahlenrisikos ermöglicht. Durch die Verlaufskontrolle der Überlebenden wissen wir, daß ionisierende Strahlungen in höheren Dosen einen größeren Anstieg der Krebserkrankungen verursacht, als ursprünglich vermutet. Sie verursachen nämlich nicht nur Blutkrebs (Leukämie), sondern auch andere Krebsarten, wie Magen-, Darm-, Brust- und Lungenkrebs. Ursache für die späte Erkenntnis ist die längere Verzögerungszeit für die anderen Krebsarten. In Hiroshima war das Krebsrisiko unter den

Überlebenden wesentlich höher als in Nagasaki. Aus dem Umstand, daß in Nagasaki die Gammastrahlung und in Hiroshima die Neutronenstrahlung dominierte, konnten der Einfluß der Strahlenart erkannt und die Bewertungsfaktoren abgeleitet werden.

Ein Zusammenhang kann jedoch nur so lange untersucht werden, so lange sich eine Änderung gegenüber den üblichen Schwankungen erkennen läßt. Krebs kann nämlich durch viele verschiedene Ursachen und sogar spontan ohne äußere Einwirkungen ausgelöst werden. Dies ist der Grund, weshalb nicht bewiesen werden kann, daß auch kleinste Dosen das Erkrankungsrisiko noch erhöhen. Es ist jedoch plausibel, anzunehmen, daß unsere Reparaturmechanismen nicht unendlich gut sind. Sie können daher das Strahlenrisiko nur verringern aber nicht völlig ausschalten. Im ungünstigsten Fall könnte auch nur ein einziges Strahlenquant z.B. ein Gen schädigen. Wenn dieser Schaden unbehoben bleibt, könnte die betroffene Zelle zu einer Krebszelle werden oder bei der Zeugung eine Rolle spielen und Mißbildungen auslösen. Einen sicheren Dosisbereich gibt es daher nicht.

Nach einer Schätzung der Internationalen Strahlenschutzkommission (ICRP) verursacht eine Äquivalenzdosis von 1.000 µSv in der Gesamtbevölkerung 50 zusätzliche Krebstote pro Million Einwohnern. Für Berufstätige ist das Risiko wegen der kürzeren verbleibenden Lebenszeit geringer und beträgt pro 1.000 µSv etwa 40 pro Million. Im Vergleich zum spontanen Krebsrisiko (etwa 12.500 pro Million) ist das wenig, nämlich 3,2 Promille (Tabelle 25).

Pro Million Deutschen sterben insgesamt ca. 740 Männer und 160 Frauen pro Jahr an Lungenkrebs. Davon dürften ca. 4 bis 12 % der Fälle durch das Einatmen von Radon verursacht worden sein. Das Rauchen dürfte jedoch für ca. 80 % der Fälle verantwortlich sein (Abb. 49).

Tabelle 25. Geschätzte Anzahl von Erkrankungen pro 1 Million Einwohner bei einer jährlichen Exposition gegenüber 1.000 µSv/a, geschätzt von der Internationalen Strahlenschutzkommission der Weltgesundheitsorganisation

	Krebstot	Krebs-erkrankung	Schwere Erberkrankungen	Insgesamt
Allgemeinbevölkerung Erwachsene	50	10	13	73
Berufstätige	40	8	8	56

7.2.3 Positive Wirkungen?

Es gibt immer wieder Vermutungen, daß niedrige Strahlendosen unsere Reparatur- und Abwehrmechanismen stimulieren und dadurch positive Auswirkungen besitzen könnten. Dies wird mit dem Fachausdruck *Hormesis* bezeichnet. In Versuchen mit Säugetieren wurde über eine Lebensverlängerung und Erhöhung der Widerstandsfähigkeit gegenüber Erkrankungen berichtet. Die entsprechenden Dosen seien von Spezies zu Spezies verschieden. Unter den Überlebenden der Atombombenopfer konnten keine Anhaltspunkte für diese Annahme gefunden werden. Es ist jedoch anzunehmen, daß zusammen mit möglichen positiven auch negative Wirkungen auftreten. Die Schaden-Nutzen Bilanz ist daher derzeit noch offen.

7.2.4 Pillen gegen Strahlenkrebs?

Bereits im Jahr 1949 wurden Chemikalien gefunden, die die Sterblichkeit von Versuchstieren verringerten, allerdings nur, wenn sie vor der Bestrahlung verabreicht worden waren. Wir wissen heute, daß es diese Schutzwirkung gibt. Sie läßt sich durch einen Dosisreduktionsfaktor beschreiben. Er gibt an, um das Wievielfache die Überlebensrate im Vergleich zur unbehandelten Gruppe ansteigt. Die erreichbaren Faktoren betragen etwa 3.

Strahlenschutzmittel haben jedoch auch Nachteile:
— Sie wirken nur vorbeugend, eine nachträgliche Behandlung ist nicht wirksam.
— Sie schützen nur kurz, je nach Präparat zwischen 30 min und einigen Wochen.
— Sie sind meist auch giftig und daher zur Dauerbehandlung nicht geeignet.

7.2.5 Indirekte Wirkungen

„Das hält ewig!" versicherte der Monteur, nachdem er die Rohre für die Kernzone des Reaktors montiert hatte. Nur wenige Jahre später kam es zu einem Rohrbruch. Es war nur dem Glück zu verdanken, daß dabei nur geringe Mengen von radioaktivem Kühlwasser nach außen gelangten.

Wir wissen heute, daß ionisierende Strahlung auch eine Reihe von indirekten Wirkungen verursachen können:

1. Die hohe Bestrahlung kann Materialeigenschaften entscheidend verschlechtern wie z.B. die mechanische Belastbarkeit, die Elastizität und die Zuverlässigkeit.
2. Die Bestrahlung kann zur Bildung giftiger Substanzen, z.B. in Kunststoffen, führen. In schlecht belüfteten Räumen können die Schadstoffkonzentrationen sogar auf gesundheitsgefährdend hohe Werte ansteigen.
3. Explosible Gemische können wegen Absorption der Strahlungsenergie oder der Eigenerwärmung des radioaktiven Materials explodieren
4. Elektronische Bauelemente und integrierte Schaltungen können zerstört und die Programmierung von Mikroprozessoren gelöscht werden.

7.3 Wieviel ist zuviel? Grenzwerte für ionisierende Strahlung

Strahlungs-Roulette: Ein einziges Strahlungsquant schädigt — wenn es trifft.
Zynismus, Leichtsinn — oder Fortschritt der Technik: Die Grenzwerte wurden im
Lauf der Zeit immer niedriger.
Sicherheit ist nicht erreichbar: Erträglich wenig Schaden heißt das Ziel.
Wieviel Strahlentote sind vertretbar?

„Unverantwortlich, jetzt wird der Grenzwert schon wieder gesenkt! War unser Leben denn früher nichts wert?" entrüstet sich Simon. Empörung hat sein Gesicht gerötet. Wütend zieht er an seiner Zigarre. „Wer weiß, ob die nicht in einigen Jahren neuerlich feststellen, daß die Grenzwerte zu hoch sind?"

Simons Erregung ist verständlich. Sie ist aber nicht gerechtfertigt. Die Überlegungen zur Grenzwertfestlegung unterscheiden sich erstmals wesentlich von jenen der vorangegangenen Kapitel. Das Ziel, durch Grenzwerte Gesundheitsgefährdungen auszuschließen, ist nicht mehr erreichbar. Grenzwerte für ionisierende Strahlung können daher nur mehr so festgelegt werden, daß das verbleibende Risiko- in einem vertretbaren Verhältnis zum Nutzen steht. Simon irrt, wenn er meint, das Leben wäre den Verantwortlichen früher weniger wert gewesen. Der Hauptgrund, weshalb die Grenzwerte niedriger sind als einst, entspricht nicht einer plötzlichen Reue, sondern der technischen Machbarkeit. Der gleiche Nutzen kann heute in vielen Bereichen mit weniger Strahlenbelastung erreicht werden. So konnte z.B. in der Medizin die Strahlenbelastung für den Patienten durch technische Weiterentwicklungen um eine Vielfaches verringert und der gleiche Nutzen wesentlich schonender erreicht werden. Allerdings haben vor allem die Langzeiterfahrungen nach den Atombombenabwürfen gezeigt, daß die Spätfolgen und damit das Gesundheitsrisiko größer waren, als ursprünglich angenommen. Einer Senkung der Grenzwerte sind jedoch Grenzen gesetzt. Einerseits durch die Konsequenzen, die jeder von uns selbst zu tragen hätte. Niemand von uns würde z.B. auf das Heizen verzichten wollen. Andrerseits wegen der Schwankungsbreite der natürlichen Strahlenbelastung. Bereits sie bedeutet ja ein Gesundheitsrisiko. Und dieses ist bereits je nach Wohnort bis zu 10fach verschieden. Was Grenzwerte daher nur tun können, ist, den Schaden in vertretbaren Grenzen zu halten. Aus diesem Grund wurden folgende Schutzziele festgelegt:

1. Die Grenzwerte sollen so niedrig sein, wie dies vernünftigerweise möglich ist. (ALARA-Prinzip: As Low As Reasonably Achievable). Das bedeutet, daß die Folgen der Grenzwerthöhe in einem vernünftigen Verhältnis zum erreichbaren Nutzen stehen sollen. So wären z.B. zu niedrige Grenzwerte nicht vertretbar, wenn dadurch wichtige Nahrungsmittel nicht mehr gegessen werden oder in weiten Gebieten keine Landwirtschaft mehr betrieben werden dürfte.
2. Bei genügend großem Nutzen ist auch ein höheres Risiko vertretbar. Bei verantwortungsvollem Einsatz wiegt z.B. der Informationsgewinn einer Röntgenaufnahme die höhere Strahlenbelastung bei weitem auf.
3. Eine unmittelbare Gefährdung durch akute Wirkungen ist zu verhindern.
4. Es ist vor allem der Bestand der Gemeinschaft zu sichern. Daraus folgt, daß sich das Mutationsrisiko nicht zu stark erhöhen darf. Dazu muß die genetisch bedeutsame Dosis der Bevölkerung begrenzt werden, also jene Dosis, die die Zeugungsorgane jener Personen betrifft, die noch im fortpflanzungsfähigen Alter sind.
5. Für beruflich strahlenexponierte Personen werden höhere Strahlenbelastungen zugelassen. Dafür gelten jedoch zusätzliche Auflagen: Ihre Exposition muß durch ein tragbares Dosismeßgerät ständig überwacht werden und sie müssen in regelmäßigen Abständen ärztlich kontrolliert werden. Jugendliche unter 18 Jahren und werdende oder stillende Mütter dürfen beruflich nicht strahlenexponiert werden.

Wenn nur der Schaden in vertretbaren Grenzen gehalten werden soll, stellt sich die Frage, was ist vertretbar? Wieviele zusätzliche Tote soll

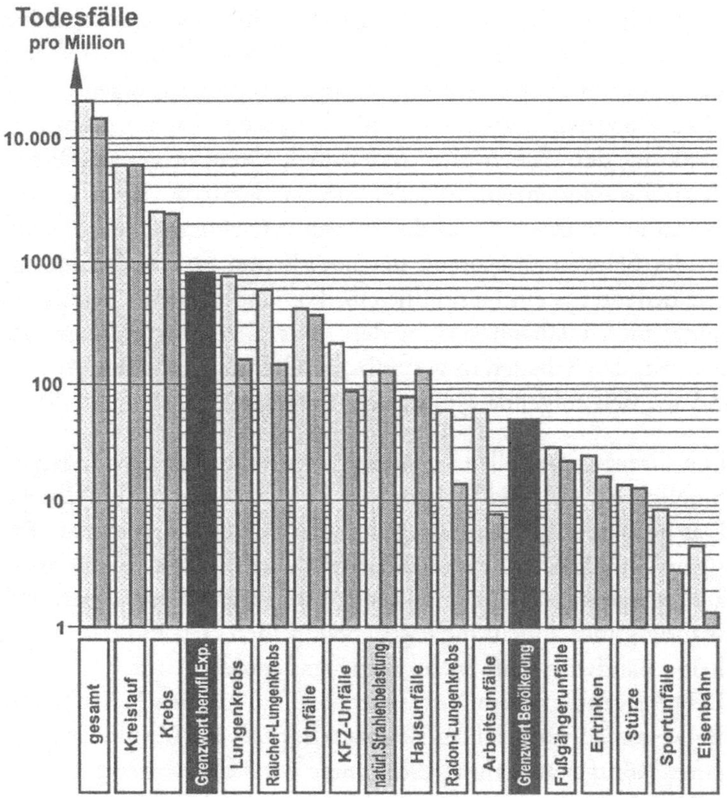

Abb. 49. Die Gesundheitsrisiken, die zum Tode führen im Vergleich zum Risiko der natürlichen Strahlenbelastung und den Risiken, die durch die Grenzwerte verbleiben. Die Zahlen sind in logarithmischem Maßstab dargestellt. Die hellen Balken zeigen die Zahlen für Männer, die dunklen Balken jene für Frauen

oder muß die Gesellschaft in Kauf nehmen? Diese Frage ist entscheidend. Die Antwort ist ein Vergleich, nämlich der Vergleich mit der Größe von Risiken, die von uns in anderen Bereichen akzeptiert werden (Abb. 49). Ein Beispiel ist das Rauchen. Ein Raucher gefährdet ja nicht nur seine eigene Gesundheit, sondern auch die der passiv Mitrauchenden oder den heranwachsenden Fötus.

Wie auch immer sie ausfällt: Die Entscheidung ist willkürlich. Es gibt keinen Schwellenwert mehr, von dem Sicherheitsfaktoren abgeleitet werden können. Das einzige Kriterium ist die gesellschaftliche Akzeptanz. Jeder einzelne Tote ist zuviel, wenn er aus der Anonymität der

284

Tabelle 26. Von der Internationalen Strahlenschutzorganisation der WHO empfohlene Grenzwerte der Effektivdosis für die Allgemeinbevölkerung und beruflich Strahlenexponierte

Körperteil	Allgemeinbevölkerung pro Jahr μSv	Beruflich Exponierte pro Jahr μSv
Ganzkörper: allgemein	1.000[*]	50.000 20.000[*]
Bauch von Schwangeren		2.000
Augenlinse	15.000[**]	150.000[**]
Haut	50.000[**]	500.000[**]
Hände, Füße	–	500.000

[*] Mittelwert über jeweils 5 Jahre; [**] gemittelt über jeweils 1cm².

Masse herausgetreten ist und wir seinen Namen kennen oder sein Gesicht gesehen haben. Die namenlosen Opfer, die der Zufall auswählt, werden jedoch hingenommen. Es gibt pro Million Einwohnern Tausende vermeidbarer Tote pro Jahr z.B. durch das Rauchen, den Besuch von Bräunungsstudios oder das Autofahren mit überhöhter Geschwindigkeit. Wieviele zusätzliche Tote durch die zivilisatorische Strahlenbelastung sind vertretbar, zusätzlich zu den ca. 120 Toten pro Jahr (und Million Einwohnern), die durch die natürliche Strahlenbelastung unvermeidbar sind.

Der Kompromiß lautet, daß für die Allgemeinbevölkerung die Äquivalentdosis pro Jahr mit 1.000 μSv/a begrenzt wurde. Wenn der Grenzwert ausgeschöpft wird, bedeutet dies, daß das akzeptierte Risiko 1/400tel des Gesamtrisikos oder ein Drittel des natürlichen Strahlenrisikos beträgt. Für beruflich Strahlenexponierte wurde die Strahlenbelastung, gemittelt über 5 Jahre, auf 20.000 μSv/a (Tabelle 26) begrenzt. Hier beträgt das Risiko 4 % des Gesamtrisikos oder das 6,7fache des natürlichen Strahlenrisikos. Durch Strahlenschutzmaßnahmen soll jedoch die tatsächliche Strahlenbelastung so niedrig wie möglich gemacht werden. Medizinische Anwendungen sind ausgenommen.

7.4 Was tun?

Die Grenzwerte begrenzen nur den Schaden.
Wir selbst können auch etwas tun, um unser Gesundheitsrisiko klein zu halten.
Radon gebührt die größte Aufmerksamkeit.
Lüften und der Aufenthalt im Freien.

„Georg, setz dich nicht so nahe an den Fernseher, das ist gefährlich" ermahnt Doris ihren Sohn. Mit der Gefährlichkeit hat sie zwar etwas übertrieben, doch im Grunde hat sie recht: Im Zusammenhang mit ionisierender Strahlung gilt erst recht das Prinzip, Bestrahlungen überall zu vermeiden, wo dies mit vernünftigem Aufwand möglich ist. Wir alle können dazu unseren Beitrag leisten:

1. Kinder sollten tatsächlich nicht zu nahe am Fernseher sitzen. Die verbleibende Röntgenstrahlung ist zwar gering, aber dennoch vermeidbar. Noch bedeutsamer ist jedoch die Belastung der Augen durch das möglicherweise wahrnehmbare Flimmern des Bildes (Kapitel 6). Bei ausgeschaltetem Gerät ist jedoch nichts zu befürchten. Es bleibt nichts an Strahlung zurück.

2. Röntgenuntersuchungen sind wichtig, wenn sie notwendig sind. Vermeiden Sie unnötige Aufnahmen, indem Sie ihre Röntgenbilder aufbewahren. Als mündiger Patient müssen Sie nicht neuerliche Aufnahmen akzeptieren, nur weil es in einem Krankenhaus angeblich so üblich ist.

3. Zur Brustkrebsfrüherkennung ist die regelmäßige Röntgen-Mammografie bei Frauen unter 35 Jahren nicht geeignet, wenn sie nicht zu einer Gruppe mit erhöhtem Brustkrebsrisiko gehören: Die regelmäßige Strahlenbelastung erzeugt bei jungen Frauen nämlich mehr Brustkrebs als durch sie frühzeitig erkannt wird. Mit zunehmendem Alter wendet sich jedoch das Blatt: Die Brustkrebswahrscheinlichkeit nimmt zu und die Empfindlichkeit des Gewebes für Strahlenschäden ab. Ab ca. 50 Jahren bringt die Vorsorgeuntersuchung mehr Nutzen als Schaden.

4. Wenn Sie schwanger sind,
   a) weisen Sie Ihren Arbeitsgeber darauf hin, wenn Sie an ihrem Arbeitsplatz höheren Strahlungen ausgesetzt sind, z.B. als Stewardess, bei der (Röngen-) Gepäckskontrolle, bei der (Röntgen-) Materialprüfung, als Röntgenassistentin oder in einem Isotopenlabor.
   b) weisen Sie Ihren Arzt darauf hin, wenn er eine Röntgenaufnahme beabsichtigt. Es gibt ungefährlichere Alternativen wie z.B. die Magnetresonanztomografie oder Ultraschall.

5. Am meisten erreichen Sie, wenn Sie gegen die Radonbelastung etwas tun. Dazu gibt es mehrere Möglichkeiten:

a) Lüften Sie ihre Wohnraum besonders in der kalten Jahreszeit. Sie verringern dadurch ihr Lungenkrebsrisiko. Mehrmalig kurz ist wirkungsvoller als selten, jedoch lange zu lüften.

b) Kaufen Sie keine zu dicht schließenden Fenster. Die Heizkostenersparnis erkaufen Sie mit einem höheren Lungenkrebsrisiko.

c) Vermeiden Sie, wenn es geht, Baumaterial mit höherem Radionuklidgehalt.

d) Wenn Sie einen Keller errichten: Eine durchgehende betonierte Bodenplatte ist besser als ein Streifenfundament: Die Fugen an den Wänden begünstigen den Radonaustritt.

e) Wenn Sie in einem radongefährdeten Gebiet wohnen: Im Gesundheitsministerium erhalten Sie Auskunft über die Möglichkeit von Radonmessungen.

f) Keller können Radon-saniert werden:
   - Sorgen Sie für eine Belüftung Ihres Kellers durch Öffnen der Fenster, durch Entlüftung über Wärmetauscher oder durch Einbau von Ventilatoren.
   - Vermeiden Sie jedoch einen Unterdruck im Keller, der Radon aus dem Boden saugen könnte.
   - Streichen Sie Ihren Kellerboden mit einem gasdichten Anstrich.
   - Dichten Sie Fugen und Risse mit einer elastischen Dichtungsmasse ab. Dazu gehören
   • Risse im Betonfußboden und in Kellerwänden,
   • Spalten und Durchlässe an Gullys,
   • Dehnungsfugen zwischen Boden und Wänden,
   • Spalten an Rohrdurchführungen

g) In besonders kritischen Fällen können auch weitere (teure) Maßnahmen getroffen werden, wie z.B. das Verlegen von Absaugrohren unter dem Kellerboden und dem umgebenden Erdreich.

6. Reaktorunfälle lassen sich nicht ausschließen, erst recht, wenn am Sicherheitsstandard gezweifelt werden muß. Wenn es doch wieder passiert, beachten Sie folgendes:

a) Für die Strahlenwirkung ist die zeitliche Summe der Strahlenbelastungen maßgebend. Durch Ihr Verhalten entscheiden Sie über die Höhe Ihres „Dosiskontos" und das Ihrer Kinder.

b) Bedenken Sie: Neugeborene sind etwa 40mal, Kleinkinder noch 20mal strahlenempfindlicher.

c) Durch richtigen Verhalten in den ersten Tagen nach einem Unfall können Sie bereits die Strahlenbelastung durch kurzlebige Radionuklide wesentlich verringern:
  - Beschränken Sie den Aufenthalt im Freien auf das Notwendigste!
  - Für Kinder ist in den ersten Tagen Fernsehen noch immer die bessere Alternative als der Aufenthalt im Freien.
  - Reinigen Sie die Schuhe vor der Wohnung besonders gründlich und bürsten Sie, wenn nötig, staubige Kleider vor der Wohnung gründlich ab: Radioaktivität gelangt auch über Schmutz in die Wohnung.
  - Verzichten Sie zunächst auf Frischgemüse: Auch durch sorgfältiges Waschen läßt sich die Radioaktivität nur wenig verringern.

d) Ein Großteil Ihrer Strahlenbelastung erfolgt durch die Nahrung.
  - Sorgen Sie grundsätzlich für einen Lebensmittelvorrat, den Sie laufend erneuern.
  - Vergrößern Sie Ihren Vorrat mit vor dem Unfall abgepackten Lebensmitteln.
  - Achten Sie auf das Herstellungsdatum. Bevorzugen Sie Lebensmittel, die vor dem Unfall erzeugt und abgepackt worden sind.
  - Bevor Sie Lebensmittel mit unbekannter Aktivität kaufen: Ernähren Sie sich aus dem Vorrat. Es vergehen mindestens einige Tage, bis die Behörden die Situation in den Griff bekommen und die Informationen ausreichend und zuverlässig genug sind.
  - Bevorzugen Sie gering belastete Lebensmittel. Deren Aktivitätswerte werden veröffentlicht.

Tabelle 27. Radon-Abgasung pro Stunde und m² Oberfläche

Baustoff	Radon-Abgasung Bq/hm²
Naturbims	182
Natursandstein	171
Porphyr	153
Hüttenschlacke	111
Chemiegips	104–150
Kalksandstein	91
Beton	71
Ziegel, Klinker	30
Naturgips	30

- Je mehr Sie von einem Lebensmittel essen, desto wichtiger ist seine Aktivität.
- Verwenden Sie vor allem im Sommer für Säuglinge keine Frischmilch. (Im Winter werden vorwiegend bereits gelagerte Futtermittel verwendet.)
- Stillen Sie so lange wie möglich, wenn Sie sich strahlungsarm ernähren können. Wenn nicht, bevorzugen Sie Milchpulver, Sojamilch oder Babynahrung. Achten Sie dabei darauf, daß diese vor dem Unfall hergestellt wurden oder aus einer unbelasteten Gegend kommen.

e) Jodtabletten stillen den Jodbedarf und verhindern, daß radioaktives Jod im Körper aufgenommen wird.

f) Wenn Sie einen Garten besitzen, bedenken Sie
- Etwa 90 % der gesamten Radioaktivität befindet sich in den obersten 5 cm der Erdschicht. Tragen Sie nach Möglichkeit diese Schicht ab, wenn dies nicht möglich ist, verringern Sie die Nuklidkonzentration durch Umstechen oder Umpflügen.
- Das Gras oder Laub sind radioaktiv belastet. Geben Sie den verstrahlten Grasschnitt oder das Laub nicht auf den Kompost, sondern vergraben Sie beides (und die abgehobene Gartenerde) möglichst weit weg vom Garten oder dem Kinderspielplatz.
- Das Verbrennen verstrahlter Abfälle verringert die Radioaktivität nicht! Geben Sie die Asche ebenfalls in die Grube.

g) Der Belastung durch langlebige Isotope kann man sich nicht entziehen. Durch bewußtes Verhalten können Sie jedoch Ihr „Strahlenkonto" entlasten:
- Die natürliche Strahlenbelastung war bereits vor dem Unfall um mehr als das 10fache verschieden. Bevorzugen Sie strahlungsarme Gegenden, die es auch nach dem Unfall noch sind.
- Machen Sie Ihren Urlaub an einem unbelasteten Ort. Am Meer ist die natürliche Strahlenbelastung am niedrigsten.
- Überlegen Sie, ob Sie auf Berge gehen. Die natürliche Strahlenbelastung ist dort größer.

8. Wasseradern und Störzonen: „Erdstrahlen"?

Es gibt mehr Dinge zwischen Himmel und Erde, als es die Schulweisheit
sich träumen läßt.
Gibt es inmitten der Unmenge an abstrusen Behauptungen auch harte Fakten?
Wenn es sie gibt, ist „Erdstrahlung" etwas anderes als die uns bekannten
Strahlungsarten?
Wie kann man sich vor etwas schützen, das man nicht kennt?
Vom Irrglauben kann man gut leben.

Bedächtig setzt er seine Schritte. Das Gesicht ist gespannt. Plötzlich zieht
es die Metallgabel nach unten, so fest, daß er sie kaum mehr zu halten
vermag. „Hier ist eine Wasserader! Sehr stark. Und genau dort, wo sie
schlafen. Wenn Sie Ihr Bett hier weiter stehen lassen, werden Sie an Krebs
erkranken!" Bestürzung klang aus seinen Worten. „Da hilft nur eines, das
Bett verstellen!"

Die vorangegangenen Kapiteln fußten auf festem Boden. Auf physikalisch meßbaren Feldern, Wellen oder Strahlen und ihren physikalisch erklärbaren und im Experiment bestätigten Auswirkungen. Dieses
gesicherte Fundament fehlt hier. Es gibt nur Meinungen, doch diese
müssen zumindest eine Prüfung bestehen: Auf Widersprüche und Plau-
sibilität.

Bereits vor 17.000 Jahren entstandene steinzeitliche Höhlenzeichnun-
gen könnten Wünschelrutengeher darstellen und bereits vor Jahrtausen-
den sollen sie auch in China tätig gewesen sein. In unserer nur scheinbar aufgeklärten Zeit erleben sie eine neue Blütezeit. Wenn eine lange
Geschichte einen Wahrheitsbeweis darstellen würde, gäbe es keine Zwei-
fel daran, daß mit Wünschelruten Wasservorkommen geortet und ihre
Ergiebigkeit bestimmt werden kann, daß geologische Vorkommen und
Verlorenes verschiedenster Art gefunden, sogar Krankheitsherde aufge-
spürt und Ferndiagnosen erstellt werden können. Doch so ist es nicht.
Ein Wust an abstrusen und haarsträubenden Behauptungen, Aberglau-
ben und esoterischen Vorstellungen macht es schwer, festzustellen, ob
innerhalb der Unmenge an Spreu auch Weizen versteckt ist.

Nach wie vor gibt es keine harten Daten, nur Aussagen. Es gibt Stellen, an denen Wünschelruten oder Pendel ausschlagen. Nicht bei jedem, nur bei Personen, die über die Gabe verfügen, zu „muten". Dennoch wird behauptet, jeder könne das Rutengehen erlernen, wenn er nur die entsprechenden Kurse besuchen würde.

Am Anfang steht der Ausschlag der Wünschelrute. Über die Ursachen der Ausschläge und die Bedeutung, die Wünschelrutenausschlägen beizumessen ist, gehen die Meinungen auseinander. Von Rutengehern wird behauptet, es wären „Erdstrahlen", die auf den sie einwirkten. Doch damit nicht genug: Als nächste Behauptung folgt, daß die Erdstrahlung unseren Körper beeinflussen würde und schließlich, daß man an der Stelle, an der die Wünschelrute ausschlägt, krank werden könnte.

Dieses Kapitel beschränkt sich auf die Aspekte der behaupteten biologischen Wirkungen von „Erdstrahlen". Es ist nicht beabsichtigt, über den Sinn oder Unsinn des Wünschelrutengehens insgesamt zu urteilen. Es werden daher folgende Fragen behandelt:

- Gibt es Erdstrahlen?
- Wie zuverlässig sind die Aussagen von Rutengehern?
- Wenn sie existieren, können „Störzonen" biologisch wirksam werden?
- Wenn sie biologisch wirksam werden, können sie uns krank machen?
- Wenn sie uns krank machen können, können wir uns gegen sie schützen?

8.1 Gibt es „Erdstrahlen"?

Da Beweise fehlen, muß man glauben.
Rutengeher und Würfel haben eines gemeinsam: Das Ergebnis ist Zufall.

„Schon wieder etwas anderes! Was soll ich bloß machen?" fragt Jakob verzweifelt. Nachdem zwei Rutengeher ganz verschiedene Angaben gemacht hatten, hatte er geglaubt, der Dritte könnte einen von beiden bestätigen. Und nun das.

In den vorangegangenen Kapitel wurde gezeigt, daß von der Erde viele elektromagnetische Felder, Wellen und Strahlen ausgehen, vom Erdmagnetfeld und dem elektrischen Gleichfeld bis zu hochfrequenten Wellen, der Wärmestrahlung und radioaktiver Gamma- und Teilchenstrahlung. Dennoch sind meist nicht diese meßbaren Faktoren gemeint, wenn Wünschelrutengeher von „Erdstrahlung" sprechen. Und doch behaupten viele, daß das Ausschlagen ihrer Rute durch „Erdstrahlen" verursacht worden sei, die eine dieser Energieformen wären.

Fest steht, daß bei manchen Personen die Rute ausschlägt. Als Grund für das Ausschlagen wird angegeben, eine „Erdstrahlung" hätte auf den Rutengeher eingewirkt. Der Ausschlag einer Rute würde daher eine Zone starker „Erdstrahlung" anzeigen. Es werden verschieden Ursachen für „Störzonen angegeben:

– Die größte Einigkeit besteht unter Rutengehern, daß Wasseradern, geologische Verwerfungen oder Erzlager direkt über sich eine eng begrenzte Störzonen starker „Erdstrahlung" verursachen würden. In Hochhäusern würde die Erdstrahlung von Geschoß zu Geschoß nicht abgeschwächt, sondern sogar verstärkt.

– Unter den Rutengehern stärker umstritten ist die Annahme, es gäbe auch noch weitere streifenförmige Störzonen, die sich in Form eines Netzes über die Erde erstrecken würden, und zwar

a) Das Hartmann-Gitter, Globalnetzgitter oder „Erstes Gitter". Es wurde 1951 vom Rutengeher und Arzt Dr. Hartmann postuliert. Er behauptete, ca. 0,5 m breite Störstreifen verliefen in Nord-Süd und Ost-West-Richtung. Die Ost-West-Streifen wären in Mitteleuropa ca. 1,7 m, die Nord-Süd-Streifen ca. 2,7 m entfernt. Die Maschenweite würde mit zunehmender geografischer Breite enger. Die Kreuzungspunkten hätten negative Auswirkungen.

b) Das Curry-Gitter oder „Zweite Gitter". Es wurde vom Rutengeher und Arzt Dr. Curry postuliert. Die ca. 0,5 m breiten Störstreifen diese Gitters seien unterschiedlich polarisiert und könnten sich „auf-„ oder „entladen". Ihre Intensität sei von der Zeit und der Wetterlage abhängig. Die Maschenweite liege zwischen 3 und 4 m. Den Kreuzungspunkten gleich polarisierter Streifen wird eine „aufladende" oder „entladende" Wirkung zugeschrieben.

c) Das „Dritte Gitter" liegt angeblich weitgehend deckungsgleich mit dem Curry-Gitter und weicht nur manchmal von ihm ab. Bei kurzer „Einwirkungsdauer" wird ihm eine positive Wirkung zugesprochen.

d) Das „Reflexionsgitter" verlaufe in Häusern parallel zu den Wänden und würde angeblich durch Reflexion der „Erdstrahlen-Wellen" an den Wänden zustande kommen. Seine Intensität sei jedoch geringer.

e) „Geomantische Zonen" seien nur annähernd netzförmige, mehrere Meter breite Zonen erhöhter „Erdstrahlung", deren Lage sich jedoch im Gegensatz zum Curry-Gitter nicht ändere.

Angesichts der Fülle von Störzonen und ihrer Variabilität gibt es beinahe keinen Bereich, an dem es nicht eine Begründung für den Ausschlag einer Wünschelrute gibt. Auch für das Fehlen eines Ausschlages (z.B. bei Wiederholungsversuchen) lassen sich damit leicht Ausreden finden (Abb. 50).

Über die Natur der „Erdstrahlung" gehen die Meinungen auseinander. Das ist nicht verwunderlich. Könnte man sie messen, bräuchte man ja keine Rutengeher. Es gibt nahezu keine physikalische Energieform, die nicht schon als Ursache für den Wünschelrutenausschlag genannt worden wären. So wurde behauptet, „Erdstrahlung" sei eine elektromagnetische Strahlung, Störung des Erdmagnetfeldes, oder auch Teilchenstrahlung. Darüber hinaus finden sich auch in die Parapsychologie und Esoterik reichende Behauptungen, z.B. daß Störzonen Gebiete wären, wo Gestirnstrahlung, Od, Prana, Emanationen oder Aura verstärkt auftreten würde.

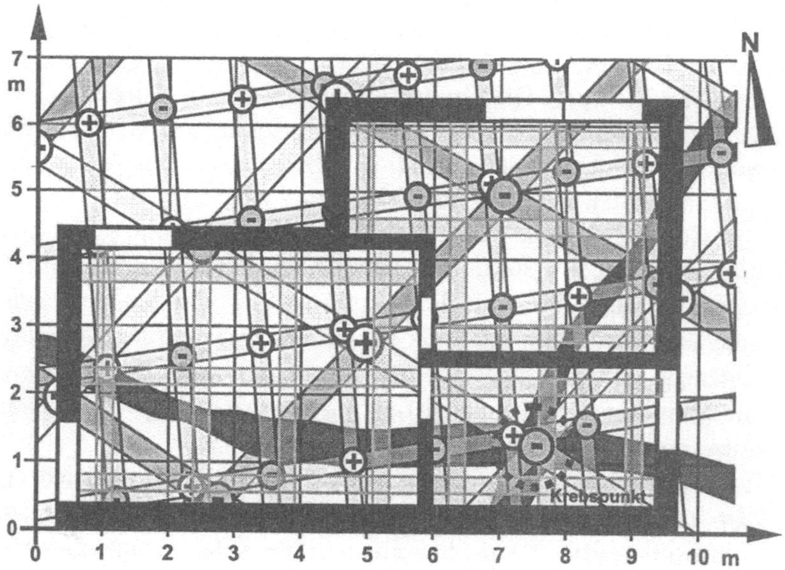

Abb. 50. Angebliche Störzonen erhöhter „Erdstrahlung": Über Wasseradern und Störstreifen von Gitternetzen, nämlich dem Hartmann-(Nord-Süd), Curry-(diagonal)- und Reflexionsgitter (parallel zu den Wänden). Der Kreuzungspunkt von Wasseradern und negativem Gitterpunkt wird oft als „Krebspunkt" bezeichnet. Bei der Vielzahl von Störzonen gibt es kaum größere Bereiche, in denen es erhöhte „Erdstrahlung" nicht gibt

Die phantasievollen Erklärungen für die „Störgitter" reichen von nicht näher bezeichneten „Strömen", die vom Kosmos zur Erde und umgekehrt fließen sollen, über elektrische Ströme, stehende Wellen im UKW- und Mikrowellenbereich bis hin zur angeblichen „natürlichen Netzstruktur" des Erdmagnetfeldes.

Es ist nicht verwunderlich, daß teilweise abstruse Vorstellungen geäußert werden, sind doch Rutengeher in den meisten Fällen wissenschaftliche Laien, die sich eben subjektiv ihren Reim auf das Erlebte machen oder Gehörtes und Gelesenes nach ihrem Verständnis weitergeben. Dabei werden oft Bezeichnungen wie „Energie", Strahlung" oder „Wellen" mit einer Bedeutung verwendet, die zu den klar definierten Begriffe in der Physik in Widerspruch stehen.

Es gab eine Reihe von Versuchen, diese Behauptungen meßtechnisch zu bestätigen. Die physikalische Meßtechnik ist bereits so weit gediehen, daß tatsächlich in allen Frequenzbereichen elektromagnetischer Wellen Messungen durchgeführt werden können. An den von Rutengehern angegebenen Stellen konnten jedoch keine Auffälligkeiten gefunden werden.

Daraus sind zwei Schlüsse zu ziehen:
1. Wenn die Angaben der Rutengeher richtig waren und an den angegebenen Stellen Störzonen existierten, ist die Behauptung, „Erdstrahlung", wäre eine der Physik bekannte Energieform, falsch. Sie wäre ja sonst meßbar gewesen. Wenn sie eine bekannte Energieform hätte, müßten überdies auch die Grundgesetze der Physik gelten, nämlich:
   - Die Intensität nimmt mit dem Quadrat der Entfernung vom Entstehungsort ab. Die Behauptung, die Stärke nehme in höheren Stockwerken eines Hochhauses zu, steht dazu im Widerspruch.
   - Eine Linienquelle (Wasserader) kann Wellen, wenn überhaupt, so nur quer zur Längsrichtung in „Streifen" bündeln. Die Behauptung, die Störzone verliefe entlang der Wasserader, steht dazu im Widerspruch.
   - Die Annahme, ein Gitter eng begrenzter Streifen mit an den Polen zusammenlaufender Maschenweite steht im Widerspruch mit der Annahme einer konstanten Wellenlänge, dem Verlauf der Intensitätsabnahme bei der Interferenz von Wellen, mit dem Entfernungsgesetz und mit der Lokalisation der dazu erforderlichen Quellen.

Aufgrund dieser Widersprüche ist es nicht wahrscheinlich daß „Erdstrahlung" eine uns bekannte physikalische Natur hat. Dann stellt sich jedoch dir Frage, ob die Bezeichnung „Strahlung" und die darauf aufbauenden Vorstellungen überhaupt berechtigt sind.

2. Wenn „Erdstrahlung" existiert und eine bekannte Energieform hätte, könhten die Angaben der Rutengeher falsch gewesen sein. Man hätte daher bloß an der falschen Stelle gemessen. Dies führt zur Frage: Wie zuverlässig sind die Angaben von Rutengehern?

Tatsächlich ist es schwierig, die Angaben von Rutengehern auf ihren Wahrheitsgehalt zu überprüfen, selbst wenn man sich auf die Frage der Wasseradern beschränkt. Nach eigenen Angaben können Rutengeher ja Oberflächenwässer und stehende Gewässer nicht muten. Das Erbohren von Wasser an der angegebenen Stelle stellt jedoch keinen ausreichenden Beweis dar. Es müßte ja auch an den Nebenstellen gebohrt und nachgewiesen werden, daß dort, wo die Wünschelrute nicht ausgeschlagen hat, kein Wasser vorhanden ist. Selbst wenn sich jedoch herausstellen würde, daß es an vielen benachbarten Stellen auch Wasser gäbe, wäre dies schließlich nur der Beweis, daß der betreffende Rutengeher unrecht gehabt hätte. Ein Urteil über die Aussagekraft des Wünschelrutengehens an sich wäre damit nicht möglich.

Es gibt jedoch Auswege aus dem Dilemma: Es wurde von mehreren Gruppen untersucht,

a) wie gut die Angaben verschiedener Rutengeher untereinander übereinstimmen;

b) wie gut die eigenen Angaben von Rutengehern übereinstimmen, wenn sie wiederholt an der selben Stelle muten, ohne sich orientieren zu können, wo ihre Rute in den vorangegangenen Versuchen ausgeschlagen hat;

c) wie gut es einem Rutengeher möglich ist, die Nachbildung einer Wasserader zu orten.

Die Ergebnisse waren ernüchternd: Es wurden zwar durchwegs Angaben über Vorhandensein und Verlauf von Wasseradern gemacht. Selbst bei einer großen Anzahl von Rutengehern waren diese jedoch so unterschiedlich, daß weder eine Festlegung einer Wasserader noch eines genügend großen Bereiches möglich war, der übereinstimmend von allen als wasseradernfrei bezeichnet worden wäre (Abb. 51). In anderen Versuchen (Betz und König) ergab sich entlang einer 8m langen Teststrecke trotz 1.683 Reaktionen bei 244 Rutengehern keine überzufällige Häufung.

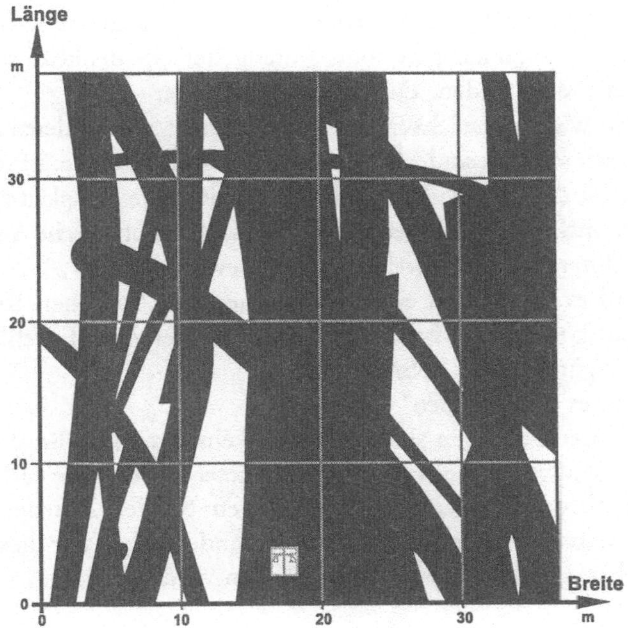

Abb. 51. Ergebnis eines Übereinstimmungsversuchs zwischen 8 Rutengehern. Die Angaben stimmen weder hinsichtlich der Lage und Richtung noch der Breite und des Verlaufs überein. Angesichts der Unschärfen fällt es schwer, an die Lokalisiserung mit der Genauigkeit einer Bettbreite zu glauben. Zum Größenvergleich ist ein Doppelbett eingezeichnet

Etwas bessere Ergebnisse wurden an einer von Rutengehern als besonders geeignet bezeichneten Teilstrecke gefunden. Auch hier war jedoch das Ergebnis von zwei Drittel von 40 Personen nicht besser als wie wenn man gewürfelt hätte. Auch das verbleibende Drittel war von einer 100 %igen Trefferquote weit entfernt (Betz und König).

Bei Ortungsversuchen von Wasseradern-Nachbildungen war das Ergebnis von 12 Rutengehern mit insgesamt über 3.300 Einzelversuchen statistisch vom Zufall nicht zu unterscheiden. Selbst beim besten Teilnehmer war ein Drittel der Angaben falsch. Auch andere Versuche bestätigen, daß die überwiegende Mehrzahl der Rutengeher nicht in der Lage ist, besser zu sein, als das Würfeln.

Obwohl alle Rutengeher subjektiv von ihren Fähigkeiten und der Richtigkeit ihrer Angaben überzeugt waren, müssen daraus folgende Schlüsse gezogen werden:

1. Wenn es einen Zusammenhang zwischen Rutenausschlag und Wasseradern-Störzonen gibt, sind Rutengeher ein denkbar schlechtes Mittel, sie zu finden. Dies hat zwei Gründe:
   a) Die Wahrscheinlichkeit, auf Rutengeher zu stoßen, deren Angaben gleich schlecht sind, als ob man selbst würfeln würde, ist sehr groß.
   b) Selbst die seltenen Rutengeher, bei denen eine Fähigkeit zum Muten nicht ausgeschlossen werden kann, geben oft falsche Antworten.
2. Die Untersuchungen stellen keinen Beweis dar,
   a) daß es tatsächlich einen Zusammenhang zwischen Rutenausschlag und dem Vorhandensein von Wasser gibt. (Es fehlt die Bestätigung durch Bohrversuche.)
   b) daß es „Erdstrahlen" gibt.
3. Die Untersuchungen sind aber auch kein Beweis dafür, daß es das Wüschelruten-Phänomen *nicht* gibt. Dieser Beweis wäre auch wissenschaftstheoretisch gar nicht zu erbringen: So viele Rutengeher man auch untersuchte, es könnte doch jemanden geben der diese Fähigkeit hat, gehabt hat oder einmal haben wird.

Zusammenfassend läßt sich daher feststellen, daß es bisher trotz zahlreicher Versuche nicht gelungen ist, die Existenz einer noch unbekannten „Erdstrahlung" nachzuweisen. Die überwiegende Mehrzahl der Rutengeher ist nicht in der Lage, bestimmte Stellen zuverlässig aufzufinden. Wenn es die Fähigkeit einiger weniger Personen gibt, Wasservorkommen festzustellen, so ist es sehr unwahrscheinlich, daß sie auf die Einwirkung einer bekannten physikalischen Größe zurückzuführen ist. Der Begriff „Erdstrahlung" ist daher physikalisch nicht gerechtfertigt.

8.2 Gibt es krankmachende „Störzonen"?

Angst zu machen ist kein Kavaliersdelikt: Vor Angst gestorben, ist auch tot.
Knapp vorbei ist auch daneben.
Daß Störzonen krank machen, ist ein unbewiesener Glaube.

„Es ist unverantwortlich hier weiter wohnen zu bleiben!" verkündete der Rutengänger mit dem Brustton der Überzeugung. Claudia war verzweifelt. Ihr Sohn hatte Krebs, glücklicherweise im Frühstadium und mit Heilungschancen. Und nun das. Als Alleinerzieherin war sie froh, in der billigen Altbauwohnung ihrer Mutter wohnen zu können. Eine andere Wohnung konnte sie sich nicht leisten. Wenn Ihr Sohn sterben würde, träfe dann nicht sie die Schuld, weil sie nicht ausgezogen ist? Sie würde es sich nie verzeihen können!

Angstmachende Aussagen von Rutengehern können nicht mit dem Argument abgetan werden: „Wenn es nichts nützt, so schadet es doch auch nicht!" Das Gegenteil ist der Fall. Angst zu machen ist kein Kavaliersdelikt. Auch ein Rutengeher übernimmt Verantwortung, wenn er Angst und Verzweiflung hinterläßt.

Berichte über den besonderen Einfluß eines Ortes auf unser Befinden sind uralt. Kultstätten sind seit jeher an Orten errichtet worden, denen man besondere Eigenschaften zuschrieb.

Wir wissen heute, daß es durchaus Gebiete gibt, in denen das Erkrankungsrisiko höher ist, als anderswo, z.B. weil dort die natürliche Strahlenbelastung um ein Vielfaches größer ist, als an anderen Orten (Kapitel 7). Doch das ist nicht gemeint, wenn von „geopathogenen" Zonen gesprochen wird. Auch heute werden noch von Personen quer durch die Einkommens- und Bildungsschichten Rutengeher befragt, bevor mit dem Hausbau begonnen oder eine Wohnung neu eingerichtet wird.

Der Umstand, daß die Wünschelrute ausschlägt, führte schon früh zum Glauben, derartige Orte hätten einen krankmachenden Einfluß. Dahinter stecken keine gesicherte Erfahrungen, sondern einfach eine naive Vermutung: Wenn ein Rutengeher an einer Stelle so dramatisch reagiert, könnte doch das Verbleiben für andere, auch wenn sie nicht so sensibel wären, doch auch nicht gesund sein. Diese Behauptung geht jedoch von mehreren unbewiesenen Voraussetzungen aus:

1. Der Rutenausschlag, wenn es ihn als standortbezogenes Phänomen gibt, wäre tatsächlich eine Reaktion des Körpers auf Einwirkungen von außen. Das entspricht zwar unserem physikalischen Weltbild von Ursache und Wirkung. Da „Erdstrahlung" jedoch keine bekannte physikalische Einwirkung darstellt, ist sie nicht mehr zwingend. Sie steht auch im Widerspruch zu den behaupteten Fähigkeiten, verschiedenste Objekte auffinden zu können, von Wasserleitungen, Kupferrohren, Verwerfungen und „Wasseradern" und zu „Fernmutungen", bloß aufgrund von Fotos oder Lageplänen.
2. Die unbekannten Emissionen („Erdstrahlen") müßten so stark sein, daß sie gesundheitliche Schäden verurschen können. Dies folgt nicht zwangsläufig aus einer „Wahrnehmung" durch den Rutengeher. Wir

wissen jedoch, daß bekannte physikalische Einflußfaktoren keine biologischen Schäden verursachen können, wenn sie so klein sind, daß sie unterhalb der meßtechnischen Nachweisgrenze liegen (Kapitel 1 bis 7).

Wenn das Wünschelrutenphänomen hingegen, soferne es existiert, ein paranormales Phänomen wäre, ist das klassische Ursache-Wirkung-Modell nicht unbedingt anzuwenden. Damit ist auch die Annahme nicht mehr haltbar, daß wir an einer „Störzone" krank würden. Als wesentliche Stütze der Annahme, Störzonen könnten Krebs verursachen, wird die Untersuchung des Freiherrn von Pohl genannt. Er hatte im Jahr 1929 in dem kleinen Ort Vilsbiburg zunächst „Störzonenpläne" angefertigt, in die hernach die Wohnungen eingezeichnet wurden, in denen Krebsfälle aufgetreten waren. Es zeigte sich, daß alle Krebsfälle in Häusern auftraten, die an Störzonen lagen (Abb. 52).

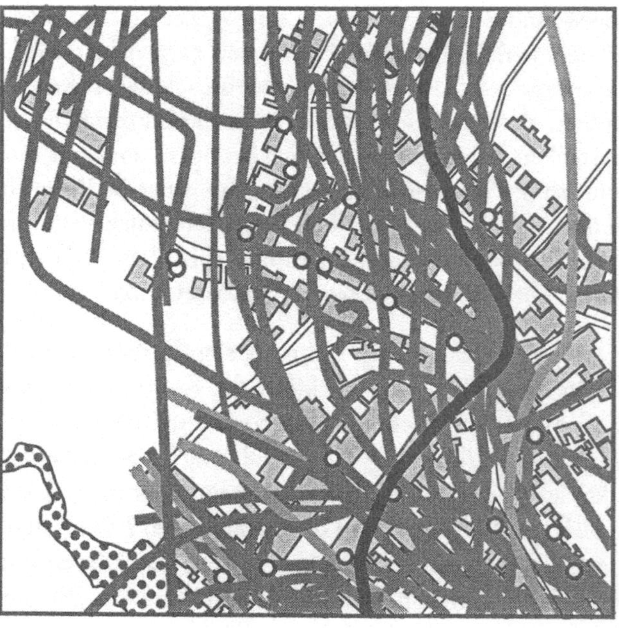

Abb. 52. Ausschnitt aus dem Störzonenplan Pohls. Die Störstreifen verlaufen sehr dicht und häufig parallel zu Straßenzügen. Ihr Verlauf läßt sich weder durch Wasserverläufe, noch durch Gitternetzlinien erklären und steht selbst im Gegensatz zu den heute bei Rutengehern gängigen Vorstellungen von Störzonen

In Pohls Plan sind einige Dinge auffallend:
- es gibt kaum Häuser, die nicht durch die mehrere Meter breiten Störzonen erfaßt werden.
- Nur wenige der eingezeichneten Bettstellen von Krebskranken liegen tatsächlich innerhalb. des Störstreifens.
- Der Verlauf der Störstreifen steht im Gegensatz zu den heute gängigen Vorstellungen: Obwohl Pohl selbst von Wasseradern sprach, läßt sich der Verlauf durch fließendes Wasser nicht erklären. Er spiegelt auch keines der Gitternetze wider.
- Während Rutengeher häufig 0,5 bis 1 m breite Störzonen muten, sind Pohls Streifen meist mehrere Meter breit.
- Die Störstreifen folgen erstaunlich oft den Häuserfronten bzw. Straßenzügen. Dadurch liegen zwar besonders viele Häuser in einer Störzone, es ist jedoch schwer zu erklären, daß eine durch geologische Verhältnisse verursachte Störung mit der Siedlungsweise in Verbindung stehen soll.

Es ist bemerkenswert, daß in den darauffolgenden Jahrzehnten keine vergleichbaren Untersuchungen durchgeführt worden sind, die einer kritischen Analyse standgehalten hätten.

Die Behauptung, „Erdstrahlung" gäbe es und sie könne krank machen, muß als das bezeichnet werden, was sie ist: Ein alter Glaube, der trotz seiner hartnäckigen Verfechtung in den vielen Jahrhunderten durch seriöse Untersuchungen nicht bestätigt werden konnte. Es gibt jedoch Gründe, weshalb dieser Glaube nicht zutreffen kann:

1. Wäre die Erdstrahlung eine bedeutende Krankheitsursache, müßten standortbedingte Häufungen leichter nachweisbar sein. Tatsächlich sind sie sehr selten. Wenn jedoch bisher lokale Häufungen festgestellt wurden, konnten sie durch bekannte Risikofaktoren erklärt werden wie z.B. Ernährungsgewohnheiten, chemische Schadstoffe oder Arbeitsrisiken (z.B. in Arbeitersiedlungen).
2. Wenn Erkrankungen durch lokale Änderungen einer bekannten physikalischen Einwirkung verursacht wäre, muß dem entgegen gehalten werden, daß deren Wirkungen und Gefahrenpotential bereits gut bekannt sind (Kapitel 1 bis 7). Wir wissen, daß es für die nichtionisierende Strahlung Wirkungsschwellenwerte geben muß und gibt und daß unmeßbar kleine Stärken vernachlässigbar sind. Daß ionisisierende Strahlungen krank machen und sogar Krebs auslösen

können, ist bekannt. Auch, daß sie von Gebiet zu Gebiet sehr unterschiedlich stark sein können. Dennoch ist es nicht möglich, „Krebszonen" nachzuweisen. Das hat einen einfachen Grund: Die Häufigkeit der Erkrankung ist zu gering. Selbst wenn alle 3.300 Einwohner von Pohls Stadt Vilsbiburg eine 10fach höhere Erdstrahlenbelastung, nämlich 4.000 mSv/a hätten, würde nur alle eineinhalb Jahre ein Todesfall zu den 12 Krebsfällen kommen, die andere Ursachen haben.

3. Wenn Personen auf „Krebspunkten" durch eine andere, noch nicht bekannte Art der „Erdstrahlung" erkranken würden, müssen folgende Punkte in Erinnerung gerufen werden:

   a) Nur sehr wenige aus dem Heer der Rutengeher sind überhaupt in der Lage, Ergebnisse zu erzielen, die etwas besser sind als das Würfeln. Die überwiegende Zahl der Wünschelrutenausschläge hat daher mit der Eigenschaft eines bestimmten Ortes nichts zu tun.

   b) Die Genauigkeit der Lokalisation von Wasseradern ist, gemessen an den Abmessungen eines Bettes oder der Größe eines Zimmers, schlecht.

   c) Der Nachweis einer geopathogenen Wirkung, muß ebenso wie bei der radioaktiven Strahlung am statistischen Problem der kleinen Zahlen scheitern. Die Behauptung, daß Störzonen krank machen, kann daher grundsätzlich nicht auf gesicherten Fakten beruhen.

   d) Subjektive „Erfahrungsberichte" aufgrund der jahrelangen Tätigkeit von Rutengehern haben aus den bereits oben erwähnten und aus methodischen Gründen keine Beweiskraft.

4. Die Behauptungen sind in sich selbst widersprüchlich. Es wird nämlich festgestellt, der längere Aufenthalt an „Krebspunkten" mache krank, z.B. während des Schlafens oder am Schreibtisch. Wenn dies der Fall wäre, müßten die „Erdstrahlen" bleibende Veränderungen verursachen, die auch nach dem Verlassen der Störzone bestehen bleiben. Sie müßten daher derart sein, daß sie von unseren eigenen Reparaturmechanismen nicht behoben werden können und sie müßten sich im Lauf der Zeit ansammeln können, bis sie so gravierend werden, daß es zum Ausbruch der Erkrankung kommt. Dem widerspricht jedoch die Behauptung, daß es sofort zur Besserung kommt, nachdem das Bett verstellt wurde oder „Entstörgeräte" aufgestellt worden sind, die nachweislich wirkungslos waren.

Es muß daher klar festgestellt werden, daß die Behauptung, an Störzonen könne man krank werden, nicht gerechtfertigt ist.

Es ist sicherlich kein Zufall, daß Störzonen überwiegend für psychosomatische Beschwerden verantwortlich gemacht werden. Ähnliche Behauptungen werden ja auch im Zusammenhang mit Elektrosmog aufgestellt. Da es für sie eine Vielzahl von möglichen Ursachen gibt, ist es für den Arzt nur selten möglich, den eigentlichen Gründen auf die Spur zu kommen. Wir wissen jedoch eines: Angst kann krank machen. Aus diesem Grund sind Aussagen über „Krebspunkte" oder „geopathogene Zonen" keinesfalls so harmlos, wie dies zunächst scheinen mag. Ebenso, wie der Glaube an die Heilungskraft eines an sich unwirksamen Mittels (Pacebo) tatsächlich heilen kann, kann die Angst vor „Krebspunkten" auch tatsächlich krank machen.

Daß dieser geschäftsfördernden Praxis von wissenschaftlicher Seite entschieden widersprochen werden muß, entspricht daher nicht der oft unterstellten Überheblichkeit engstirniger Fachidioten, sondern der Verantwortung, die ein seriöser Wissenschafter gegenüber der Gesellschaft wahrzunehmen hat.

8.3 Schutz gegen „Erdstrahlung"?

Nirgendwo kann so ungestraft drauflos behauptet werden wie beim
„Erdstrahlen"-Schutz.
Gegen schlechten Schlaf kann man etwas tun.

„Wenn es schon nicht für Sie ist, so denken Sie doch wenigstens an Ihre Kinder!" beschwor der Spezialist die verunsicherte Mutter. „Mein Entstörgerät habe ich nach jahrelanger Forschung entwickelt und hundertfach erprobt. Es gibt eine billigere Variante, nur für das Kinderzimmer, ich rate Ihnen jedoch: Sparen Sie nicht am falschen Fleck und nehmen Sie gleich das größere Gerät für die gesamte Wohnung! Wollen Sie wirklich schuld sein, wenn Ihre Kinder erkranken – bei der verstrahlten Wohnung?"

Das Geschäft mit der Angst boomt. Der Phantasie sind keine Grenzen gesetzt: Ob zwischen Filz eingeklebte Tapetenreste, aufgetürmte Plastikblumentöpfe, Holzpyramiden, elektrisch leitfähige Folien, Bienenwachswürfel bis zu zermahlenen Steinen: Es gibt fast nichts, was nicht „aufgrund jahrelanger Erfahrung und Forschung" als „nachweisbar" gegen „Erdstrahlung" angeboten würde, noch dazu völlig ohne Risiko: Wenn man „Erdstrahlen" nicht messen kann, kann man auch eine fehlende Schutzwirkung nicht nachweisen. Die stattlichen Preise übersteigen den Wert der Produkte bei weitem. Der Grund ist nicht nur Gewinnsucht. Das hat auch System. Eine an sich sinnlose Maßnahme (Placebo) kann nämlich nur wirken, wenn man an sie glaubt – und wer glaubt schon an ein Mittel, das er um einem Pappenstiel erhalten hat. Wenn es aber teuer ist, so muß doch etwas dran sein...

Die vielen angebotenen Maßnahmen gegen Erdstrahlung lassen sich in drei Gruppen einteilen:

1. Abschirmmaßnahmen

Meist sind es elektrisch leitfähige Decken oder beschichtete Kunststoff-Folien, die auch über den Versandhandel angeboten werden. Zusätzlich zum überhöhten Preis sollen sinnlose Anwendungshinweise den Glauben an eine Wirksamkeit verstärken. So wird z.B. die Erdung an einer Steckdose empfohlen, um die „Erdstrahlung" abzuleiten oder es soll die Abschirmdecke in regelmäßigen Abständen für einige Zeit in Wasser gelegt werden, damit sie sich „regenerieren" kann. Zur Abschirmung und gleichzeitiger Wärmeisolierung werden auch Naturkorkmatten angeboten und wer besonders sicher gehen will, dem wird empfohlen, dem Beton für das Hausfundament Steinmehl gegen Erdstrahlung zuzusetzen. Durch Einstreuung dieses Wundermittels in den Unterbau unfallträchtiger Straßenstücke sollen Autofahrer „durch Erdstrahlen nicht mehr abgelenkt" und die Unfallzahlen gesenkt werden. Auch die Möbelindustrie hat dem dringenden Bedürfnis nach Schutz gegen Erdstrahlung Rechnung getragen und bietet z.B. Möbel an, deren Sockel mit Stroh gegen Erdstrahlung gefüllt ist oder die Holzpyramiden enthalten. Auch wenn Rutengeher (die häufig auch Verkäufer derartiger Produkte sind) beteuern, sie könnten zeigen, daß ihr Produkt „Erdstrahlung" abschirmt: Es ist kein Produkt bekannt, das einen Wirksamkeitstest durch Rutengänger im Doppel-Blindversuch bestanden hat. Es braucht nicht extra betont zu werden, daß derartige Phantasieprodukte nur eines können: Dem cleveren Hersteller auf Kosten der leichtgläubigen Kunden zum schnellen Geld zu verhelfen.

2. Kompensationsmaßnahmen

Von Kompensationsgeräten wird behauptet, sie könnten schützen, indem sie die „Erdstrahlung" empfangen und so umkehren und über eine Antenne wieder aussenden, daß sie sie auslöschen. Meist benötigen die

Wunderdinge nicht einmal einen Stromanschluß. Aus angeblich patentrechtlichen Gründen sind Geräte oft verschweißt oder innen ausgeschäumt. Wenn man die Röntgenbilder der Geräte betrachtet, läßt sich erkennen, daß die Netzleitung nicht angeschlossen oder auch die Antenne selbst nicht verbunden ist. Grundsätzlich beruhen derartige Geräte auf zwei wesentlichen Widersprüchen:

– Einerseits ist die physikalische Natur der „Erdstrahlung", wenn es sie gibt, nicht bekannt. Andrerseits legt sich der Hersteller von Antennen-Geräten grundsätzlich eindeutig fest, nämlich a) daß „Erdstrahlung" elektromagnetische Wellen wären und beschränkt sich b) sogar auf einen schmalen Frequenzbereich, der auf die Antennenlänge abgestimmt ist. Es ist daher nicht anzunehmen, daß derartige Geräte mit „Erdstrahlung" etwas zu tun haben.
– Die Auslöschung durch Überlagerung (Interferenz) ist bereits vom Prinzip her eine sehr heikle Sache. Sie kann nämlich leicht schiefgegen. Wenn die wieder ausgesandte Kompensationsschwingung nicht genau die gleiche Frequenz und zusätzlich den genau entgegengesetzten Schwingungszustand besitzt, würde die „Erdstrahlung" nicht ausgelöscht, sondern sogar verstärkt. Selbst wenn die Geräte funktionieren würden, müßte man befürchten, daß sie die Situation nicht verbessern, sondern sogar verschlimmern können.

3. Entstörmaßnahmen

Unter diese Gruppe fallen alle Produkte, die dank eines nicht näher angegebenen Funktionsprinzips „Erdstrahlen" ablenken, aufsaugen oder auf eine andere Weise beseitigen sollen. Sie beruhen meist auf angeblich „jahrelanger persönlicher Erfahrung und Forschung" des Erfinders. Die Größe des Entstörungsbereiches hängt vom Preis des Produktes ab: Am preiswertesten sind entstörende Schuheinlagen mit einer zylinderförmigen Entstörzone von 50 cm Durchmesser, mit denen man der Segnung des Schutzes auf Schritt und Tritt teilhaftig werden kann. Produkte, die das Bett, eine Wohnung, oder ein Haus „entstören" haben entsprechend gestaffelte Preise. In den Unterlagen wird stets darauf hingewiesen, daß das Gerät nicht geöffnet werden darf, da sonst seine Wirkung augenblicklich verlorengeht. Dieser Hinweis ist durchaus ernst zu nehmen: Dies soll das folgende Beispiel zeigen. Es betrifft ein Entstörgerät, mit dem der Schutz vor „Erdstrahlen" für knapp 700 Euro in 10 m und für ca. 1.400 Euro in 20 m Umkreis versprochen wurde. Das Produkt bestand aus einem auf einer Bodenplatte umgestülpt montierten Weidenkorb. Als es entgegen dem Warnhinweis geöffnet wurde, fanden sich im Inneren bei der billigeren Variante zwei und bei der teureren Variante drei auf einer Holzstange umgestülpt angebrachte Plastikblumentöpfe. Tatsächlich ist (der Glaube an) die Wirksamkeit nach dem Öffnen augenblicklich verlorengegangen.

Die Beispiele zeigen wieder einmal die bereits bekannte Tatsache, daß sich mit der Angst gute Geschäfte machen lassen. Es braucht nicht besonders betont zu werden, daß von dem Kauf derartiger Produkte dringend abzuraten ist.

8.4 Was tun?

Gesetze und Konsumentenverbände können Sie nicht vor Betrug schützen.
Würfeln Sie, statt einen Wünschelrutengeher zu engagieren: Es ist genauso gut,
aber billiger.
Gegen schlechten Schlaf können Sie etwas tun.

„Nein, tut uns leid," zuckte der Referent der Konsumentenvereinigung die Achsel, „diesen Schutz gibt es nicht!" Helga war wutentbrannt. Sie hatte wissen wollen, was sie nun mit dem 2.000 Euro teuren nutzlosen Ding machen sollte, das ihr als Entstörgerät angedreht worden war. „Es läßt sich der größte Mist verkaufen, wenn der Hersteller nur glaubhaft machen kann, daß er in gutem Glauben handelt. Gefährlich darf er allerdings nicht sein!" Das war alles, was Helga auf den Heimweg mitbekam.

1. Kaufen Sie keine Abschirmmatten, Kompensations-, Entstörgeräte oder andere Produkte, die angeblich vor „Erdstrahlung" schützen: Sie sind wirkungslos. Es gibt keine Produkte, deren Schutzwirkung gegen „Erdstrahlen" nachgewiesen wäre, selbst wenn es angeblich die NASA getestet hat.
2. Nirgendwo kann so hemmungslos drauflos behauptet werden wie bei Entstörpodukten. Wenn man „Erdstrahlen" nicht messen kann, kann man auch eine fehlende Schirmwirkung nicht nachweisen. Die Gesetze oder Konsumentenschutzverbände können Sie vor Betrug nicht schützen.

3. Grundsätzlich sollten Sie bedenken: Ob es „Erdstrahlung" tatsächlich gibt, ist nach wie vor nicht mehr als ein Glaube. Ob sie, wenn es sie gibt, sogar negative Auswirkungen haben kann, ist erst recht reine Spekulation. Es gibt realere Gefahren, vor denen Sie sich schützen sollten.

4. Wenn Sie beabsichtigen, einen Rutengeher (oder Pendler) zu rufen: Bedenken Sie, es mag vielleicht den Wünschelruteneffekt geben, doch *sicher* ist eines: Die bisherigen Untersuchungen haben gezeigt, daß die Angaben von Rutengehern sehr unzuverlässig sind. Bei der überwiegenden Mehrheit der Rutengehern schlägt die Rute zwar aus, aber irgendwo. Würfeln ist gleich gut, aber billiger.

5. Es gibt billige und teure, gefragte und verschriene, sympathische und unsympathische Rutengeher. Ob jemand auch „gut" ist, läßt sich jedoch nicht feststellen, einfach deshalb, weil man die Angaben nicht nachprüfen kann.

6. Wenn Sie vermuten, daß Ihr schlechter Schlaf eine äußere Ursache hat, können Sie etwas dagegen tun:

— Ein Bett und erst recht eine Matraze und Ihr Auto haben eines gemeinsam: Sie halten nicht ewig. Doch selbst wenn sie sich nicht verschlechtern würden, allein durch unser Altern verändern sich die Anforderungen an die Schlafstätte. Wie alt sind ihr Lattenrost und die Matraze? Wenn sie älter als 10 bis 15 Jahre sind, denken Sie an eine Erneuerung, lassen Sie sich beraten und versuchen Sie, durch Probeliegen das richtige Produkt für Sie zu finden.

— Man schläft tatsächlich nicht an jeder beliebigen Stelle im Raum gleich gut. Der Grund ist nicht die „Erdstrahlung". Schuld sind die kleinräumigen Verhältnisse z.B. die Akustik, Temperatur und Luftströmung. Wenn es geht, probieren Sie verschiedene Stellen aus: Vertrauen Sie einfach ihrem subjektiven Befinden. Mehr, als das Bett zu verstellen, würde auch ein Rutengänger nicht raten.

Glossar

Aktivität: Anzahl der radioaktiven Atomkerne eines Stoffes, die sich pro Sekunde umwandeln. Die Einheit ist ein Becquerel (Bq).

Alphastrahlung: Teilchenstrahlung aus Helium- Atomkernen, mit je zwei Protonen- und Neutronen.

Antennengewinn: Faktor, der angibt, um wieviel die Wellen in der Hauptstrahlrichtung einer Antenne stärker sind als bei ungerichteter kugelförmiger Aussendung.

Äquivalentdosis: Maß für die biologische Wirkung ionisierender Strahlung pro Masseneinheit. Die Einheit ist Sievert (Sv).

Atom: Kleinste chemische Einheit eines Elementes. Physikalisch läßt es sich weiter unterteilen.

Betastrahlung: Teilchenstrahlung aus Elektronen oder Positronen.

Curry-Gitter: Angeblich vorhandenes Gitter von „Erdstrahlen-Störstreifen", das diagonal in Richtung Nordosten–Südwesten ausgerichtet sein soll.

Ebene Welle: Elektromagnetische Wellen in großer Entfernung vom Entstehungsort. Die Wellenfronten sind eben, elektrische und magnetische Feldstärken schwingen gleichphasig und stehen senkrecht aufeinander.

Effektivwert: Quadratischer Mittelwert einer zeitlich veränderlichen Größe, z. B. jene Stromstärke, die ein Gleichstrom besitzen müßte, um die gleiche Wärmewirkung zu verursachen.

Elektrische Feld: Zustand des Raumes um eine elektrische Ladung, der sich durch Kraftwirkungen auf andere elektrische Ladungen bemerkbar macht.

Elektrische Feldlinien: Linie, entlang derer sich in einem elektrischen Feld eine elektrische Ladung bewegen würde. Sie beginnt an der positiven und endet an der negativen Ladung. Die Dichte der Feldlinien symbolisiert die Stärke des elektrischen Feldes.

Elektrische Feldstärke: Kraft, die in einem elektrischen Feld auf eine Einheitsladung ausgeübt wird. Sie wird durch die Stärke und Richtung angegeben. Die Einheit ist Volt pro Meter (V/m).

Elektrische Ladung: Eigenschaft eines Teilchens, ein anderes Teilchen mit der selben Eigenschaft anzuziehen oder, bei entgegengesetzer Eigenschaft, abzustoßen. Sie kann positiv oder negativ sein.

Elektrische Spannung (zwischen zwei Punkten): Potentialunterschied, also jene Arbeit, die in einem elektrischen Feld geleistet werden muß, um eine elektrische Einheitsladung von einem Punkt zum anderen zu bringen. Die Einheit ist Volt (V).

Elektrischer Strom: Bewegte elektrische Ladung. Die Einheit ist Ampere (A).

Elektrischer Widerstand: Eigenschaft eines Körpers, die die Bewegung der elektrischen Ladungen (den Stromfluß) behindert. Die Einheit ist Ohm (Ω).

Elektrisches Potential: Jene Arbeit, die geleistet werden muß, um eine elektrische Einheitsladung an eine Stelle in einem elektrischen Feld zu bringen. Die Einheit ist Volt.

Elektrostatisches Feld: Elektrisches Feld, dessen Feldstärke sich zeitlich nicht ändert.

Energiedosis: Die pro Masseneinheit aufgenommene Energie ionisierender Strahlung. Die Einheit ist Gray (Gy).

Fernfeld: Bereich in großer Entfernung von einer Antenne, in dem die Wellenfronten bereits eben sind.

Frequenz: Anzahl der Schwingungen pro Sekunde. Die Einheit ist Hertz (Hz).

Gammastrahlung: Energiereiche elektromagnetische Strahlung, die bei radioaktiver Umwandlung im Inneren eines Atomkernes entsteht.

Halbwertszeit: Zeitspanne, innerhalb der sich jeweils die Hälfte der vorhandenen Radionuklide umwandelt.

Hartmann-Gitter: Angeblich vorhandenes Gitter von „Erdstrahlen-Störstreifen“, das in Nord-Süd-Richtung ausgerichtet sein soll.

Induktion: Vorgang, durch den die Änderung der Magnetfeldstärke einen elektrischen (Wirbel-) Strom erzeugt.

Influenz: Durch ein elektrisches Feld verursachte Entstehung lokaler Ladungsüberschüsse an einer Körperoberfläche durch Umverteilung seiner elektrischen Ladungen.

Interferenz: Überlagerung zweier Schwingungen. Bei gleichphasigem Schwingen kommt es zu einer Verstärkung, bei gegengleichem Schwingen zur Auslöschung.

Intensität: Die pro Fläche auftretende elektrische Leistung einer elektromagnetischen Welle. Die Einheit ist Watt pro Quadratmeter (W/m^2)

Ion: Elektrisch geladenes Atom oder Molekül.

Ionisation: Vorgang, durch den ein Elektron aus der Atomhülle befreit wird.

Isotop: Chemisch gleiche Atome, deren Atomkern verschieden viele Neutronen besitzt.

Kapazität: Das Speichervermögen eines Körpers für elektrische Ladungen. Die Einheit ist Farad (F).

Magnetfeld: Zustand des Raumes, der sich durch die Kraftwirkung auf bewegte elektrische Ladungen äußert.

Magnetische Feldlinie: Gedachte Linie, entlang derer sich Magnetnadeln ausrichten. Sie ist in sich geschlossen. Die Dichte der Feldlinien symbolisiert die Stärke des Magnetfeldes.

Magnetische Feldstärke: Kraft, die auf eine bewegte elektrische Ladung wirkt. Die Einheit ist Ampere pro Meter (A/m).

Magnetische Induktion: Flußdichte, Maß für die Anzahl der Magnetfeldlinien pro Fläche. Die Einheit ist Tesla (T).

Nahfeld: Bereich in der Nähe einer Antenne mit starken Variationen der Wellenstärke durch Interferenz.

Phase: Zustand einer periodischen Schwingung, bezogen auf einen Bezugszeitpunkt.

Röntgenstrahlung: Energiereiche elektromagnetische Strahlung, die durch Vorgänge in der Hülle eines Atomes entsteht.

Sendeleistung: Die gesamte elektrische Leistung, die von einer Antenne in Form elektrischer Wellen ausgesendet wird.

Spezifische Absorptionsrate (SAR): Die von einem Körper pro Masseneinheit aufgenommene Leistung elektromagnetischer Wellen.

Strahlungsquant: Nach der Teilchenvorstellung die kleinstmögliche Menge einer elektromagnetischen Welle (Strahlung) mit einer bestimmten Frequenz.

Wirbelstrom: Durch Induktion in einem leitfähigen Körper erzeugter elektrischer Strom.

Weiterführende Literatur

Elektromagnetische Felder, Wellen, Strahlen

Aurand, K., Bücker, H., Hug, O., Jakobi, W., Kaul, A., Muth, H., Pohlit, W., Stahlhofen, W.: Die natürliche Strahlenexposition des Menschen. Georg Thieme Verlag, Stuttgart 1974

Bernhard, J., Veit, R., Bauer, B.: Erhebungen zur Strahlenexposition der Patienten bei der Röntgendiagnostik. Z. Med. Phys. 5(1995) 33–39

BfS: Röntgendiagnostik, schädlich oder nützlich? Bundesamt für Strahlenschutz, Salzgitter 1994

BfS: Strahlung und Strahlenschutz. Bundesamt für Strahlenschutz, Salzgitter 1998

BfS/ Strahlenschutzkommission: Auswirkungen des Reaktorunfalls in Tschernobyl auf die Bundesrepublik Deutschland. Gustav Fischer Verlag, Stuttgart 1987

BfS/Strahlenschutzkommission: Schutz vor niederfrequenten elektrischen und magnetischen Feldern der Energieversorgung und -anwendung. Bundesanzeiger 47(1995), 147a

BfS/Strahlenschutzkommission: Empfehlungen zur Vermeidung von gesundheitlichen Risiken bei der Anwendung magnetischer Resonanzverfahren in der medizinischen Diagnostik. Urban und Fischer, München 1998

Biegelmeier, G.: Wirkungen des elektrischen Stromes auf Menschen und Nutztiere. VDE-Verlag, Berlin 1986

Bundes-Strahlenschutzgesetz: Österr. Bundesgesetzblatt Nr. 62, Wien 1969

Bundes-Strahlenschutzverordnung: Österr. Bundesgesetzblatt Nr. 14, Wien 1972

Bundesimmissionsschutzgesetz-Verordnung über elektromagnetische Felder: Deutsches Bundesgesetzblatt, Teil I Nr. 66, Bonn 1996

Bundesstrahlenschutzgesetz: Verordnung über Maßnahmen zum Schutz des Lebens oder der Gesundheit des Menschen und ihrer Nachkommenschaft vor Schäden ionisierender Strahlung. Deutsches Bundesgesetzblatt Nr. 15, Bonn 1972

Bundesstrahlenschutzgesetz: Verordnung über den Schutz vor ionisierender Strahlung. Deutsches Bundesgesetzblatt Nr. 2905, Bonn 1976

BUWAL: Begrenzung der Imissionen von nichtionisierender Strahlung. Frequenzbereich 0 Hz bis 300 GHz. Schriftenreihe Umwelt Nr. 302, Bern 1998

Empfehlung des Rates (Entwurf): Mindestvorschriften zum Schutz von Sicherheit und Gesundheit der Arbeitnehmer vor der Gefährdung durch physikalische Einwirkungen. Brüssel 1992

Empfehlung des Rates: Begrenzung der Exposition der Bevölkerung gegenüber elektromagnetischen Feldern (0 Hz – 300 GHz). Amtsblatt der Europ. Gemeinschaften L199/59, Brüssel 1999

EPRI: Transmission line reference book. 345 kV and above. Electric Power Research Institute, Palo Alto 1975

Europ. Direktive 90/270/EWG: Mindestvorschriften bezüglich der Sicherheit und des Gesundheitsschutzes bei der Arbeit an Bildschirmgeräten. Amtsblatt der Europ. Gemeinschaft L156/14, Brüssel

Europ. Technikbüro d. Gewerkschaften f. Gesundheit und Sicherheit: Leitfaden zu den Richtlinien der Europäischen Gemeinschaft im Bereich Sicherheit und Gesundheit am Arbeitsplatz. Brüssel 1993

Fritz-Niggli, H.: Strahlengefährdung/Strahlenschutz. Verlag Hans Huber, Bern 1988

Glöbel, B., Gerber, G., Grillmaier, R.: Umweltrisiko 80. Georg Thieme Verlag, Stuttgart 1982

Hasse, H.: Statische Elektrizität als Gefahr. VCH, Weinheim 1972

Hasse, P., Wiesinger, J.: Handbuch für Blitzschutz und Erdung. Richard Pflaum Verlag, München 1982

Hauptverband der gewerblichen Berufsgenossenschaften: Richtlinien zur Vermeidung von Zündgefahren infolge elektrostatischer Aufladungen. ZH1/200, St. Augustin 1980

IARC/WHO: Evaluation of carcinogenic risks to humans. Solar and ultraviolet radiation. WHO/IARC, Lyon 1992

ICNIRP/WHO: Guidelines for limiting exposure to time-varying electric, magnetic and electromagnetic fields (up to 300 GHz). Health Phys. 74(1998), 494–522

ICRP/WHO: 1990 Recommendations of the International Commission on Radiological Protection. ICRP-Publication No. 60, Pergamon Press, Oxford 1990

IRPA/WHO: Protection of the patient undergoing a magnetic resonance examination. Health Phys. 61(1991), 923–928

Jaeger, R. G., Hübner, W. (Hrsg.): Dosimetrie und Strahlenschutz. Georg Thieme Verlag, Stuttgart 1974

König; H. L.: Unsichtbare Umwelt. Eigenverlag H. L. König, München 1986

Kraus, H.: Grundlagen elektrischer Bahnen. Werner Verlag, Düsseldorf 1986

Kunsch, B., Neubauer, G., Garn, H., Bonek, E., Leitgeb, N., Magerl, G., Jahn, O.: Studie dokumentierter Forschungsresultate über die Wirkungen elektromagnetischer Felder. Teil 1: Niederfrequente elektrische und magnetische Felder. Forschungszentrum Seibersdorf, Bericht A-3909, 1996

Kunsch, B., Neubauer, G., Garn, H., Bonek, E., Leitgeb, N., Magerl, G., Jahn, O.: Studie dokumentierter Forschungsresultate über die Wirkungen elektromagnetischer Felder. Teil 2: Hochfrequente elektrische und magnetische Felder. Forschungszentrum Seibersdorf, Bericht A-3910, 1996

Kuster, N., Balzano, Q., Lin, J. (Hrsg.): Mobile communications safety. Chapman Hall, London 1997

Leitgeb, N.: Strahlen, Wellen, Felder. Thieme Verlag, München 1990 und DTV-Verlag, Stuttgart, 1991

Matthes, R., Bernhardt, J. H., Repacholi, M. H. (Hrsg.): Risk perception, risk communication and its application to EMF exposure. Proc. ICNIRP/WHO Int. Seminar, Vienna 1998

MPR: Test methods for visual display units. Swedish Board for Technical Accreditation, Stockholm 1990

Müller, B.: Wirksamer Schutz vor Elektrosmog. Gräfe und Unzer Verlag, München 1997

NBOSH, NBHBP, NESB, NBHW, RPI: Low-frequency electrical and magnetic fields: the precautionary principle for national authorities. Arbetarskyddsstyrelsen, Solna, Schweden 1996

Neitzke, H.-P., van, Capelle, J., Depner, K., Edeler, K., Hanisch, T.: Risiko Elektrosmog? Birkhäuser Verlag, Berlin 1994

Newi, G., Bernhardt, J., Hauf, R., Reiter, R., Silny, J., Wever, R.: Biologische Wirkungen elektrischer, magnetischer und elektromagnetischer Felder. Expert Verlag, Grafenau 1983

OVE ÖNORM S 1119 (Vornorm): Niederfrequente elektrische und magnetische Felder. Zulässige Expositionsgrenzwerte zum Schutz von Personen im Frequenzbereich 0 Hz bis 30 kHz. Österr. Normungsinstitut, Wien 1994

OVE ÖNORM S 1120 (Vornorm): Mikrowellen und Hochfrequenzbereich. Begriffsbestimmungen, zulässige Expositionswerte zum Schutz von Personen im Frequenzbereich 30 kHz bis 3000 GHz. Österr. Normungsinstitut, Wien 1996

Polk, C., Postow, E. (Hrsg.): CRC handbook of biological effects of electromagnetic fields. CRC Press, Boca Raton, Florida 1986

Presman, A. S.: Elecromagnetic fields and life. Plenum Press, New York 1970

Rassow, J.: Risiken der Kernenergie. VCH, Weinheim 1988

Reilly, J. P.: Electrical stimulation and electropathology. Cambridge University Press, New York 1992

Reinders, H.: Mensch und Klima. VDI-Verlag, Düsseldorf 1969

Reiter, R.: Felder, Ströme und Aerosole in der unteren Troposphäre. Steinkopf Verlag, Darmstadt 1964

Sauter, E.: Grundlagen des Strahlenschutzes. Siemens AG, München 1971

Sheppard, A. R.: Biological effects of high voltage direct current transmission lines. USA National Technical Information Service, Springfield 1983

Suess, M., Morison, D. A. B. (Hrsg): Nonionizing radiation protection. WHO Europ. Series No. 25, Ottawa 1989

VDE V 0848-2: Sicherheit in elektromagnetischen Feldern. Schutz von Personen im Frequenzbereich von 30 kHz bis 300 GHz. VDE-Verlag, Berlin 1989

VDE V 0848-4: Sicherheit in elektromagnetischen Feldern. Schutz von Personen im Frequenzbereich von 0 Hz bis 30 kHz. VDE-Verlag, Berlin 1989

VDE V 0848-4/A3: Sicherheit in elektromagnetischen Feldern. Schutz von Personen im Frequenzbereich von 0 Hz bis 30 kHz. VDE-Verlag, Berlin 1995

VDE V 0848-3-1: Sicherheit in elektrischen, magnetischen und elektromagnetischen Feldern: Schutz von Personen mit aktiven Körperhilfsmitteln im Frequenzbereich 0 Hz bis 300 GHz. VDE-Verlag, Berlin 1999

Vieten, H. (Hrsg.): Handbuch der medizinischen Radiologie. Teil 1, Physikalische Grundlagen und Technik. Springer Verlag, Berlin Heidelberg New York 1966

Vieten, H. (Hrsg.): Handbuch der medizinischen Radiologie. Teil 2, Strahlenbiologie. Springer Verlag, Berlin Heidelberg New York 1966

Waxler, M., Hitchins, V. (Hrsg.): Optical radiation and visual health. CRC Press, Boca Raton, 1986

WHO: Environmental Health Criteria 7. Photochemical oxidants. Vammala 1979

WHO: Environmental Health Criteria 14. Ultraviolett radiation. Vammala 1979

WHO: Environmental Health Criteria 16. Radio frequency and microwaves. Vammala 1981

WHO: Environmental Health Criteria 35. Extremely low frequency (ELF) fields. Vammala 1984

WHO: Environmental Health Criteria 69. Magnetic fields. Vammala 1987

WHO: Environmental Health Criteria 137. Electromagnetic fields (300 Hz to 300 GHz). Genf 1993

Erdstrahlung

Betz, H.-D.: Geheimnis Wünschelrute. Umschau Verlag, Frankfurt 1990

Comunetti, A. M.: Systematic experiments to establish the spatial distribution of the physiologically effective stimuli of undefined nature. Experimentia 34(1978), 889–893

Endros, R.: Die Strahlung der Erde. Paffrath Verlag, Ulm 1978

Fischer, M.: Radiästhesie und Geopathologie – Ein psychologischer Beitrag. Dissertation, Universität Salzburg 1985

Haberl, R.: Untersuchungen zum Wünschelrutenphänomen. Diplomarbeit, Technische Universität Graz, 1984

Hartmann, E.: Die Krankheit als Standortproblem. Hang Verlag, Ulm 1976
König; H. L.: Unsichtbare Umwelt. Eigenverlag H. L. König, München 1986
König, H. L., Betz, H.-D.: Erdstrahlen – Der Wünschelruten-Report. Eigenverlag H. König und H.-D. Betz, München 1989
Mayer, H., Winkelbauer, G.: Biostrahlen. Orac Pietsch Verlag, Wien 1983
Moshammer, W.: Experimentelle Untersuchungen zur Treffsicherheit von Wünschelruten-geherangaben. Diplomarbeit, Technische Universität Graz, 1986
Pohl, G.: Erdstrahlen als Krankheitserreger. Fortschritt für Alle Verlag, Nürnberg 1978
Prokop, O.: Der moderne Okkultismus. Gustav Fischer Verlag, Stuttgart 1976
Prokop, O., Wimmer, W.: Wünschelrute, Erdstrahlen, Radiästhesie. Enke Verlag, Stuttgart 1985

Sachverzeichnis

SpringerSachbuch

Jo Vulner

Info-Wahn

Eine Abrechnung mit
dem Multimedienjahrzehnt

2000. X, 410 Seiten.
Broschiert DM 68,–, öS 476,–
ISBN 3-211-83433-8
Ästhetik und Naturwissenschaften:
Bildende Wissenschaften –
Zivilisierung der Kulturen

„... eine Gesellschaft, die so luxuriös strukturiert ist, daß Sinn-
fragen genau wie Modefragen zu Marketingproblemen aufgestiegen sind, wird Theorieproduktion über Gesellschaft genauso behandeln wie jedes andere Produkt- oder Service-Angebot."

Jo Vulner

Kein Buch für Apokalyptiker. Und keines für Info-Euphoriker.
Beide Lager sind gleichermaßen betriebsblind und vom Info-
Wahn infiziert, meint Jo Vulner.

Der Autor, als Medienberater ein Mann vom Fach, nimmt sich
die Tricks und Täuschungen, die Illusionen und die Rhetorik des
Info-Business vor. Seine Analyse läßt keinen ungeschoren:
Moralisten, Journalisten und Theorienproduzenten des Wis-
senschaftsbetriebes bekommen, mal essayistisch-ironisch, mal
subtil-analytisch, ihr Fett ab.

Ein Buch, das auf den unabhängigen Leser setzt, der sich einen
eigenen Weg durchs Info-Labyrinth bahnen will.

 **SpringerWienNewYork**

A-1201 Wien, Sachsenplatz 4–6, P.O. Box 89, Fax +43.1.330 24 26, e-mail: books@springer.at, **www.springer.at**
Birkhäuser, D-69126 Heidelberg, Haberstraße 7, Fax: +49.6221.345-229, e-mail: orders@springer.de
Birkhäuser, CH-4010 Basel, P.O. Box 133, Fax +41.61.2050-155, e-mail: orders@birkhauser.ch
Chronicle Books, USA, San Francisco, CA 94105, 85 Second Street, Fax +1.800.858-7787, e-mail: sales@papress.com

SpringerExpo2000

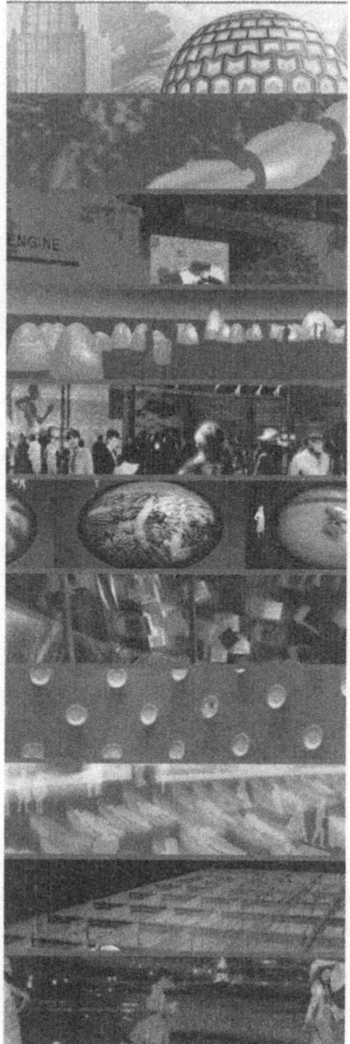

Martin Roth et al. (Hrsg.)
für die EXPO 2000
Hannover

**Der Themenpark der
EXPO 2000 –
Die Entdeckung
einer neuen Welt**

Unter dem Leitthema „Mensch–Natur–Technik" findet die EXPO 2000 vom 1. Juni bis zum 31. Oktober 2000 als erste Weltausstellung in Deutschland statt.

Der Themenpark, der eigene Beitrag der EXPO 2000, erforscht in elf Erlebnisausstellungen unser zukünftiges Leben unter den verschiedensten Blickwinkeln.

Der zweibändige Themenparkkatalog dokumentiert und ergänzt dieses Großprojekt. In unterhaltsamen Essays, Fotoreportagen und Erlebnisberichten kommen die daran beteiligten internationalen Architekten und Künstler ebenso zu Wort wie namhafte Wissenschaftler und die EXPO-Macher. So wird neben der aktuellen Diskussion zur Agenda 21 auch der Entstehungsprozeß der Ausstellung festgehalten.

 **SpringerWienNewYork**

A-1201 Wien, Sachsenplatz 4–6, P.O. Box 89, Fax +43.1.330 24 26, e-mail: books@springer.at, **www.springer.at**
Birkhäuser, D-69126 Heidelberg, Haberstraße 7, Fax: +49.6221.345-229, e-mail: orders@springer.de
Birkhäuser, CH-4010 Basel, P.O. Box 133, Fax +41.61.2050-155, e-mail: orders@birkhauser.ch
Chronicle Books, USA, San Francisco, CA 94105, 85 Second Street, Fax +1.800.858-7787, e-mail: sales@papress.com

SpringerExpo2000

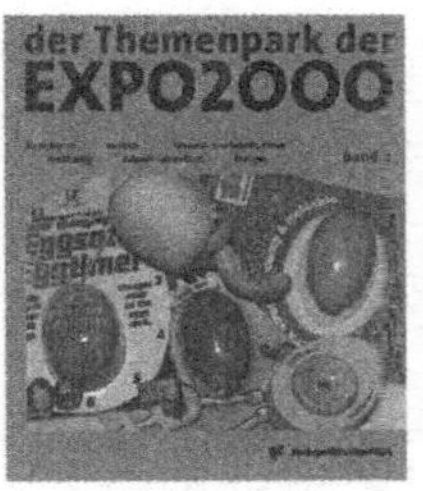

Band 1
Planet of Visions
Das 21. Jahrhundert
Mobilität
Wissen, Information, Kommunikation
Zukunft der Arbeit

2000. Etwa 240 Seiten.
Zahlreiche farbige Abbildungen.
Broschiert DM 46,–, öS 322,–
ISBN 3-211-83434-6

Ausgehend von Zukunftsvorstellungen der Vergangenheit zeichnet der erste Band des Themenparkkatalogs Perspektiven und Visionen von heute:

- Wie sieht die Zukunft der Städte im 21. Jahrhundert aus?
- Wieviel Utopie steckt in einem Tagtraum?
- Wie funktioniert intuitive Kommunikation?
- Wie sieht die Zukunft der Arbeit in Afrika aus?
- Wie kommt eine bewegliche Ausstellung zum Besucher?

Band 2
Basic Needs
Mensch / Ernährung
Zukunft Gesundheit
Energie
Umwelt: Landschaft, Klima

2000. Etwa 240 Seiten.
Zahlreiche farbige Abbildungen.
Broschiert DM 46,–, öS 322,–
ISBN 3-211-83435-4

Der zweite Band des Themenparkkatalogs präsentiert weitere Zukunftsräume:

- Was wird der Mensch in Zukunft sein?
- Ist Poesie ein menschliches Grundbedürfnis?
- Wie wird aus einem Würfel eine Kugel?
- Welche Geschichte kann ein Ei erzählen?
- Wie steht es um die zukünftige Gesundheit eines Straßenkindes in Tansania?
- Welches Raumgefühl erzeugt ein Film?
- Hat Holz Weisheit?

 **SpringerWienNewYork**

A-1201 Wien, Sachsenplatz 4–6, P.O. Box 89, Fax +43.1.330 24 26, e-mail: books@springer.at, www.springer.at
Birkhäuser, D-69126 Heidelberg, Haberstraße 7, Fax: +49.6221.345-229, e-mail: orders@springer.de
Birkhäuser, CH-4010 Basel, P.O. Box 133, Fax +41.61.2050-155, e-mail: orders@birkhauser.ch
Chronicle Books, USA, San Francisco, CA 94105, 85 Second Street, Fax +1.800.858-7787, e-mail: sales@papress.com

SpringerSachbuch

Michael L. Dertouzos

What Will Be

Die Zukunft
des Informationszeitalters

Mit einem Geleitwort von Bill Gates.
Aus dem Amerikanischen von M. Zillgitt.
1999. XVIII, 492 Seiten.
Ab 2. 5. 2000 DM 39,90, öS 279,–
(vorher DM 68,–, öS 476,–)
ISBN 3-211-83210-6
Computerkultur, Band XII

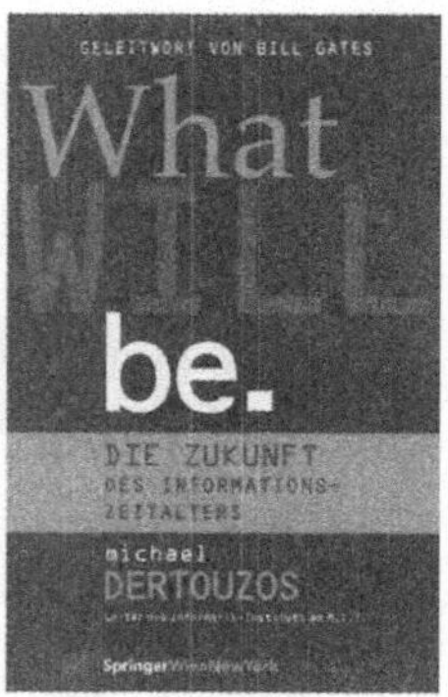

„... ein ansprechender und klarsichtiger Wegweiser in die Zukunft, voller Einsichten, wie die Informationstechnologie unser Leben und unsere Welt im nächsten Jahrhundert umgestalten wird ... Wer an der heraufziehenden informationellen Revolution teilnimmt – und das sind wir eigentlich alle – muß erkennen, was auf uns zukommt."

Aus dem Geleitwort von Bill Gates

„... Ein profundes Buch, jenseits der schnell wechselnden Hypes. Unaufgeregt, in einer klaren Sprache, die den Fachjargon auf das notwendige Maß beschränkt, für Laien und Experten gleichermaßen empfehlenswert." Die Woche

„... Michael L. Dertouzos, langjähriger Leiter des Informatik-Institutes MIT, nutzt für sein Buch What will be den Überblick, den er in dem Bostoner Forschungsinstitut gewinnen konnte ... auf das große Potenzial der andrängenden Informationstechnik hin, ohne die bestehende Kluft zwischen Vision und Wirklichkeit zu verschweigen. Auch ist dem Autor der datengestützte Fortschritt noch kein Wert an sich. Ob Telemedizin, Virtuelle Realität oder Telearbeit – unter Dertouzos geschickt geführtem ‚Vergrößerungsglas' sind dies Entwicklungen, die von den Mitgliedern einer mündigen Gesellschaft nicht nur erlitten, sondern aktiv gestaltet sein wollen." Die Zeit

 **SpringerWienNewYork**

A-1201 Wien, Sachsenplatz 4–6, P.O.Box 89, Fax +43.1.330 24 26, e-mail: books@springer.at, **www.springer.at**
D-69126 Heidelberg, Haberstraße 7, Fax +49.6221.345-229, e-mail: orders@springer.de
USA, Secaucus, NJ 07096-2485, P.O. Box 2485, Fax +1.201.348-4505, e-mail: orders@springer-ny.com
EBS, Japan, Tokyo 113, 3–13, Hongo 3-chome, Bunkyo-ku, Fax +81.3.38 18 08 64, e-mail: orders@svt-ebs.co.jp

Springer-Verlag
und Umwelt

ALS INTERNATIONALER WISSENSCHAFTLICHER VERLAG
sind wir uns unserer besonderen Verpflichtung der
Umwelt gegenüber bewußt und beziehen umwelt-
orientierte Grundsätze in Unternehmensentschei-
dungen mit ein.

VON UNSEREN GESCHÄFTSPARTNERN (DRUCKEREIEN,
Papierfabriken, Verpackungsherstellern usw.) ver-
langen wir, daß sie sowohl beim Herstellungsprozeß
selbst als auch beim Einsatz der zur Verwendung
kommenden Materialien ökologische Gesichtspunk-
te berücksichtigen.

DAS FÜR DIESES BUCH VERWENDETE PAPIER IST AUS
chlorfrei hergestelltem Zellstoff gefertigt und im
pH-Wert neutral.